“十四五”普通高等教育本科部委级规划教材

服装电脑绘画教程

（第2版）

FUZHUANG DIANNAO HUIHUA JIAOCHENG

江汝南　董金华◎编著

中国纺织出版社有限公司

内 容 提 要

本书是“十四五”普通高等教育本科部委级规划教材，在第1版的基础上进行提升与完善。全书共分14章，涉及CorelDRAW、Illustrator、Photoshop三个服装设计行业通用软件，内容主要包括CorelDRAW服装平面款式图绘画表现、CorelDRAW服饰图案绘画表现、CorelDRAW服装面料绘画表现、CorelDRAW服装插画绘画表现、Illustrator服装辅料绘画表现、Illustrator服装印花与图案设计绘画表现、Illustrator服装款式造型设计绘画表现、Photoshop服饰配件设计绘画表现、Photoshop服装款式图处理以及Photoshop综合表现应用实例等。

本书以突出知识点的转化、强调实用技术为编写特色，从服装设计师岗位能力及素质要求的专业视角出发，按照服装企业设计师与设计师助理实际工作过程中应具备的职业素质要求来编排教学内容，由浅至深，并针对每个软件进行不同的“专业案例”示范教学。教材中的重点、难点知识可以通过二维码扫码进入微信公众号查看视频进行学习，同时配套教材的课程网站，为读者提供多种学习渠道。本书既可以作为高等院校服装与服饰设计专业的教材，也可以为广大的服装设计专业人员以及爱好者提供参考。

图书在版编目（CIP）数据

服装电脑绘画教程/江汝南，董金华编著.--2版.--北京：中国纺织出版社有限公司，2021.9（2025.5重印）
“十四五”普通高等教育本科部委级规划教材
ISBN 978-7-5180-8724-2

Ⅰ.①服… Ⅱ.①江… ②董… Ⅲ.①服装设计—计算机辅助设计—高等学校—教材 Ⅳ.①TS941.26

中国版本图书馆CIP数据核字（2021）第144731号

责任编辑：李春奕　施　琦　　责任校对：王花妮
责任设计：何　建　　责任印刷：王艳丽

中国纺织出版社有限公司出版发行
地址：北京市朝阳区百子湾东里A407号楼　邮政编码：100124
销售电话：010—67004422　传真：010—87155801
http://www.c-textilep.com
中国纺织出版社天猫旗舰店
官方微博 http://weibo.com/2119887771
北京通天印刷有限责任公司印刷　各地新华书店经销
2013年4月第1版　2021年9月第2版　2025年5月第6次印刷
开本：787×1092　1/16　印张：22
字数：346千字　定价：78.00元

前言

随着数字化技术在服装行业的不断深入应用，计算机软件绘画与表达技术成为服装设计师入行的敲门砖，同时也是衡量服装设计师综合素质能力高低的核心指标。因此，服装数字化绘画技术与表达能力的培养，成为高等院校服装专业人才培养的重要目标之一。

服装数字化绘画是借助电脑及应用软件进行服装款式、图案及面料的设计与绘画表达。利用相关的绘图软件，设计师不仅能够创建出具有手绘效果的各种服装款式、服装图案和服装效果图，还可以创建出手工绘画难以表达的各种视觉效果、面料肌理。同时，绘图软件具备的强大编辑功能不仅将设计师从传统手工绘画的重复劳动中解放出来，还可以对设计图稿进行快速便捷的编辑、修改、变化、填充、渲染等效果的处理，从而可以高效率地完成各种类型的服装设计任务。

服装高等院校承担着为服装企业培养合适人才的任务，因此在制订人才培养计划的时候就应该将企业对服装设计人才的专业素质、专业技能要求作为制订培养目标的重要依据。其课程体系的设置、教学内容的编排、教学活动的组织都应该围绕“高素质应用型”人才培养目标进行安排。本教材的学习目标及核心学习效果是使未来的服装设计师获得如下的能力与素养：1.熟练掌握CorelDRAW、AI、PS软件工具的操作方法；2.利用计算机软件可以绘制、修改、整合服装图形，具备借助电脑完成服装服饰绘图的能力；3.独立完成服装产品、服饰图案、服装效果图的电脑绘画设计工作，具备创意服装图形的数字化表达能力。这些知识和技能可以为后续服装专业课程的学习奠定基础，也可以满足学生向企业设计师角色的转换。

目前，服装企业常用的绘图软件有CorelDRAW、Adobe Illustrator、Adobe Photoshop，因此，服装数字化设计课程内容必须包含这三个部分。但是目前市场能购买到的相关图书资料只能满足该课程教学内容的某一部分，而不能满足本科教学中该门课程对三个绘图软件综合学习与掌握的需求。本教材正是基于以上需求，将CorelDRAW，Adobe Illustrator、Adobe Photoshop三个绘图软件与服装绘画紧密联系。全书共14章，从“培养企业型服装设计师”的专业要求出发，分别介绍三个软件在服装绘画方面的技术。教材内容丰富、深度广度适宜，在训练艺术审美的同时，强调实用技术和技能的转换，以及与就业工作岗位的无缝对接。全书实例操作除了文字讲解外，还配备详细的图片，标注清晰明确，操作性强。案例丰富专业，技术全面实用。

在教材的编写过程中，得到了中国纺织出版社有限公司的大力支持与帮助，本书内容参考了以下读物与网站：Adobe公司的《Illustrator CS使用手册》和《Photoshop CS使用手册》、CorelDRAW官方网站https：//www.corel.com/cn/，还有为本书提供作品支持的师生，在此一并致谢。由于作者水平有限，书中难免有不足和疏漏之处，敬请专家和读者批评指正。

此外，还为本教材配套了在线开放课程网站、公众号学习平台，使学习变得轻松和方便。

教材配套的在线开放课程网站：http://www.xueyinonline.com/detail/204571212。

教材配套的微信公众号：服装电脑绘画微课堂，扫码进入。

编著者

2021年1月

目录

第一章 CorelDRAW 2018基本操作

课题名称： CorelDRAW 2018基本操作

课题内容： 【线条】及【基本形状】工具

改变对象造型

文本编辑

处理对象与对象填充

【交互式调和】工具组

【修整】工具

课题时间： 8课时

教学目的： 让学生了解CorelDRAW软件的功能及应用范围，掌握该软件的基本操作方法和服装绘图的常用工具。软件基本工具操作的熟练与否将会直接影响服装绘图的速度及效果。

教学方式： 教师演示及课堂训练。

教学要求： 1.认识CorelDRAW软件的功能及应用范围。

2.能够操作CorelDRAW软件的基本工具。

3.重点掌握改变对象造型、处理对象和对象填充、交互式调和工具组及修整工具的操作方法与技巧。

课前准备： 软件的安装与正常运行。要求学生具备一定的服装绘图与设计能力。

CorelDRAW作为优秀的矢量图形处理和编辑软件，是服装行业通用的软件之一，深受服装设计师们的喜欢。利用CorelDRAW软件的钢笔工具、线条工具、图形绘制、形状变换、对齐分布和填充式样，可以快速完成各种类型服装与服饰设计图的绘画，包括平面款式线稿图、服饰图案、服装面料以及服装插画的绘画设计与表现。

第一节 基本概念

一、位图与矢量图

图像有两种：位图图像和矢量图图像。位图又称为点阵图，是由许多被称为“像素”的点组成，每个像素都能够记录图像的色彩信息，因此可以精确地表现出丰富的色彩图像。但图像色彩越丰富，图像的像素就越高（即分辨率越高），文件也就越大，对计算机的配置要求也就越高。同时由于位图本身点阵图的特点，图像在缩放的过程中会出现“马赛克”的现象。

矢量图是相对于位图而言，也称为向量图，它是由被称作矢量的数学对象定义的直线和曲线构成，矢量图形与分辨率无关。因此，调整矢量图形的大小，或将矢量图形导入基于矢量的图形应用程序中时，矢量图形都将保持清晰的边缘。矢量图形文件占用的内存空间较小，但不足之处是色彩处理不如位图绚丽，很难精确表现色彩丰富的图像（图1-1-1）。

（1）原稿

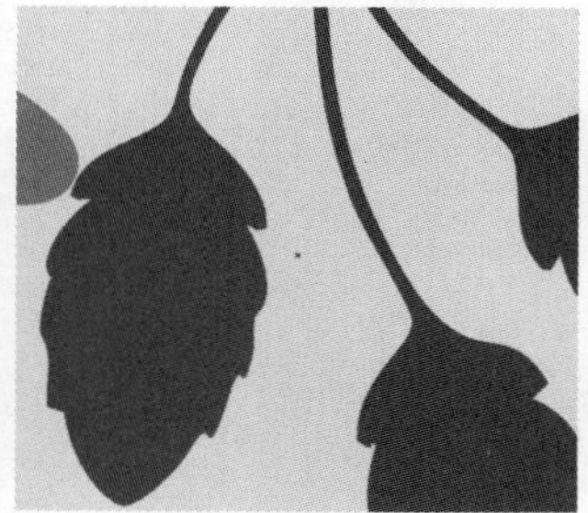

（2）位图放大后出现“马赛克”

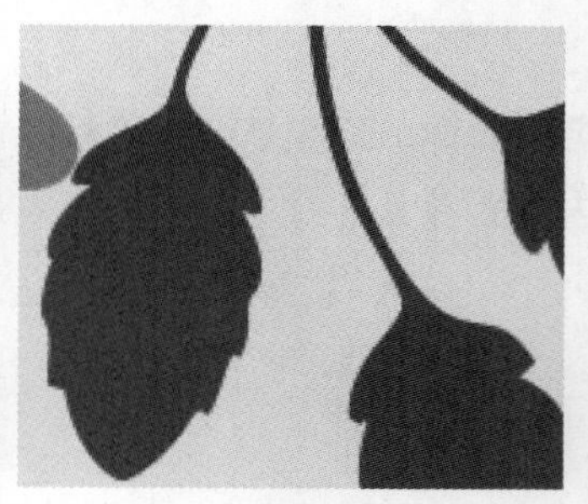

（3）矢量图放大后边缘清晰

图1-1-1 位图与矢量图边缘显示

二、色彩模式

（一）RGB 颜色模式（屏幕显示模式）

RGB颜色模式是一种最基本、使用最为广泛的颜色模式，它的组成颜色是R（Red）红色、G（Green）绿色、B（Blue）蓝色。RGB模式是一种光色模式，起源于有色光的三原色理论，即任何一种颜色都可以用红、绿、蓝这三种颜色按不同比例和强度混合而成，由于RGB颜色合成可以产生白色，因此也称它们为加色。通过RGB 三种颜色叠加，可以在屏幕上生成多达1670万种颜色，它可以是每个通道中256个数值的任何一个，即256×256×256=16777216。

操作方法：执行菜单【窗口/泊坞窗/勾选颜色】命令，界面左边弹出【颜色泊坞窗】（图

1–1–2）；或者点击组合键【Shift+F11】，弹出【编辑填充】对话框，在“模型”下拉菜单中选择“RGB”颜色模式（图1–1–3），在对话框中设置RGB的颜色数值即可。

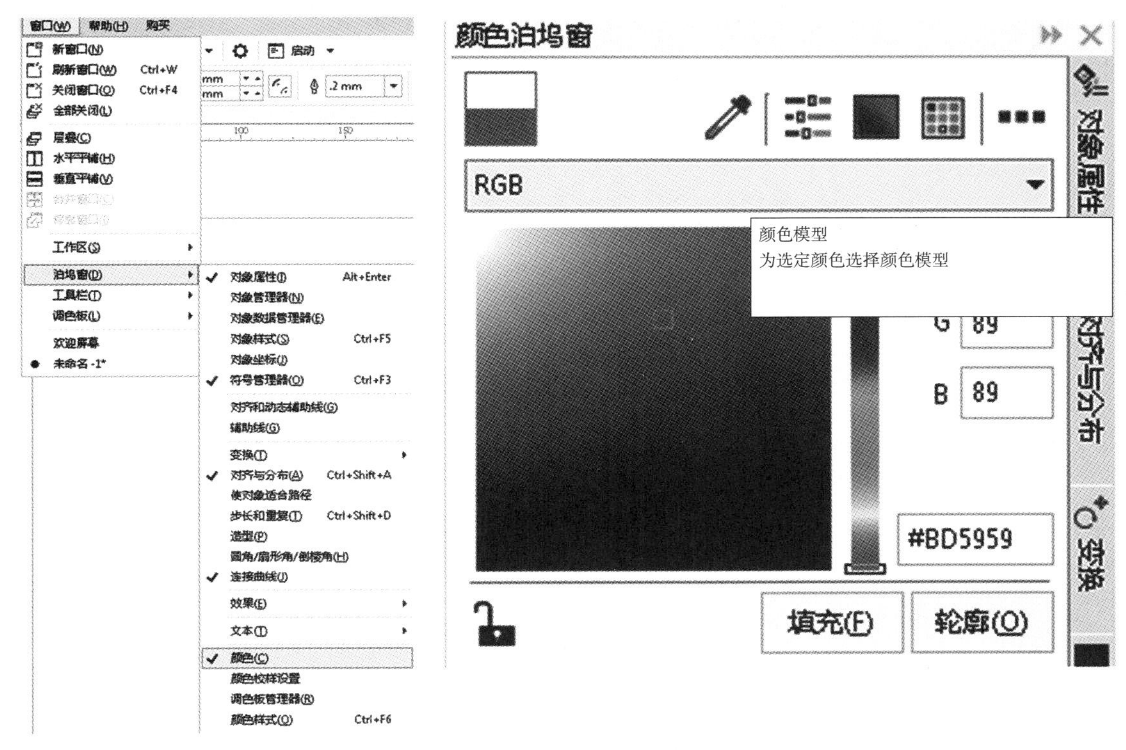

图1–1–2　颜色泊坞窗

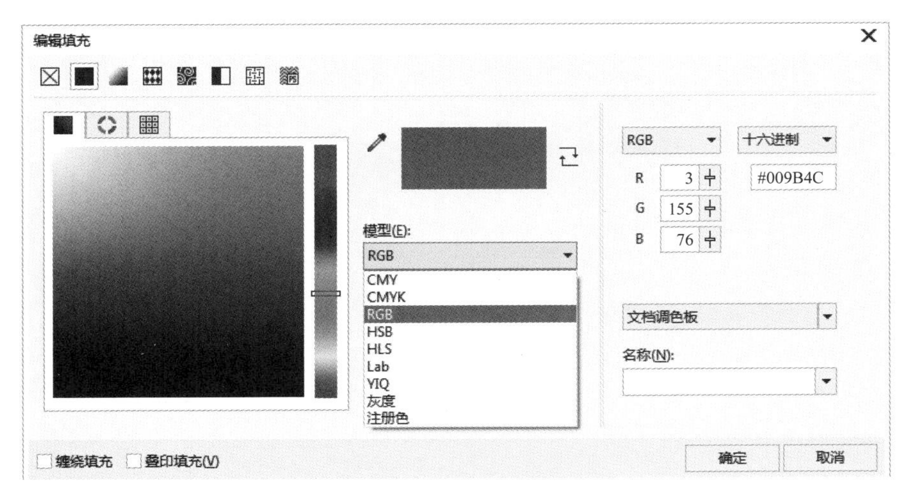

图1–1–3　编辑填充对话框

（二）CMYK 模式（输出印刷模式）

屏幕使用RGB模式显示颜色，但是若要把显示器上看到的颜色再现到纸上，就应使用墨色来调配而不是光色。在纸上再现颜色的常用方法是把青色、品红色、黄色和黑色的油墨组合起来，根据各种原色的百分比值调配出不同的颜色，这就是印刷业普遍采用的颜色模型CMYK。其中C（Cyan）代表青色、M（Magenta）代表品红色、Y（Yellow）代表黄色、K（Black）代表黑色。用K代表黑色，是因为若用B（Black）来代表黑色，将和RGB中的B（Blue）重复，为避免混淆，所以用K表示黑色。

操作方法同上。

（三）HSB 模式

HSB 模式以人类对颜色的感觉为基础，描述颜色的三种基本特性：色相、饱和度和亮度。

色相：反射物体或投射物体的颜色。在“0°”到“360°”标准色轮上，按位置度量色相，通常由颜色名称标识，如红色、橙色或绿色。

饱和度：颜色的强度或纯度（有时称为色度）。饱和度表示色相中灰色分量所占的比例，它使用从“0%”（灰色）至“100%”（完全饱和）的百分比来度量。在标准色轮上，饱和度从中心到边缘递增。

亮度：是颜色的相对明暗程度，通常使用从“0%”（黑色）至“100%”（白色）的百分比来度量。

操作方法同上。

（四）灰度模式

灰度模式像黑白照片一样，只有明暗值，没有色相和饱和度。当彩色文件被转换成灰度模式文件时，所有的颜色信息都将从文件中丢失。尽管CorelDRAW允许将灰度文件转换为彩色模式文件，但不可能将原来的颜色完全还原，所以当要转换灰度模式时，一定要做好备份文件。

操作方法同上。

三、泊坞窗

CorelDRAW泊坞窗停靠在绘图界面的右边边缘。【泊坞窗】子菜单列表中有多个命令，可以同时打开多个泊坞窗，除了活动的泊坞窗外，其余打开的泊坞窗沿着边缘以标签形式出现。

操作方法：执行菜单【窗口/泊坞窗】命令即可打开（图1-1-4）。

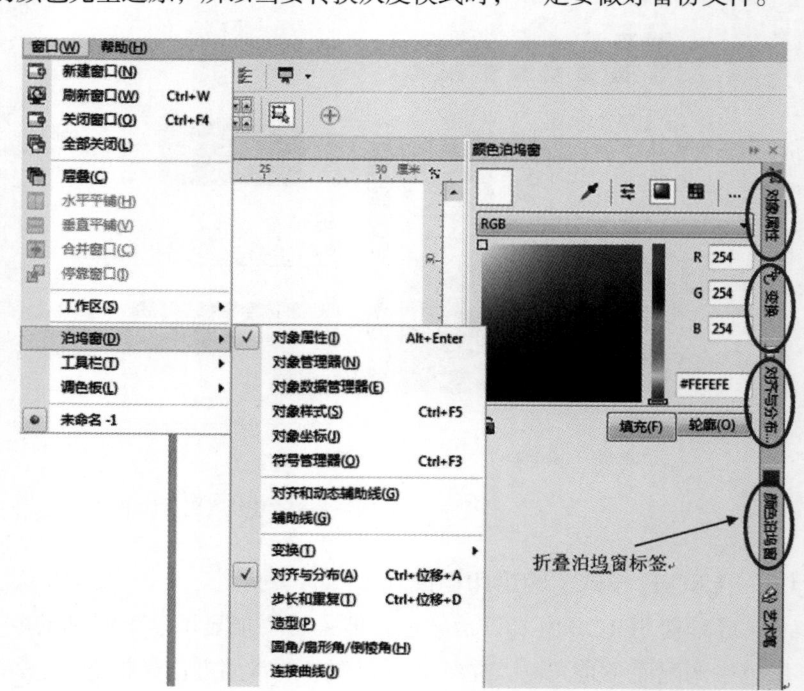

图1-1-4 泊坞窗

第二节　CorelDRAW 基本操作

一、新建文档（【Ctrl+N】）

执行菜单【文件/新建】命令或点击组合键【Ctrl+N】，弹出创建新文档对话框，在对话框中可以设置文件名称、页面大小、页面数量、颜色模式、分辨率及预览模式，预览模式一般情况下选择【增强】模式（图1–2–1）。

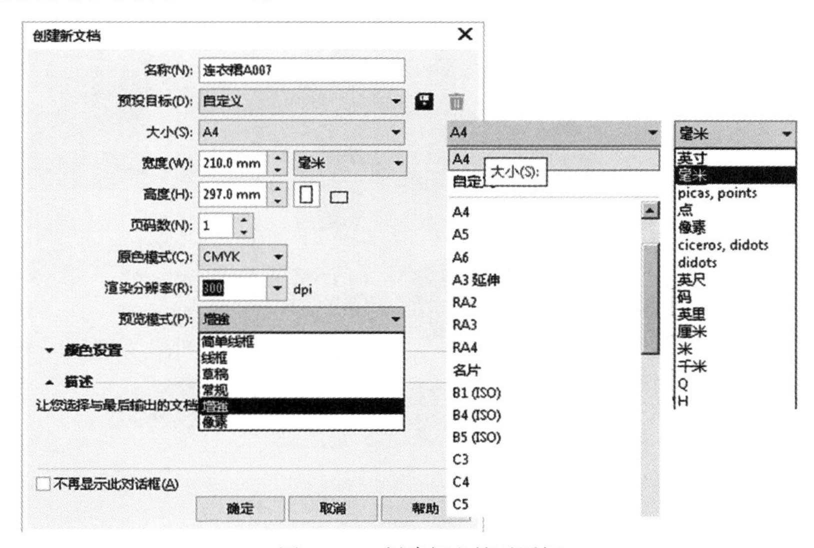

图1–2–1　创建新文档对话框

二、文件的导入和导出

由于CorelDRAW是矢量图形绘制软件，使用的是.cdr后缀名格式的文件，在进行制作或编辑时，如果要使用其他格式的素材就要通过【导入】命令来完成，而【导出】命令则可以将完成的.cdr格式文件转换成适合其他软件应用的文件格式。

（一）文件导入（【Ctrl+I】）

说明：通常导入的是位图素材图片。

步骤：

1. 执行菜单【文件/导入】命令或点击组合键【Ctrl+I】。

2. 弹出【导入】文件存储位置对话框（图1–2–2），找到文件后，选择【裁剪】，点击【导入】按钮。

3. 弹出【裁剪图像】对话框（图1–2–3），可以执行下列操作：

※ 在预览窗口中，拖动修剪选取框中的控制点。

※ 需要精确的修剪，可以在【选择要裁剪的区域】选项框中输入数值。

※ 默认情况下，是以“像素”为单位。可以在【单位】列选框中选择其他单位。

※ 如果对修剪后的区域不满意，可以单击【全选】按钮，重新设置修剪选项值。

※ 在对话框下面的【新图像大小】栏中显示修剪后新图像的文件尺寸大小。

4. 设置完成后，单击【确定】按钮。

5. 页面中，此时鼠标会变成一个标尺，拖动鼠标，即可将导入的图像按鼠标拖出的尺寸导入页面中（图1-2-4）。

图1-2-2　导入文件

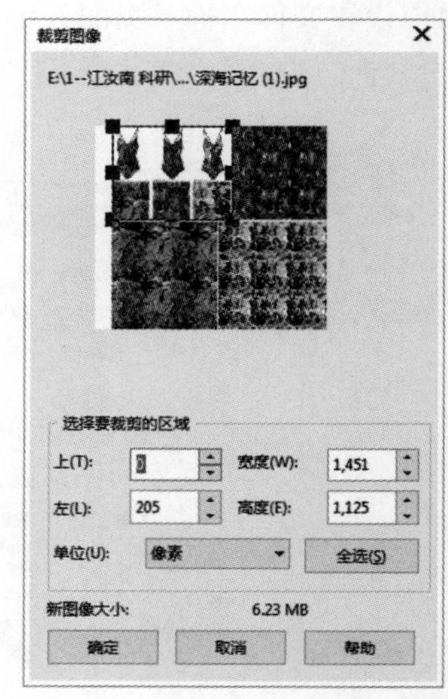

图1-2-3　裁剪图像

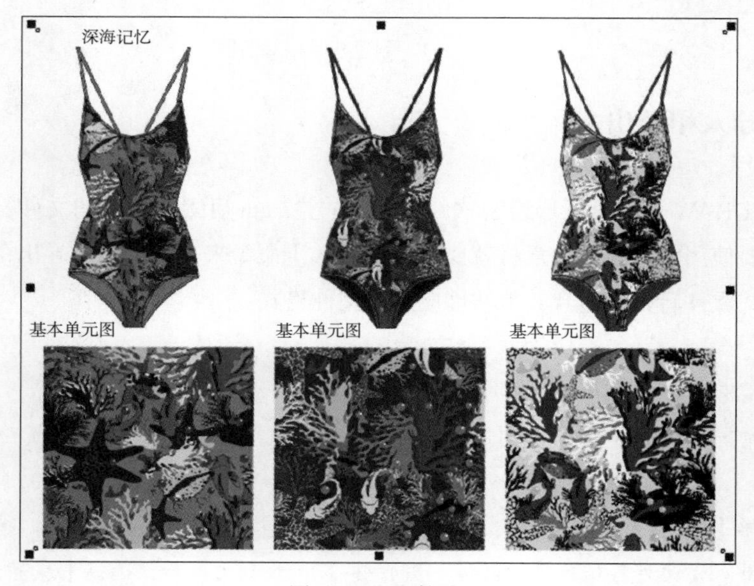

图1-2-4　文件导入

（二）文件导出（【Ctrl+E】）

说明：导出是把CorelDRAW中的图形文件转换成AI、PNG、TIF、JPG、BMP等其他格式文件，让其他程序也可以使用CorelDRAW绘制的图形。例如将CorelDRAW中的图形输出到

Photoshop中的“EPS”操作法。

步骤：

1. 在CorelDRAW页面中选定要导出的对象（图1-2-5）。

2. 执行菜单【文件/导出】命令或点击组合键【Ctrl+E】。弹出【导出】对话框（图1-2-6），在【保存类型】列选框中选择【EPS】，点击【确定】按钮。

3. 启动Photoshop，新建文件。执行菜单【文件/置入】命令，弹出【置入】对话框，找到文件后，点击对话框中的【置入】按钮。此时页面中出现带有图像框的新图档，拉动图像框改变其大小，配合【Shift】键可限定图像的长宽比例（图1-2-7）。

4. 双击图框，图像即被置入Photoshop中（图1-2-8）。

图1-2-5　选中对象

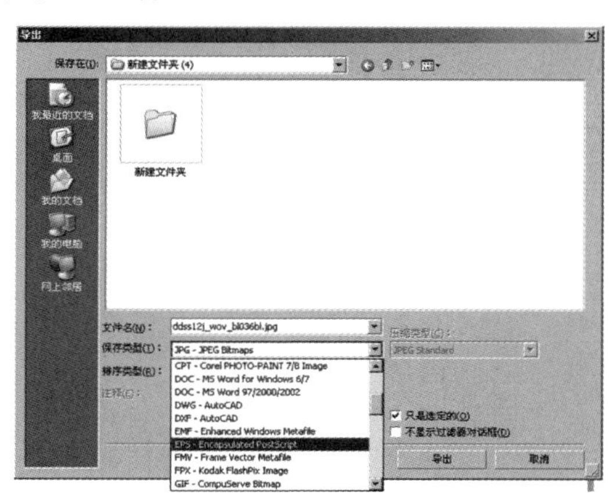

图1-2-6　导出对话框

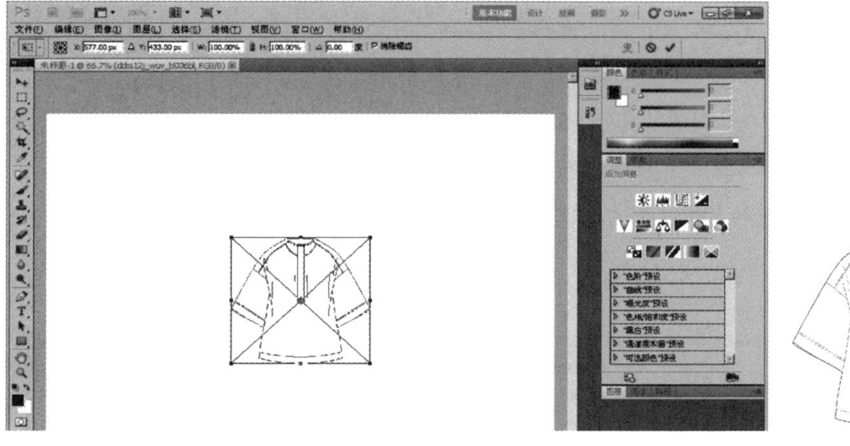

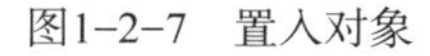

图1-2-7　置入对象

图1-2-8　调整对象

三、版面操作

（一）页面设置

说明：可以对页面的大小、方向、背景及多页面进行设置，以满足不同的需求。

步骤：

1. 通过属性栏的【页面尺寸】和输入【页面度量】以及点击【纵向】、【横向】按钮 可以调节页面的大小及方向。

2. 执行菜单【布局/插入页面、删除页面或重命名页面】命令，可以插入、删除页面以及修改页面名称。

3. 点击导航器上【插入页】按钮 ，也可以进行插页，或在页面下方按钮上单击鼠标右键，弹出页面子菜单（图1-2-9），也可以插入和删除页面。

4. 执行菜单【布局/页面背景】命令，弹出【选项】对话框，在对话框可以修改背景色（图1-2-10）。

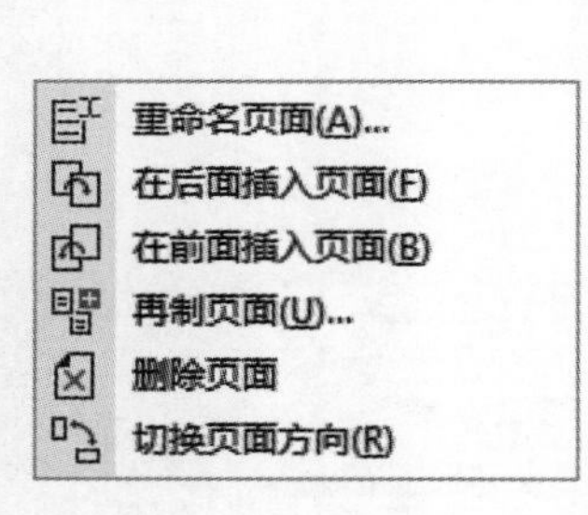

图1-2-9　页面子菜单

图1-2-10　【选项】背景修改对话框

（二）辅助设置

说明：辅助设置主要是对【网格】、【标尺】、【辅助线】、【对齐辅助线】、【动态辅助线】等工具进行显示或隐藏，以帮助组织对象并将其准确放置在需要的位置。

步骤：

1. 执行菜单【查看/网格、标尺、辅助线、对齐辅助线、动态辅助线】等命令，可以对其进行隐藏或显示。为了操作时能够实时显示对齐线，便于查看对象位置，需要勾选【对齐辅助线】、【动态辅助线】两个命令。

2. 执行菜单【工具/选项/文档】命令，在弹出的【选项】对话框中（图1-2-11），可以对标尺、网格、辅助线进行设置。

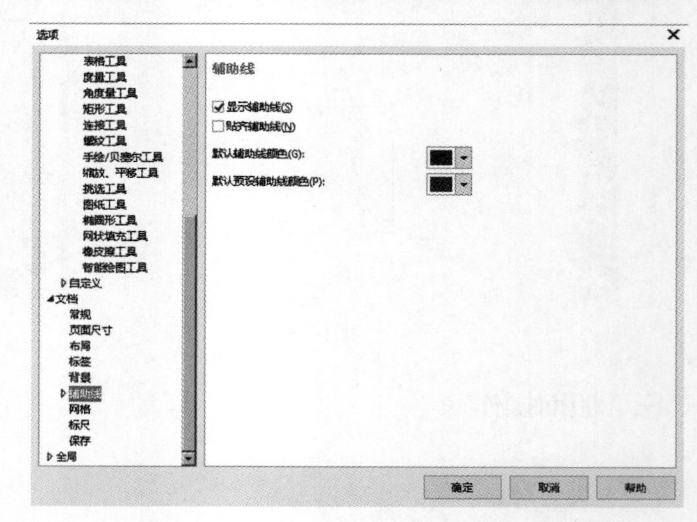

图1-2-11　【选项】对话框设置

四、线条工具组

CorelDRAW提供了多种线条绘图工具，在服装绘画中常用的有【2

点线】、【贝塞尔】、【钢笔】、【3点曲线】工具（图1-2-12）。

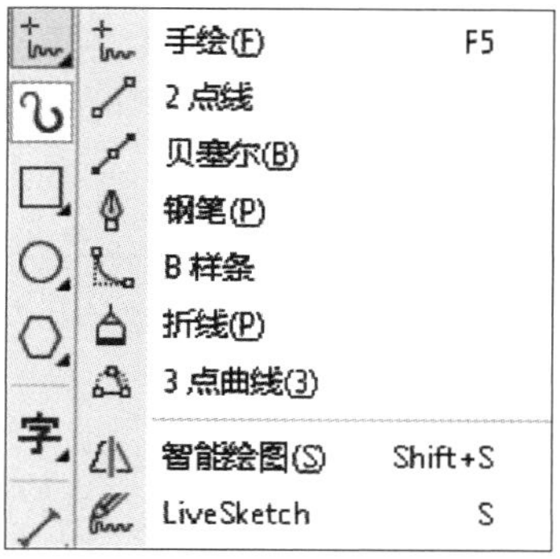

手绘(F)　F5
2点线
贝塞尔(B)
钢笔(P)
B样条
折线(P)
3点曲线(3)
智能绘图(S)　Shift+S
LiveSketch　S

图1-2-12　线条工具组

（一）【手绘】工具（【F5】）

说明：【手绘】工具就像一支真正的铅笔，可以绘制曲线和直线线段。

步骤：

方式一：绘制曲线

1. 选择【手绘】工具，在绘图页面中光标变成图标后，按住鼠标左键并拖动鼠标，绘制出线条（图1-2-13）。

2. 封闭路径。按住鼠标左键不放，绘制路径，当光标靠近路径起点时会变成图标，释放鼠标，路径将自动封闭。或将鼠标放置在路径的末端节点，当光标变成图标时，继续绘制路径至出发节点，也可以封闭路径。

3. 用【手绘】工具绘制路径后，点击上方属性栏中【闭合曲线】按钮，可以封闭路径（图1-2-14）。

4. 用【形状】工具选中需要连接的两个节点，执行菜单【对象/连接曲线】命令，在差异容限里面输入合适数值，然后单击【应用】按钮也可封闭图形（图1-2-15）。

5. 擦除路径。用【手绘】工具在绘制路径的过程中，同时按住鼠标左键和【Shift】键，然后沿着要擦除的路径向后拖动鼠标即可擦除路径。擦除完毕后释放【Shift】键而不松开鼠标，可以沿路径继续绘制。

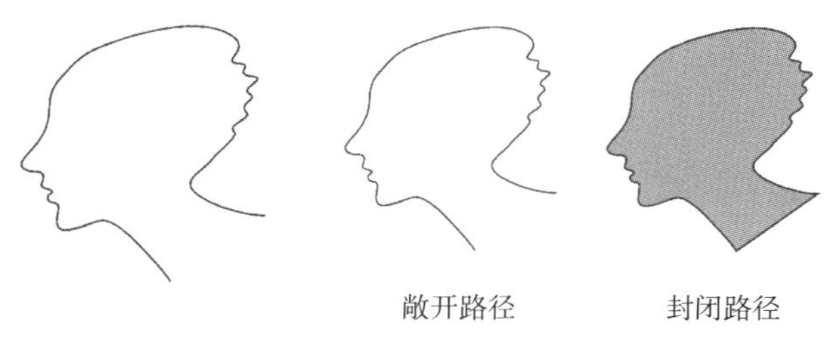

图1-2-13　绘制自由曲线　　图1-2-14　绘制敞开和封闭路径

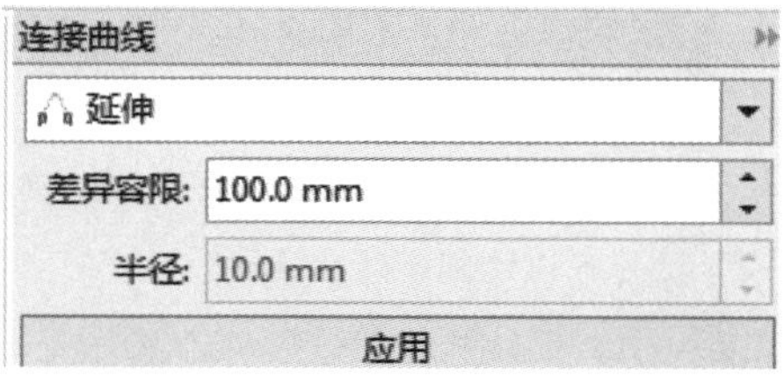

连接曲线
延伸
差异容限：100.0 mm
半径：10.0 mm
应用

图1-2-15　封闭路径

特性：只有在封闭状态下的路径才可以填充颜色。敞开的路径不可以填充颜色。

方式二：绘制直线

1. 使用【手绘】工具，在页面中单击鼠标左键确定出发点，拖动鼠标（拖动鼠标的距离决定了直线的长短）再次单击鼠标左键确定结束点。

2. 配合【Ctrl】键，可强制直线以15°的角度增量变化。

（二）【贝塞尔】工具

说明：【贝塞尔】工具可以绘制连续的直线、斜线、曲线和复杂图形的路径（图1-2-16）。

步骤：

1. 按住【Ctrl】键绘制水平、垂直或呈45°角的线段。

2. 在页面中任意位置单击鼠标左键找到出发点，鼠标移至第二点再单击，移至第三点再次单击，反复操作可以绘制连续的直线。

3. 在页面中任意位置单击鼠标左键找到出发点，鼠标移至第二点，按住鼠标左键不松手，拖动随即出现的手柄，可以绘制任意曲线（图1–2–17）。

4. 单击【Enter】键，结束【贝塞尔】工具操作。

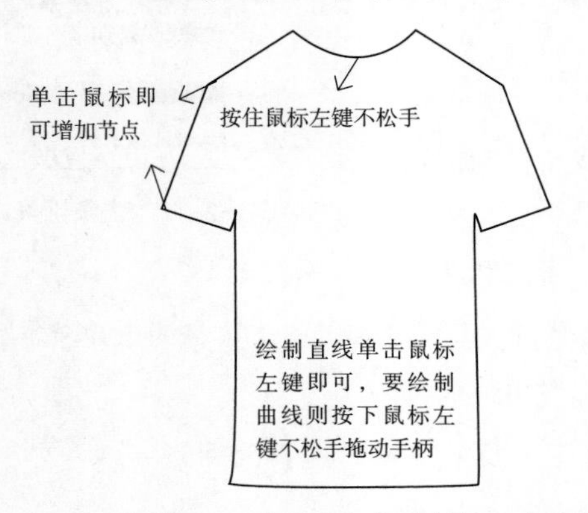

图1–2–16 【贝塞尔】绘制的复杂路径

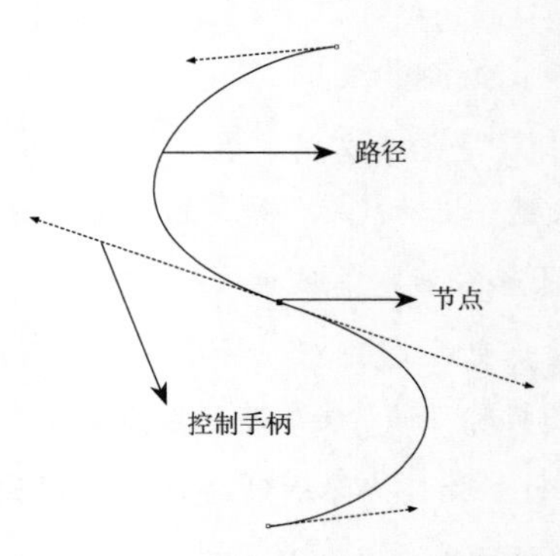

图1–2–17 【贝塞尔】绘制的路径

（三）【钢笔】工具（【P】）

说明：【钢笔】工具与【贝塞尔】工具功能相似，可以绘制连续的直线、斜线、曲线和复杂图形的路径（图1–2–18）。

步骤：

1. 按住【Shift】键绘制水平、垂直或呈45°角的线段。

2. 点击属性栏中【预览模式】和【自动添加/删除】按钮为启用状态。

3. 在页面中任意位置单击鼠标左键找到出发点，鼠标移至第二点再单击，移至第三点再次单击，反复操作可以绘制连续的直线。

4. 在页面中任意位置单击鼠标左键找到出发点，鼠标移至第二点，按住鼠标左键不松手拖动随即出现的手柄，可以绘制任意曲线。

5. 在结束点上双击鼠标左键或单击【Enter】键，结束【钢笔】工具操作。

（四）【样条】工具

说明：通过设置构成曲线形状的控制点来绘制曲线，而无须将其分割成多个线段。创建平滑的曲线，比使用手绘路径绘制曲线所用的节点更少。

步骤：

1. 单击【B样条】工具，在页面上单击鼠标左键，拖动鼠标，并在需要变向的位置单击左键再次拖动，就可以看到一条曲线轨道，双击可结束曲线编辑（图1–2–19）。

2. 对创建出来的曲线图形进行调整，单击【形状】工具，然后在对象上点击，拖动控制点即可调整图形（图1–2–20）。

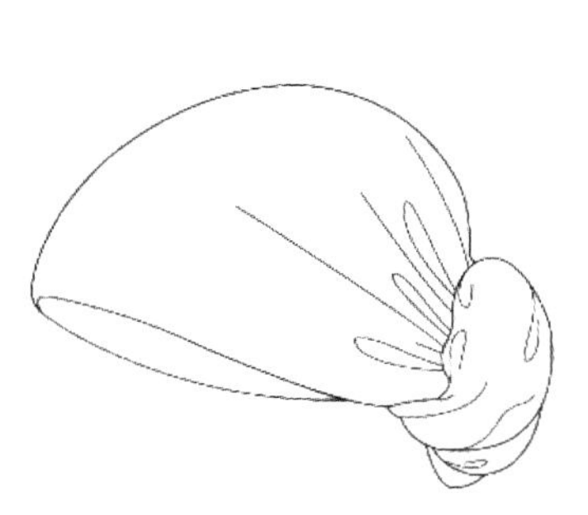

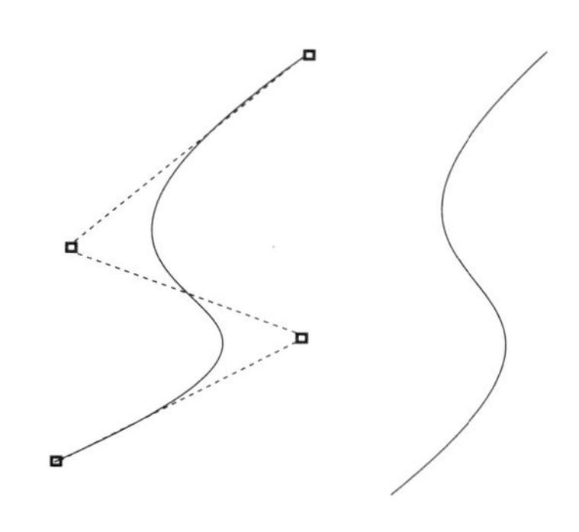

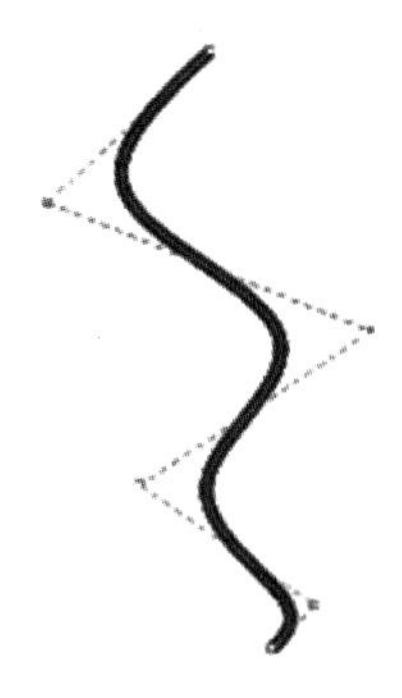

图1-2-18 钢笔工具绘制的复杂路径

图1-2-19 样条工具操作

图1-2-20 样条编辑

（五）【折线】工具

说明：绘制连续的直线和曲线。

步骤：

1. 按住【Shift】键绘制水平、垂直或呈45°角的线段。

2. 在页面中任意位置单击鼠标左键找到出发点，鼠标移至第二点再单击，移至第三点再次单击，重复操作可以绘制连续的折线。

3. 按住鼠标左键不松手在页面中拖动，可以绘制任意曲线（相当于【手绘】工具）。

4. 在结束点上双击左键或单击【Enter】键，结束【折线】工具操作。

（六）【3点曲线】工具

说明：根据指定曲线的宽度和高度绘制简单曲线，可以快速创建弧形而无需控制节点。

步骤：

1. 选择【3点曲线】工具。

2. 在页面中任意位置按下鼠标左键不松手并拖动，拉出一条直线，在目标点释放鼠标左键，从而确定曲线出发点到结束点之间的距离。

3. 释放鼠标左键后，在移动的过程中有一条弧线随着鼠标的移动而显示不同的弧度，在目标位置单击，即可得到一条敞开的非闭合弧线。

4. 用【3点曲线】工具绘制一条弧线，在绘制第二条弧线的时候，首尾节点与第一条弧线的首尾节点重合，即可绘制封闭的图形（图1-2-21）。

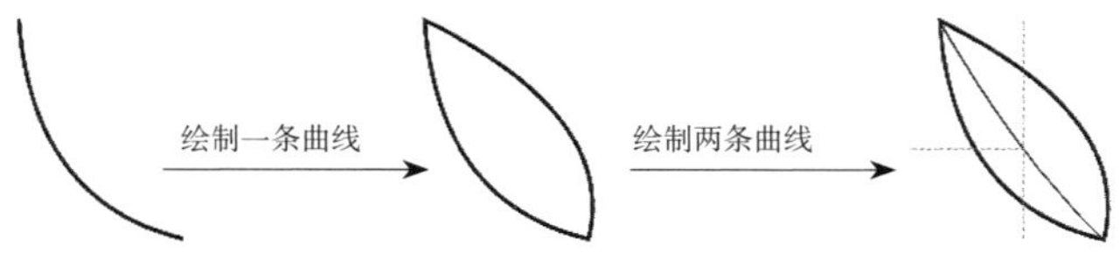

图1-2-21 【3点曲线】绘制叶子造型

（七）线条轮廓的设置（【F12】）

说明：通过泊坞窗、快捷键对话框和属性栏轮廓部分相关控件改变线条的颜色、粗细、虚实线、箭头等。

步骤：

1. 泊坞窗操作方法：选中对象，执行菜单【窗口/泊坞窗/对象属性】命令（图1-2-22）。在【轮廓宽度】框中输入数值，打开【轮廓色】单击一种颜色，在【线条样式】框中选择一种样式。

2. 快捷键操作方法：选中对象，单击快捷键【F12】，弹出【轮廓笔】对话框（图1-2-23）。在【轮廓笔】对话框中，可以对轮廓的颜色、宽度、样式进行设置。勾选【填充之后】与【随对象缩放】命令后，当对象放大或缩小时将会保持显示的比例（一般情况下，建议勾选【填充之后】、【随对象缩放】两个命令）。

3. 属性栏操作方法：选择对象，单击属性栏中的【轮廓】按钮，可以修改宽度、样式、箭头类型。

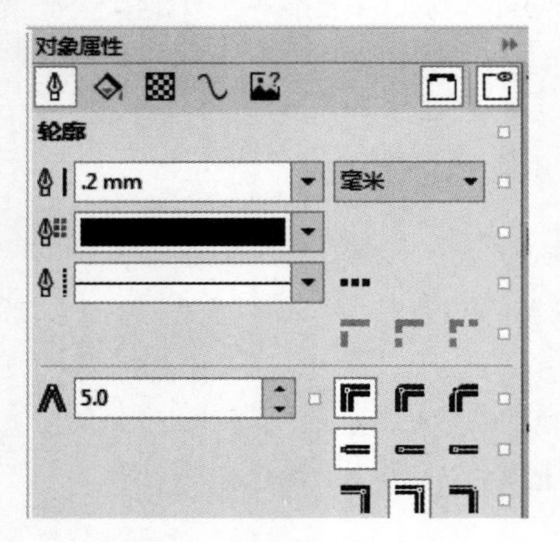

图1-2-22 泊坞窗轮廓设置

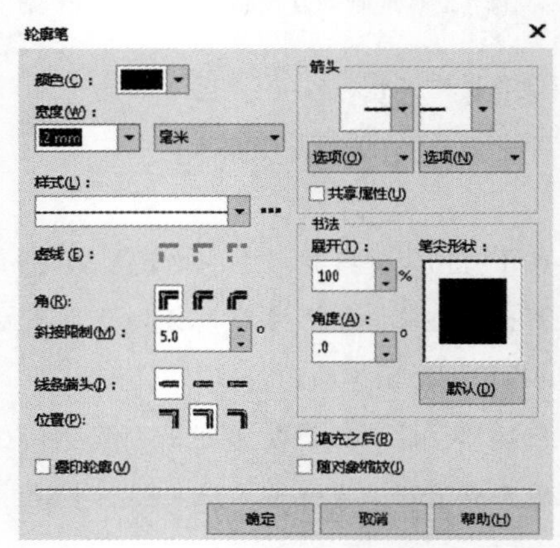

图1-2-23 轮廓笔对话框

（八）【艺术笔】工具（【I】）

说明：【艺术笔】工具提供了五种绘图模式，分别为【预设】、【笔刷】、【喷涂】、【书法】和【表达式】模式（图1-2-24）。

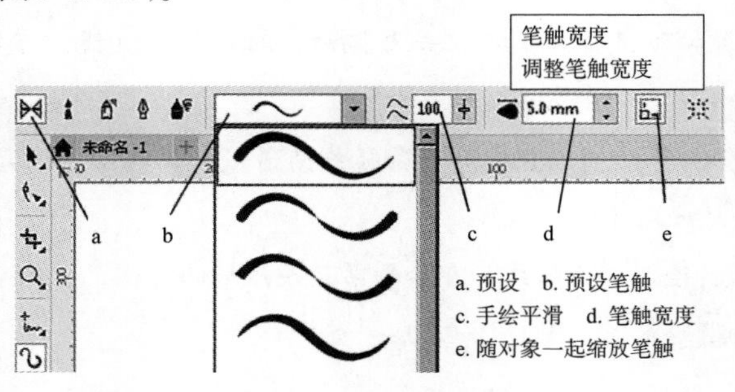

图1-2-24 艺术笔工具属性栏

步骤：

方式一：预设模式

1. 选中对象，单击属性栏中【预设】按钮，在【预设笔触】列表框中选择预设线条的形状。

2. 在【手绘平滑】数值框中设定曲线的平滑度“100”，在【笔触宽度】框中输入宽度数值“3.5mm”（图1-2-25）。

方式二：笔刷模式

1. 选中对象，单击属性栏中【笔刷】按钮，单击【类别】下拉菜单，选择一个类别，然后单击【笔刷笔触】下拉菜单选择笔触形状。

2. 在【手绘平滑】数值框中设置曲线的平滑度“100”，在【笔触宽度】中输入宽度数值“5.0mm”（图1−2−26）。

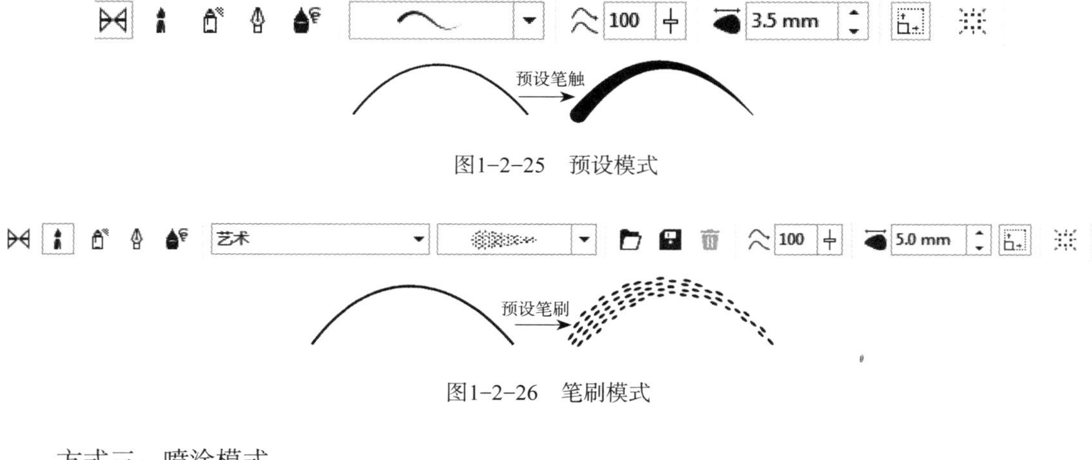

图1−2−25　预设模式

图1−2−26　笔刷模式

方式三：喷涂模式

1. 选中对象，单击属性栏【喷涂】按钮，单击【类别】下拉菜单，选择一个类别，然后单击【喷射图样】，在下拉菜单中选择喷涂的形状。

2. 在【喷涂对象大小】框中设定数值，在【喷涂顺序】中选择“按方向”（图1−2−27）。

图1−2−27　喷涂模式

方式四：书法模式

1. 选中对象，单击属性栏【书法】按钮。

2. 在【手绘平滑】框中设置曲线平滑度“100”，在【笔触宽度】框中输入“5.0mm”（图1−2−28）。

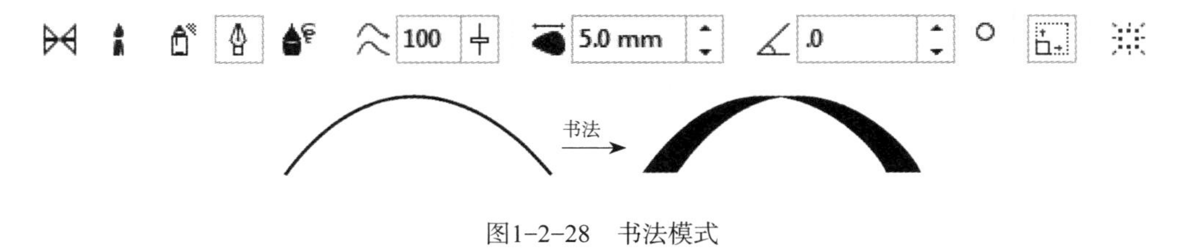

图1−2−28　书法模式

方式五：表达式模式

1. 选中对象，单击属性栏【表达式】按钮。

2. 在【笔触宽度】框中输入“5.0mm”，在【倾斜度】框中输入“90.0°”（图1−2−29）。

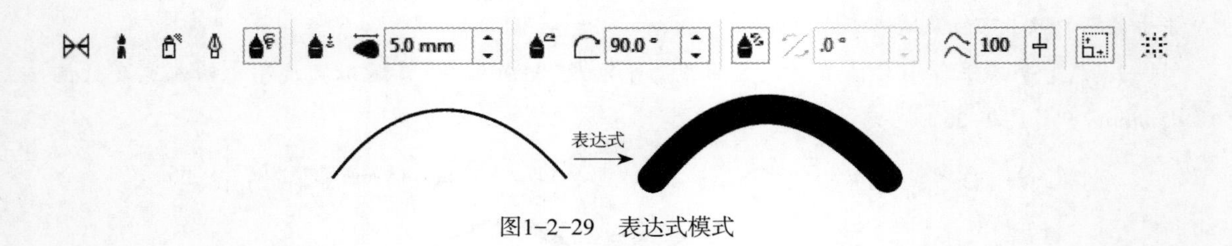

图1-2-29　表达式模式

五、基本形状工具

（一）【矩形】工具（【F6】）

说明：绘制正方形和矩形。

步骤：

1. 选中【矩形】工具，在页面上拖动，得到一个矩形。
2. 在属性栏中输入目标数值，可以绘制精确的正方形和矩形。
3. 按住【Ctrl】键，拖动鼠标绘制正方形。
4. 按住【Ctrl+Shift】键，绘制从中央往外的正方形。

（二）【3点矩形】工具

说明：通过三个点来绘制矩形。

步骤：

1. 选中【3点矩形】工具，单击鼠标左键，按住鼠标左键不松手，先拖出一个框。
2. 释放鼠标左键后再向上移动鼠标，拖出一个高。
3. 然后再次单击鼠标左键，矩形绘制完毕。
4. 按住【Ctrl】键单击一点后，拖动到另一点，松开鼠标左键单击，绘制正方形。

（三）【椭圆】工具（【F7】）和【3点椭圆形】工具

说明：绘制椭圆、正圆、饼形和弧形。

步骤：

1. 选中【椭圆】工具，在页面上拖动，得到一个椭圆。
2. 按住【Ctrl】键，拖动绘制正圆。
3. 点击属性栏中【椭圆形】、【饼形】、【弧形】按钮，设置参数，则可以绘制椭圆形、饼形、弧形。
4. 按住组合键【Ctrl+Shift】，绘制从中央往外的正圆。
5. 【3点椭圆形】工具操作方法同【3点矩形】。

（四）【多边形】工具（【Y】）

说明：绘制多边形。

步骤：

1. 选中【多边形】工具。

2. 在属性栏【边数】中输入不小于3的数值。

3. 在页面中拖出多边形。

4. 按住【Ctrl】键绘制正多边形。

5. 按住组合键【Ctrl+Shift】，绘制从中央往外的正多边形。

（五）【星形】工具

说明：绘制星形。

步骤：方法同【多边形】。

（六）【复杂星形】工具

说明：绘制复杂星形。

步骤：方法同【多边形】。

案例操作技术要点：选择【复杂星形】工具，按住【Ctrl】键绘制一个9边形的复杂图形；单击【形状】工具，修改复杂星形其中的一条直线边为弧线边，重复操作，将另一条边也由直线调整为弧线；填充颜色；调整属性栏中的【边数】和【锐度】，即可得到不同的图案图形（图1-2-30）。

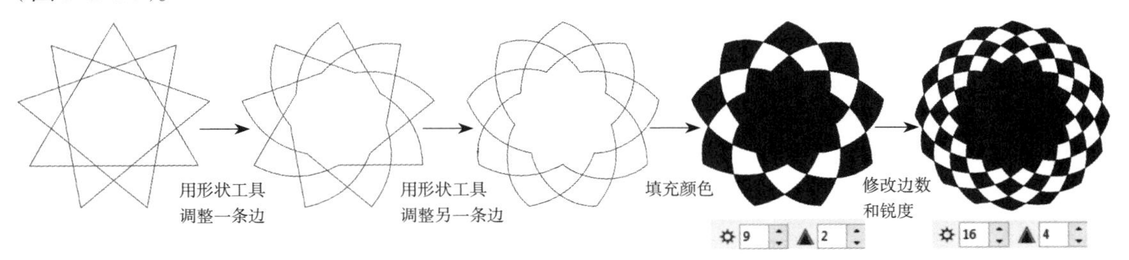

图1-2-30　【复杂星形】与【形状工具】绘制的图案

（七）【影响】工具

说明：添加射线或平行线图形效果。

步骤：

1. 选择工具箱【影响】工具，点击属性栏【效果样式】下拉列表，选择【辐射】或【平行】样式，按住鼠标左键在页面中拖动，即可绘制射线图形或平行线图形。

2. 调整属性栏中的【起点和终点】、【线宽】、【行间距】、【线条样式】等参数，可以得到不同的外观效果（图1-2-31、图1-2-32）。

（八）【图纸】工具（【D】）

说明：可以绘制网格并设置行数和列数，网格由一组矩形组成，矩形可以拆分。

步骤：

1. 选中工具箱【图纸】工具。在属性栏【图纸行和列】中输入数值，在页面中拖出相应行数

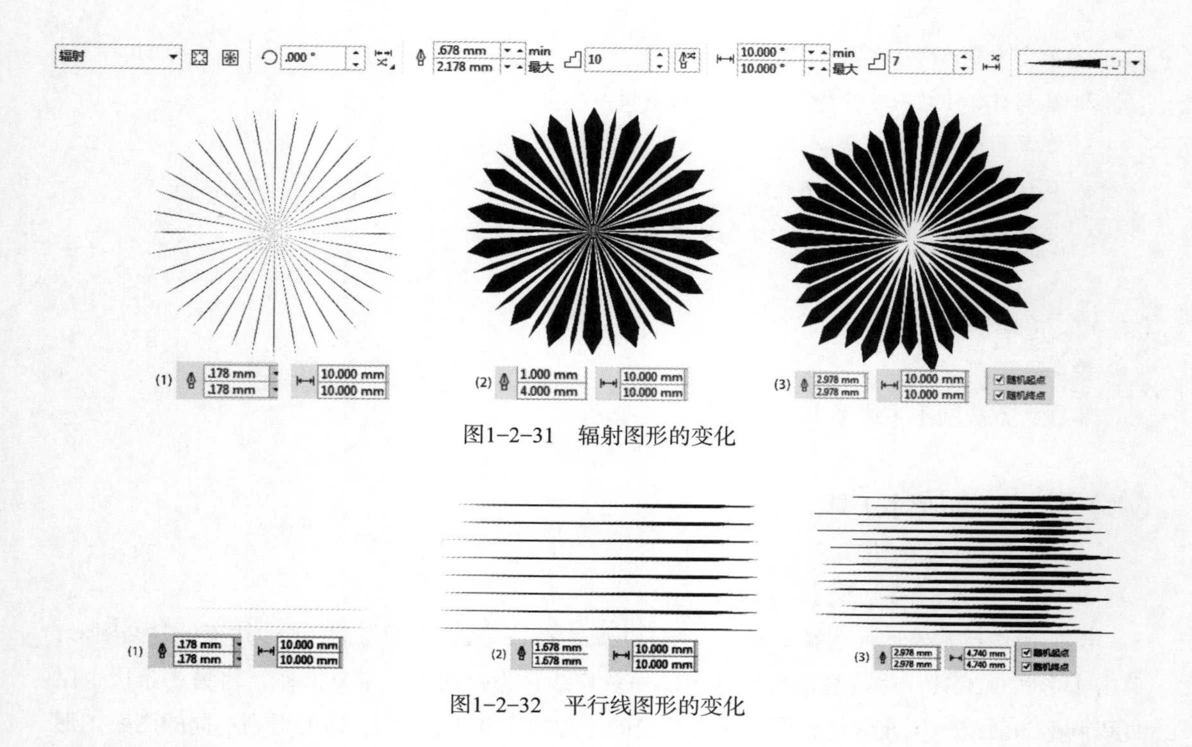

图1-2-31　辐射图形的变化

图1-2-32　平行线图形的变化

及列数的图纸（图1-2-33）。

2. 单击鼠标右键执行【取消组合对象】命令或者点击组合键【Ctrl+U】，图纸被打散。

3. 按照图形设计需要，在相应的格子中填上颜色（图1-2-34）。

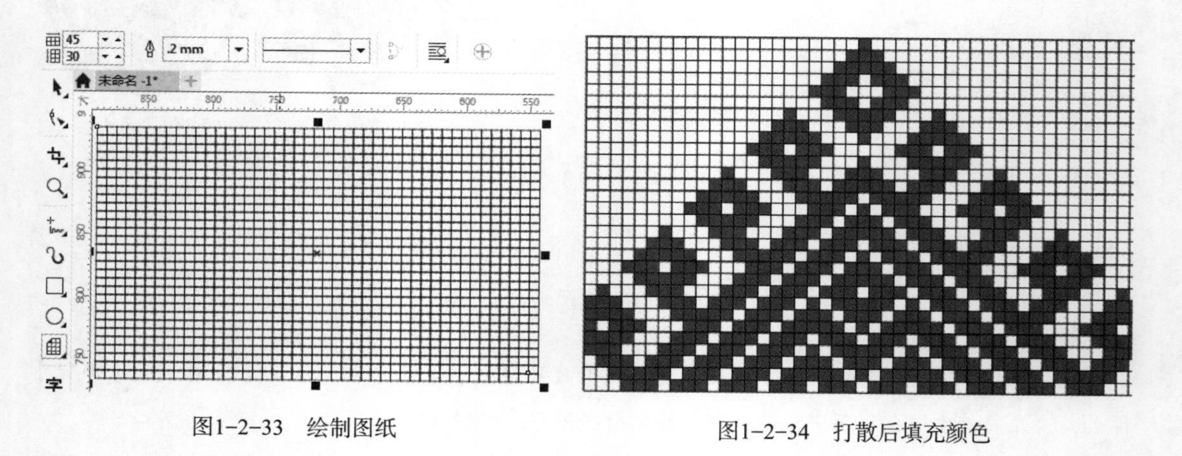

图1-2-33　绘制图纸

图1-2-34　打散后填充颜色

（九）【螺纹】工具（【A】）

说明：绘制螺纹。

步骤：

1. 选中工具箱【螺纹】工具。在属性工具栏【螺纹回圈】中输入数值。

2. 在页面中拖出螺纹。按住【Ctrl】键绘制正螺纹，按住组合键【Ctrl+Shift】，绘制从中央往外的正螺纹。

3. 案例操作技术要点：选中工具箱【螺纹】工具绘制一个螺纹，在属性栏中调整轮廓宽度，执行菜单【对象/将轮廓转换为对象】命令，根据设计需要用【形状】工具调整相关节点位置，然后执行工具箱中【变形工具/扭曲变形】命令，得到效果（图1-2-35）。

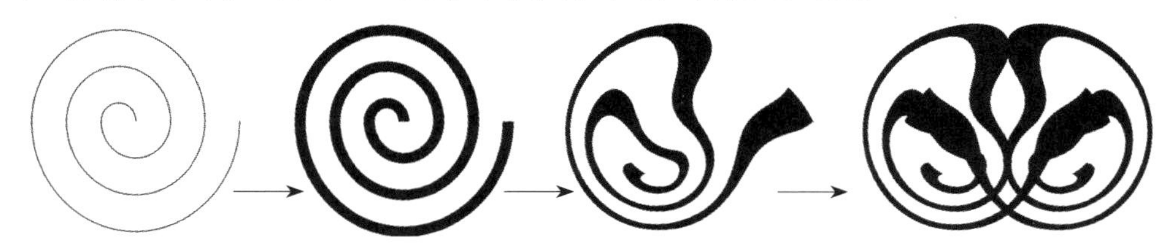

图1-2-35　由【螺纹】工具变化的图形

六、改变造型

（一）转换曲线

说明：转换曲线只是对基本形状而言，如矩形、圆形和多边形。如果是用【钢笔】或【铅笔】工具绘制的图形，其本身就是曲线的编辑，所以不需要【转换为曲线】处理。

步骤：

1. 用【矩形】工具绘制一个矩形，点击工具箱中【形状】工具按钮，此时矩形出现四个角点，拖动其中的一个角点，其他三个角点也随之变化，使原来的矩形变成椭圆形或者是圆形（图1-2-36）。

2. 另外一种情况是：当单击其中的一个角点，其他三个角点消失，按住【Shift】键，加选一个角点，此时拖动角点就只有被选中的角点会发生变化，没有被选中的角点则保持不变（图1-2-37）。

3. 案例操作技术要点：选择【矩形】工具绘制一个矩形，用【选择】工具选中矩形对象，然后执行菜单【排列/转换为曲线】命令；或者单击鼠标右键执行【转换为曲线】命令；或者点击属性工具栏【转换为曲线】图标，即可将矩形转换为曲线。只有对基本形状执行【转换为曲线】命令之后，才可以对其添加节点、删除节点、移动节点，进行任意的变形处理（图1-2-38）。

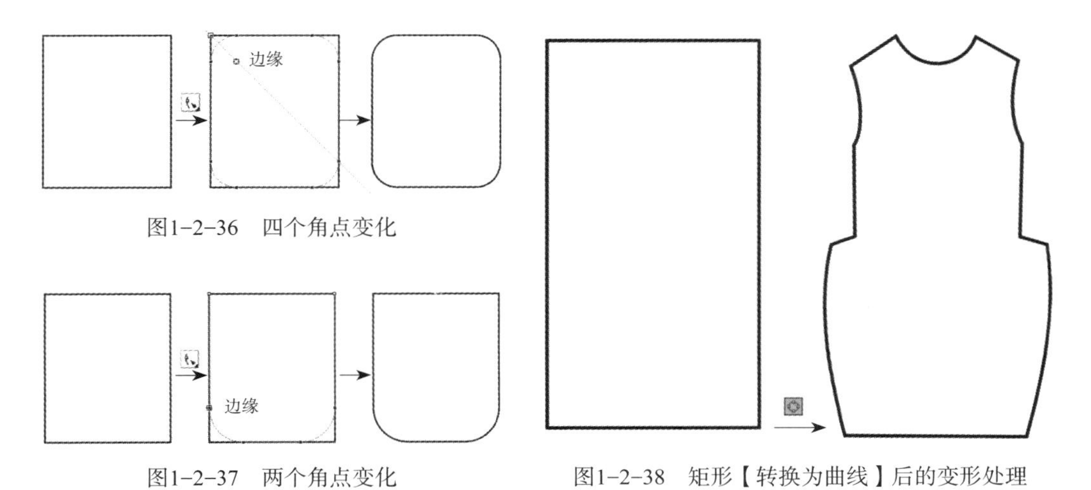

图1-2-36　四个角点变化

图1-2-37　两个角点变化

图1-2-38　矩形【转换为曲线】后的变形处理

（二）选择节点

说明：节点是控制一个线段的两个点。

步骤：

1. 选择一个节点。选中对象，点击【形状】工具，在目标节点上单击，节点即被选中，并可以进行编辑。

2. 按住【Shift】键，逐一单击节点，可以选中多个节点，也可以逐一取消对节点的选择。

3. 执行菜单【编辑/全选】命令，选择全部节点。单击页面空白处，取消节点选择。

（三）添加、删除节点

说明：添加或者删除节点。

步骤：

1. 单击【形状】工具，在线段上目标位置双击鼠标左键，添加一个节点。

2. 双击目标节点，则可以删除该节点。

（四）连接节点

说明：将分开的节点进行连接。

步骤：

1. 用【形状】工具，框选两个分开的节点，然后点击属性栏【连接两个节点】图标。

2. 点击属性栏【延长曲线使之封闭】图标（延长曲线使之封闭是指把所选的两个节点经过延长，连接到一起）。

3. 点击属性栏【自动闭合曲线】图标（自动闭合曲线指的是对一个曲线初始点和结束点的闭合）。

4. 若两个节点不属于同一个对象，则无法进行以上操作。只有先将分开的对象执行【合并】命令到一个对象（组合键【Ctrl+L】），方可以进行以上操作。

（五）改变节点的类型

说明：将直线节点转换成曲线节点，也可以将曲线节点转换成直线节点。

步骤：

1. 用工具箱【形状】工具选择一个节点。点击属性栏【转换曲线为直线】图标，或者点击【转换直线为曲线】图标。

2. 单击鼠标右键，执行【到直线】、【到曲线】命令（图1–2–39）。

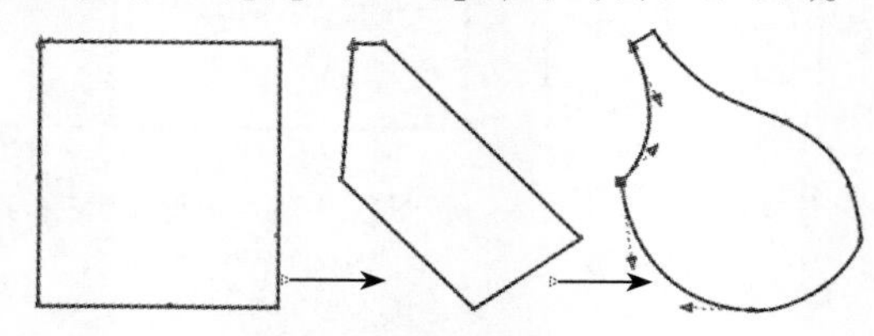

图1–2–39 编辑节点后得到的图形

（六）断开节点

说明：将结合点断开。

步骤：

1. 绘制一个封闭矩形。用【形状】工具选中该矩形，单击鼠标右键执行【转换为曲线】命令。

2. 选中一个节点，然后点击属性栏中【断开曲线】图标（图1-2-40）。

3. 图形只有处于曲线编辑状态下，才可以进行节点的连接或断开操作。

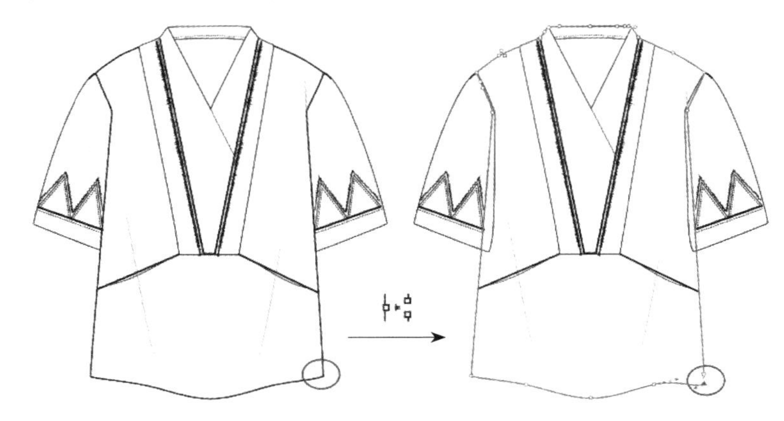

图1-2-40　断开节点

（七）涂抹笔刷

说明：涂抹笔刷可以在矢量图形对象（包括边缘和内部）上任意涂抹，以达到变形的目的。

步骤：

1. 选中目标涂抹对象，选择工具箱【涂抹笔刷】工具，此时光标变成椭圆形状，拖动鼠标即可涂抹对象。

2. 可以对属性栏中的【笔尖半径】、【压力】、【平滑涂抹】、【尖状涂抹】进行调节设置（图1-2-41）。

图1-2-41　属性设置

（八）粗糙笔刷

说明：粗糙笔刷是一种多变的扭曲变形工具，它可以改变矢量图形对象中曲线的平滑度，从而产生粗糙的变形效果，经常用于服装边缘的破边效果处理。

步骤：

1. 选中目标粗糙对象，选择工具箱中【粗糙笔刷】工具。在矢量图形的轮廓线上拖动鼠标，即可将其曲线粗糙化。

2. 通过属性栏中【笔尖半径】、【笔压】、【笔尖的频率】进行参数设置（图1-2-42）。

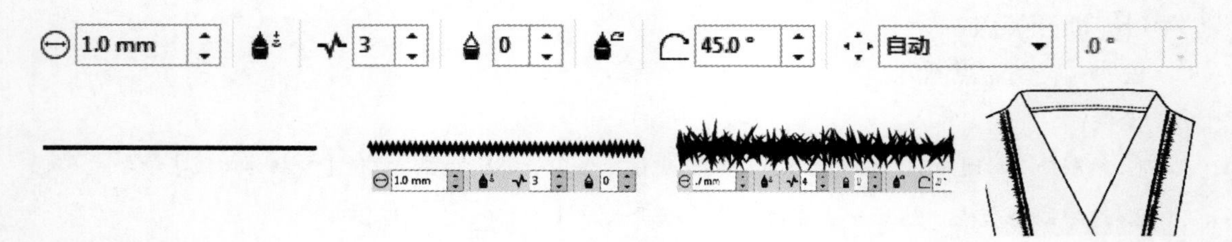

图1-2-42 【粗糙笔刷】属性设置

七、文本编辑（【F8】）

（一）美术字

说明：美术字实际上是指单个的文字对象。由于它是作为一个单独的图形对象来使用，因此可以用各种处理图形的方法对它们进行编辑处理。

步骤：

1. 在工具箱中，选中【文本】工具字或按住快捷键【F8】。

2. 在绘图页面中适当位置单击鼠标，出现闪动的插入光标。

3. 通过键盘直接输入美术字。

4. 在属性栏可以方便地设置文本的相关属性。

（二）段落文本

说明：段落文本是建立在美术字模式基础上的大块区域的文本。

步骤：

1. 在工具箱中，选中【文本】工具字或单击快捷键【F8】。

2. 在绘图页面中适当位置按住鼠标左键后拖动，画出一个虚线矩形框和闪动的插入光标，在虚线框中可直接输入段落文本。

3. 对于在其他的文字处理软件中已经编辑好的文本，只需要将其复制到Windows的剪贴板中，然后在CorelDRAW的绘图页面中插入光标处或段落文本框内，点击组合键【Ctrl+V】（粘贴）即可复制文本。

4. 用于美术字编辑的许多选项都适用于段落文本的编辑，包括字体设置、应用粗斜体、排列对齐、添加下划线等。

（三）使文本适合路径

说明：编辑好的文字可以沿着任意路径排列。

步骤：

1. 绘制一个图形（可以是任何线条和形状），然后选中文字。

2. 执行菜单【文本/使文本适合路径】命令，鼠标转换成黑色箭头，点击刚才绘制的路径即可，可以通过属性栏改变文字的设置（图1-2-43）。

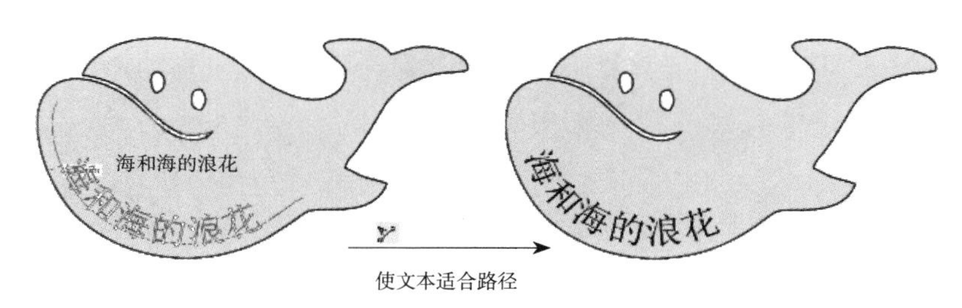

图1-2-43　文本适合路径

3. 单击鼠标右键，执行【转换为曲线】命令，选中路径后可以将其删除。

第三节　服装绘画表现常用工具

一、对象处理

所谓“对象处理”是指对所绘制的图形进行处理。例如，要改变图形的位置、大小，或者是和其他对象进行对齐等操作都属于它的处理范围。对象处理的操作必须在完成前面学习的基础上进行，因为没有绘制的对象，是无法进行处理的。所以本节的学习思路第一步：选中对象；第二步：找寻相应的命令；第三步：进行相应的操作。

（一）选择对象

说明：可以选择单个或多个对象。

步骤：

方式一：单选对象

1. 单击工具箱中【挑选】工具。

2. 然后移动至目标对象上单击，当周围出现八个小黑点的时候，说明该对象被选中（图1-3-1）。

3. 取消对象的选择，在空白的地方单击鼠标左键就可以取消选择。

方式二：多选对象

1. 框选方式。框选就是在页面中某处单击，按住鼠标左键同时拖动鼠标，出现一个虚线框，将目标对象框选到虚线框内，然后释放鼠标，框内完整的对象被选中（图1-3-2）。

2. 按住【Shift】键，连续单击可以选择多个对象。反之，按住【Shift】键可以取消多个选择中的任意对象。

3. 按住组合键【Ctrl+A】全选对象。

4. 按住【Alt】键，用框选方法，只要是虚线框所触及的对象都会被选中。

（二）复制、再制、删除对象

说明：可以对任意对象进行复制、再制及删除。

图1-3-1　单选对象

图1-3-2　框选对象

步骤：

方式一：复制对象【Ctrl+C】或者【+】

1. 鼠标复制。选中对象，按住左键同时拖动鼠标，移至目标位置之后不要释放左键，直接单击右键，对象即被复制。此种方式能快速进行对象的复制，需要重点掌握。

2. 命令复制。选中对象，点击组合键【Ctrl+C】，或者执行【编辑/复制】命令。点击组合键【Ctrl+V】或执行【编辑/粘贴】命令。

3. 快捷方式复制。选中对象后，单击数字键盘上的【+】键，然后移开对象。

方式二：再制对象【Ctrl+D】

1. 选中对象。

2. 按下鼠标左键不松手拖动对象至目标位置后，右键单击。

3. 多次点击组合键【Ctrl+D】，即可再制对象（图1-3-3）。

图1-3-3　再制对象

方式三：删除对象

1. 选中对象。

2. 单击【Delete】键，对象被删除。

（三）复制对象的属性、变换、效果到另一个对象

说明：可以快速地将一个对象的属性、变换及效果复制到另外的对象中。

步骤：

方式一：复制对象属性

1. 单击工具箱【属性滴管】工具。

2. 在属性栏中选择【对象属性】，勾选【轮廓】、【填充】和【文本】，点击【确定】按钮（图1-3-4）。

3. 在页面中单击原始对象，此时光标变成颜料桶形状。

4. 在页面中单击目标对象，原始对象的属性被复制到目标对象中（图1-3-5）。

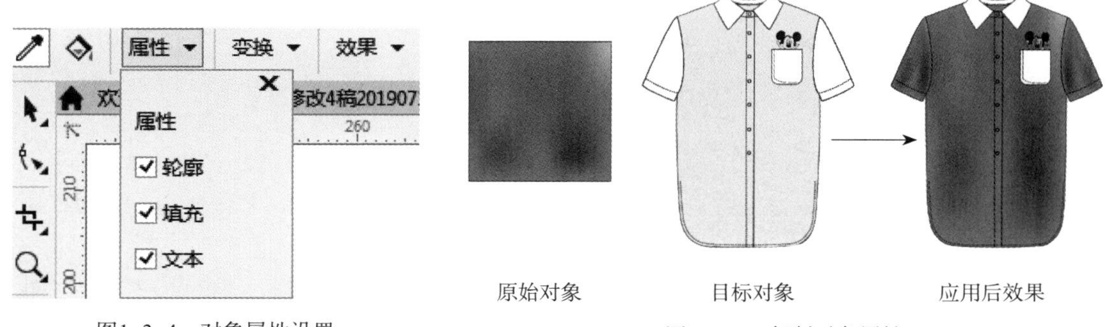

图1-3-4　对象属性设置

图1-3-5　复制对象属性

方式二：复制对象的变换，步骤可参见方式一。

方式三：复制对象的效果，步骤可参见方式一。

（四）定位对象

说明：定位对象就是指改变对象的位置，也就是对象的移动。精确定位对于无缝对接循环图案的制作非常重要。

步骤：

方式一：应用【挑选】工具

1. 单击【挑选】工具，选中对象。

2. 将其移至目标位置。

方式二：精确定位

1. 选中对象。

2. 在属性栏中【对象位置】的X坐标、Y坐标框输入数值。

方式三：微调

1. 选中对象。

2. 单击键盘上的上/下/左/右方向键↑↓←→，可以微调对象的位置。

方式四：菜单移动

1. 选中对象。

2. 执行菜单【窗口/泊坞窗/变换/位置】命令，在X坐标、Y坐标中输入数值（图1-3-6）。

（五）分布和对齐（【Ctrl+Shift+A】）

说明：分布是指对象之间的距离，对齐是指对象排列整齐。例如服装绘图中纽扣的分布与对齐，图案的分布与对齐等。

步骤：

1. 选中需要分布或对齐的所有对象。

2. 执行菜单【窗口/泊坞窗/对齐与分布】命令，打开【对齐与分布】面板（图1-3-7）。

3. 对齐有左对齐、水平居中对齐、右对齐；顶端对齐、垂直居中对齐、底端对齐。

4. 分布有左分散排列、水平分散排列中心、右分散排列、水平分散排列间距、顶部分散排列、垂直分散排列中心、底部分散排列、垂直分散排列间距。

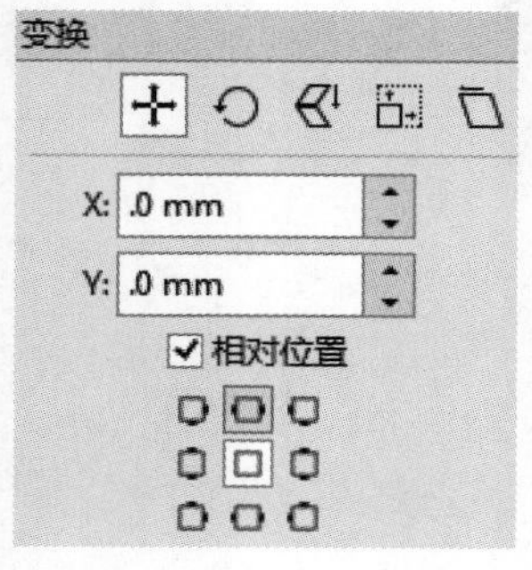

图1-3-6 【位置】面板

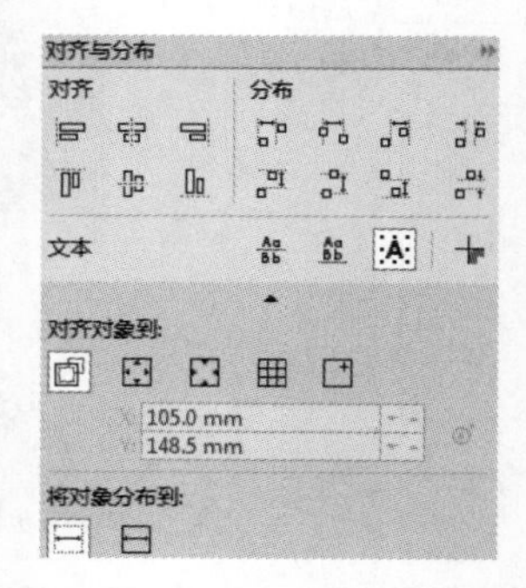

图1-3-7 【对齐与分布】面板

（六）改变对象的顺序

说明：软件默认的顺序是先画的对象在下面，后画的对象在上面。

步骤：

1. 选择一个对象。单击鼠标右键执行【顺序】命令，出现下拉菜单，选择合适命令，即可改变对象的顺序（图1-3-8）。

2. 或者执行菜单【排列/顺序】命令，同样可以弹出下拉菜单。

3. 技术要点：用顺序命令的快捷键，操作更为方便。

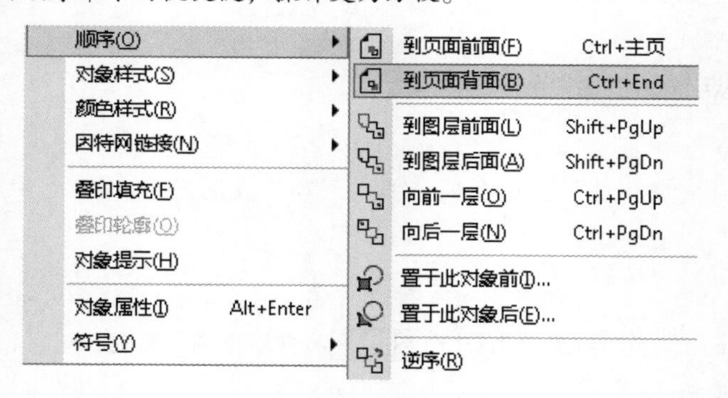

图1-3-8 【顺序】面板

（七）改变对象的大小

说明：任意改变对象的大小。

步骤：

方式一：鼠标拖动

1. 单击【挑选】工具，选中对象。

2. 将鼠标放置在对象边缘任意小黑点上，进行拖动，则可以改变其大小。

3. 将鼠标放置在四个角点的时候，进行等比例缩放。按住【Shift】键则是从中心等比例缩放。

方式二：精确缩放

1. 选中对象。

2. 在属性栏的【对象的大小】中输入数值，可以精确设置对象的大小。

方式三：比例缩放

1. 选中对象。

2. 执行菜单【排列/变换】命令，在【变换】面板中找到【缩放】按钮，输入数值（图1-3-9）。

（八）旋转和镜像对象

说明：旋转和镜像在服装绘图中的应用很广泛，需要重点掌握。

步骤：

方式一：旋转对象

1. 选中对象，再次单击对象，在周围出现旋转圈，按住旋转图标拖动鼠标即可进行旋转（图1-3-10）。

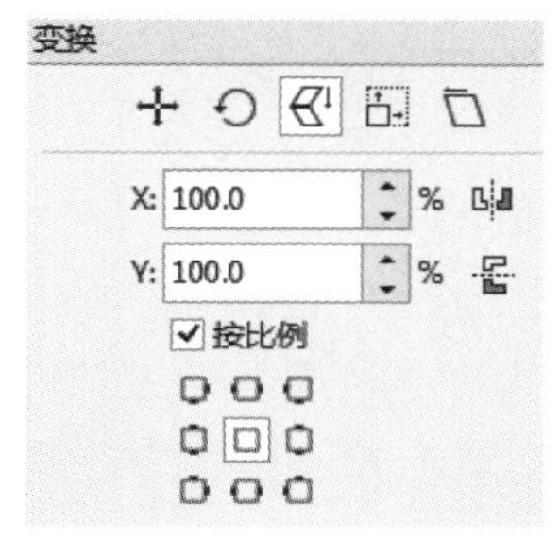

图1-3-9　【变换】面板

图1-3-10　旋转对象

2. 选中对象，在属性栏的【旋转角度】图标 45 里面输入数值。

3. 选中对象，执行菜单【排列/变换/旋转】命令，在对话框中输入数值。

方式二：镜像对象

1. 选中对象。

2. 点击属性栏上的【水平镜像】或【垂直镜像】图标，即可镜像对象。

方式三：镜像复制对象

选中对象，按住【Ctrl】键，在对象左边延展手柄处按下鼠标左键往右边翻转拖动，单击右键结束（图1-3-11）。

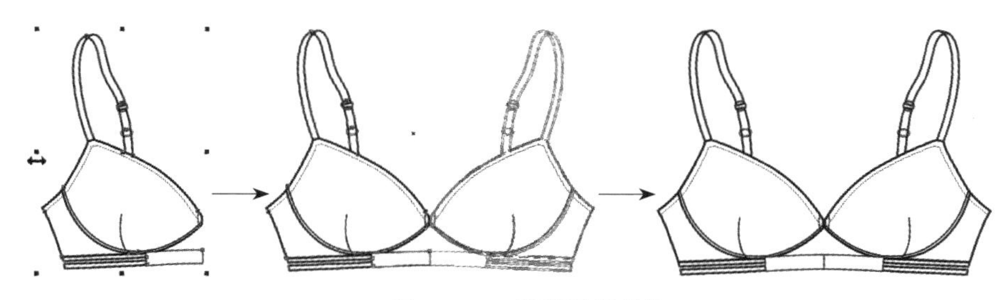
图1-3-11　镜像复制对象

（九）组合对象（【Ctrl+G】）

说明：组合对象是把多个对象放到一起，组合成一个对象，便于进行统一操作，例如整体的放大、缩小、移动和复制等。

步骤：

1. 选中要组合的多个对象。

2. 点击组合键【Ctrl+G】进行组合，或者执行菜单【对象/组合】命令，或者点击属性工具栏上的【组合】图标。

3. 点击组合键【Ctrl+U】取消组合，或者点击属性工具栏中的【取消组合】图标。

（十）合并对象

说明：合并与组合是不同的，合并后的对象将失去原有对象的特征，而变成一个结合体。

步骤：

1. 选中要结合的对象，执行菜单【对象/合并】命令。

2. 点击属性栏中的【合并】图标。

3. 或者单击鼠标右键，执行【合并】命令。

4. 单击鼠标右键，执行【拆分曲线】命令可以取消合并。

二、对象填充

色彩填充对于作品的表现非常重要，在CorelDRAW中，有均匀填充（单色填充）、渐变色填充、向量图样填充、位图图样填充、双色图样填充等。需要填充的对象必须是封闭的区域。

（一）均匀填充

说明：均匀填充是最普通的一种单色填充。

步骤：

1. 选中对象，在【调色板】颜色上单击鼠标左键，对象被填充；单击鼠标右键，轮廓被填充。

2. 鼠标左键单击【调色板】中的⊠图标，去掉对象内部填充；鼠标右键单击【调色板】中的⊠图标，去掉轮廓填充。

3. 或者点击组合键【Shift+F11】，弹出【编辑填充】面板（图1-3-12），选择颜色后点击【确定】按钮。

4. 或者执行菜单【窗口/泊坞窗/彩色】命令，打开【颜色泊坞窗】面板（图1-3-13），选择颜色后单击【填充】或【轮廓】按钮。

（二）渐变填充（【F11】）

说明：渐变填充包括线性渐变、椭圆形渐变、圆锥形渐变、矩形渐变四种模式。

步骤：

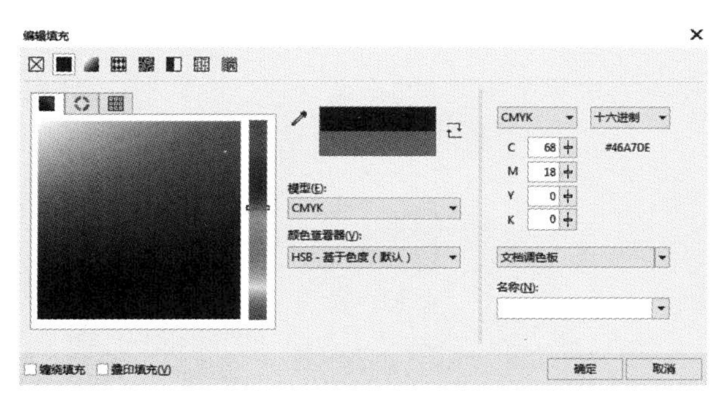

图1-3-12　【编辑填充】面板

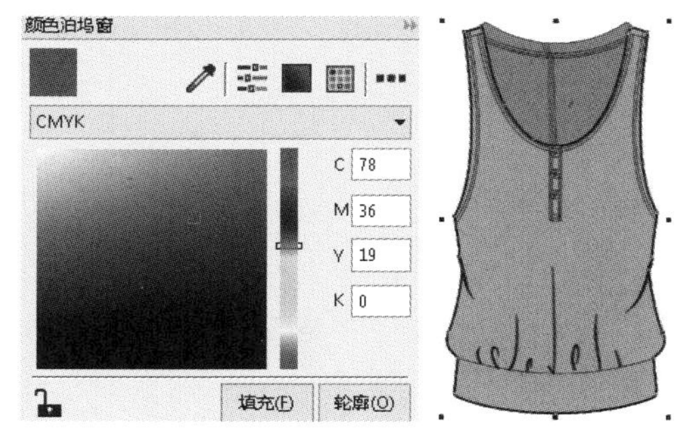

图1-3-13　均匀填充效果

1. 选中对象，执行菜单【窗口/泊坞窗/对象属性】命令，打开【对象属性】面板，点击【对象属性/填充/渐变填充】按钮（图1-3-14）。或者单击快捷键【F11】，弹出【编辑填充】对话框（图1-3-15），得到渐变填充效果（图1-3-16）。

2.【多色渐变填充】可以在渐变条上双击左键增加“颜色滑块”，然后在右边的调色板中设置颜色。鼠标左键双击“颜色滑块”，可以删除颜色（图1-3-17）。

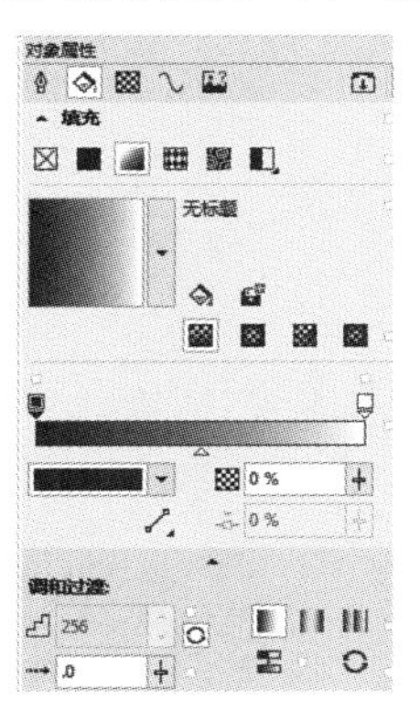

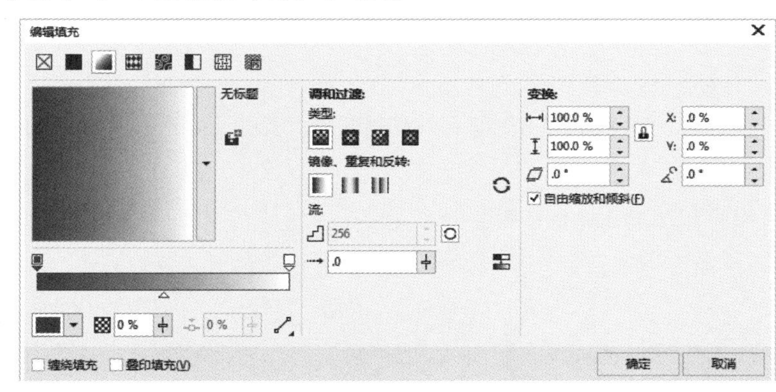

图1-3-14　【对象属性】面板

图1-3-15　【编辑填充】面板

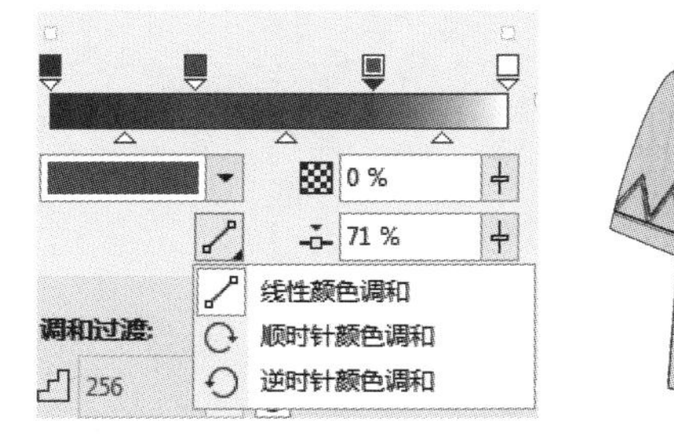

图1-3-16　填充

图1-3-17　多色渐变填充设置

（三）向量图样填充

说明：向量图样填充可以填充CorelDraw库里边的图样，也可以通过【从文档新建】命令填充自己绘制的各种图形。

步骤：

1. 选中对象，点击【对象属性/填充/向量图样填充】按钮，弹出对话框，挑选里边已有的向量图样进行参数设置即可填充（图1-3-18）。

2. 选中对象，点击【从文档新建】按钮，鼠标在页面中拖动选中矢量纹样，点击【接受】按钮即可填充（图1-3-19）。

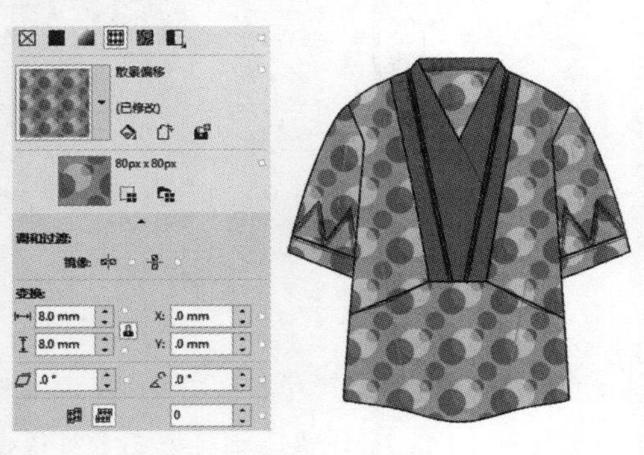

图1-3-18　双色图样填充

图1-3-19　【从文档新建】图样填充

（四）位图图样填充

操作方法与向量图样填充相同。

（五）双色图样填充

说明：双色图样填充包括有双色图样填充、底纹填充、PostScript填充三种形式。

步骤：

1. 【双色图样填充】。选中对象，点击【对象属性/填充/双色图样填充】按钮，默认的颜色为黑白色，通过替换“前部”和“后部”来修改颜色（图1-3-20）。

图1-3-20　双色图样填充

2. 【底纹填充】。CorelDRAW提供了几百种纹理样式及材质，有泡沫、斑点、水彩等。选中对象，点击【对象属性/填充/底纹填充】按钮，弹出【底纹填充】对话框（图1-3-21）。在选择样本纹理后，点击【编辑填充】按钮，弹出【编辑填充】对话框，在对话框进行相关参数设置，可以得到不同效果（图1-3-22）。

3. 【PostScript 填充】。【PostScript 填充】是由 PostScript 语言编写出来的一种底纹。选中目标填充对象，点击【对象属性/填充/PostScript 填充】按钮，弹出对话框，选中目标底纹后，修改【编辑填充】对话框中的各项参数，可以得到不同的效果（图1-3-23）。

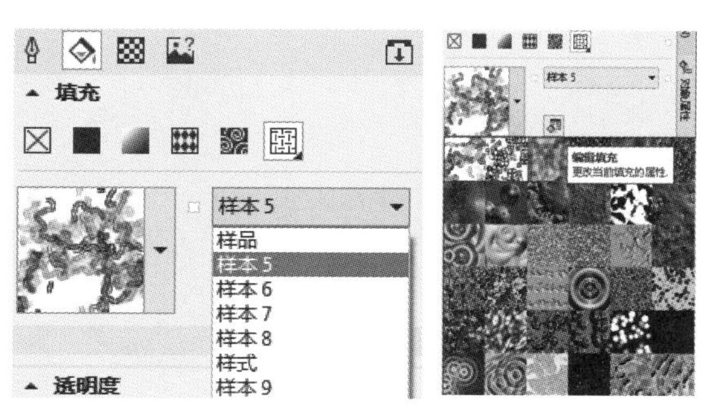

图1-3-21 底纹填充设置

图1-3-22 底纹填充各种效果

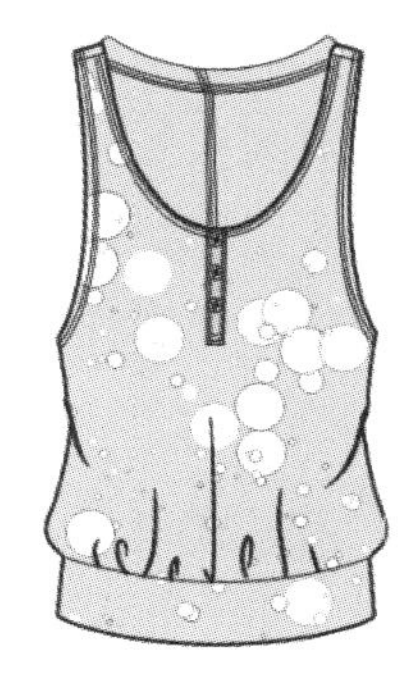

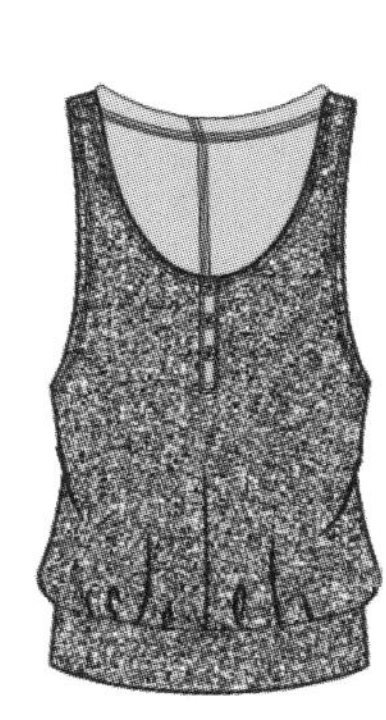

图1-3-23 PostScript填充各种效果

（六）交互式填充与 网状填充 网状填充

说明：可以轻松地创建复杂多变的网状填充效果，经常应用于人物肤色的表现，以及强调多色组合渐变效果的图形，同时还可以将每一个网点填充上不同的颜色并定义颜色的扭曲方向。

步骤（人物肤色快速上色案例操作技术要点）：

1. 用【矩形】工具绘制一个矩形，导入一张人物肤色位图，运用【位图图样填充】工具将位图填充到矩形对象中；选中填充后的矩形对象，点击工具箱中【网状填充】工具，在矩形对象上双击添加网点，生成交互式填充效果（图1-3-24）。

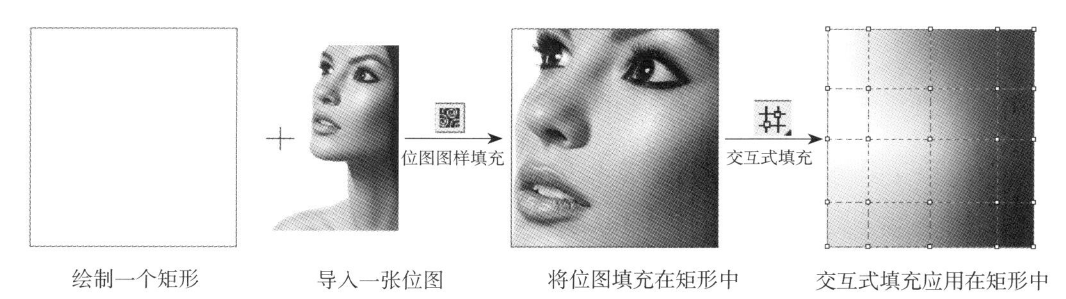

图1-3-24 快速提取交互式填充效果

2. 选中对象，选择工具箱中【属性滴管】工具，将交互式属性应用到脸部对象中。根据五官位置，可以继续增加、删除、调整网点，拖动选中的网点，即可扭曲颜色的填充方向。选中网点，在调色板中选定需要填充的颜色，即可为该节点填充颜色，直到效果满意为止（图1-3-25）。

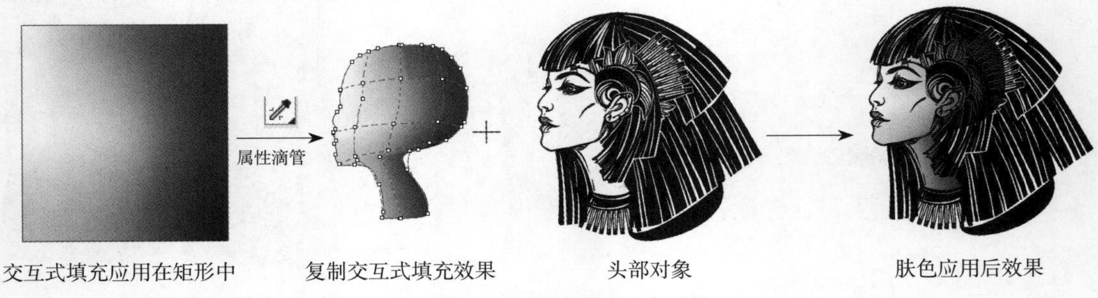

图1-3-25　人物肤色上色过程

（七）图框精确剪裁

说明：将一个对象放置到另一个矢量对象内部，并且可以修改内部对象。

步骤：

1. 选中线条对象（用【混合】工具绘制完成），执行菜单【对象/PowerClip/置于图文框内部】命令。

2. 当鼠标变成黑色粗箭头时，在领子对象上点击，线条即被置入领子图中（图1-3-26）。

3. 选中领子对象，弹出【PowerClip】按钮（图1-3-27），鼠标单击【编辑PowerClip】按钮，进入子页面（图1-3-28）。用【3点曲线】工具沿着领子外围绘制一条曲线（红色线），然后用【选择】和【形状】工具，调整修改线条图形首尾两条线段至合适位置（图1-3-29），以符合领圈的弧度，完成后单击【完成编辑】按钮即可。

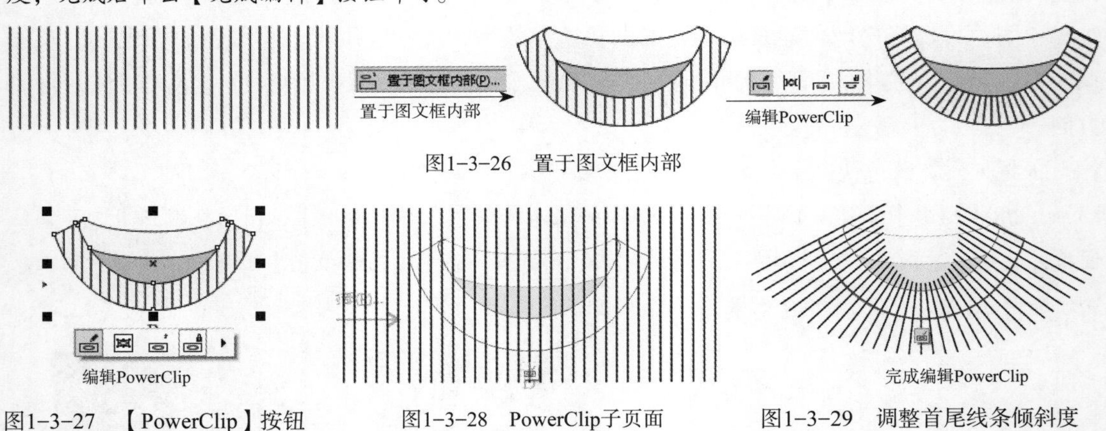

图1-3-26　置于图文框内部

图1-3-27　【PowerClip】按钮　　图1-3-28　PowerClip子页面　　图1-3-29　调整首尾线条倾斜度

三、调和工具组

（一）【混合】工具

说明：【混合】工具可以在矢量图形对象之间产生形状、颜色、轮廓及尺寸上的平滑变化。选中【混合】工具，由一个对象拖动到另一个对象，就会出现混合效果，在属性栏调整步长、调和方向、环绕调和、路径属性、直接调和、顺时针调和、逆时针调和、对象和颜色加速等参数，可以改变混合的效果。

步骤：

1. 用【钢笔】或者【贝塞尔】工具绘制两条垂直线（*A*线和*B*线）。

2. 选择工具箱中【混合工具】，在属性栏中对属性进行设置（图1-3-30）。

3. 在出发对象（红色线段）上按住鼠标左键不放，然后拖动到终止对象（绿色线段）上释放鼠标即可（图1-3-31）。

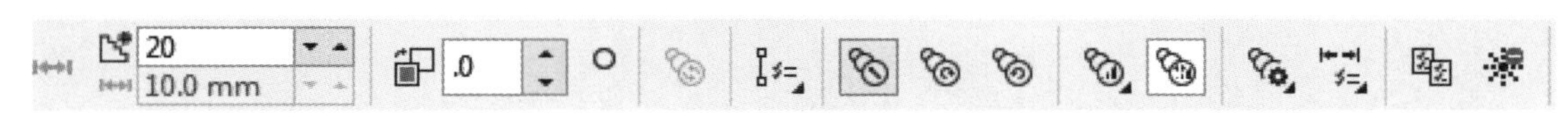

图1-3-30　【混合工具】属性设置

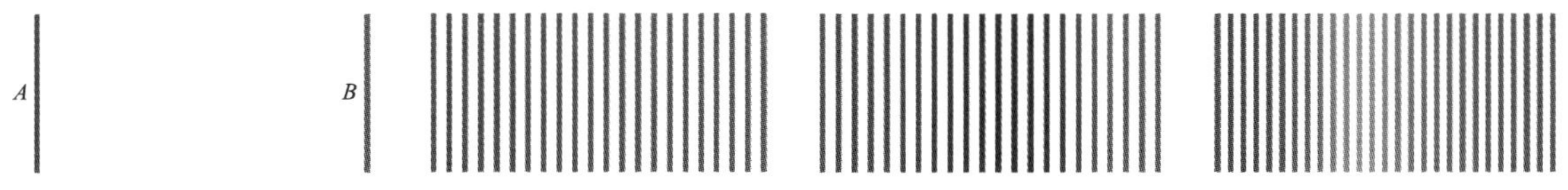

绘制两条垂直线段　　直接调和，步长20　　顺时针调和，步长20　　逆时针调和，步长25

图1-3-31　混合的各种效果

4. 路径属性操作。选中对象[图1-3-32（1）]，点击属性栏【路径属性/新建路径】按钮，此时鼠标光标变成扭曲的箭头形状，在路径上点击[图1-3-32（2）]，调和后的对象即被置入在曲线上[图1-3-32（3）]，执行菜单【对象/PowerClip/置于图文框内部】命令，将罗纹置于领子对象中[图1-3-32（4）]。

5. 选中对象[图1-3-32（4）]，鼠标右键单击执行【编辑PowerClip】命令，调整首尾两条线段的倾斜角度，使其符合领子的弧线外轮廓（图1-3-33）。

6. 删除路径操作。选中对象，鼠标右键单击执行【打散路径群组上的混合】（【Ctrl+K】）命令，然后选中路径，单击【Delete】键即可删除（图1-3-34）。

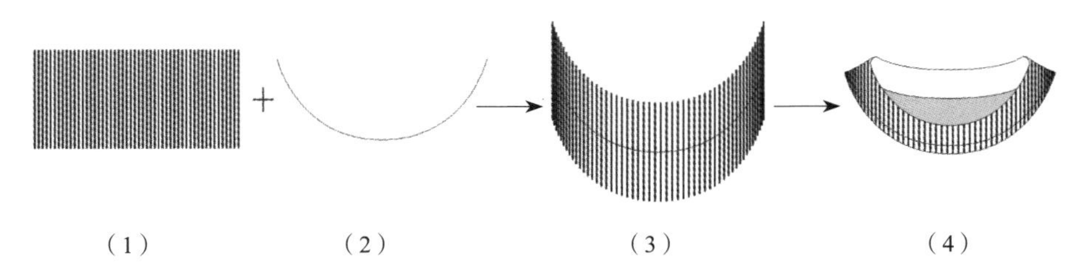

图1-3-32　使混合对象适合某路径

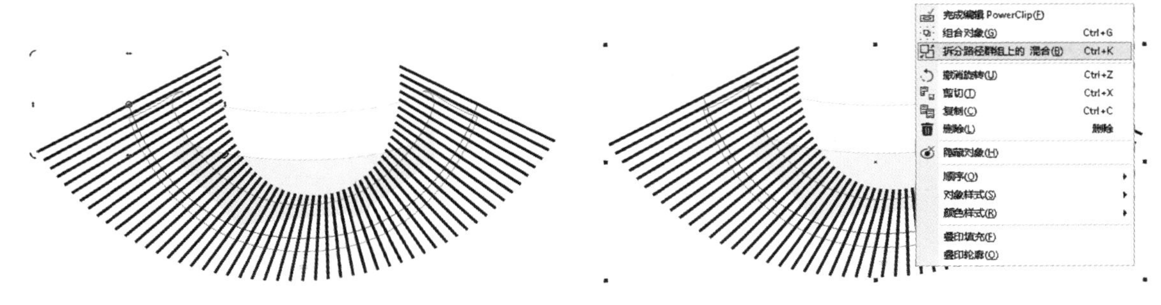

图1-3-33　调整线段倾斜度　　　　图1-3-34　拆分路径

（二）【轮廓图】工具

说明：【轮廓图】工具是指由一系列对称的同心轮廓线圈组合在一起，所形成的具有深度感的效果。轮廓效果与调和效果相似，也是通过过渡对象来创建轮廓渐变效果，但轮廓效果只能作用于单个的对象，不能应用于两个或多个对象。

步骤：

1. 选中欲添加效果的对象。
2. 在工具箱中选择【轮廓图】工具，对属性进行设置（图1–3–35）。
3. 用鼠标向内（或向外）拖动对象的轮廓线，在拖动过程中可以看到提示虚线框。
4. 当虚线框达到满意的大小时，释放鼠标即可完成轮廓效果的制作（图1–3–36）。

图1–3–35　轮廓图属性设置

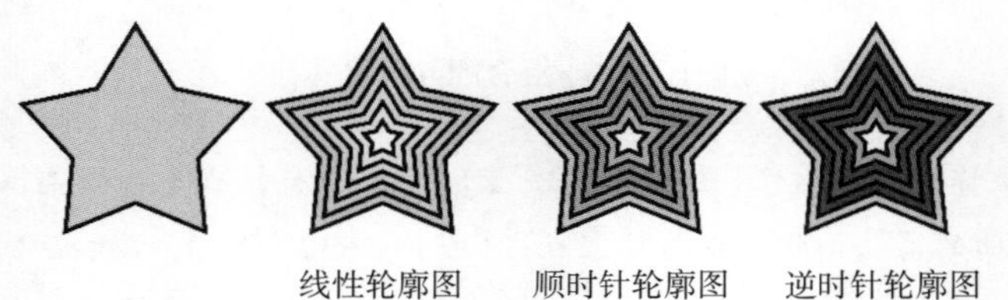

图1–3–36　轮廓各种效果

（三）【变形】工具

说明：变形是指不规则地改变对象的外观，使对象发生变形。有【推拉变形】、【拉链变形】和【扭曲变形】三种模式，可以变换出各种效果。

步骤：

1. 选中目标变形对象。
2. 选择工具箱中【变形】工具 变形（图1–3–37）。在属性工具栏中出现三种模式（图1–3–38）。
3. 将鼠标移动至目标变形的对象上，按住鼠标左键同时拖动鼠标至适当位置。
4. 释放鼠标左键即可完成变形。

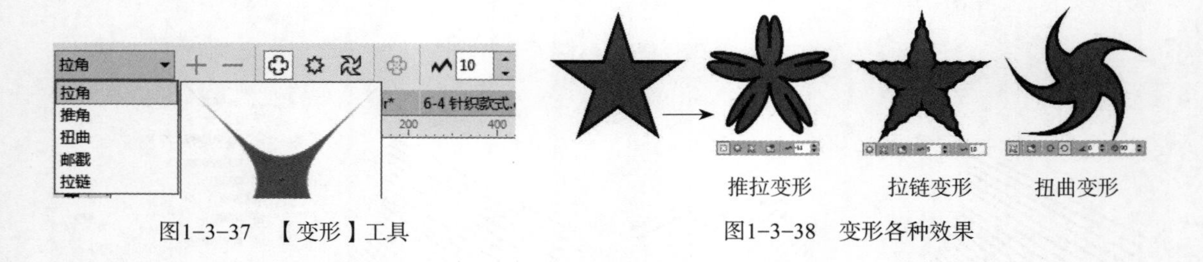

图1–3–37　【变形】工具

图1–3–38　变形各种效果

（四）【阴影】工具

说明：阴影效果是指为对象添加下拉阴影，增加景深感，从而使对象具有逼真的外观效果。制作好的阴影效果与对象是动态连接在一起的，如果改变对象的外观，阴影也会随之变化。

步骤：

1. 选中目标制作阴影效果对象，单击工具箱中【阴影】工具。

2. 在对象上按住鼠标左键不松手，然后向阴影投映方向拖动鼠标，此时会出现阴影控制线。拖动鼠标至适当位置，释放鼠标左键即可完成阴影效果的添加（图1-3-39）。

图1-3-39 阴影效果

3. 拖动阴影控制线中间的调节钮，可以调节阴影的不透明程度。越靠近白色方块不透明度越小，阴影越淡；越靠近黑色方块不透明度越大，阴影越浓。点击属性栏中的【阴影颜色】按钮，可以修改阴影颜色。

4. 点击属性栏中【预设】按钮 预设...，点选任意的预设模式，可以直接应用阴影。

5. 点击属性栏中的【清除阴影】按钮，可以删除阴影。

（五）立體化【立体化】工具

说明：【立体化】工具是利用三维空间的立体旋转和光源照射的功能，为对象添加上产生明暗变化的阴影，从而制作出逼真的三维立体效果。使用工具箱中的【立体化】工具，可以轻松地为对象添加具有专业水准的矢量图立体化效果或位图立体化效果。

步骤：

1. 选定目标添加立体化效果对象。

2. 选择工具箱中【立体化】工具。

3. 在对象中心按住鼠标左键向添加立体化效果的方向拖动，此时对象上会出现立体化效果的控制虚线。

4. 拖动至适当位置后释放鼠标左键，即可完成立体化效果的添加。

5. 拖动控制线中的【调节】按钮可以改变对象立体化的深度。

6. 拖动控制线箭头所指一端的控制点，可以改变对象立体化消失点的位置。

7. 通过属性栏中的【预设】按钮，可以直接应用立体化（图1-3-40）。

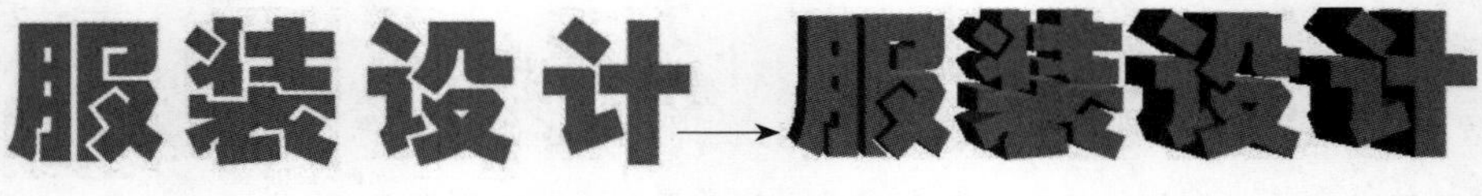

图1-3-40　交互式立体化效果

（六）【封套】工具

说明：封套是通过操纵边界框来改变对象的形状，也就是用外面的套子来改变内部对象的形状。

步骤：

1. 选中目标对象。
2. 选中工具箱中的【封套】工具。
3. 单击需要制作封套效果的对象，此时对象四周出现一个矩形封套虚线控制框。
4. 拖动封套控制框上的节点，即可控制对象的外观（图1-3-41）。

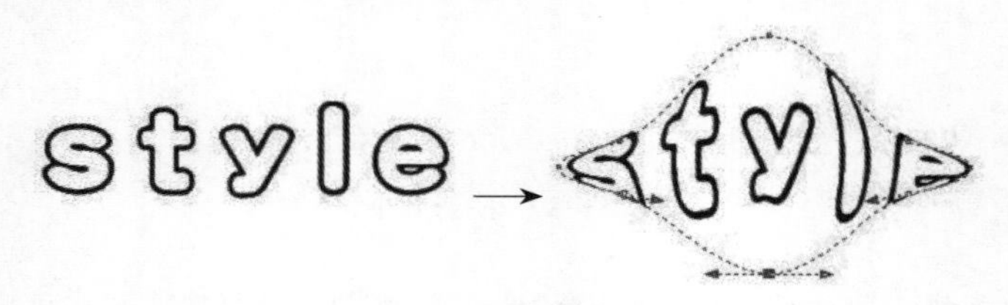

图1-3-41　使用【封套】工具

5. 【封套的直线模式】，是指当拖动任意一个节点的时候，它的虚线一直是用直线来表现的。
6. 【封套的单弧模式】，是指拖动一个节点的时候，它的虚线是一条弧线。
7. 【封套的双弧模式】，是指拖动一个节点的时候，它的虚线是两条弧线。
8. 【封套的非强制模式】，是指当调节一个节点的时候，它的两边会出现两条控制线和控制点。
9. 自定义封套。用【基本形状】工具绘制一个心形，单击鼠标右键执行【转换为曲线】命令，然后选中要运用封套的对象，单击工具箱中【封套】工具，再点击属性栏中【创建封套】图标。然后在心形对象的内侧单击，此时要运用封套的对象上方出现心形的虚线封套。先单击文字，再对着心形任意节点单击，则运用了新的封套（图1-3-42）。

图1-3-42　使用自定义封套命令

10.用作封套的对象不能是基本形状，如果是基本形状，必须先要将其“转换为曲线”，才能继续进行操作。

四、【透明度】工具

说明：将透明度应用于对象，包括有均匀透明度、渐变透明度、向量图样透明度、位图图样透明度、双色图样透明度（图1-3-43）。

步骤：

1. 单击工具箱【透明度】工具，在页面中点击目标对象。
2. 然后在对象上进行拖动。

图1-3-43　【透明度】工具属性栏

五、【修整】工具

【修整】工具，可以方便灵活地将简单图形组合成复杂图形，快速地创建曲线图形。包含有【焊接】、【修剪】、【相交】、【简化】、【移除后面对象】和【移除前面对象】、【创建边界】七种功能。要执行修整命令，必须先要同时选中两个以上的对象，才会在属性栏弹出【修整】命令按钮。

（一）【焊接】命令

说明：【焊接】可以将几个图形对象结合成一个图形对象。

步骤：

1. 选中需要操作的多个图形对象，确定目标对象。
2. 框选时，压在最底层的对象就是目标对象；多选时，最后选中的对象就是目标对象。单击属性栏上的【焊接】按钮，即可完成对多个对象的焊接（图1-3-44）。
3. 技术要点：焊接的对象需要有交叠的部分，否则焊接之后，会出现一条线条。

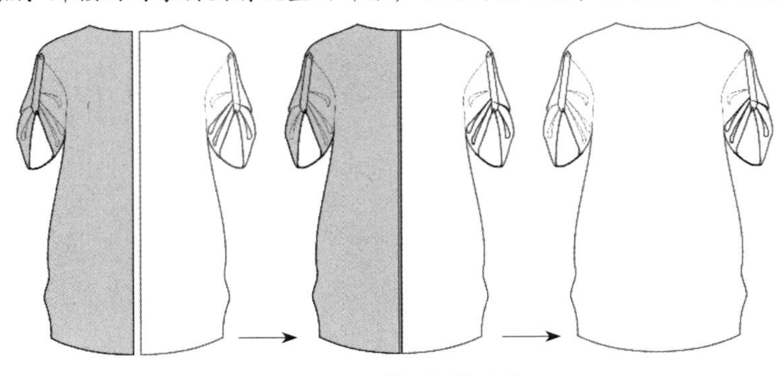

图1-3-44　使用焊接命令

（二）【修剪】命令

说明：【修剪】可以将目标对象交叠在源对象上的部分剪裁掉。

步骤：使用方法同【焊接】命令。

1. 先选中衣身左片图，按住【Shift】键加选衣身右片图。
2. 单击属性栏上的【修剪】按钮。即可将左右衣片交叠部分剪掉（图1-3-45）。
3. 利用【修剪】命令可以很方便地做服装边缘和暗部处理。

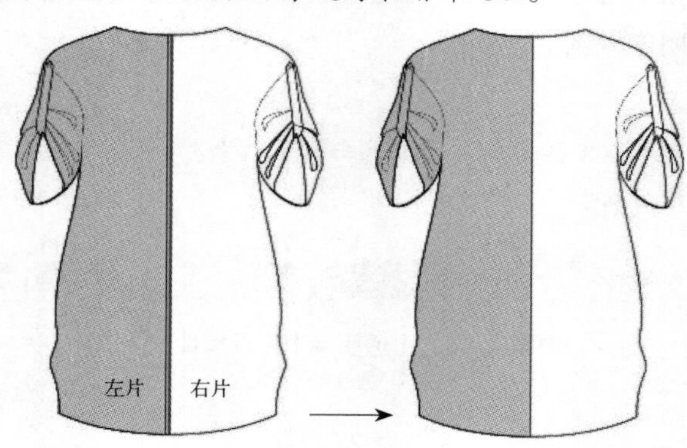

图1-3-45　使用修剪命令

（三）【相交】命令

说明：【相交】可以在两个或两个以上图形对象的交叠处产生一个新的对象。

步骤：

1. 页面中有印花图、款式图，选中印花图，将其移至款式图的下方。
2. 选中印花图和款式图的下摆部分，点击属性栏上的【相交】按钮。
3. 移开印花图，【相交】后的效果呈现（图1-3-46）。

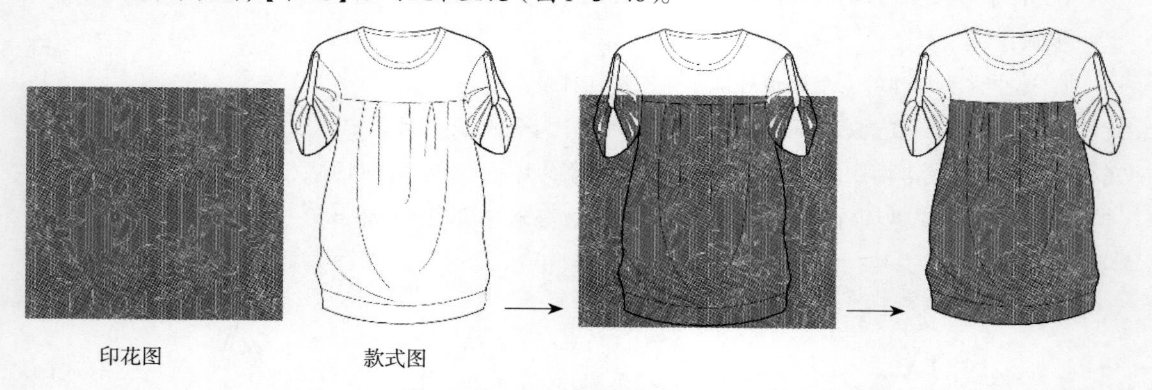

图1-3-46　使用【相交】命令填充

（四）【简化】命令

说明：使用【简化】功能后，可以减去后面图形对象中与前面图形对象的重叠部分。

步骤：使用方法同【焊接】命令。

（五）【移除后面对象】命令

说明：可以减去后面的图形对象及前、后图形对象的重叠部分，只保留前面图形对象留剩下的部分。

步骤：使用方法同【焊接】命令。

（六）【移除前面对象】命令

说明：可以减去前面的图形对象及前、后图形对象的重叠部分，只保留后面图形对象留剩下的部分。

步骤：使用方法同【焊接】命令。

（七）【创建边界】命令

说明：创建一个围绕着所选对象的新对象。

步骤：

1. 至少选中两个以上的对象。
2. 点击属性栏中的【创建边界】按钮即可（图1-3-47）。

图1-3-47　使用【创建边界】命令

本章小结

※【导入】命令可以导入非.cdr格式的图片，【导出】命令可以将.cdr格式的文件转换成TIF、JPG、BMP等其他格式文件。

※【线条工具组】可以绘制任意的直线、曲线、折线、水平线、垂直线及复杂的图形对象。

※【基本形状工具组】可以绘制矩形、圆形、星形及复杂星形，配合【形状】工具可以将其变换成任意的图形对象。

※【形状】工具可改变任意对象的造型。

※【处理对象】可以改变对象的大小、位置、旋转、缩放、对齐和分布以及顺序。

※【属性复制】可以快速地将一个对象的属性、变换及效果复制到另外的对象中。

※【填充】工具组可以完成各种样式的填充。

※【混合】工具组可以完成对象的混和、变形、轮廓图、阴影、封套及透明效果。

※【修整】工具组可以完成对象的焊接、修剪、相交、简化等效果。

思考练习题

1. 在CorelDRAW中如何导入一张需要裁减的JPG格式的图片？

2. 如何将.cdr格式的文件导出成EPS格式，并在Photoshop中打开？

3. 如何设置页面的大小，增加、删除页面和修改页面名称？如何对齐、分布及焊接对象？完成下列图形的绘制。

第二章

CorelDRAW服装平面款式图绘画表现

课题名称： CorelDRAW 服装平面款式图绘画表现

课题内容：【贝塞尔】工具、【铅笔】工具、【3点曲线】工具

【艺术笔】工具

【轮廓笔】工具

【矩形】工具、【形状】工具

【填充】工具

课题时间： 6课时

教学目的： 通过案例的演示与操作步骤，让学生掌握各种款式平面图的绘制，具备利用所学工具绘制任意变化款式的能力。

教学方式： 教师演示及课堂训练。

教学要求： 1. 用CorelDraw软件绘制各种零部件。

2. 用CorelDraw软件绘制各种男装款式图的方法和技巧。

3. 用CorelDraw软件绘制各种女装款式图的方法和技巧。

课前准备： 熟悉CorelDraw软件的各种工具的操作方法和技巧。

CorelDRAW工具，特别是【钢笔】工具、【贝塞尔】工具、【形状】工具的快捷、方便且易于修改的特征，是绘制服装平面款式图的不二之选。服装平面款式图中的服装廓型、比例、细节是打板师进行板型制作的基本依据，也是样衣师制作样衣时的重要参考。因此，绘制服装平面款式图时要求廓型与比例准确，细节表达清晰，原则上应有前视图和后视图之分。此外，对于工艺单上的款式图还需注明服装的基本规格尺寸及工艺制作说明。

第一节　服装零部件绘画表现

一、领子绘画表现

（一）领子实例效果（图 2-1-1）

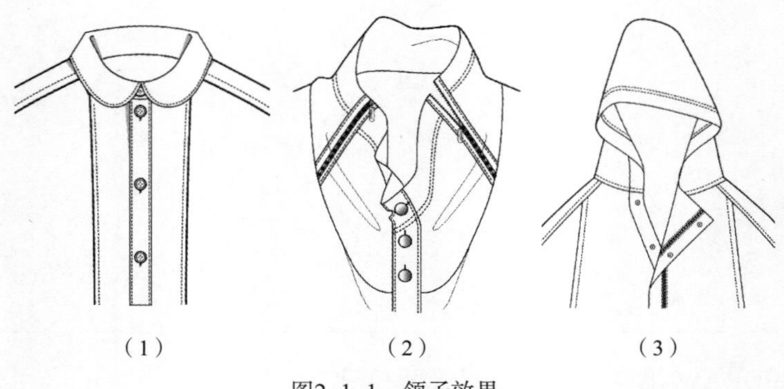

（1）　（2）　（3）

图2-1-1　领子效果

（二）领子［图 2-1-1（1）］的绘制

1. 点击组合键【Ctrl+N】或者执行菜单【文件/新建】命令，新建一个文件。然后执行菜单【视图/网格】命令，显示网格（图2-1-2）。

2. 创建领子外轮廓。选择【钢笔】工具，绘制领子外轮廓（图2-1-3）。

3. 用【钢笔】工具再绘制一个倒三角形（图2-1-4）。

4. 修改领子形状。选择【形状】工具，在需要修改的线条上单击鼠标右键，执行【到曲线】命令，修改对象（图2-1-5）。

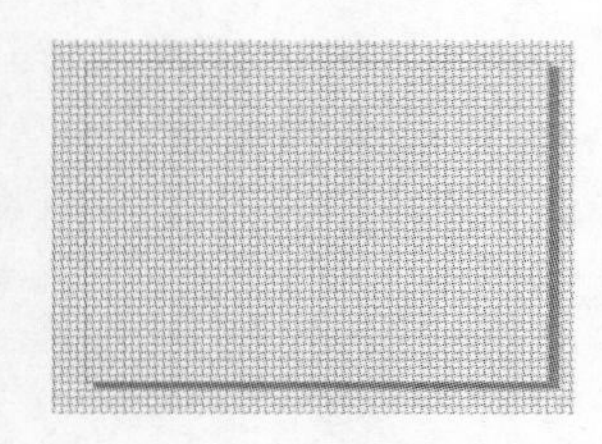

图2-1-2　显示网格

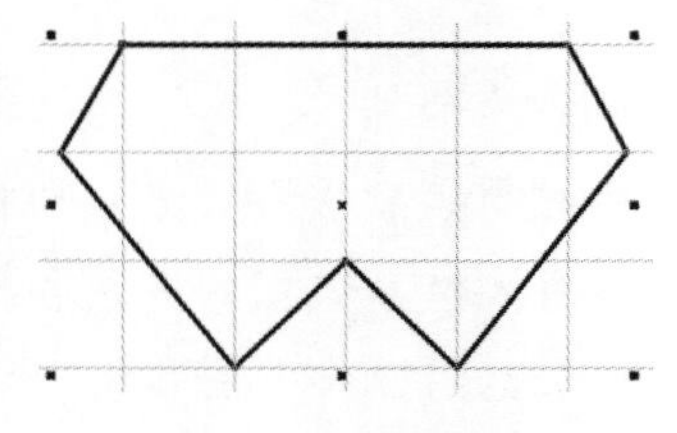

图2-1-3　绘制外轮廓

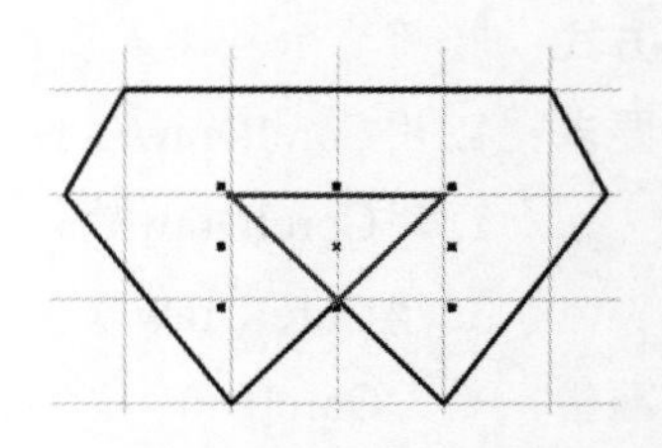

图2-1-4　绘制倒三角

5. 点击组合键【Ctrl+A】全选对象，单击属性栏【修剪】按钮。在右边的【颜色栏】中单击任意颜色，进行领子的单色填充（图2-1-6）。

6. 选择【钢笔】工具，绘制领子内轮廓线（图2-1-7）。

7. 领子边缘绘制弧线的操作。在工具箱中点击【3点曲线】工具后，在领子边缘*A*点按住鼠标左键，移动至领子边缘*B*点后释放鼠标左键，拖动弧线完成领子边缘弧线绘制（图2-1-8）。

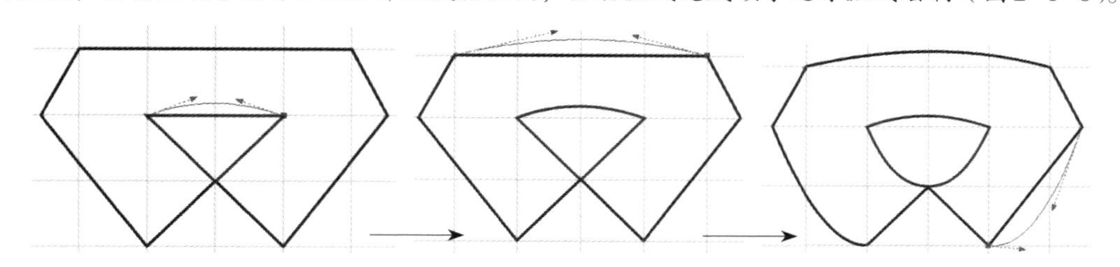

图2-1-5　【形状】工具修改领子形状

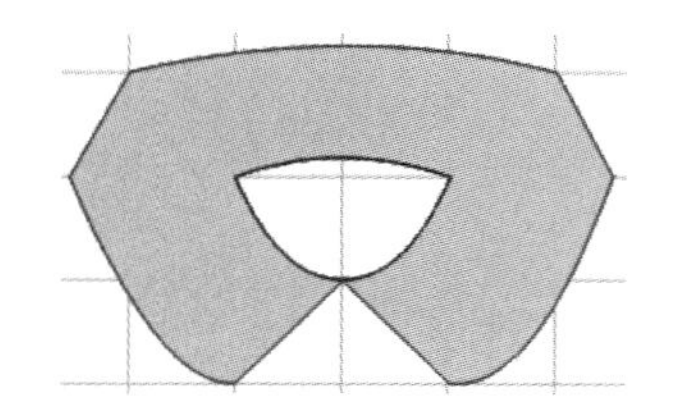

图2-1-6　单色填充

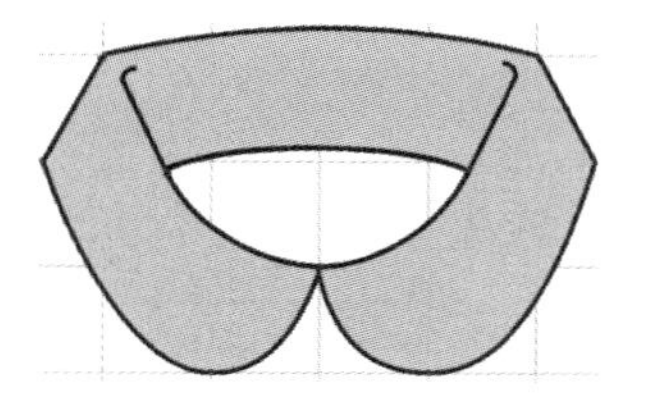

图2-1-7　绘制领子内部轮廓

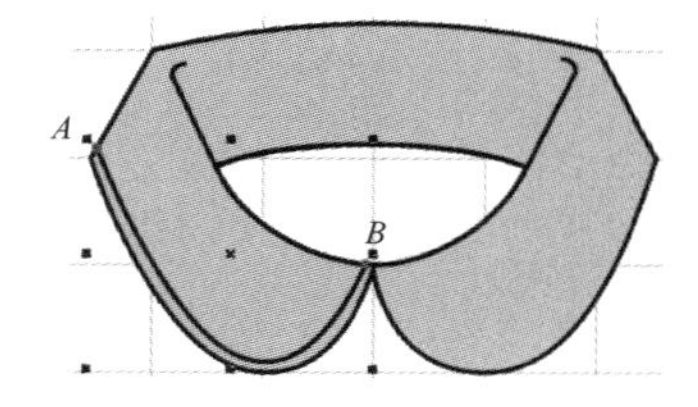

图2-1-8　绘制领子边缘弧线

8. 复制镜像弧线。选中弧线，单击数字键盘中的【+】键1次，复制*AB*弧线，然后点击属性栏中的【水平镜像】按钮，移至右边领子边缘。如果对弧线弧度不满意，可以通过【形状】工具进行修改（图2-1-9）。

9. 实线转换成虚线。选中*AB*弧线，按住【Shift】键加选另外一条领子边缘弧线，点击工具箱中【轮廓笔】工具或单击快捷键【F12】，弹出【轮廓笔】对话框（图2-1-10），设置宽度为“0.25mm”，样式为任意虚线，勾选【按图像比例显示】，得到效果如图（图2-1-11）。

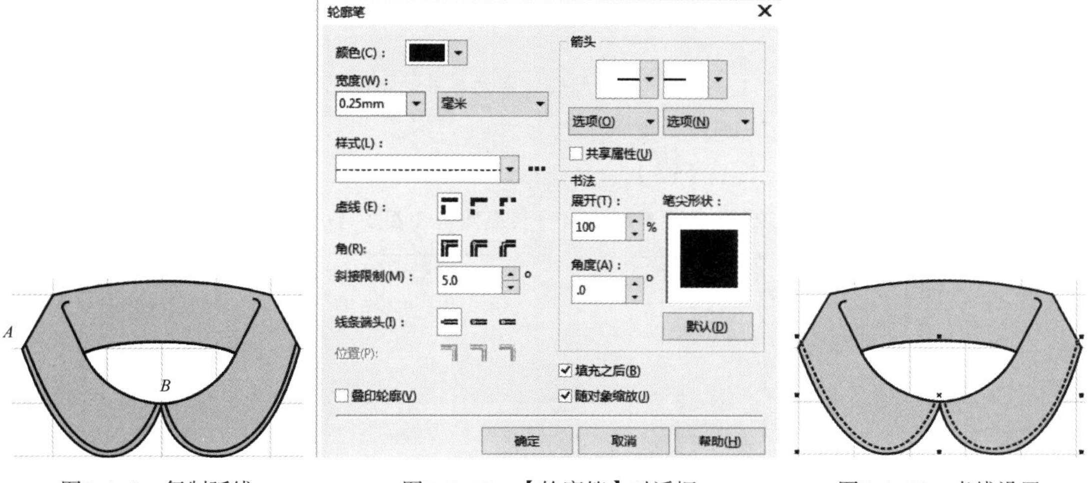

图2-1-9　复制弧线　　图2-1-10　【轮廓笔】对话框　　图2-1-11　虚线设置

10. 选择【钢笔】工具，绘制两条肩线。然后点击【矩形】工具绘制一个矩形（图2-1-12）。选中矩形和领子外形，执行菜单【排列/对齐和分布/垂直居中对齐】命令。然后单独选择矩形对象后，单击鼠标右键执行【顺序/到页面后面】命令。

11. 用【椭圆】工具绘制扣子，得到最后效果（图2-1-13）。

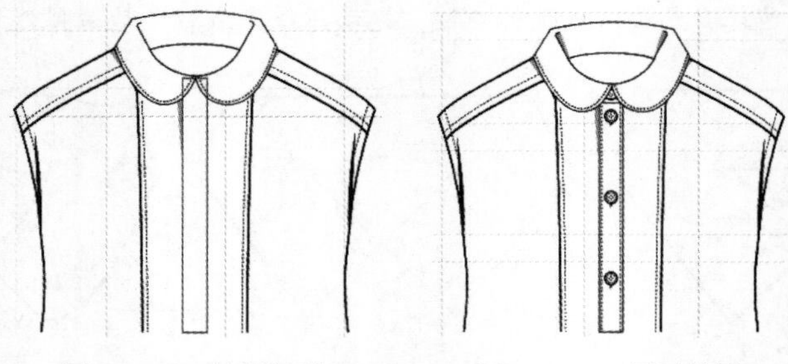

图2-1-12 绘制矩形　　图2-1-13 领子效果

二、口袋绘画表现

（一）口袋实例效果（图2-1-14）

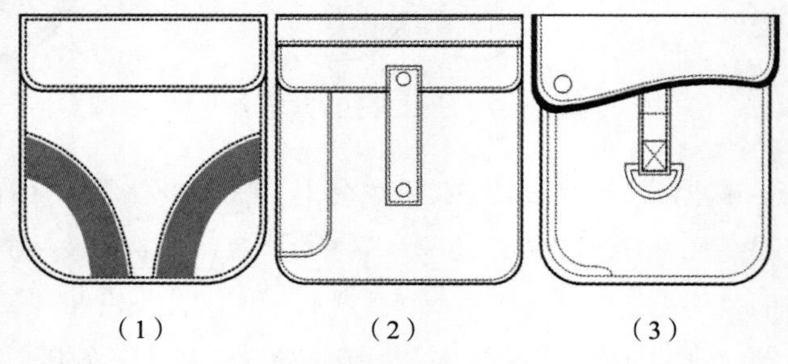

（1）　（2）　（3）

图2-1-14 口袋效果

（二）口袋[图2-1-14（1）]绘制

1. 点击工具箱中【矩形】工具，在属性栏【对象大小】中输入数值“100mm/120mm”，绘制一个矩形。

2. 点击工具箱中【形状】工具，在矩形的*A*点处单击，按住【Shift】键再次单击*B*点。拖动*A*点将直角变形为圆角（图2-1-15）。

3. 选择【矩形】工具（快捷键【F6】），从矩形的*C*点出发，拖出袋盖形状。选择【形状】工具（快捷键【F10】），重复步骤2，将袋盖的直角转换成圆角（图2-1-16）。

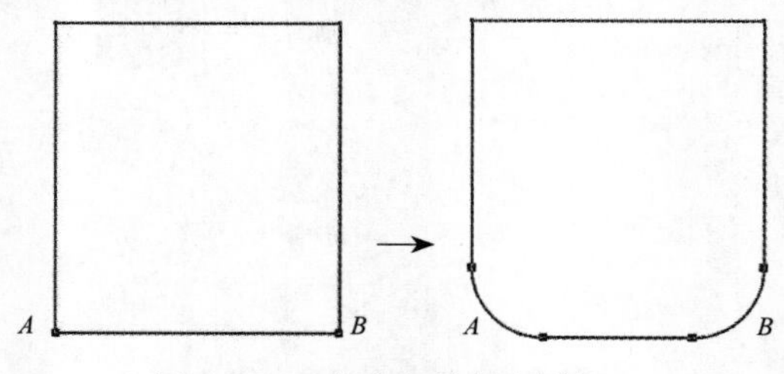

图2-1-15 将直角转变为圆角

4. 选中袋盖，单击复制快捷键【+】键1次，将鼠标放置在C点处，按下鼠标左键不松手，同时按下【Shift】键进行等比例缩放操作。然后按住【Shift】键，拖放D点（图2-1-17）。

5. 选中口袋，重复步骤4，得到效果（左）。选中袋盖，单击右边【颜色栏】中的白色，进行色彩填充（图2-1-18）。

6. 选择工具箱【3点曲线】工具，绘制两条弧线[E线和F线，图2-1-19（1）]。选中E线后，按下【Shift】键加选F线，执行菜单【对象/连接曲线】命令，在右上角【连接曲线】面板“差异容限”中设置参数为“50mm”，然后点击【应用】按钮，对象封闭，填充颜色，去掉轮廓色[图2-1-19（2）]。

7. 用【3点曲线】工具绘制一条弧线（G线），选中G弧线和封闭图形，点击数字键盘上的【+】键进行原位复制，然后点击属性栏中的【水平镜像】按钮，水平移至合适位置（图2-1-20）。

8. 按住【Shift】键，选中两个色块，在右边【颜色栏】中的浅灰颜色单击鼠标左键（替换颜色），然后在【颜色栏】中最上方的【叉形】按钮上单击鼠标右键，去掉所选对象的外轮廓颜色[图2-1-21（1）]。

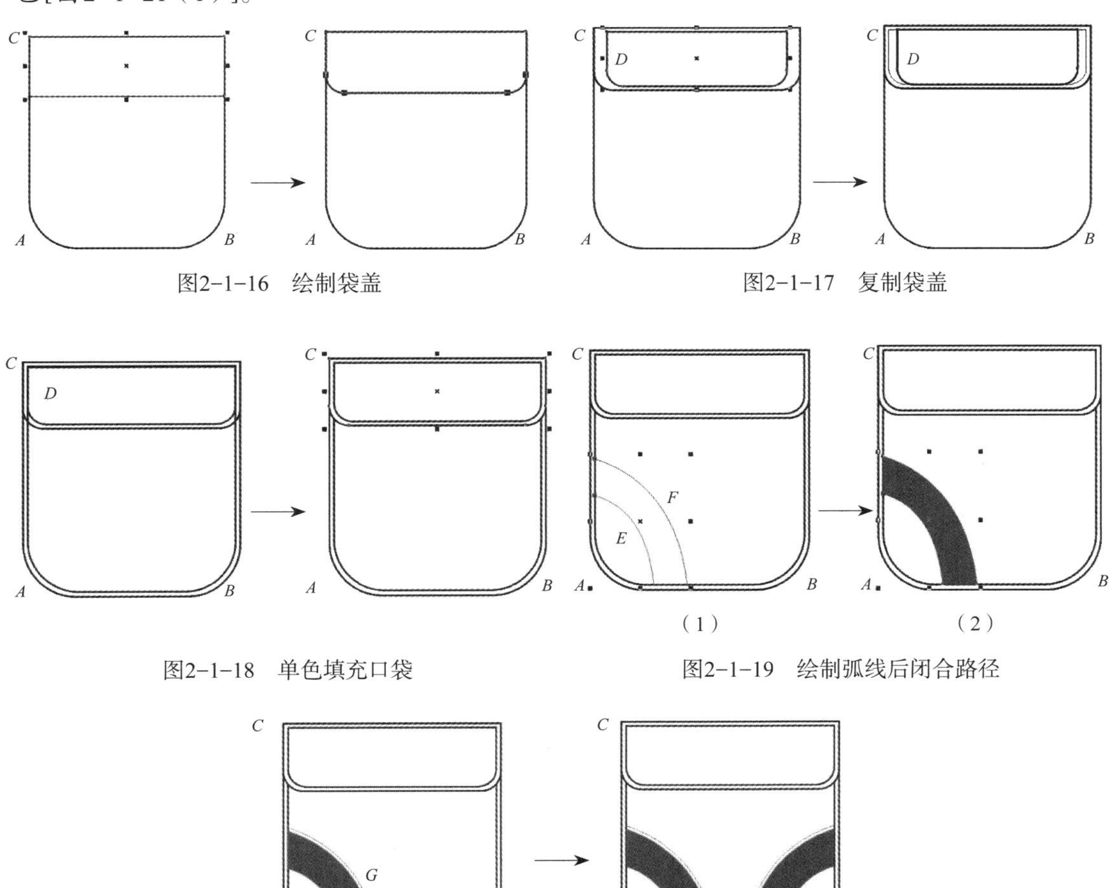

图2-1-16　绘制袋盖

图2-1-17　复制袋盖

图2-1-18　单色填充口袋

图2-1-19　绘制弧线后闭合路径

图2-1-20　复制对象

9. 按住【Shift】键，选中*G*线后，在右边【颜色栏】中的黑色■单击鼠标右键，填充黑色轮廓线。在属性栏中单击【线条样式】按钮，选择一种虚线，得到效果[图2-1-21（2）]。

10. 复制轮廓属性操作。在工具箱中选中【属性滴管】工具，在属性栏中【属性】下拉菜单中勾选【轮廓】和【填充】，点击【确定】按钮。

11. 光标变成【吸管】形图标，在虚线对象上点击1次，此时，光标变成【颜料桶】形图标，在口袋和袋盖的缝纫线上单击，得到虚线效果（图2-1-22）。

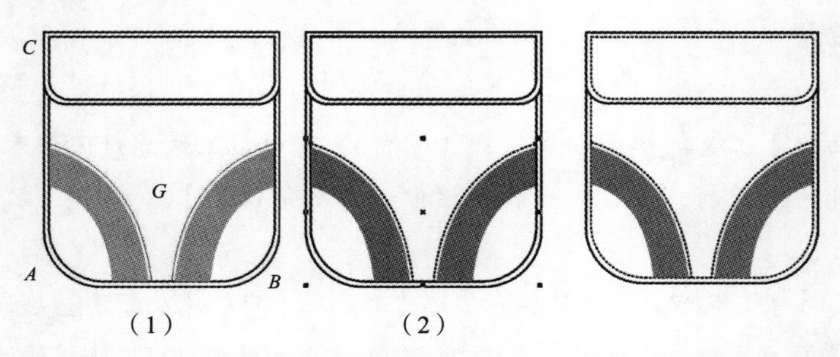

（1）　　（2）

图2-1-21　修改颜色并设置成虚线　　图2-1-22　最后效果

三、袖子绘画表现

（一）袖子实例效果（图2-1-23）

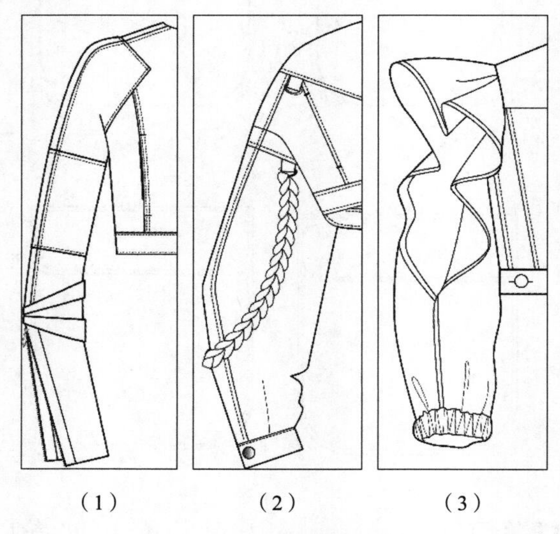

（1）　　（2）　　（3）

图2-1-23　衣袖绘制效果

（二）袖子[图2-1-23（1）]绘制

1. 点击【Ctrl+N】新建文件。单击【矩形】工具，绘制两个矩形[图2-1-24（1）]，单击鼠标右键执行【转换为曲线】命令，选择【形状】工具，在矩形线段目标位置双击鼠标左键添加节点，绘制出大概轮廓[图2-1-24（2）]。用【形状】工具放在直线段上，单击鼠标右键执行【到曲线】命令，拖动弧线手柄，将直线转换为弧线[图2-1-24（3）]。

2. 选中袖子复制1个，并移开。选择【形状】工具，选中袖子上端节点，然后单击属性栏【断开曲线】按钮，选中袖口节点，单击【断开曲线】按钮形图标，选中袖子对象鼠标右键单击执行【拆分曲线】命令（组合键【Ctrl+K】），将袖子拆分[图2-1-24（4）]。

3. 选中拆分后的曲线移回至图2-1-24（3）合适位置，根据需要用【形状】工具进行节点微调，然后单击工具箱【3点曲线】工具绘制腋下褶皱线，得到如图所示效果[图2-1-24（5）]。

4. 选中曲线，复制后移至合适位置。单击【2点线】工具绘制两条横向分割线，复制分割线后并移至合适位置，单击【钢笔】工具绘制两个封闭图形[图2-1-24（6）]。

5. 单击工具箱【形状】工具，在袖肘处选中节点，然后单击属性栏【断开曲线】按钮，按住组合键【Ctrl+K】拆分曲线，删除不要的线段。选中缝纫线，在属性栏【线条样式】框中选择一种虚线。单击【钢笔】工具绘制1个封闭图形作为袖子开衩处后片，并用【形状】工具调整[图2-1-24（7）]。

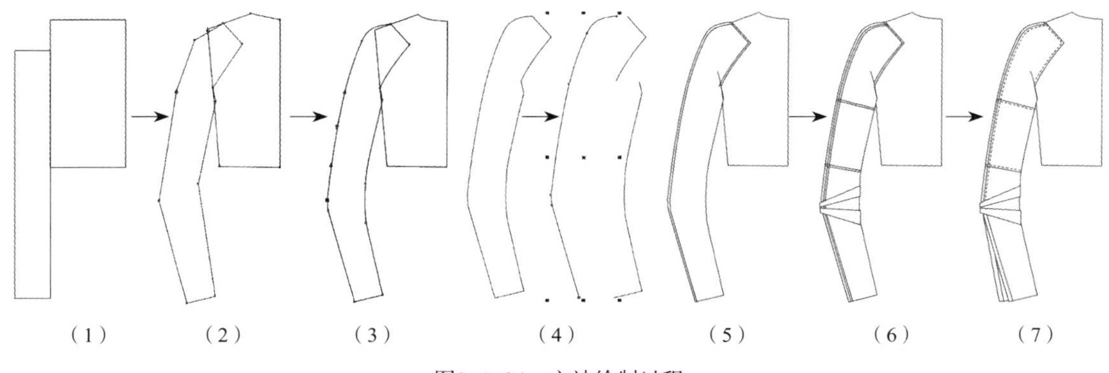

图2-1-24　衣袖绘制过程

（三）袖子[图2-1-23（2）]绘制

1. 执行菜单【布局/插入页面】命令，增加一个页面。选择工具箱【钢笔】工具，绘制封闭图形[图2-1-25（1）]并填充白色。然后继续用【钢笔】工具绘制分割线[图2-1-25（2）]。

2. 选中分割线并复制后，移至缝纫线位置，在属性栏【线条样式】框中选择一种虚线。用【椭圆】工具绘制纽扣和扣襻图[图2-1-25（3）]。

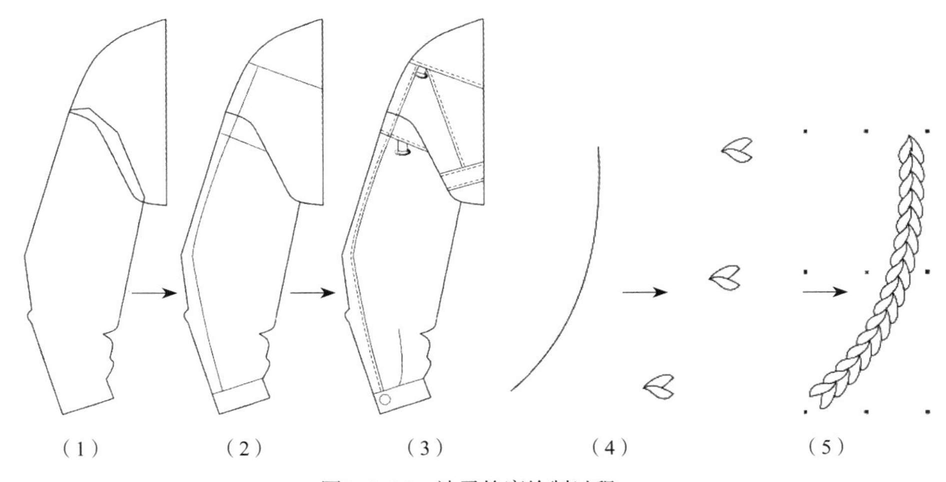

图2-1-25　袖子轮廓绘制过程

3. 绘制装饰带。选择【钢笔】工具，绘制基础图形（图2–1–26）。执行菜单【窗口/泊坞窗/效果/艺术笔】命令，打开艺术笔泊坞窗，选中基础图形对象，点击泊坞窗口下方【保存】按钮，弹出【创建新笔触】对话框，选择【对象喷涂】，单击【确定】按钮（图2–1–27）。弹出“另存为”对话框，设置名称后单击【确定】，新笔触出现在【喷涂列表】中（图2–1–28）。

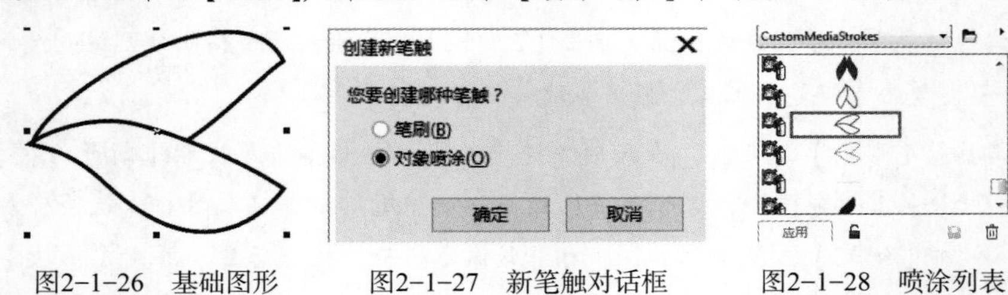

图2–1–26　基础图形　　图2–1–27　新笔触对话框　　图2–1–28　喷涂列表

4. 选择工具箱【3点曲线】工具，绘制一条弧线，选中弧线，单击喷涂列表中的新笔触，单击下方【应用】按钮，得到图形[图2–1–25（4）]。选中（4）图，单击属性栏【旋转】按钮，弹出子面板（图2–1–29），勾选【相对于路径】，单击【Enter】键。在属性栏【每个色块中的图像像素和图像距离】框中修改数值（图2–1–30），得到图[图2–1–25（5）]。

5. 技术要点：属性栏要显示【旋转】、【间距】等命令按钮，必须要打开工具箱中的【艺术笔】。

6. 选择装饰带移至袖身合适位置，用【钢笔】工具绘制连接部分的封闭图形，并位于装饰带的下方，最后效果见图（图2–1–31）。

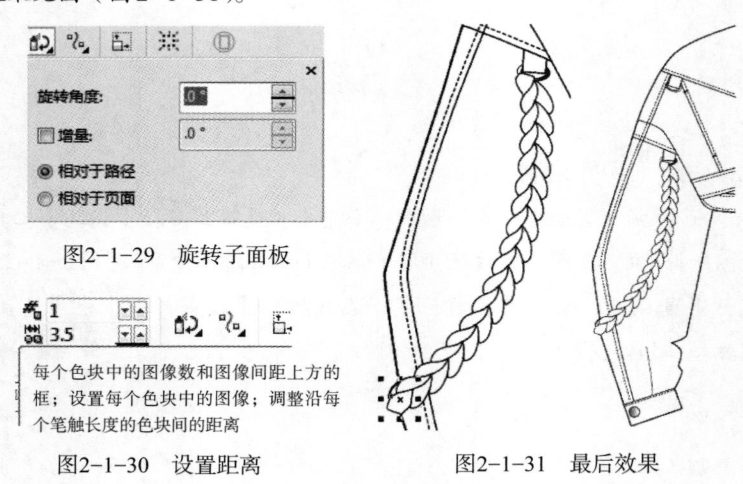

图2–1–29　旋转子面板

图2–1–30　设置距离　　图2–1–31　最后效果

（四）袖子[图2–1–23（3）]绘制

1. 执行菜单【布局/插入页面】命令，增加一个页面。单击工具箱【钢笔】工具绘制封闭图形[图2–1–32（1）]，并填充白色。然后继续用【钢笔】工具在袖口绘制两条曲线，曲线首尾节点要超出袖身轮廓[图2–1–32（2）]。

2. 选中曲线和袖身两个对象，单击属性栏【修剪】按钮，右键单击执行【拆分】命令，将对象拆分成独立的封闭对象[图2–1–32（3）]，删除曲线。

3. 用【钢笔】工具绘制肩部及衣身下摆荷叶造型，并填充白色[图2–1–32（4）]。

4. 用【3点曲线】工具绘制多条连续弧线，添加荷叶造型的翻折线[图2–1–32（5）]。通过属性栏【修剪】按钮拆分肩部荷叶边，继续用【3点曲线】工具绘制连续弧线[图2-1-32（6）]，添加袖口衣纹褶皱线，完善细节，最后效果[图2-1-32（7）]。

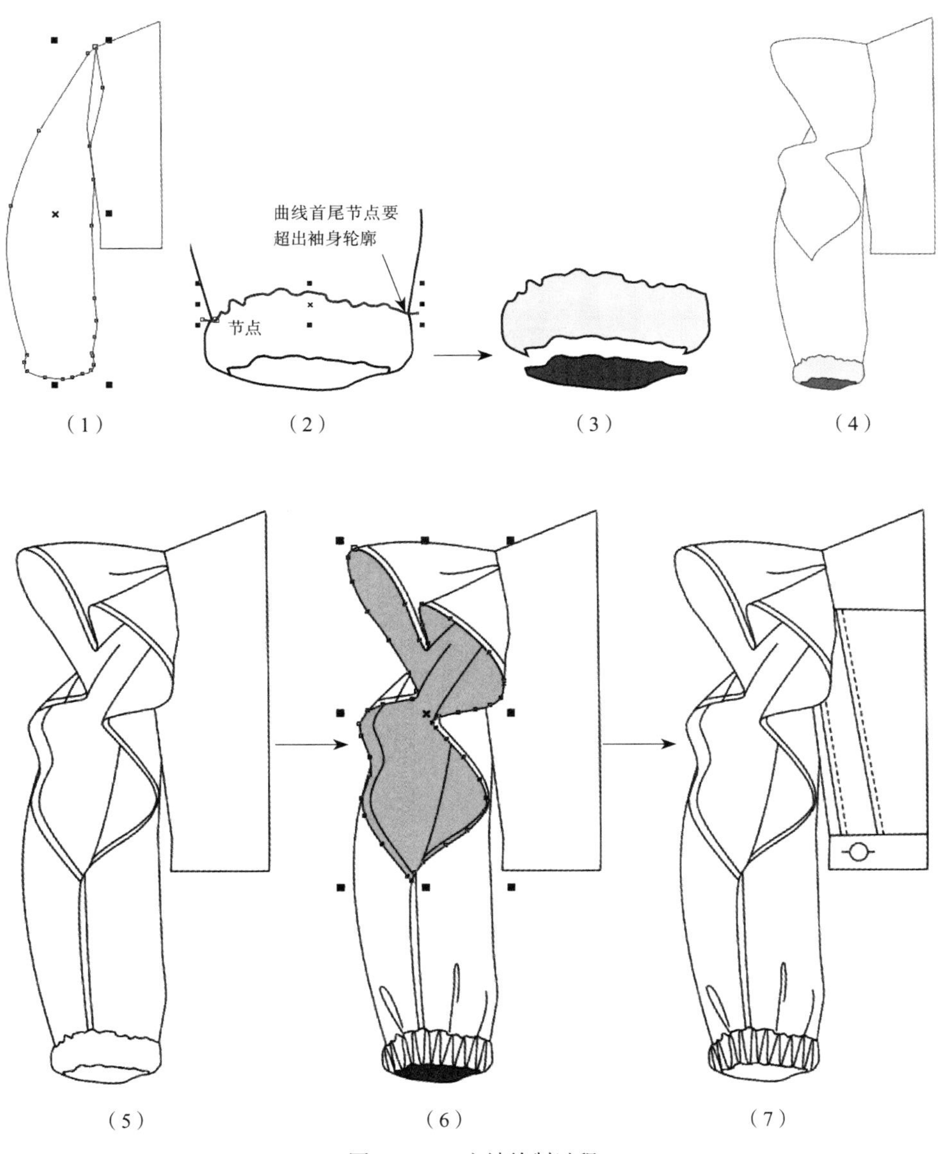

图2-1-32　衣袖绘制过程

第二节　男装款式图绘画表现

一、T恤绘画表现

（一）实例效果（图2-2-1）

图2-2-1　T恤与衬衣实例效果

（二）T恤的绘制

1. 点击组合键【Ctrl+N】或者执行菜单【文件/新建】命令，新建一个文件。

2. 绘制左边衣身（本书中，左边衣身指书上显示的左片，实际穿着于人体上为右边衣身）。选择工具箱中的【矩形】工具，绘制一个长方形，鼠标右键单击执行【转换为曲线】命令。点击【形状】工具，在需要的地方双击添加节点，在需要修改的直线上（如领口弧线，袖窿弧线）单击鼠标右键执行【到曲线】命令，将直线转换成曲线（图2-2-2）。

3. 绘制左边袖子。重复步骤2，选择【矩形】工具，绘制一个小长方形，单击鼠标右键执行【转换为曲线】命令。用【形状】工具进行调整（图2-2-3）。

4. 绘制袖口。选择【3点曲线】工具 3点曲线(3)，沿着袖口绘制一条弧线，然后选中袖子与弧线对象，点击属性栏中的【修剪】按钮，然后单击鼠标右键执行【拆分曲线】命令，删除原来的弧线，得到一个封闭袖口（图2-2-4）。

5. 绘制袖口罗纹。用【钢笔】工具配合【Shift】键绘制一条垂直线，单击快捷键【+】复制该垂直线，水平拖放至另一端。点击工具箱选中【混合】工具，将两条线段进行混合，在属性栏【步长】中输入数值（图2-2-5）。

6. 将罗纹填充到袖口中。选中罗纹，执行菜单【效果/PowerClip/置于图文框内部】命令，此时鼠标变成黑色粗箭头，只要将黑色粗箭头单击袖口，罗纹即被填充到袖口中。如果对罗纹的效果不满意，执行【编辑PowerClip】命令进行调整。完成后点击【完成编辑PowerClip】按钮即可（图2-2-6）。

7. 绘制左边领子。点击【钢笔】工具，沿着领口绘制一个封闭的区域。用【形状】工具进行调整修改。然后用【钢笔】工具绘制领子翻折线（图2-2-7）。

8. 点击工具箱中【艺术笔】工具，选择【预设画笔】，进行参数设置（图2-2-8），绘制几条衣纹褶皱线。

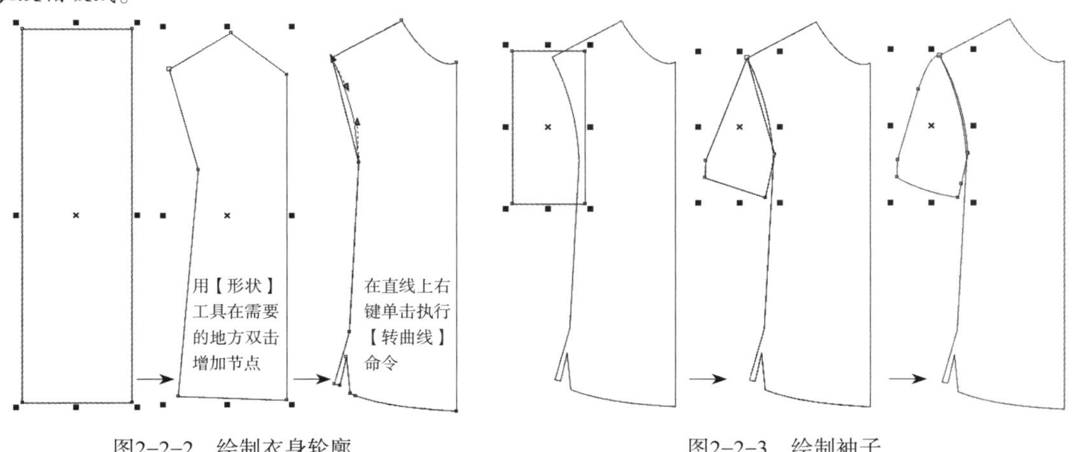

图2-2-2　绘制衣身轮廓　　图2-2-3　绘制袖子

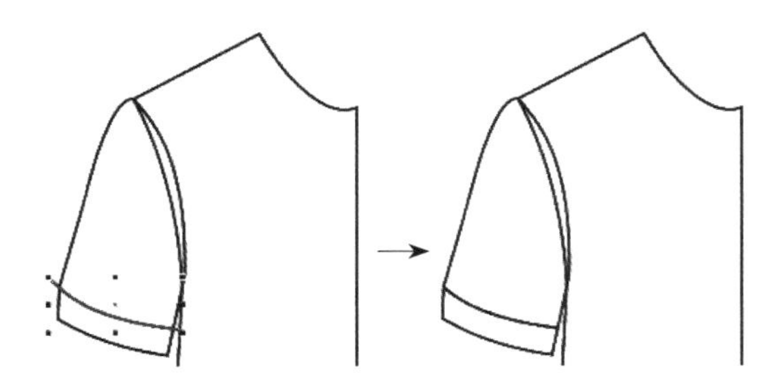

图2-2-4　绘制袖口

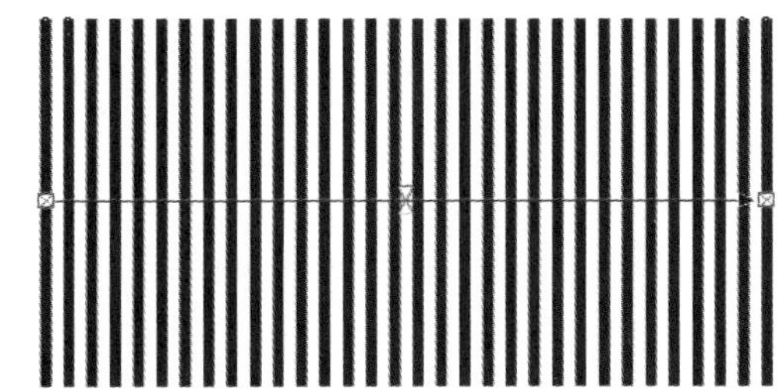

图2-2-5　绘制袖口罗纹

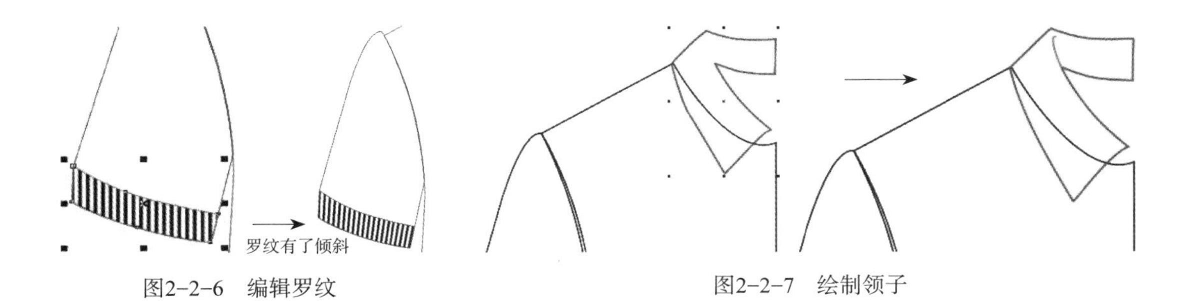

图2-2-6　编辑罗纹　　图2-2-7　绘制领子

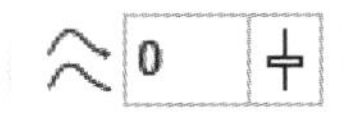

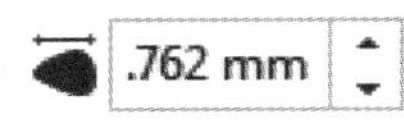

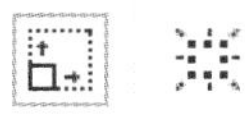

图2-2-8　【预设画笔】参数设置

9. 全选左片衣身，点击组合键【Ctrl+G】组合对象，接着单击键盘快捷键【+】复制对象，然后单击属性栏中【水平镜像】按钮，移至右边合适位置。选中左右衣片后执行【对象/对齐和分布/垂直居中对齐】命令，对齐左右衣片（图2-2-9）。

10. 取消左右衣片的群组。选中衣片后单击鼠标右键执行【取消群组】命令。

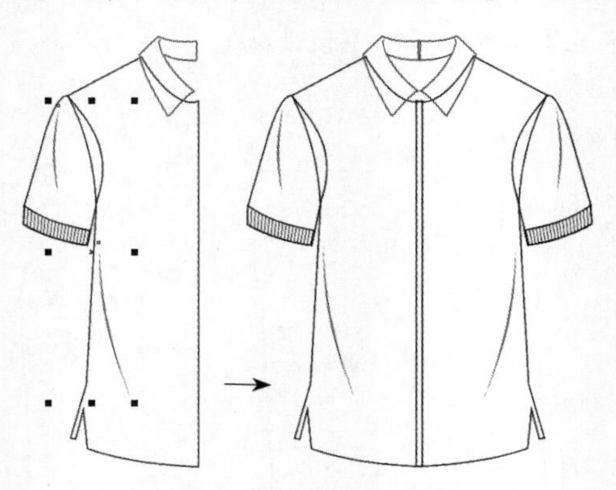

图2-2-9 复制衣片并对齐

11. 焊接领子。选中左右领子对象，点击属性栏【焊接】按钮，得到效果（图2-2-10），产生多余的节点通过【形状】工具在节点上双击鼠标左键进行删除即可。

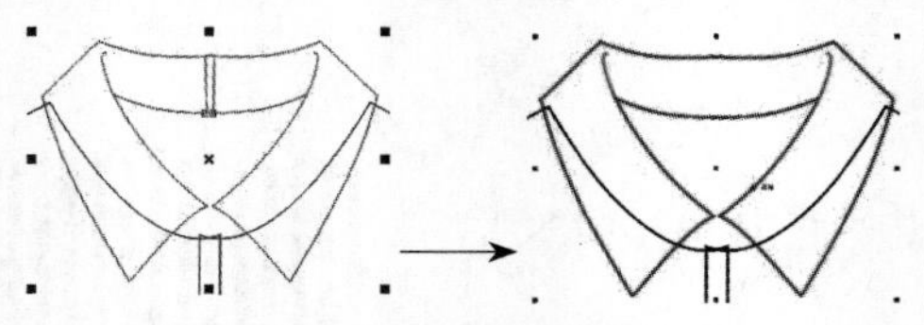

图2-2-10 后领焊接

12. 焊接衣身。选中左右衣身部分，执行属性栏【焊接】按钮，得到效果（图2-2-11）。

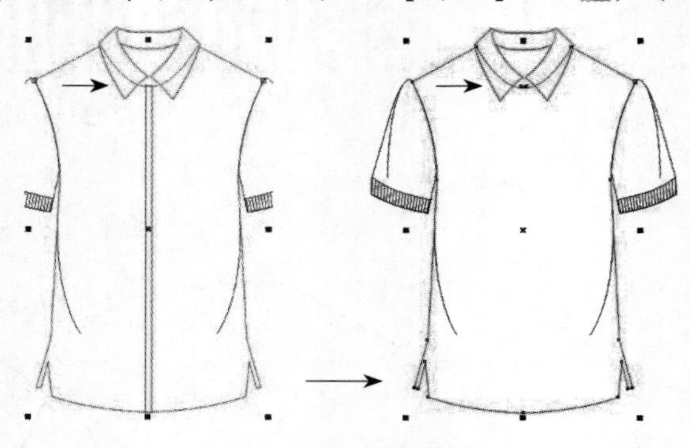

图2-2-11 衣身焊接

13. 选择【形状】工具，双击删除多余的节点，修改调整焊接后产生的夹角，并调整衣身领口弧线至后领处（图2-2-12）。

14. 绘制领口门襟。用【矩形】工具绘制一个矩形，单击鼠标右键执行【顺序/置于此对象后】命令，点击领子，给领子填充白色。选中该矩形和衣身部分，执行【排列/对齐和分布/水平居中对齐】命令，得到效果（图2-2-13）。

15.绘制领子织带。用【3点曲线】工具在领子边缘绘制两条弧线，选中弧线与领子轮廓线，点击属性栏中的【修剪】按钮，单击鼠标右键执行【拆分曲线】命令，删除弧线，将边缘织带轮廓分离出来，并填充颜色。选中所有对象，鼠标右键单击【颜色栏】中的黑色，将所有轮廓色转换成黑色（图2-2-14）。

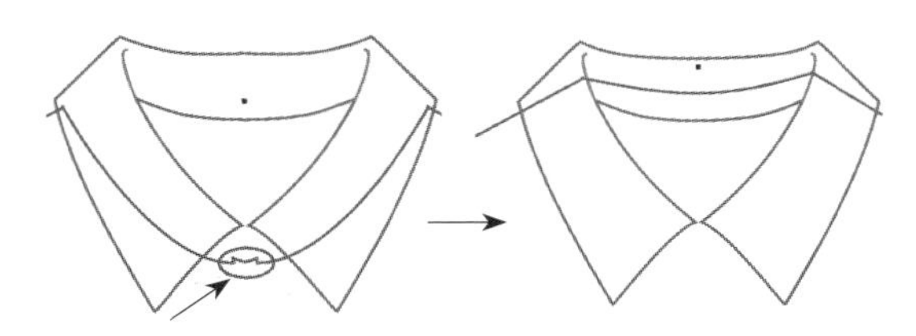

图2-2-12　修改节点

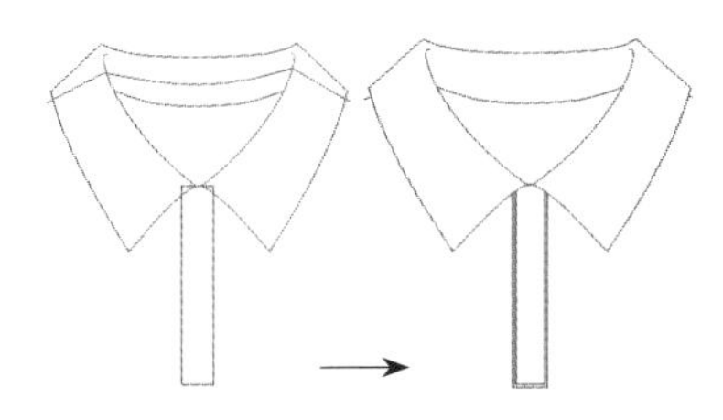

图2-2-13　绘制领口门襟

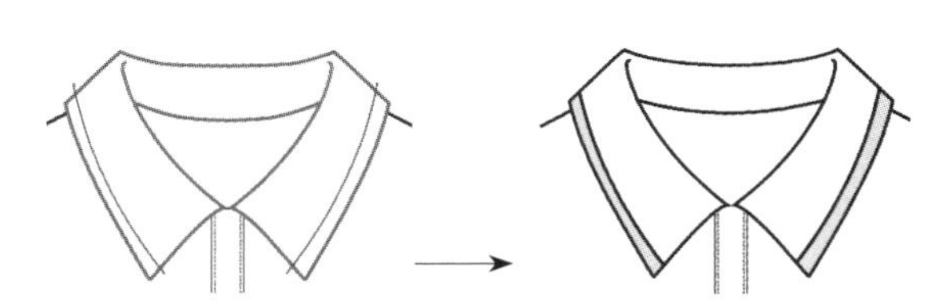

图2-2-14　绘制领子织带

16. 绘制下摆缝纫线。用【钢笔】工具绘制弧线。然后单击快捷键【F12】，弹出【轮廓笔】对话框，设置虚线，得到效果（图2-2-15）。

17. 绘制衣服条纹。选择【矩形】工具绘制一个长方形，根据设计需要填充黑色。用【选择】工具选中长方形，单击【+】键原位复制1次，按住【Shift】键垂直移动长方形，并替换成黄色。选中黑色和黄色长方形，点击组合键【Ctrl+G】将其组合，单击【+】键原位复制，按住【Shift】键，垂直移动群组后的对象。多次点击组合键【Ctrl+D】，得到条纹（图2-2-16）。

18. 选中条纹，执行菜单【对象/PowerClip/置于图文框内部】命令，将其置于衣身对象中。

19. 选中对象后执行【编辑PowerClip】命令，进入修改子界面，可以重新调整条纹的宽窄和疏密，还可以复制粘贴，完成后点击下方的【完成编辑】按钮，最后效果见图2-2-17。

图2-2-15　绘制下摆缝纫线

图2-2-16　绘制条纹

图2-2-17　条纹置于服装内

二、外套的绘画表现

（一）外套实例效果（图2-2-18）

（1）　　（2）　　（3）

图2-2-18　外套效果

（二）外套［图2-2-18（1）］的绘制

1. 点击组合键【Ctrl+N】或者执行菜单【文件/新建】命令，新建一个文件。

2. 绘制衣身左前片。用【钢笔】工具绘制一个封闭的区域并填充白色（图2-2-19）。

3. 绘制领子。用【钢笔】工具绘制一个封闭的区域并填充白色。绘制领子边缘缝纫线（图2-2-20）。

4. 绘制斜插口袋。用【矩形】工具，绘制一个小长方形，单击鼠标右键执行【转换为曲线】命令。用【形状】工具移动节点至合适位置。用【钢笔】工具绘制袋盖上的缝纫线，按住快捷键【F12】，打开【轮廓笔】对话框，转换成虚线（图2-2-21）。

5. 绘制肩襻。用【钢笔】工具绘制一个封闭的区域并填充白色，点击组合键【Ctrl+G】组合。鼠标右键单击执行【顺序/置于此对象后】命令，然后单击领子轮廓（图2-2-22）。

6. 绘制袖子。用【贝塞尔】工具绘制袖子轮廓，右键单击执行【顺序/置于此对象后】命令，然后点击衣身，将其置于衣身的后面（图2-2-23）。

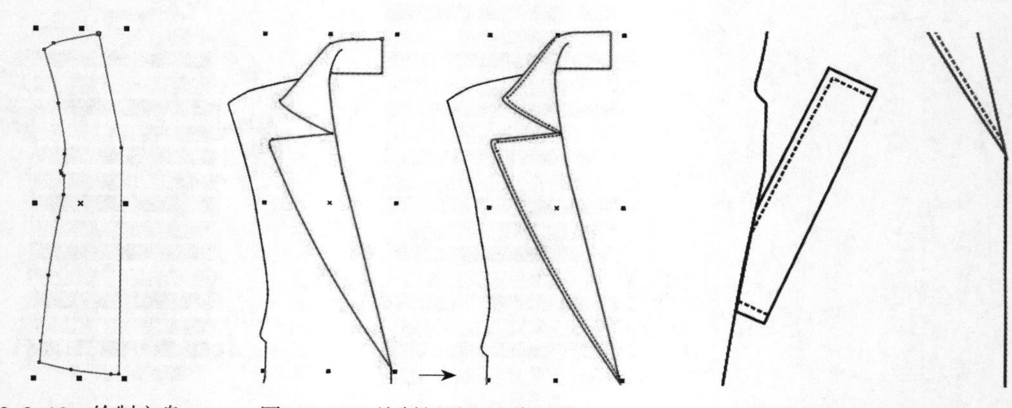

图2-2-19　绘制衣身　　图2-2-20　绘制领子和边缘弧线　　图2-2-21　绘制插袋

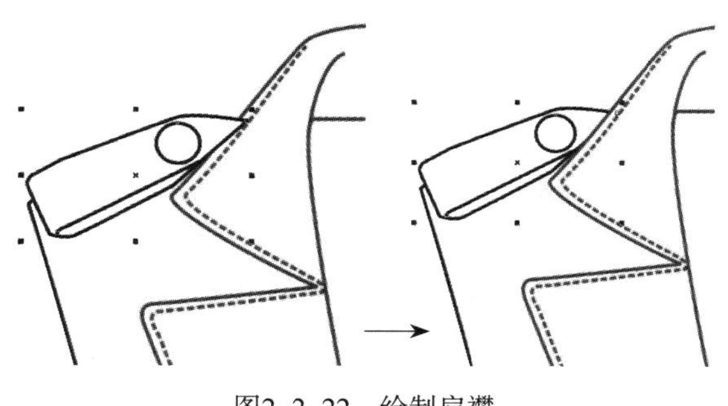

图2-2-22　绘制肩襻

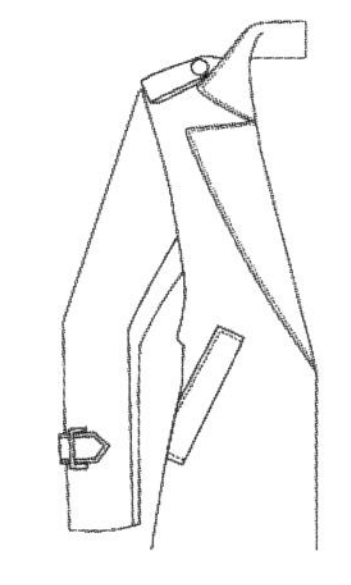

图2-2-23　绘制袖子

7. 选中左前片整个对象，点击组合键【Ctrl+G】将其组合。单击【+】键原位复制对象，单击属性栏【水平镜像】按钮，移至右边合适位置（图2-2-24）。

8. 绘制纽扣。点击工具箱中【椭圆】工具（快捷键【F7】），单击快捷键【Shift】绘制一个正圆，然后单击快捷键【+】复制正圆。用【选择】工具配合【Shift】键拖动对角点进行成比例缩放。再绘制一个小圆，单击快捷键【+】另外复制三个小圆，点击组合键【Ctrl+G】组合。选中组合后的小圆和正圆，执行菜单【排列/对齐和分布/水平居中对齐】命令。

9. 选中整个纽扣，单击【F12】键打开【轮廓笔】对话框，勾选【填充之后】、【随对象缩放】命令，确保对象缩小后轮廓线粗细不会发生变化（图2-2-25）。

10. 绘制腰带。用【钢笔】工具绘制腰带，尽可能是封闭的区域（图2-2-26）。

11. 选择所有对象，在右边的【颜色栏】中右键单击黑色，将轮廓线全部转换成黑色（图2-2-27）。

12. 绘制衣服里子。用【折线】工具沿着领子的外形勾勒一个封闭的区域并填充浅灰色。执行菜单【排列/顺序/到页面后面】命令（组合键【Ctrl+End】），得到效果（图2-2-28）。

13. 位图面料填充。执行菜单【文件/导入】命令，或者点击组合键【Ctrl+I】导入一张面料图片。选中袖子对象，点击组合键【Alt+Enter】打开【对象属性】面板，点击【填充/位图图样填充】命令，单击【从文档新建】按钮，此时鼠标变成为【裁切】形图标，在面料图形拖出一个区

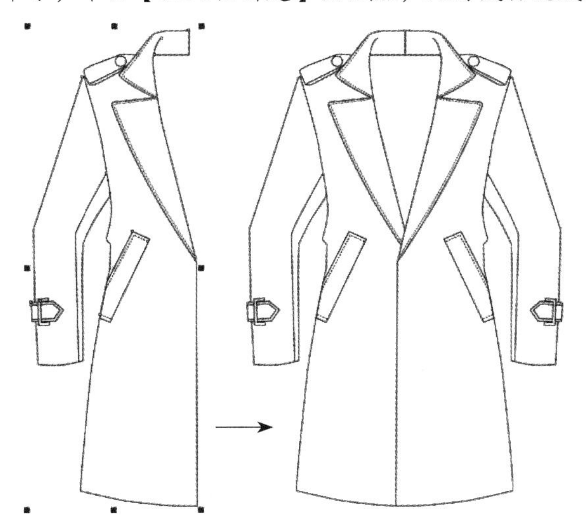

图2-2-24　复制并水平镜像

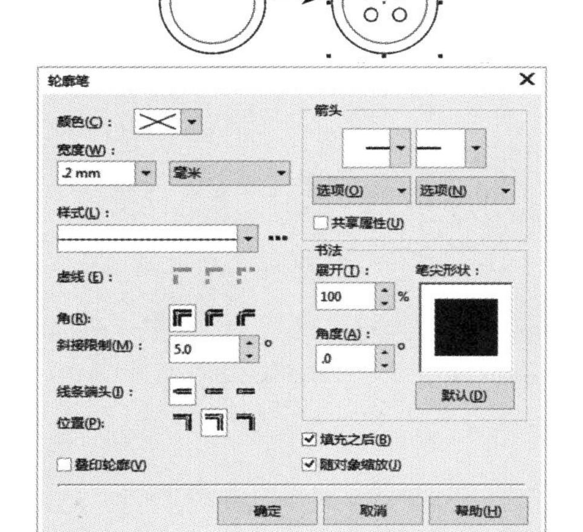

图2-2-25　绘制纽扣并进行轮廓设置

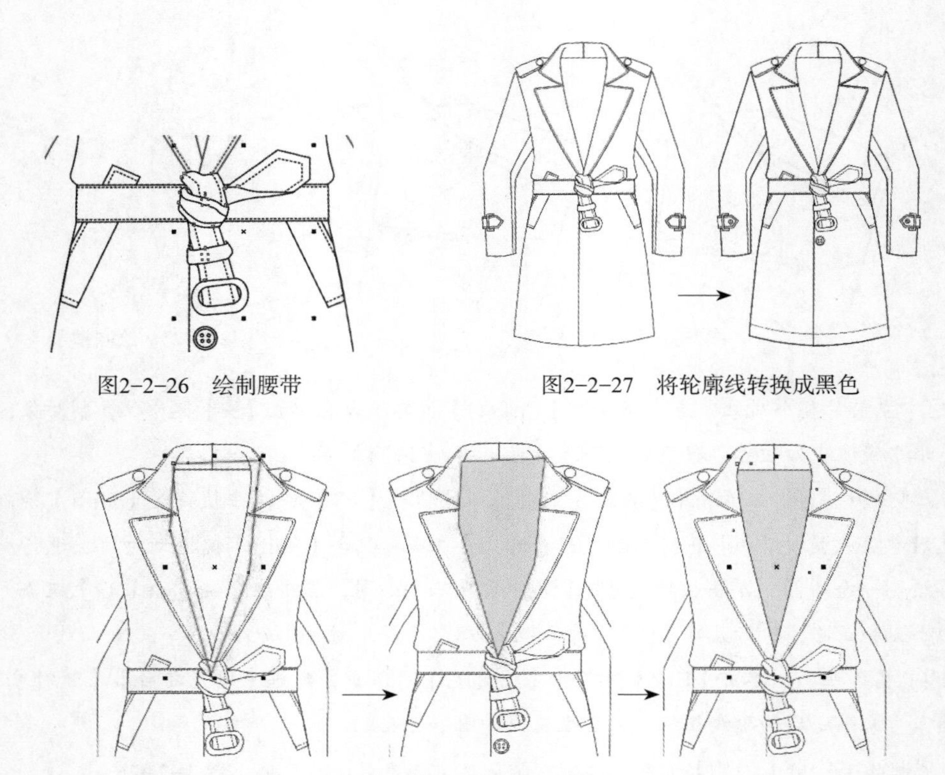

图2-2-26 绘制腰带

图2-2-27 将轮廓线转换成黑色

图2-2-28 绘制衣服里子

域，然后点击【接受】按钮，弹出【转换为位图】对话框，默认参数，单击【确定】按钮，位图被填充在袖子区域（图2-2-29）。

14. 复制填充属性操作。选中目标填充对象，单击工具箱中的【属性滴管】工具，单击袖子图样，此时光标转换成【油漆桶】形图标，分别单击需要填充的对象。

15. 单色填充操作。选中扣子对象，单击工具箱中的【颜色滴管】工具，此时光标变成【吸管】形图标，在位图上点击一个颜色，在目标扣子对象上单击，即可填充单色，重复操作，将所有扣子填充单色，最后用【艺术笔】工具添加衣服褶皱和暗部阴影，得到效果（图2-2-30）。

图2-2-29 位图面料填充

图2-2-30 复制属性及单色填充

三、裤子的绘画表现

（一）裤子实例效果（图 2-2-31）

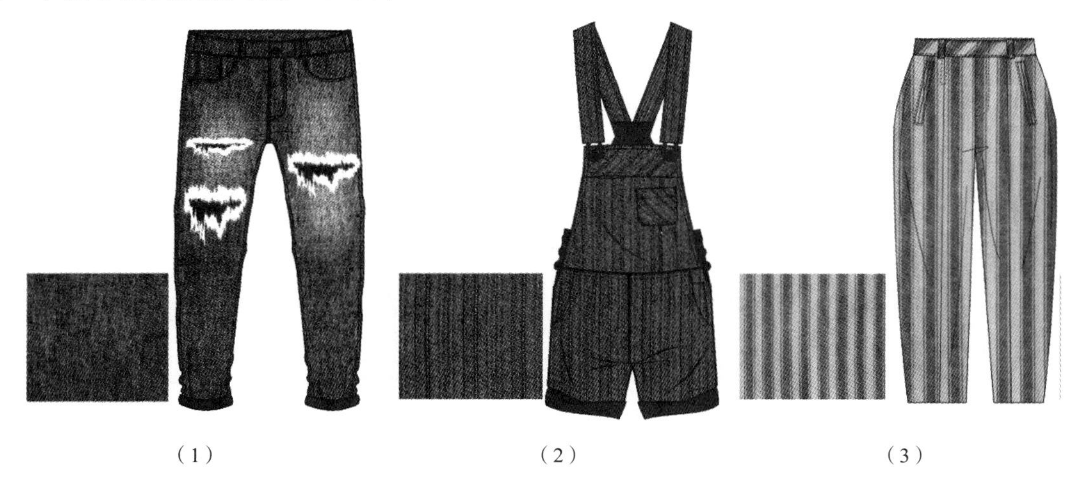

（1）　　（2）　　（3）

图2-2-31 裤子实例效果

（二）牛仔裤［图 2-2-31（1）］的绘制

1. 点击组合键【Ctrl+N】或者执行菜单【文件/新建】命令，新建一个文件。

2. 绘制左边裤腿。选择【矩形】工具绘制一个长方形，单击鼠标右键执行【转换为曲线】命令，用【形状】工具添加节点和修改，绘制出左边裤腿形状（图2-2-32）。单击快捷键【F12】打开【轮廓笔】对话框（图2-2-33），在对话框中设置线条的宽度，并勾选【填充之后】、【随对象缩放】功能，完成后点击【确定】按钮。

3. 单击【+】键复制左裤腿并将其移开，选中裤腿，用【形状】工具分别单击两个节点，然后点击属性栏中的【断开曲线】按钮。回到选中状态，右键单击执行【打散曲线】命令（组合键【Ctrl+K】），（图2-2-34）。

4. 选中需要删除的部分，单击【Delete】键，将其删除（图2-2-35）。

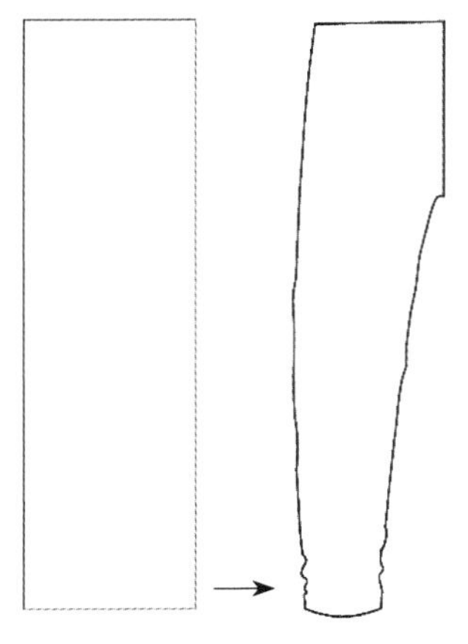

图2-2-32 绘制裤子轮廓

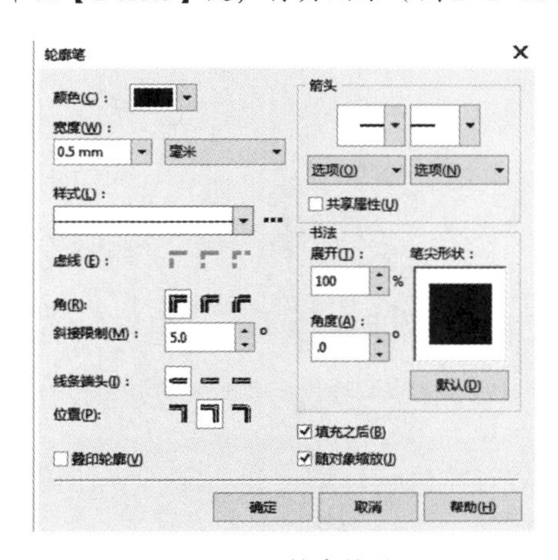

图2-2-33 轮廓笔设置

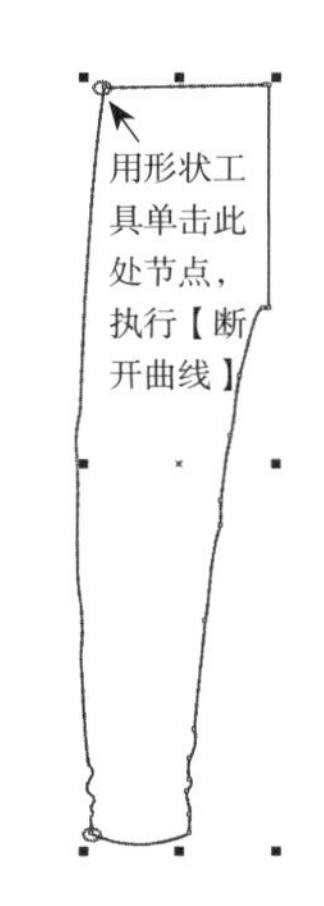

图2-2-34 打散曲线

5. 将打散后的裤子外侧缝线移至原左裤腿，应用同样方法添加内侧缝（图2-2-36）。

6. 绘制裤口部分。选择【矩形】工具绘制一个长方形，鼠标右键单击执行【转换为曲线】命令，用【形状】工具添加节点和修改，绘制出裤口形状，并填充白色，点击组合键【Ctrl+G】将其组合（图2-2-37）。

7. 水平镜像复制裤腿。选中已绘制完成的裤腿，按住【Ctrl】键不松手，在对象左边延展手柄处按下左键往右边翻转拖动，同时右键单击结束，完成对象水平镜像复制（图2-2-38）。

8. 添加腰头。用【钢笔】工具绘制封闭区域或者用【矩形】工具配合【形状】工具完成腰头的绘制（图2-2-39）。

9. 按照同样方法绘制裤裆线及门襟（图2-2-40）。

10. 绘制口袋和串带。注意，需要填充颜色的地方必须是封闭的对象。用【艺术笔】工具改变衣纹褶皱线的外观形态（图2-2-41）。

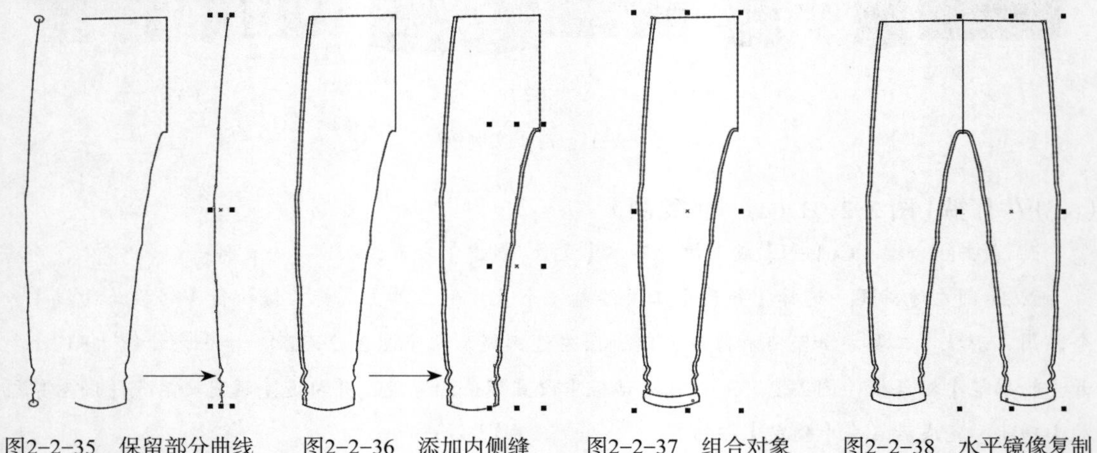

图2-2-35 保留部分曲线　图2-2-36 添加内侧缝　图2-2-37 组合对象　图2-2-38 水平镜像复制

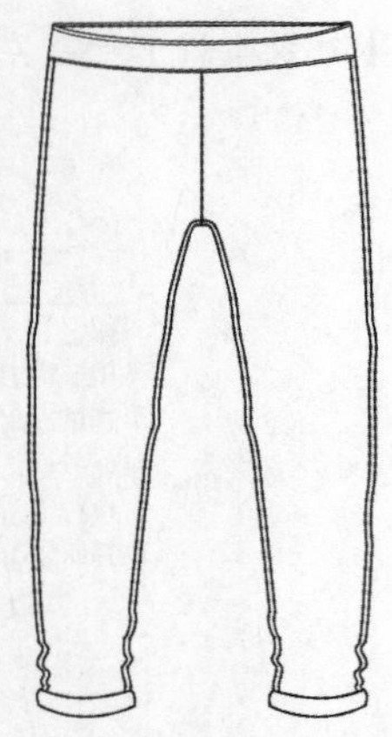

图2-2-39 添加腰头

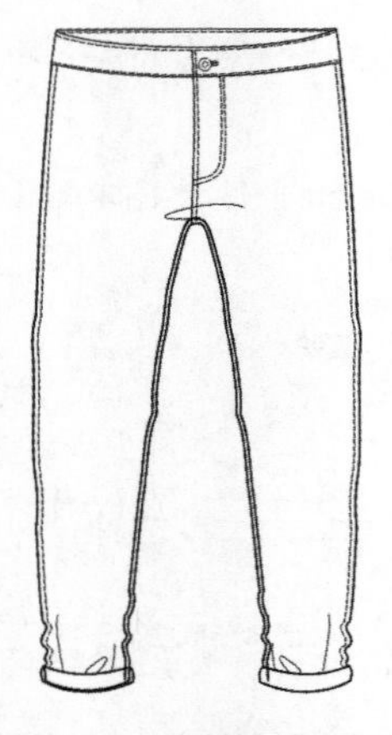

图2-2-40 绘制裤裆及门襟

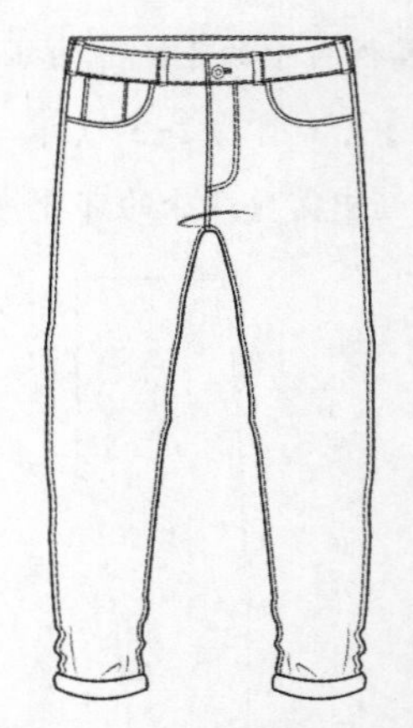

图2-2-41 绘制口袋和串带

11. 面料位图填充。执行菜单【文件/导入】命令，或者点击组合键【Ctrl+I】，导入一张牛仔斜纹面料图片。选中裤腿对象，点击组合键【Alt+Enter】打开【对象属性】面板，然后点击【填充/位图图样填充】按钮，单击【从文档新建】按钮，此时光标变成为【裁切】形图标，在牛仔面料图上拖出一个区域，然后点击【接受】按钮，弹出【转换为位图】对话框，默认参数，单击【确定】，牛仔面料被填充在所选区域（图2-2-42）。

12. 绘制洗水工艺。选择【椭圆】工具绘制一个椭圆，填充白色，去掉描边色。选中椭圆对象，执行【位图/转换为位图】命令，弹出对话框（图2-2-43）。

13. 选中椭圆对象，执行【位图/模糊/高斯模糊】命令，弹出对话框，设置【半径】为“97”像素，单击【确定】，得到效果（图2-2-44）。

14. 选中模糊后的对象，点击组合键【Alt+Enter】，打开【对象属性】面板，然后点击【对象属性/透明度/叠加】模式，使水洗工艺与裤腿很好地融合。选中叠加后的对象，单击【+】键原位复制后并移动至合适的位置，增加更多的洗水效果（图2-2-45）。

15. 绘制破洞效果。用【手绘】工具绘制一个封闭图形，填充灰色，描边为白色。点击工具箱【粗糙】工具，在属性栏【笔尖半径】框中输入“2mm”，沿着白色轮廓边进行粗糙处理，根据效果可以设置不同的【笔尖半径】参数，反复粗糙。

16. 点击工具箱【涂抹】工具，根据设计需要适当涂抹边缘毛边，得到最后效果（图2-2-46）。

图2-2-42　位图填充　　图2-2-43　【位图】面板　　图2-2-44　高斯模糊

图2-2-45　位图填充

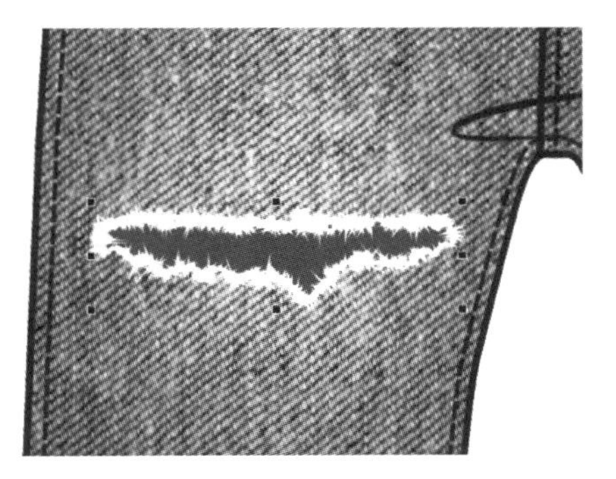

图2-2-46　破洞处理

第三节　女装款式图绘画表现

一、衬衫绘画表现

（一）衬衫实例效果（图 2-3-1）

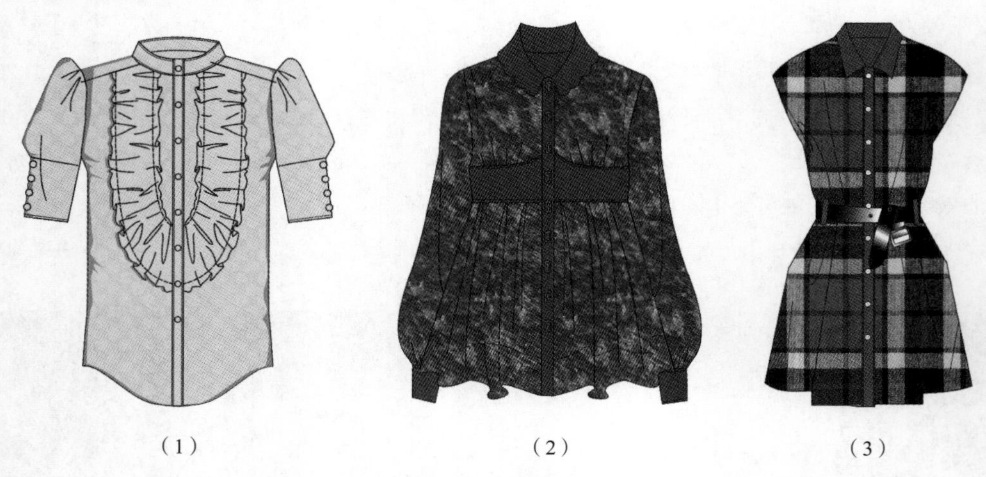

图2-3-1　衬衫实例效果

（二）衬衫［图 2-3-1（1）］的绘制

1. 点击组合键【Ctrl+N】或者执行菜单【文件/新建】命令，新建一个文件。用【贝塞尔】工具绘制左边衣片，填充白色（图2-3-2）。

2. 绘制袖口纽扣。选中【椭圆】工具，按住【Shift】键绘制一个小正圆，单击三次【+】键另外复制3个小正圆。选中4个小正圆执行【对象/对齐和分布/垂直居中对齐】命令（图2-3-3）。

3. 选中4个小正圆执行【对象/对齐和分布/对齐和分布】命令，弹出对话框（图2-3-4），在垂直分布中选择【间距】，点击【应用】按钮。

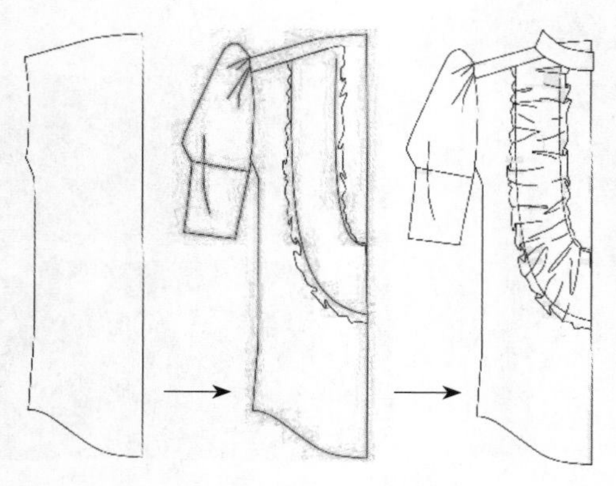

图2-3-2　绘制衣片

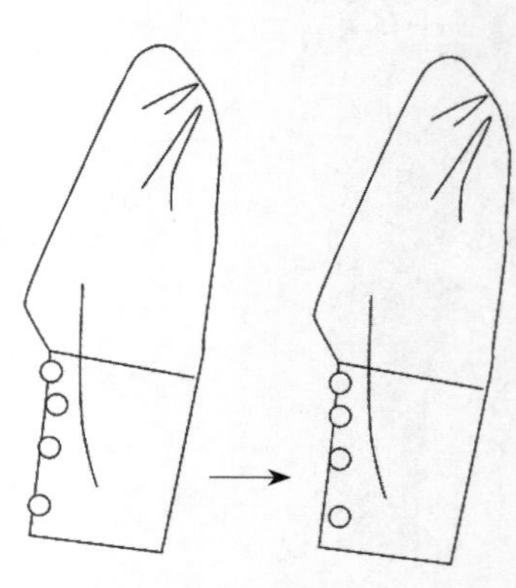

图2-3-3　绘制纽扣

4. 再次选中4个小正圆，点击组合键【Ctrl+G】组合，单击对象进行旋转，完成后移至合适的位置，得到效果（图2–3–5）。

5. 选中衣片，点击组合键【Ctrl+G】将其组合，单击【+】键一次原位复制，点击属性栏的【水平镜像】按钮，移至合适位置后，选中左右衣片执行【对象/对齐和分布/顶端对齐】命令（图2–3–6）。

6. 点击组合键【Ctrl+U】取消左右衣片的组合。用【选择】工具选择左右两片衣身对象。点击属性栏中的【焊接】按钮（图2–3–7）。

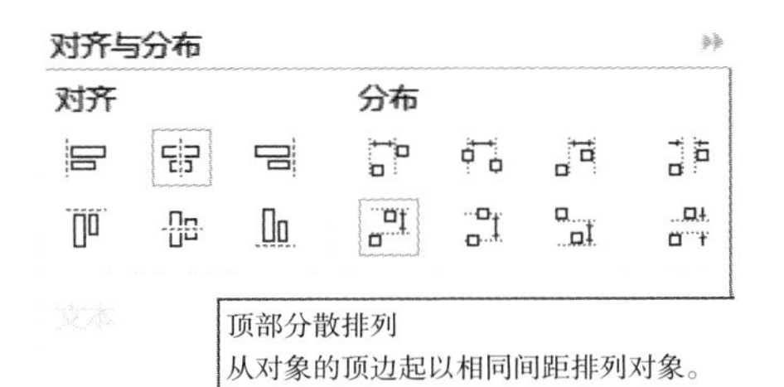

图2–3–4 对齐与分布设置

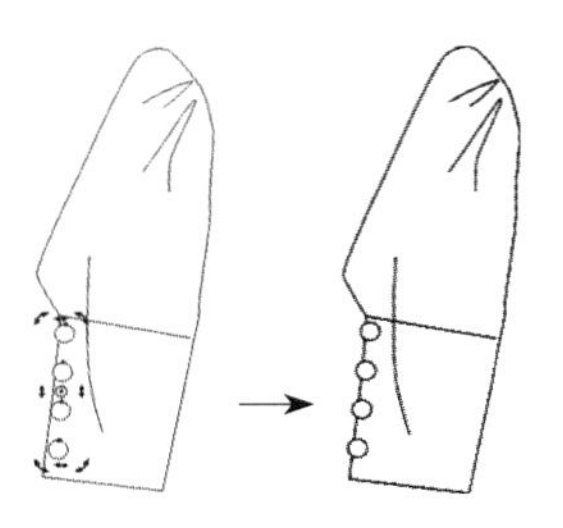

图2–3–5 分布后纽扣效果

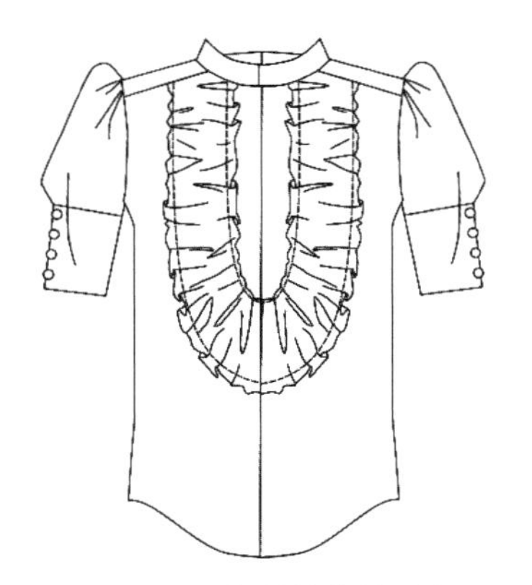

图2–3–6 复制镜像并对齐

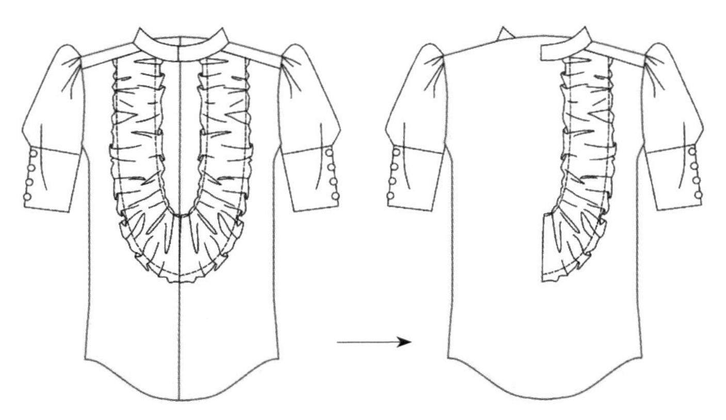

图2–3–7 焊接左右衣片

7. 选中【焊接】后的衣身，单击鼠标右键执行【顺序/到页面后面】命令，衣身将置于最底层。按照同样的方法，可以焊接左右领子，得到效果（图2–3–8）。

8. 选择【贝塞尔】工具，绘制一个封闭的区域作后领，单击鼠标右键执行【顺序/到页面后面】命令，出现黑色粗箭头，单击衣身部分，并填充浅灰色，得到效果（图2–3–9）。

9. 绘制门襟。用【矩形】工具从领口至衣摆绘制一个长方形，选中长方形和衣身部分，执行【对象/对齐和分布/垂直居中对齐】命令（图2–3–10）。

10. 添加扣子及缝纫线，并将所有的轮廓线转换成黑色（图2–3–11）。

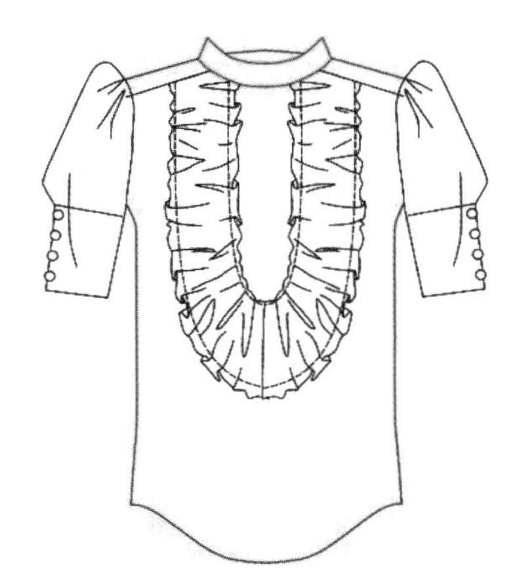

图2–3–8 焊接左右领子

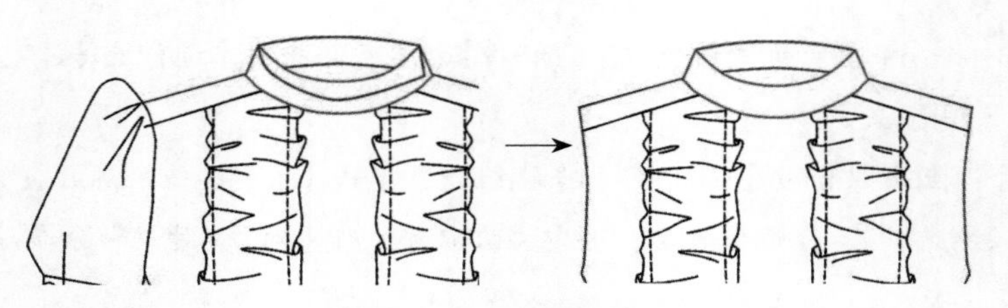

图2-3-9 绘制后领并置于后面

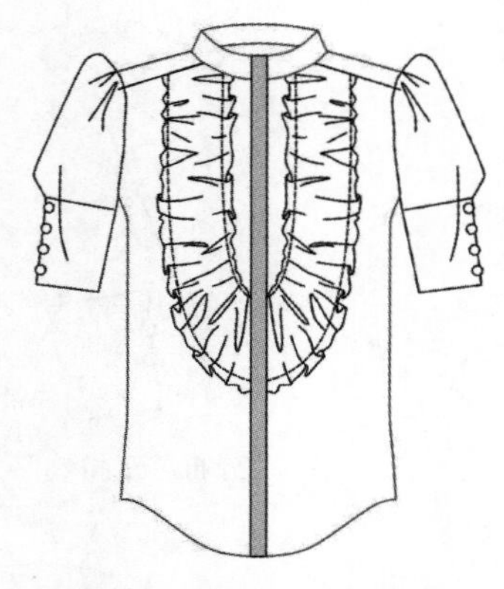

图2-3-10 绘制门襟

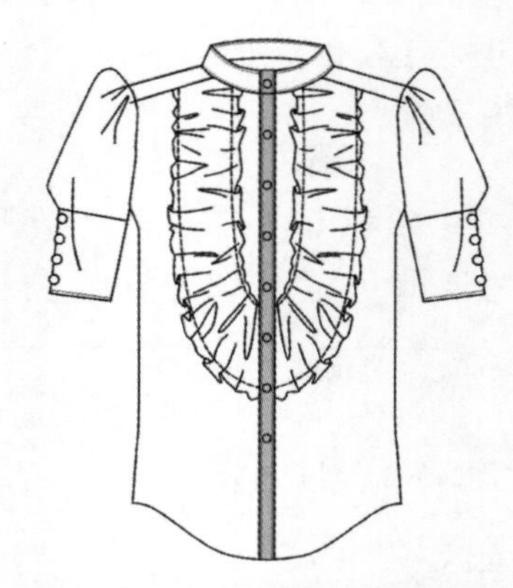

图2-3-11 添加细节及修改轮廓色

11.添加衣服暗部效果。选中左袖轮廓，单击【+】键复制，并移开，点击属性栏中的【修剪】按钮，得到新的对象，此时还可以通过【形状】工具改变新对象的外形，去掉新对象的外轮廓并填充浅灰色，移回至袖子的边缘（图2-3-12）。

12.重复上面的操作，可以给衣身部分添加暗部效果（图2-3-13）。

13.双色图样填充。打开【双色图样】填充，弹出对话框，选择【双色】，默认为黑白，根据需要可以替换任意颜色，在【大小】中可以修改任意的高度和宽度（图2-3-14）。

14.选择工具箱【属性滴管】工具，用【属性滴管】工具单击衣身，然后单击袖子和领口，得到效果（图2-3-15）。

15.荷叶边颜色填充。打开工具箱中的【颜色滴管】颜色滴管，用【滴管】单击衣身上的蓝色，然后单击荷叶边进行颜色填充（图2-3-16）。

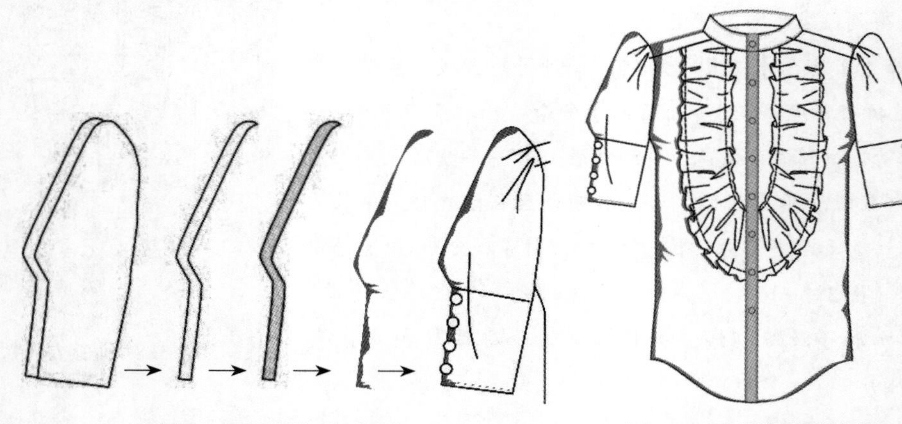

图2-3-12 添加袖子暗部　　图2-3-13 添加衣身暗部

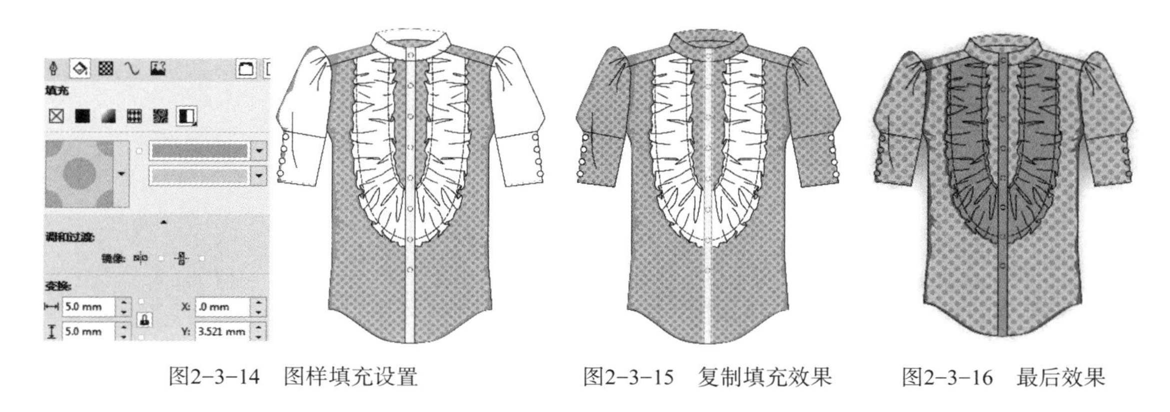

图2-3-14 图样填充设置　　图2-3-15 复制填充效果　　图2-3-16 最后效果

二、连身短裙绘画表现

（一）连身短裙实例效果（图 2-3-17）

图2-3-17 连身短裙实例效果

（二）连身短裙的绘制

1. 点击组合键【Ctrl+N】或者执行菜单【文件/新建】命令，新建一个文件。执行菜单【查看/文档网格】命令，显示网格。

2. 选择工具箱中【矩形】工具，绘制一个矩形，单击鼠标右键执行【转换为曲线】命令。

3. 单击快捷键【F10】，打开【形状】工具，将矩形调整修改为裙身（图2-3-18）。

4. 选择工具箱中【钢笔】工具，绘制衣身后片后，执行菜单【对象/顺序/到页面后面】命令（组合键【Ctrl+End】）。选中裙身，填充白色（图2-3-19）。

5. 选择工具箱中【钢笔】工具，绘制翻

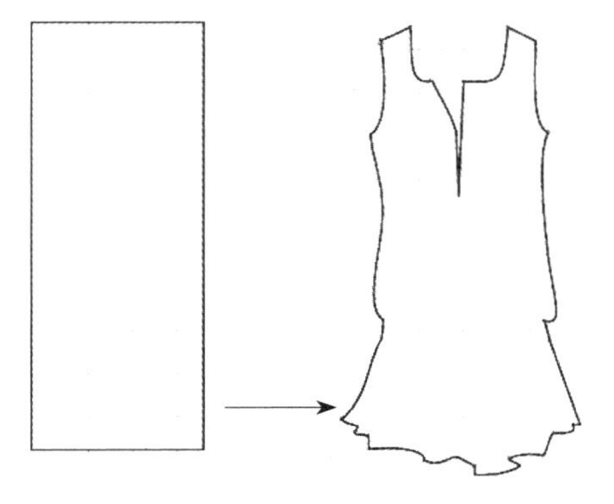

图2-3-18 绘制裙身轮廓

领。用【椭圆】工具绘制扣子（图2-3-20）。

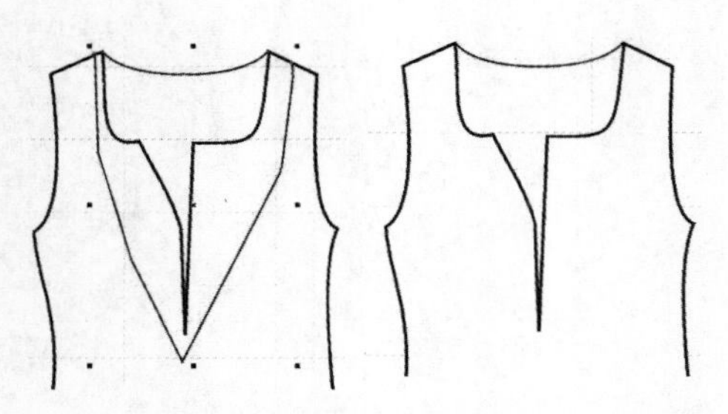

图2-3-19　绘制衣身后片

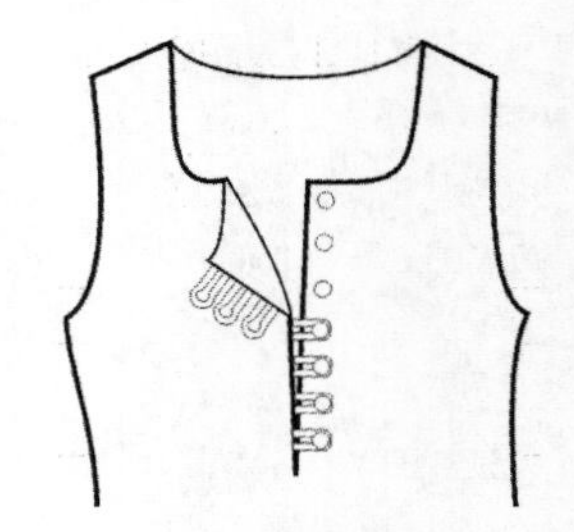

图2-3-20　绘制翻领及扣子

6. 用【钢笔】工具继续绘制袖子和腰带轮廓，必须是封闭区域（图2-3-21）。
7. 用【钢笔】工具添加衣服褶皱（图2-3-22）。

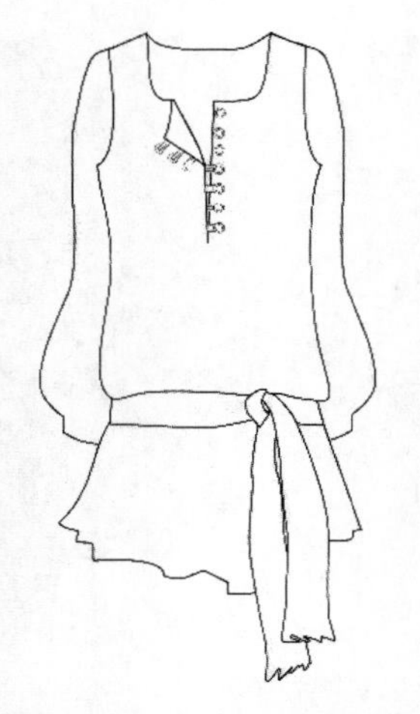

图2-3-21　绘制袖子和腰带

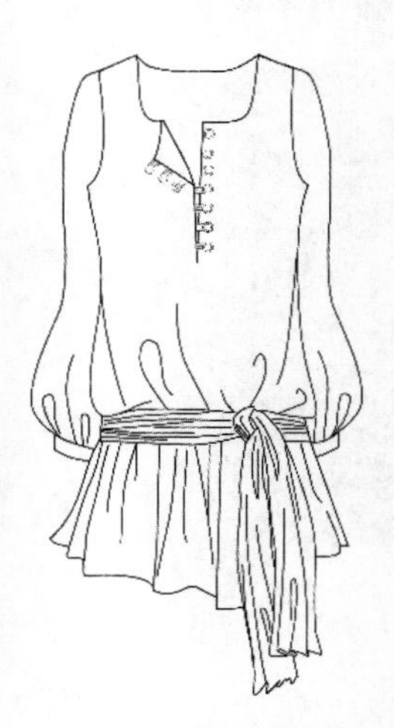

图2-3-22　绘制褶皱

8. 将褶皱的匀线转换成粗细线。用【选择】工具选中需要转换的褶皱线条，然后单击工具箱中的【艺术笔刷】，在属性栏中挑选一种预设的笔刷（图2-3-23）。重复操作可以转换所有的褶皱线，得到效果（图2-3-24）。

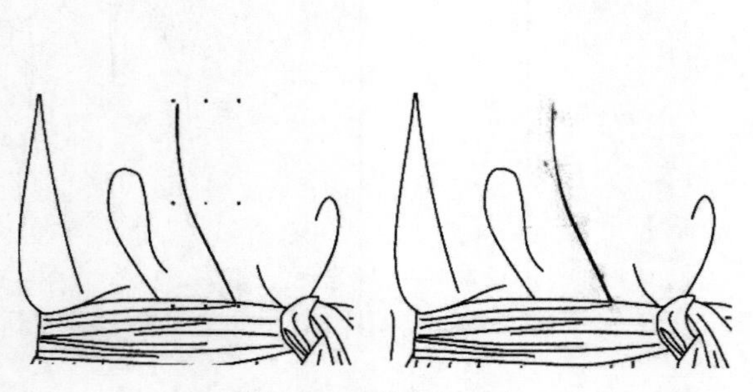

图2-3-23　修改褶皱线

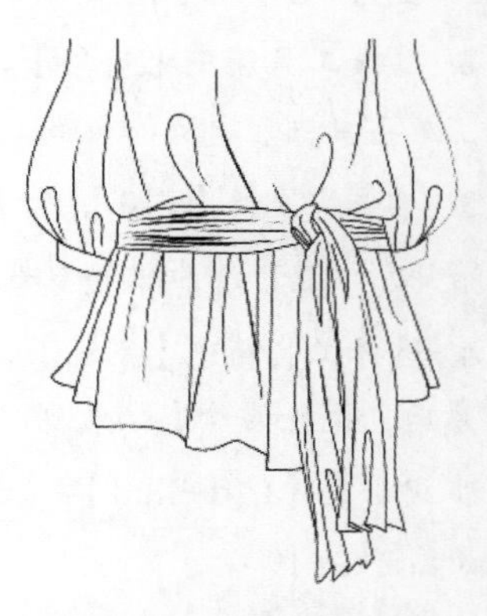

图2-3-24　修改后的效果

9. 绘制图案。打开工具箱中【复杂星形】工具 复杂星形(C) 绘制一个边数为“10”，长宽为“12cm×12cm”的星形[图2-3-25（1）]。用【形状】工具，将直线转换为曲线变形[图2-3-25（2）、图2-3-25（3）]，填充单色[图2-3-25（4）]。

10. 选中图2-3-25（4），在属性栏中输入边数为“22”，锐度为“3”，生成图2-3-25（5）；单击【+】键一次复制（5）图，按住【Shift】键等比例缩小，设置边数为“12”，锐度为“3”，得到图2-3-25（6）。单击【+】键复制（6）图，按住【Shift】键等比例缩小，设置边数为“10”，锐度为“2”，得到图2-3-25（7）。

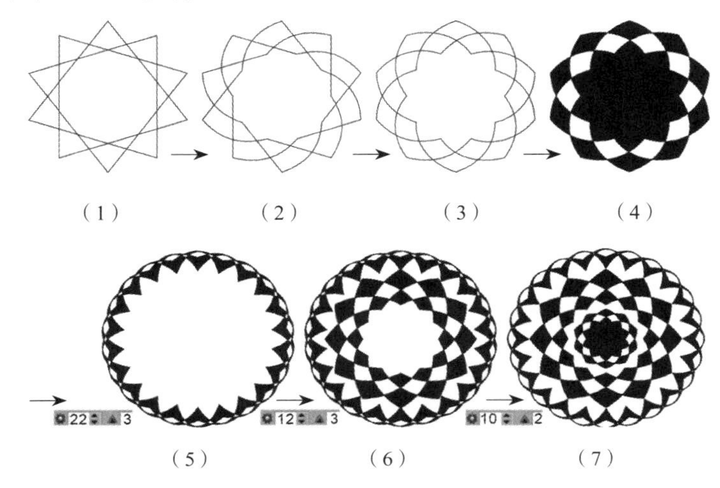

图2-3-25　先绘制单个图案并填充再组合图案

11. 用【矩形工具】绘制一个“10cm×10cm”的正方形，然后选中（7）图，执行菜单【对象/PowerClip/置于图文框内部】命令，将其放置在正方形中，然后去掉正方形的边框填充（图2-3-26）。

12. 向量图样填充操作。用【选择】工具选中裙身，单击【向量图样填充】按钮，弹出面板（图2-3-27）。

13. 点击【从文档新建】按钮，在页面中框住矢量图案，点击【接受】按钮。在【变换】面板中设置【填充宽度】、【填充高度】，调整矢量图样的大小，得到效果（图2-3-28）。

14. 在袖子和腰带处填充单色，打开【透明】工具进行透明设置，得到效果（图2-3-29）。

15. 选中对象，在【双色图样填充】面板中，修改颜色，完成后点击【确定】按钮，得到不同颜色效果（图2-3-30）。

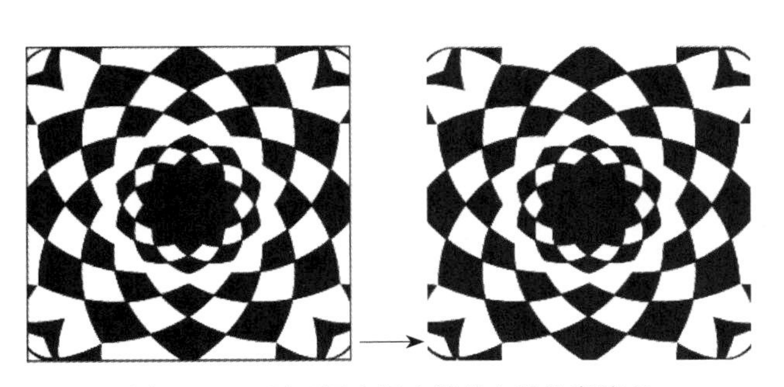

图2-3-26　置于图文框内部并去掉轮廓填充

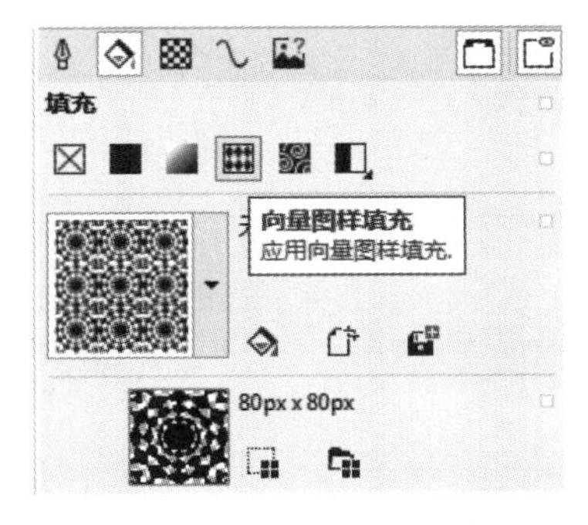

图2-3-27　【向量图样填充】面板

图2-3-28 图样填充

图2-3-29 最后效果

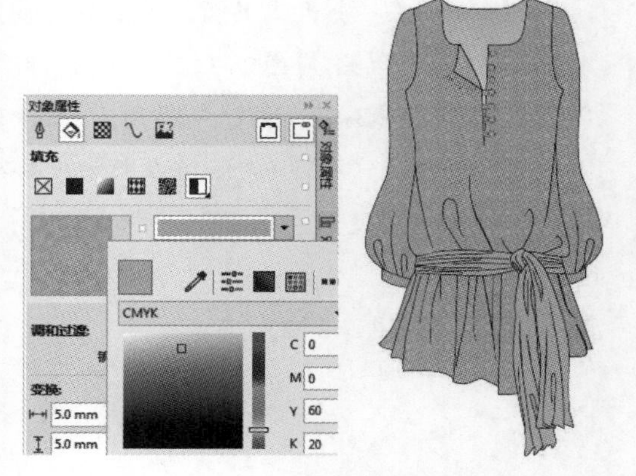

图2-3-30 更换颜色后效果

三、针织衫绘画表现

（一）针织衫实例效果（图 2-3-31）

图2-3-31 针织衫实例效果

（二）针织衫的绘制

1. 选择工具箱中的【钢笔】工具或【贝塞尔】工具绘制服装轮廓（图2-3-32）。

2. 选择【钢笔】工具，配合【Shift】键绘制两条垂直线，点击组合键【Ctrl+G】组合，单击【+】键原位复制，并水平移至页面的另一端（图2-3-33）。

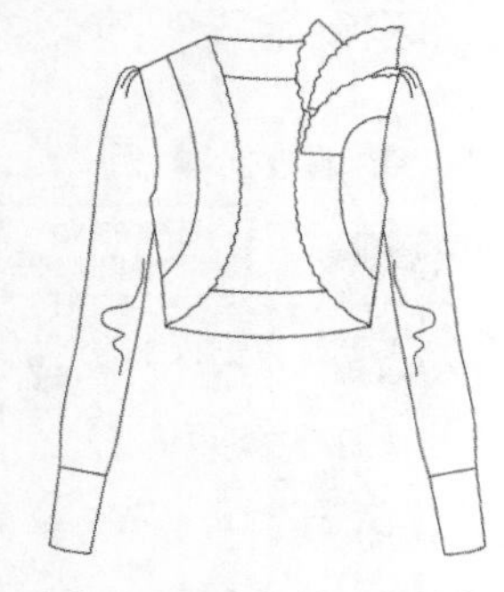

图2-3-32 绘制服装轮廓

图2-3-33 绘制垂直线并复制

3. 选择工具箱中【混合】工具 **混合**，将其混合（图2–3–34），在属性栏设置【步长】参数，参数数值根据实际需要进行设定（图2–3–35）。

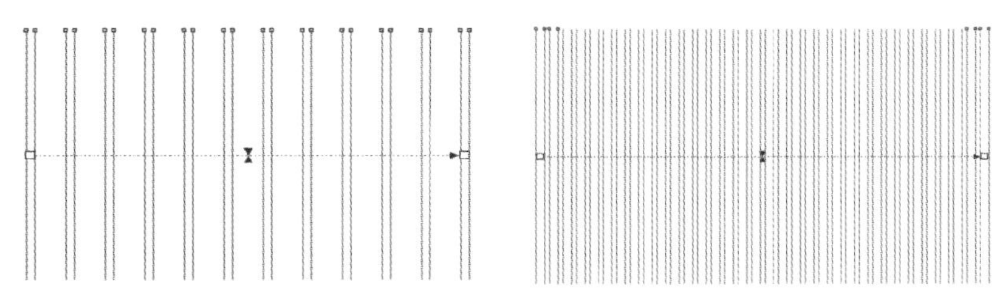

图2–3–34　使用交互式调和工具　　图2–3–35　步长设置后的效果

4. 选中混合后的线条组，单击【+】键一次复制，执行菜单【对象/PowerClip/置于图文框内部】命令，然后单击衣领对象，得到图形（图2–3–36）。单击【编辑PowerClip】命令，进入子页面，在子页面中旋转并缩放对象（图2–3–37）。

5. 用【选择】工具分别选中首尾线条，旋转至合适位置（图2–3–38），完成后点击下方【完成编辑PowerClip】按钮（图2–3–39）。

6. 重复操作步骤，填充其他对象（图2–3–40）。

7. 绘制针织纹理。打开工具箱【基本形状】工具，在上方属性栏中选择【半环】形状（图2–3–41）。在页面中拖动绘制，单击【+】键复制并移至页面的另一端（图2–3–42）。

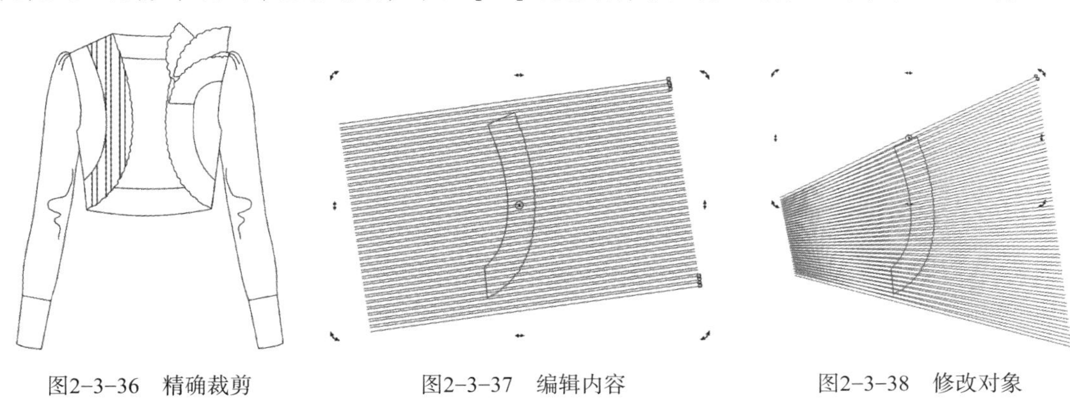

图2–3–36　精确裁剪　　图2–3–37　编辑内容　　图2–3–38　修改对象

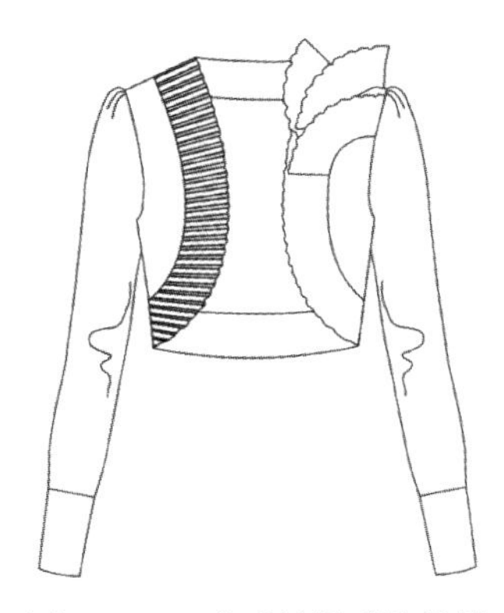

图2–3–39　完成编辑后的效果

图2–3–40　填充对象

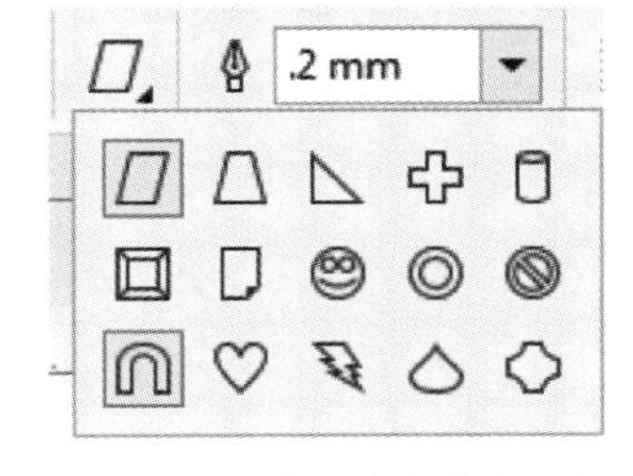

图2–3–41　【基本形状】面板

图2–3–42　复制移动对象

8. 选择工具箱中【混合】工具 混合，将其混合，在属性栏设置【步长】为“40”。鼠标右键单击执行【打散调和群组】命令，点击组合键【Ctrl+G】将其组合，单击【+】键复制，点击属性栏中的【垂直镜像】按钮并下移至合适位置（图2-3-43）。

9. 选中对象，单击【+】键复制，垂直移至页面下方（图2-3-44）。

10. 选择工具箱中【混合】工具 混合，将其混合。在属性栏设置【步长】为“30”（图2-3-45）。

11. 选中混合后对象，执行菜单【对象/PowerClip/置于图文框内部】命令，鼠标右键单击对象执行【编辑PowerClip】命令，进入子页面，在子页面调整对象（图2-3-46）。

图2-3-43　混合对象并复制移动

图2-3-44　复制并垂直移动对象

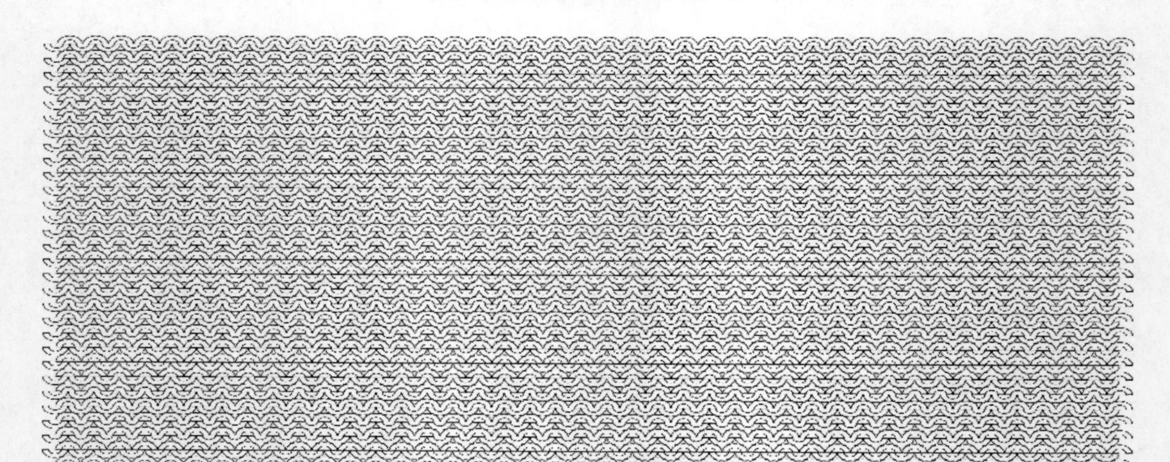

图2-3-45　使用【混合】工具

12. 重复操作，完成袖子的填充（图2-3-47）。

13. 在【编辑PowerClip】的子页面中，可以继续调整【步长】及首尾对象颜色，而产生不同的效果（图2-3-48）。

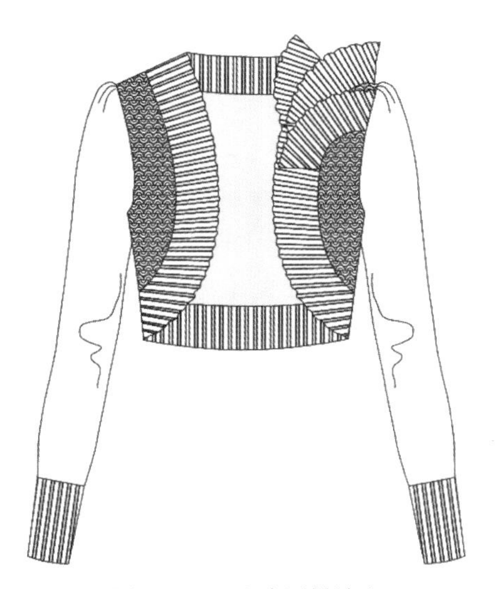

图2-3-46　衣身图样填充

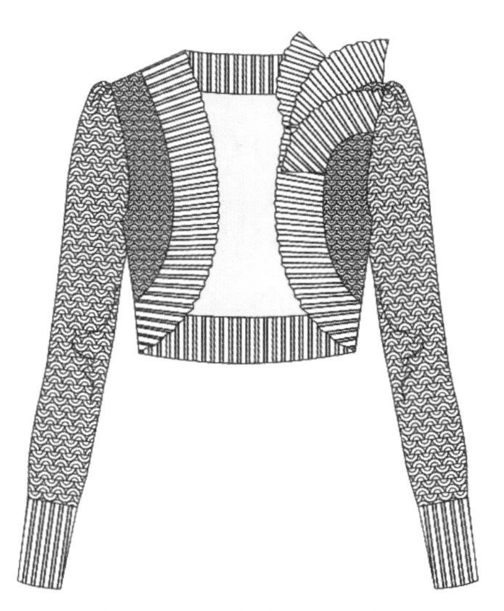

图2-3-47　袖子图样填充

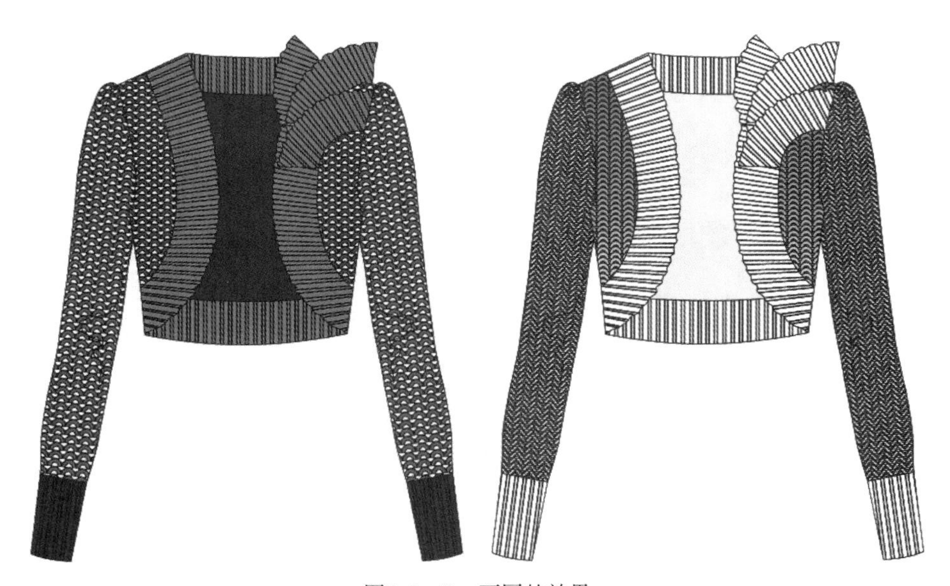

图2-3-48　不同的效果

本章小结

※【贝塞尔】工具、【钢笔】工具可以绘制任何复杂的图形对象。

※【3点曲线】工具可以快速地绘制弧线及由弧线组合成的封闭区域。

※【轮廓笔】工具（F12）可以改变对象轮廓的颜色、粗细、虚实等特性。

※ 空格键是【挑选】工具的快捷键，利用空格键可以快速切换到【挑选】工具，再按下空格键，则切换回至原来的工具。

※ 双击【挑选】工具，则可以选中工作区中所有的图形对象。

※ 接触式选取对象，配合【Alt】键，按下鼠标并拖动，只要蓝色选框接触到的对象，都会被选中。

思考练习题

1. 如何绘制变化的罗纹效果？
2. 如何修改【图样填充】中的【前部】和【底部】的颜色及填充对象的【大小】?
3. 完成下列款式图的绘制并填充。

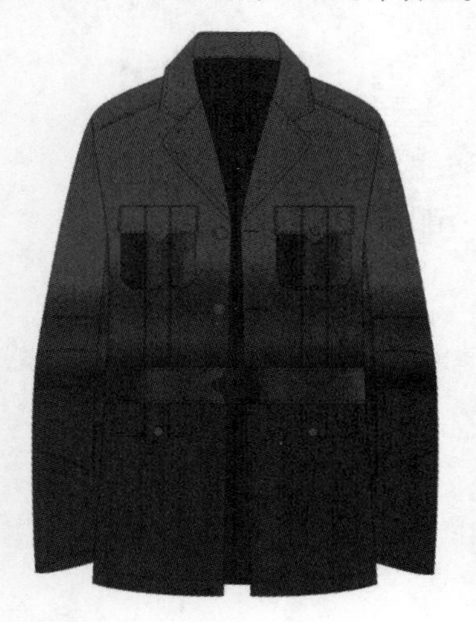

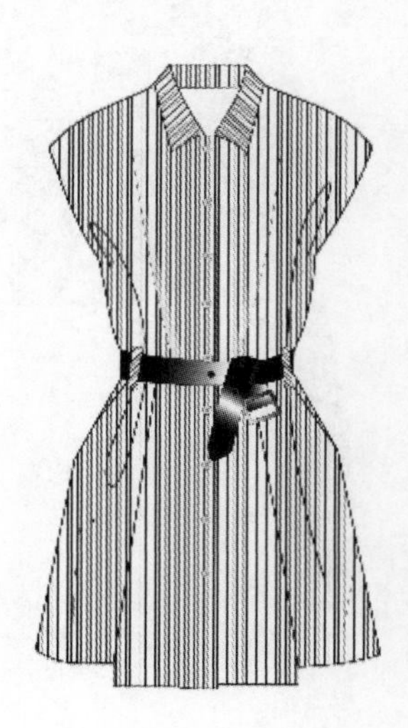

第三章 CorelDRAW服饰图案绘画表现

课题名称： CorelDRAW服饰图案绘画表现

课题内容： CorelDRAW独立图案的绘画与设计表现

CorelDRAW连续循环图案的绘画与设计表现

CorelDRAW创意图形的绘画与设计表现

课题时间： 6课时

教学目的： 通过案例的演示与操作步骤，要求学生掌握几何图案、连续循环图案、创意图形的电脑绘画表现技术。

教学方式： 教师演示及课堂训练。

教学要求： 1.用CorelDRAW完成独立图案的绘画表现。

2.用CorelDRAW完成连续循图案的绘画表现。

3.用CorelDRAW完成创意图形的绘画表现。

课前准备： 熟悉并掌握用CorelDRAW软件的各种工具的操作方法和技巧。

服饰图案是一种既古老又现代的装饰艺术，是对某种物象进行概括提取，使之具有艺术性和装饰性的组织形式，通过抽象、提炼、变化、组合等方法和规则化可以创造出各种不同的形状。服饰图案对于服装能起到装饰、弥补和强调的作用。根据其构成的形式有规则和不规则两种。利用CorelDRAW的基本形状、形状及旋转、复制等工具可以绘制出丰富多样的独立图案、二方连续图案及四方连续图案，并能创造性地应用于服装与服饰产品设计、家纺产品设计、面料纹样开发设计等众多领域。

第一节　独立图案的绘画与设计表现

独立图案一般可以分为单独纹样、适合纹样、边缘纹样、角纹样等几种，是指没有外轮廓及骨骼限制，可单独处理、自由运用的一种装饰纹样。它既可以作为独立的图案装饰服装，也可以作为二方连续、四方连续的基础图案。

在绘制独立图案之前，首先要根据图形分析所要用到的工具，对于规则型、有规律可循的图案尽可能用【线条】工具、【几何形】工具的变形来处理，再配合对称复制、旋转复制等命令完成。对于没有规律，很难用【几何形】工具变形处理的复杂图形，则要用【钢笔】工具或者【贝塞尔】工具进行轮廓的描绘。更多的时候是需要综合运用所学工具，相互配合使用，完成独立图案的绘画。

一、独立图案绘画表现实例效果（图3-1-1）

（1）　　（2）　　（3）

图3-1-1　独立图案实例效果

二、荷花［图3-1-1（1）］绘制步骤

1. 绘制花朵。点击组合键【Ctrl+N】，或者执行菜单【文件/新建】命令，新建文件。在工具箱中

选择【3点曲线】工具绘制一条弧线[图3–1–2（1）]，然后再绘制第二条弧线，绘制第二条弧线时两个节点要连接前面弧线的两个节点，这样绘制出来的图形是封闭的，可以填充颜色[图3–1–2（2）]。

2. 再次单击图3–1–2（2），使对象进入【旋转】状态，用鼠标左键拖动中心点至对象的下[图3–1–2（3）]。

3. 旋转复制图3–1–2（3）。将中心点移至图形下方角点，按住鼠标左键不松手拖动角点，旋转对象，完成后点击组合键【Ctrl+D】再复制一个，得到图形[图3–1–2（4）]。

4. 重复步骤3,【旋转复制】另外两个花瓣，得到图形[图3–1–2（5）]。全选对象，填充白色，选中每片花瓣后单击鼠标右键执行【顺序】命令，调整花瓣顺序[图3–1–2（6）]。

5. 绘制花茎。用【3点曲线】工具绘制一条弧线，然后用【形状】工具调整其造型[图3–1–3（1）]。用【螺纹】工具 螺纹(S) 绘制两个螺纹[图3–1–3（2）]重复操作，增加另外的螺纹[图3–1–3（3）]。全选对象，执行菜单【对象/将轮廓转换为对象】命令[图3–1–3（4）]。用【形状】工具调整图形节点，修改花茎造型[图3–1–3（5）]。

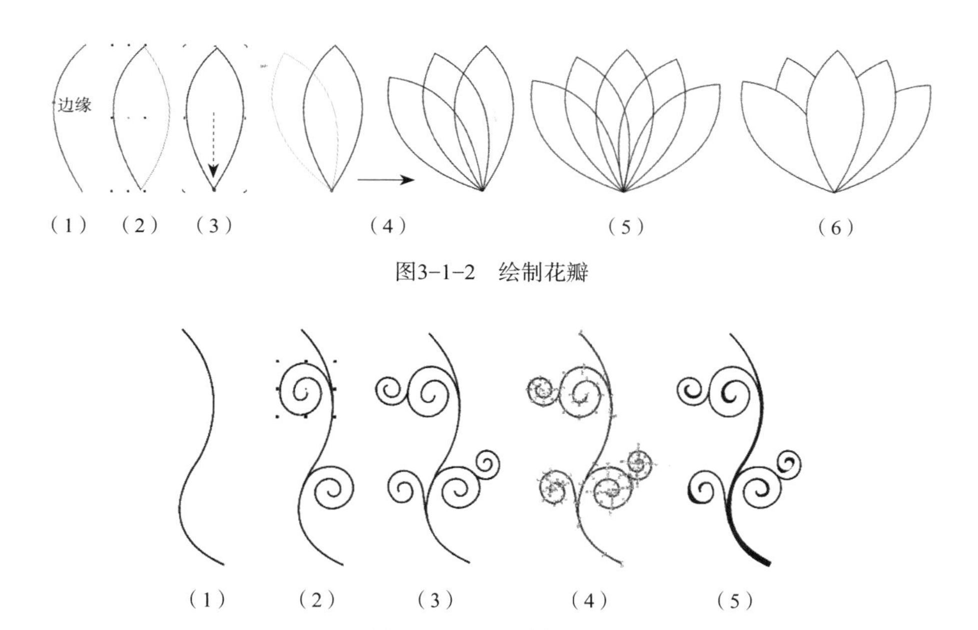

图3–1–2 绘制花瓣

图3–1–3 花茎绘制过程

三、荷花[图3–1–1（2）]绘制步骤

1. 绘制一个花瓣。打开【基本形状】工具，点击属性栏【完美图形】按钮，弹出【工具】面板（图3–1–4），选中【水滴】图形，在页面中拖动绘制一个水滴形状，然后鼠标右键单击执行【转换为曲线】命令，用【形状】工具拖动手柄，修改水滴造型[图3–1–5（1）]。

2. 选中图3–1–5（1），单击数字键盘上的【+】键原位复制，按住【Shift】键不松手垂直往下移动一点对象并加宽一些对象，全选对象后点击属性栏中的【修剪命令】按钮，得到图形并填充黑色[图3–1–5（2）]。

3. 将修剪后的对象移至图3-1-5（1）的上方，并修改图形（1）的轮廓宽度为“0.75mm” .75 mm，得到图3-1-5（3）。

4. 全选图3-1-5（3），点击组合键【Ctrl+G】组合对象。选中组合后的对象，进行旋转复制，通过拖动X方向、Y方向的中间手柄↔ ↕修改造型[图3-1-5（4）]，如果花瓣顺序不对，则鼠标右键单击执行【顺序】命令，进行调整即可。

5. 选中对象，单击数字键盘上的【+】键原位复制，点击属性栏中的【水平镜像】按钮，然后水平移动至合适位置，见最后效果[图3-1-5（5）]。

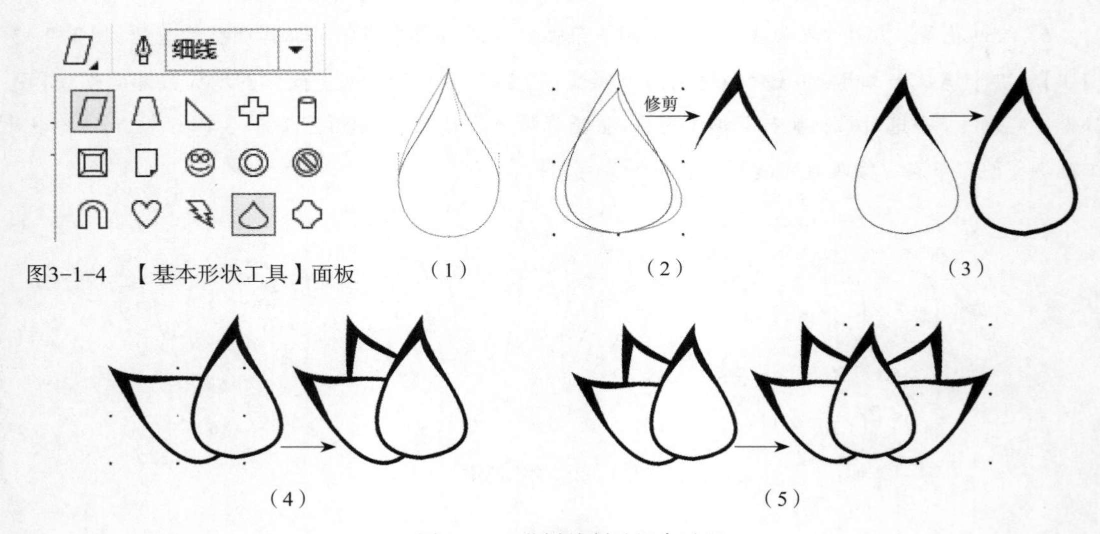

图3-1-4 【基本形状工具】面板

图3-1-5 花瓣绘制及组合过程

6. 重复操作，增加下面的两片花瓣。花瓣造型通过拖动X方向、Y方向的中间手柄↔ ↕进行修改[图3-1-6（1）]。

7. 渐变颜色填充。在文件中点击组合键【Ctrl+I】导入一张荷花图片，选中任意一个花瓣后点击组合键【Ctrl+U】取消对象的组合。

8. 选中取消组合后的对象，打开【对象属性/填充/渐变填充】面板，选中【首色滑块】，单击【节点颜色】下拉框的【倒三角】按钮，弹出【颜色滴管】面板，用【颜色滴管】在导入的荷花图片上点击任意一个颜色，重复操作，即可进行渐变颜色填充[图3-1-6（2）]。

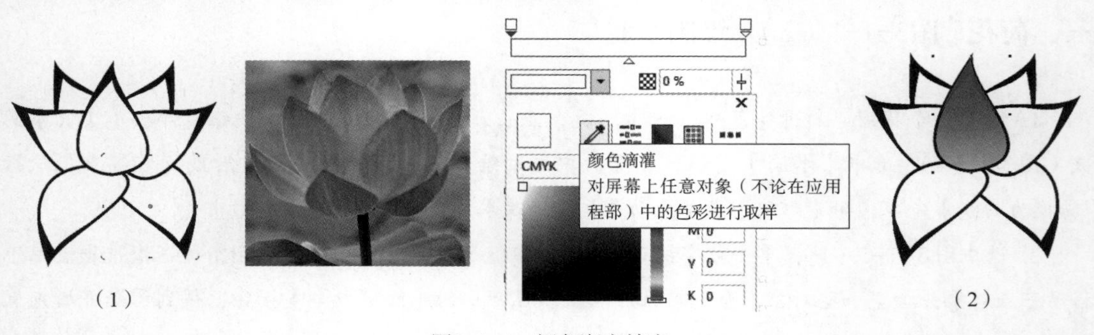

图3-1-6 颜色渐变填充

9. 打开工具箱中的【属性滴管】工具 属性滴管，此时光标变成【滴管】形状，在渐变花瓣上单击，光标变成【油漆桶】形状，然后在目标对象上单击，即可将渐变填充复制到其他花瓣上[图3-1-7（1）]。

10. 打开工具箱中的【颜色滴管】工具 颜色滴管，此时光标变成【滴管】形状，在花瓣尖上单击，光标变成【油漆桶】形状，然后在目标对象上单击，即可将单色填充复制到其他花[图3-1-7（2）]。

11. 花径绘画，用【3点曲线】工具、【形状】工具以及【手绘】工具综合完成。

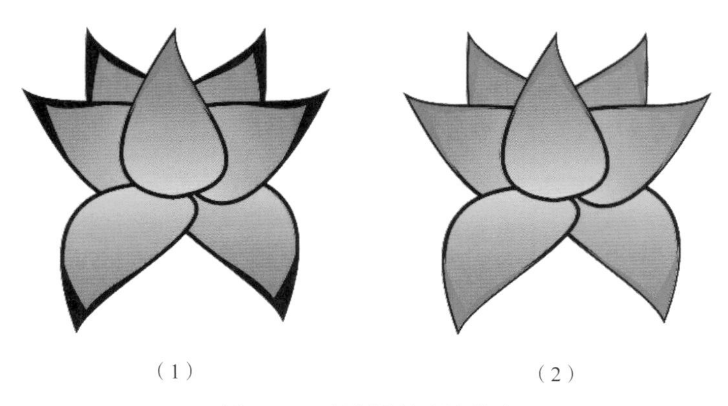

（1）　　（2）

图3-1-7　复制属性/颜色填充

四、玫瑰花[图3-1-1（3）]绘制步骤

图3-1-1（3）玫瑰花造型比较复杂，很难用几何图形的变形处理得到想要的效果，这种情况下就需要用【钢笔】工具或者【贝塞尔】工具进行轮廓的耐心描绘。

1. 绘制花朵。选择工具箱中的【钢笔】工具 钢笔(P)，逐个绘制封闭图形，然后进行单色填充（图3-1-8）。

2. 叶子绘画。用【3点曲线】工具绘制叶子的轮廓及叶脉。选中叶子轮廓后，打开工具箱中的【变形】工具，在属性栏中设置参数 20 50，激活【局部变形】按钮。选择【形状】工具，在叶子边缘拖动节点，形成朝一个方向的锯齿状。选中叶脉，打开工具箱【艺术笔】工具，挑选一种预设，局部调整后完成叶子绘画，点击组合键【Ctrl+G】组合对象（图3-1-9）。

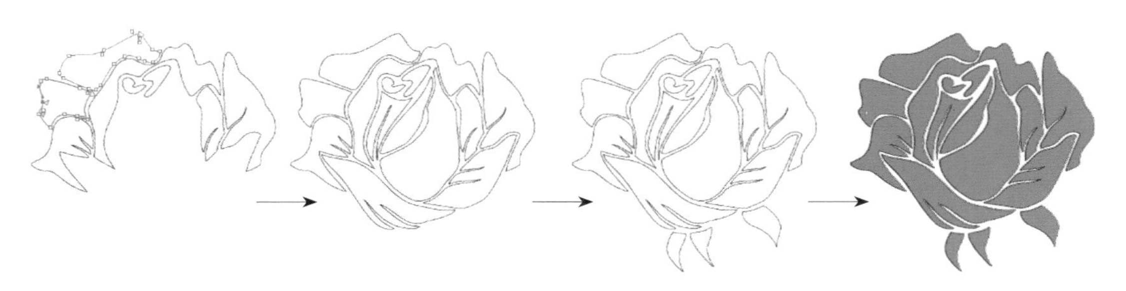

图3-1-8　花朵绘制过程

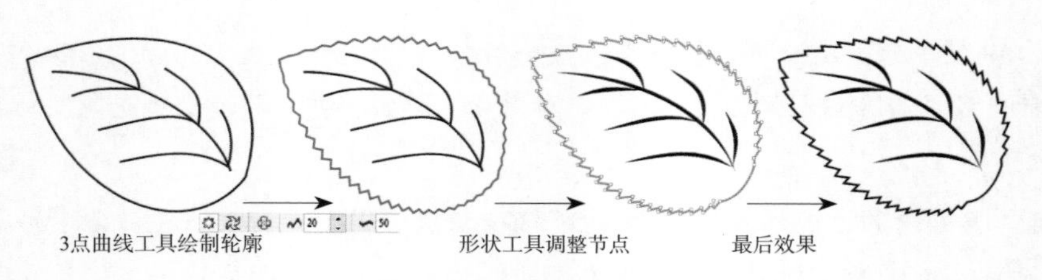

图3-1-9　叶子绘制过程

3. 组合花朵与叶子。选中叶子造型，复制两片，通过拖动X方向、Y方向的中间手柄⟷↕进行变形处理。然后用【3点曲线】工具绘制花茎[图3-1-10（1）]，改变线条的轮廓宽度[图3-1-10（2）]。选中对象执行菜单【对象/将轮廓转换为对象】（组合键【Ctrl+Shift+Q】）命令，然后点击属性栏中的【焊接】按钮 [图3-1-10（3）]。用【形状】工具调整图形节点，修改花茎的造型[图3-1-10（4）]，根据设计需要填充单色。

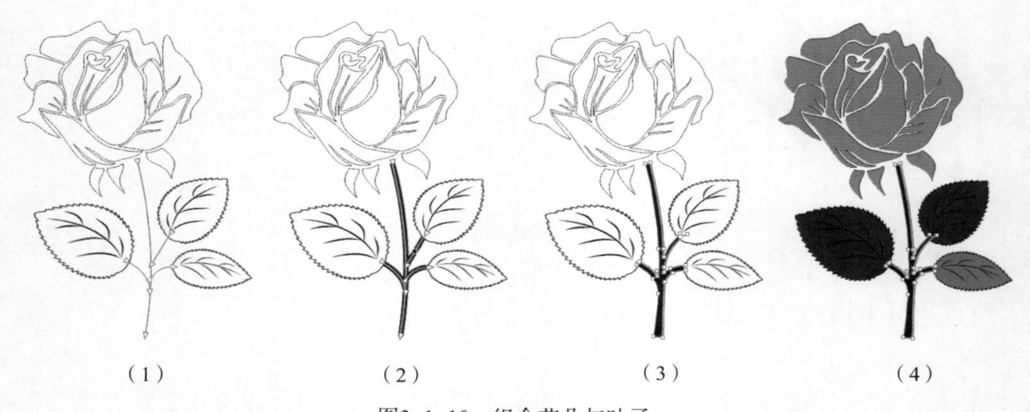

图3-1-10　组合花朵与叶子

4. 网状填充。用【矩形】工具绘制一个矩形，执行【填充/位图图样填充/从文档新建】命令，将导入的位图“荷花”填充进矩形中[图3-1-11（1）]，单击工具箱【网状填充】工具 网状填充，然后双击图3-1-11（1），得到效果[图3-1-11（2）]。打开工具箱中的【属性滴管】工具 属性滴管，鼠标在图3-1-11（2）中单击，然后单击目标对象，即可将网状填充复制到玫瑰花瓣[图3-1-11（3）]。叶子的网状填充方法与玫瑰花填充操作相同[图3-1-11（4）]。

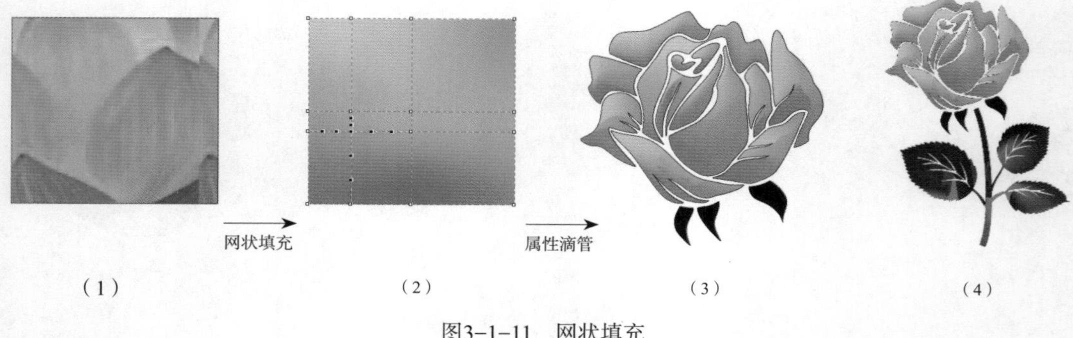

图3-1-11　网状填充

5. 蝴蝶的绘制。绘制一个椭圆［图3-1-12（1）］，单击鼠标右键执行【转换为曲线】命令，用【形状】工具拖动椭圆下方节点的手柄至合适位置，进行变形处理［图3-1-12（2）］。选中图3-1-12（2），单击数字键盘上的【+】键原位复制，按住【Shift】键不松手拖动角点进行等比例缩小对象［图3-1-12（3）］，选中两个对象，执行菜单【对象/对齐与分布/底端对齐】命令，点击属性栏【修剪】按钮，并进行单色填充［图3-1-12（4）］，重复操作，得到图形［图3-1-12（5）］，全选图3-1-12（5），点击组合键【Ctrl+G】组合对象。

6. 复制图3-1-12（5）两个，然后通过缩放、旋转等命令和拖动X方向、Y方向的中间手柄↔↕进行翅膀的变形处理。用【手绘】工具绘制身子部分，用【3点曲线】工具绘制触须，然后选中触须弧线，执行【艺术笔/预设画笔】命令即可完成对象（图3-1-13）。

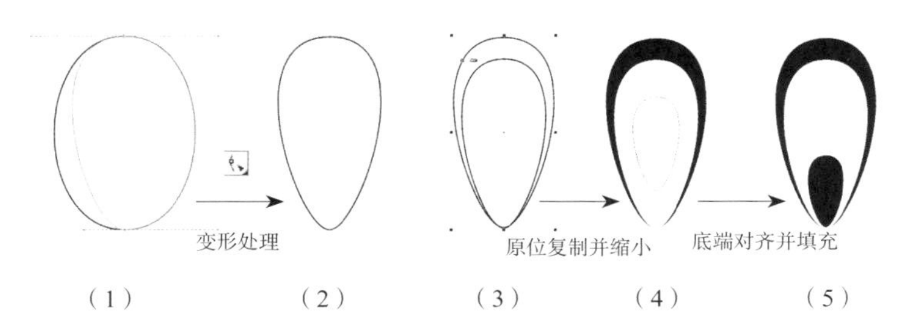

图3-1-12　翅膀的绘制过程

图3-1-13　蝴蝶的组合过程

第二节　连续循环图案的绘画与设计表现

循环图案主要包括二方连续图案和四方连续图案。二方连续图案是指以一个或几个单位纹样，在两条平行线之间的带状形平面上，作有规律的排列并以向上下或左右两个方向反复循环所构成的带状形纹样。二方连续图案由于具有重复、条理、节奏等形式，应用广泛。例如在原始社会的彩陶器，商周青铜器，汉代漆器以及各少数民族的服饰中经常可以见到。

四方连续图案是由一个纹样或几个纹样组成一个单位，向上下左右四个方向重复排列而成，可向四周无限扩展，其基本结构有散点式、连缀式和重叠式。四方连续的排列比较复杂，它不仅要求纹样造型严谨生动、主题突出、层次分明、穿插得当，还必须注意连续后所产生的整体艺术效果是否美观。主要应用于墙纸、壁面、陶瓷地砖、印花布、丝绸等领域。

一、连续循环图案绘画表现实例效果（图3-2-1）

（1）规则效果　　（2）自由组合效果

图3-2-1　连续循环图案

二、规则效果连续循环图案［图3-2-1（1）］绘画

1. 绘制基本图案。点击组合键【Ctrl+N】或者执行菜单【文件/新建】命令，新建一个文件。

2. 选择工具箱中的【复杂星形】工具，配合【Ctrl】键绘制一个正的星形［图3-2-2（1）］。然后用【形状】工具将其变形［图3-2-2（2）］，在属性栏设置不同的【边数】和【锐度】，可以改变形状［图3-2-2（3）］。单击数字键盘上【+】键原位复制，并配合【Shift】键将其缩放，重复操作并填充不同的颜色［图3-2-2（4）］。

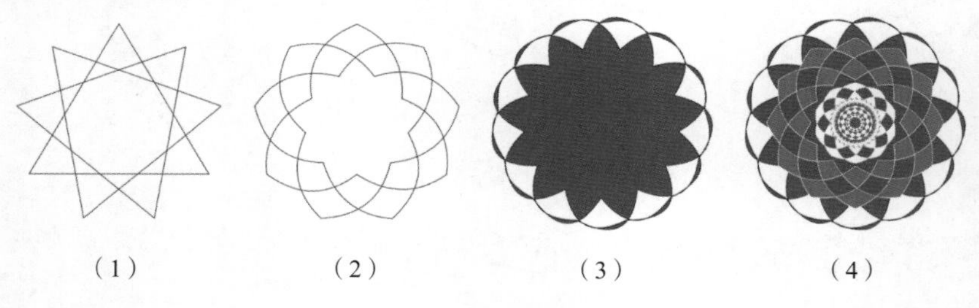

图3-2-2　绘制基本图案

3. 选择工具箱中的【椭圆】工具，配合【Ctrl】键绘制两个正圆，选中两个正圆后点击属性栏中【修剪】按钮，填充颜色。然后绘制一个四边形，将其中心点移至环形图的中心，执行【窗口/泊坞窗/变换/旋转】命令，在面板中输入【角度】“15”，【副本】“23”，点击【应用】按钮。重复上述操作，添加“心形”图案，得到效果（图3-2-3）。

4. 选中对象，执行菜单【排列/对齐和分布/水平居中对齐】命令后，再执行【垂直居中对齐】命令，完成后点击组合键【Ctrl+G】将其组合（图3-2-4）。

5. 选中组合后的对象，在属性栏查看其尺寸大小 73.276 mm 73.276 mm。执行菜单【窗口/泊坞窗/变换/位置】命令，打开面板（图3-2-5），在水平位置输入数值“73.276mm”，副本为“1”，点击【确定】

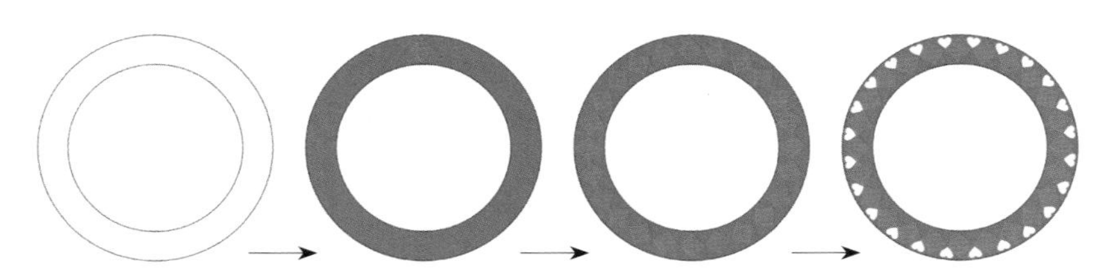

图3-2-3　绘制外环图案

按钮，得到效果（图3-2-6）。

6. 全选对象，在面板中【垂直】位置输入数值“-73.276mm”，得到效果，点击组合键【Ctrl+G】将其组合（图3-2-7）。

7. 选择工具箱中【多边形】工具在空隙处绘制一个四边形，然后用【形状】工具配合【Shift】键将其修改成锐角菱形，点击工具箱中【轮廓图】工具 轮廓图，在属性栏中将【轮廓图步长】设置为“3”，得到效果（图3-2-8）。

图3-2-4　对齐对象

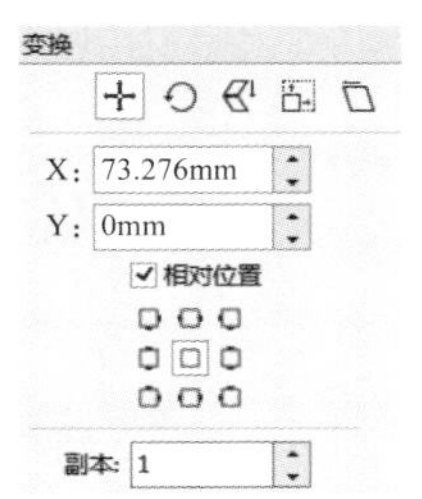

图3-2-5　【位置】面板

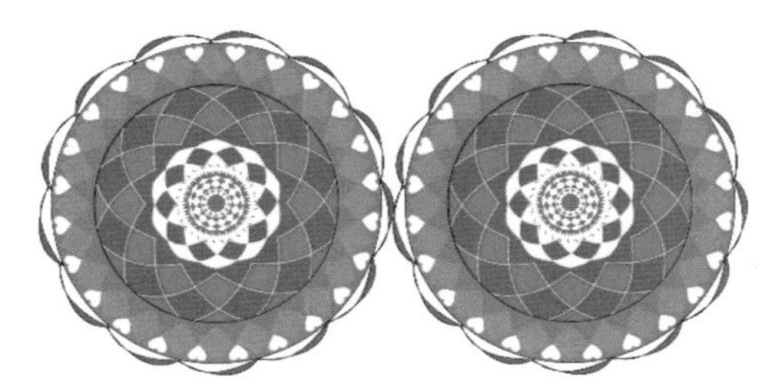

图3-2-6　复制移动对象

图3-2-7　复制并群组对象

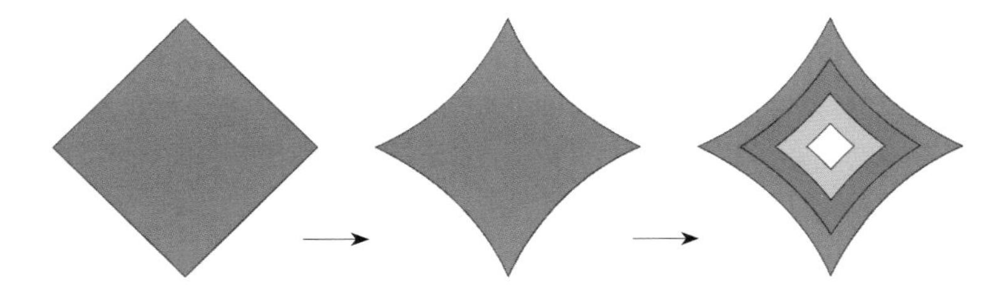

图3-2-8　使用轮廓图

8. 选中菱形图和圆形图，执行【对象/对齐与分布/水平居中对齐】命令后再执行【垂直居中对齐】命令，完成后点击组合键【Ctrl+G】将其组合（图3-2-9）。

9. 选择工具箱中【矩形】工具，绘制一个“73.276 mm × 73.276mm”的正方形。选中图案执行【对象/Powerclip/置于图文框内部】命令，得到效果并去掉正方形的轮廓色（图3-2-10）。复制并精确移动，得到最后效果（图3-2-11）。

图3-2-9　对齐群组对象

图3-2-10　置于图文框内部

三、自由组合效果连续循环图案［图3-2-1（2）］绘画

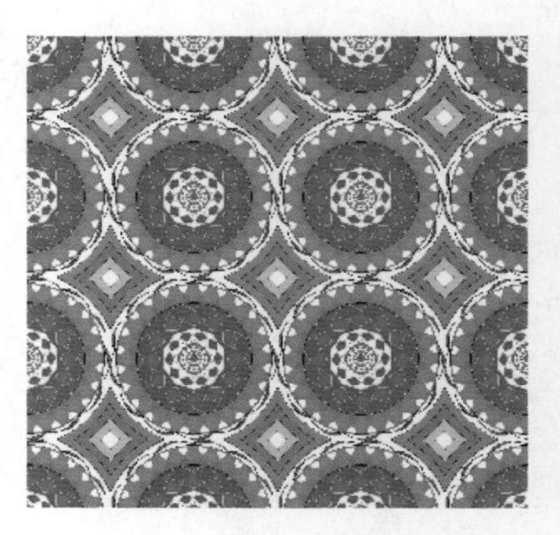

图3-2-11　最后效果

1. 点击组合键【Ctrl+N】或者执行菜单【文件/新建】命令，新建一个文件。

2. 选择工具箱中【矩形】工具，绘制一个“250mm×250mm”的正方形，调出前面绘制的独立图案，根据设计进行位置的自由摆放（图3-2-12）。

3. 选中所有花卉对象，执行菜单【窗口/泊坞窗/变换/位置】命令，打开面板，在水平位置输入数值“250mm”，【副本】为“1”，点击【应用】按钮（图3-2-13），得到效果（图3-2-14）。

图3-2-12　摆放图形

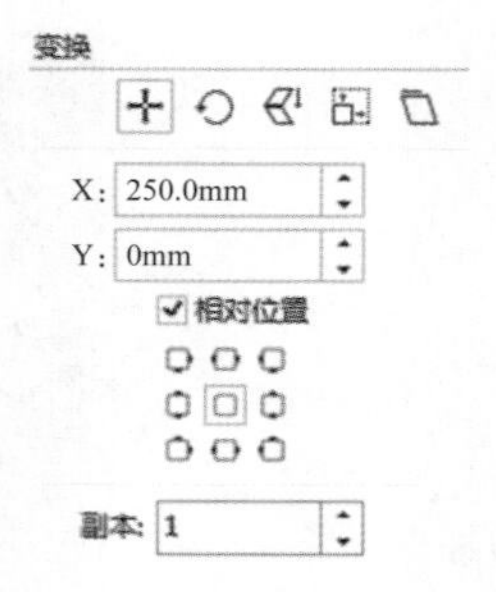

图3-2-13　【位置】面板

图3-2-14　水平移动对象

4. 选中两组花卉对象，执行菜单【窗口/泊坞窗/变换/位置】命令，打开面板，在垂直位置输入数值“-250mm”，【副本】为“1”，点击【应用】按钮得到效果（图3-2-15）。

5. 选中所有的花卉，点击组合键【Ctrl+G】组合对象。然后选中组合后花卉与正方形，执行菜单【对象/对齐与分布/水平居中对齐】命令后再执行【垂直居中对齐】命令，给矩形填充一个颜色（图3-2-16）。

6. 选中群组后的花卉图形，执行菜单【对象/Powerclip/置于图文框内部】命令，将花卉图形置于正方形对象中。然后点击【编辑PowerClip】按钮，进入图形编辑子页面，在子页面中观察整幅图案的构图，在空缺位置补充新的图形进来。

图3-2-15　垂直移动对象

图3-2-16　对齐对象

7. 技术要点：在矩形框范围内可以任意增加、减少和移动图形单元，一旦超出矩形框范围的图形则要补齐上下、左右位置的另一半对象。图3-2-17中，增加的图形*A*超出了矩形的范围，因此在下方也要补齐这个对象。选中*A*对象，执行菜单【窗口/泊坞窗/变换/位置】命令，打开面板，在垂直位置输入数值“-250mm”,【副本】为“1”，点击【应用】按钮即可补齐。图形*B*是在矩形范围之内，没有超出矩形框范围的对象不需要补齐。

8. 子页面中补充好图形后，点击【完成编辑Powerclip】按钮，得到一个基本单元图形（图3-2-18）。还可以继续修改矩形的填充颜色（图3-2-19）。

9. 基本单元完成后，就可以填充应用，得到循环图形（图3-2-20）。

图3-2-17　在子页面中增加对象，丰富设计感

图3-2-18　基本循环单元

图3-2-19　修改背景色

图3-2-20　循环效果

第三节　创意图案绘画与设计表现

从错综复杂世界的实物中能够抽象出来的各种图形元素，如矩形、三角形、圆形以及点、线、面、体的集合，都可以统称为几何图形。本节创意图案的绘画与设计表现，综合运用几何图形，以单独纹样、适合纹样、边缘纹样、角纹样等几种形式作为基础图案，最后组合成不同的图形应用在具体的产品设计中，将学习结果直接呈现出来，让学习者充分将软件绘画知识与设计应用深度结合。

一、创意图案绘画设计表现实例1

（一）实例1效果图（图3-3-1）

图3-3-1 创意图形绘画在家纺产品设计上的表现效果

（二）作品绘画表现操作流程

1. 作品介绍。作品《八角花开》由CorelDRAW与Photoshop软件共同完成，灵感来源于瑶族文化的八角花刺绣作品与瑶鼓元素，将两者元素做简化、变形、组合处理，然后用CorelDRAW软件绘制成二方连续和四方连续纹样（图3-3-2）。

（1）设计灵感素材　（2）设计灵感素材　（3）创新设计基本单元图形绘画

图3-3-2 灵感素材与基本单元图形

2. 基本单元图形的绘画步骤。

（1）选择工具箱中的【矩形】工具，配合【Ctrl】键绘制一个“150mm×150mm”正方形。然后执行菜单【窗口/泊乌窗/颜色】命令，调出【颜色泊乌窗】面板（图3-3-3），输入C为“60”、M为“40”、Y为“0”、K为“40”，填充对象颜色，鼠标右键单击【调色板】☒，去掉轮廓填充，得到效果（图3-3-4）。

（2）选中矩形，单击数字键盘【+】键，原位复制对象，在属性栏【对象大小】宽和高输入

“80mm” 80.0 mm 80.0 mm 53.3 % 53.3 %，并填充轮廓色，在属性栏设置轮廓宽度为“2.5mm” 2.5 mm，得到图形（图3-3-5）。

（3）选中中间正方形对象，单击数字键盘【+】键一次原位复制，然后在属性栏旋转角度中输入数值“45” 45.0，单击【Enter】键，旋转对象呈菱形（图3-3-6）。

（4）选中中间正方形对象，在属性栏【对象大小】宽和高输入“70mm” 70.0 mm 70.0 mm，缩小对象（图3-3-7）。选中该对象，单击数字键盘【+】键原位复制一个，然后鼠标右键单击执行【顺序/到页面前面】命令，修改轮廓颜色，在属性栏【对象大小】宽和高输入“30mm” 30.0 mm 30.0 mm。重复操作，增加中间对象并填充颜色（图3-3-8）。

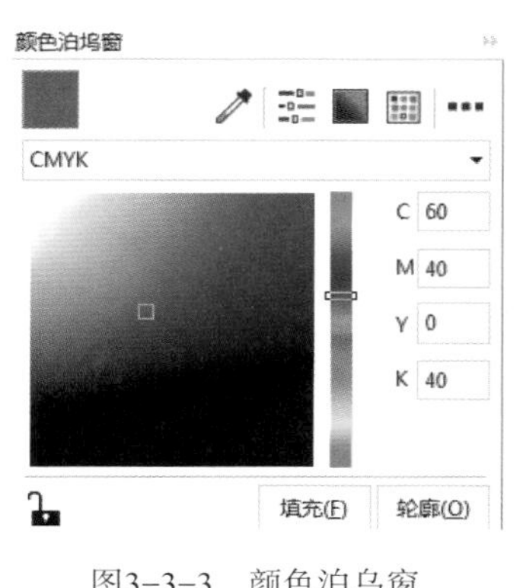

图3-3-3 颜色泊乌窗

图3-3-4 填充颜色去掉轮廓色

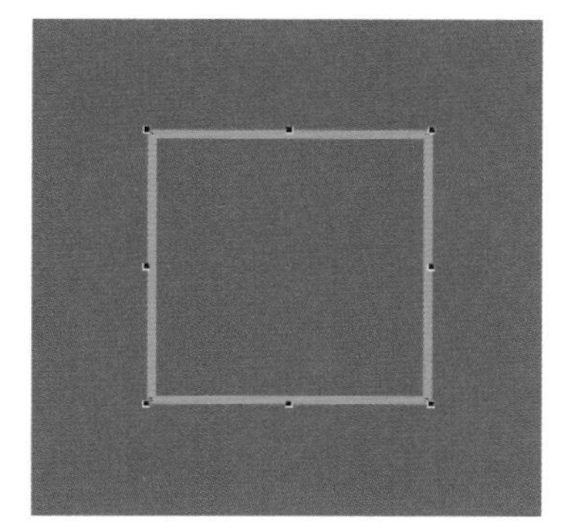
图3-3-5 复制并缩小对象

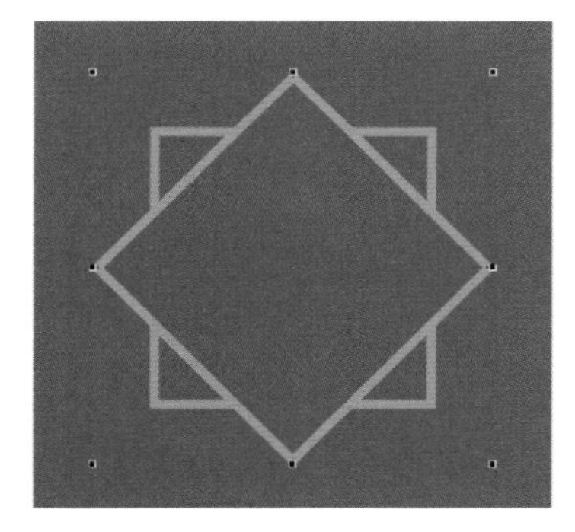
图3-3-6 旋转对象

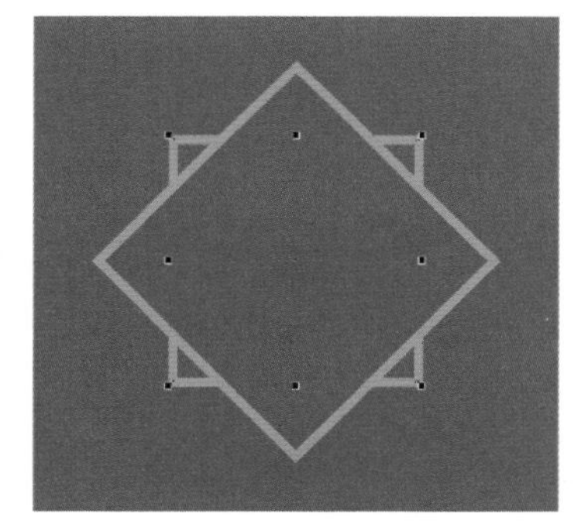
图3-3-7 缩小对象

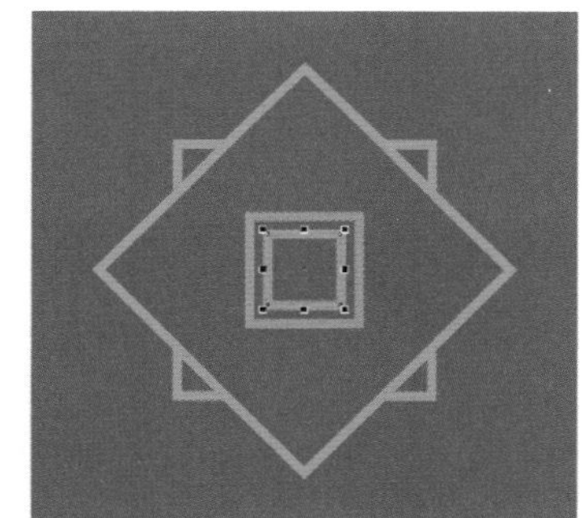
图3-3-8 原位复制并缩小

（5）重复操作，增加中间的菱形对象并填充颜色（图3-3-9）。

（6）同时选中“70mm”的正方形和大菱形对象，点击属性栏中的【焊接】按钮，将对象焊接，得到效果（图3-3-10）。

（7）在页面中拖出两条辅助线操作。执行菜单【查看/标尺（勾选）】命令，然后将鼠标放置在标尺栏，按住鼠标左键不松手，分别拖出【水平】和【垂直】参考线至对象的中心点（图3-3-11）。

（8）绘制局部图形纹样（图3-3-12）。图形一腰鼓绘制[图3-3-12（1）]：用【矩形】工具绘制两个矩形，执行【水平居中对齐】命令，然后鼠标右键单击执行【转换为曲线】（组合键【Ctrl+Q】）命令，选择【形状】工具添加节点，移动节点修改造型合适后，执行属性栏【焊接】命令。

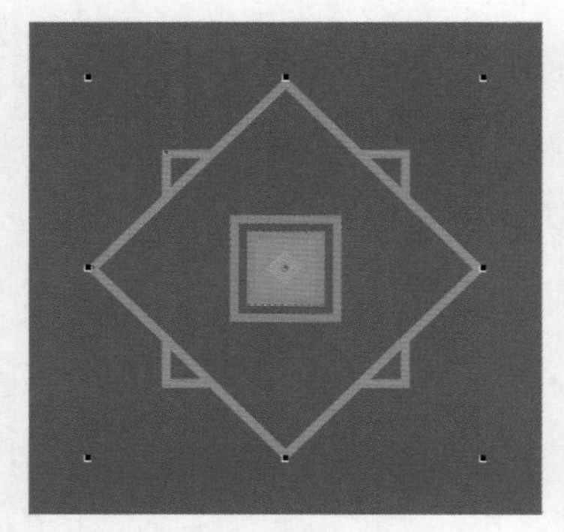

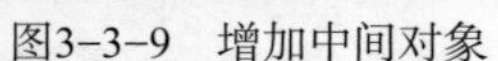

图3-3-9 增加中间对象

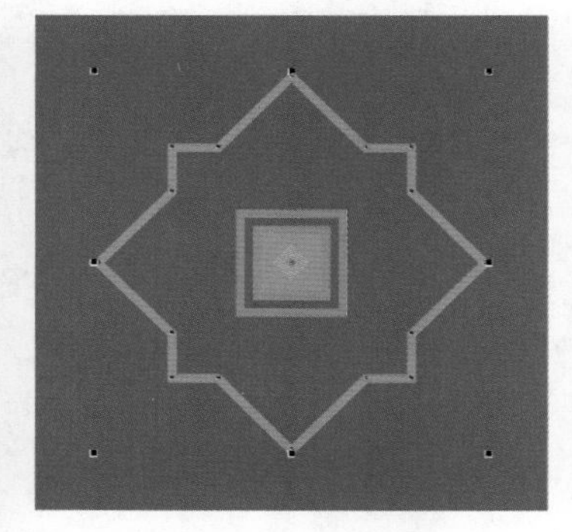

图3-3-10 焊接对象

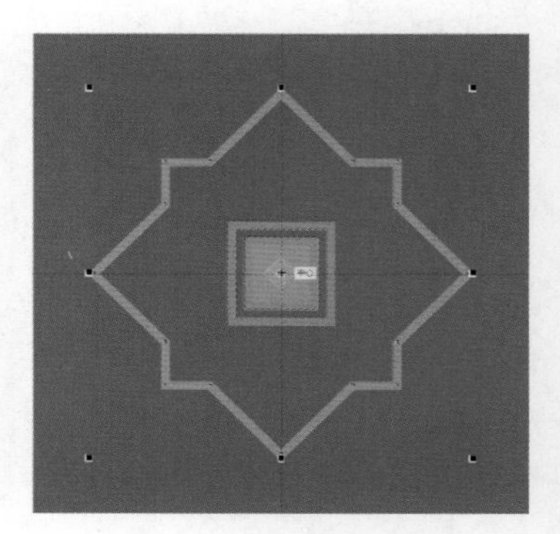

图3-3-11 辅助线至中心点

（9）图形二绘制[图3-3-12（2）]：用【矩形】工具绘制一个矩形，再次单击对象进入【旋转】状态，用鼠标拖动左边手柄↕往下移动，然后对称镜像复制，完成后执行属性栏【焊接】命令，并填充颜色，去掉轮廓色。

（10）图形三绘制[图3-3-12（3）]：用【矩形】工具配合【Ctrl】键绘制一个正方形，单击数字键盘【+】键原位复制一个对象，按住【Shift】键不松手，同时拖动任意角点，等比例缩小对象，点击两次组合键【Ctlr+D】进行再制。填充颜色后去掉轮廓色，执行属性栏中的【旋转】命令，输入数值“45”。配合【Shift】键，压扁菱形对象，全部选中对象，执行【底端对齐】命令。最后旋转对象至合适位置后，再镜像复制，并添加菱形，得到效果图形三。

（11）将基础图3-3-12（1）中的图形一腰鼓移至大图中合适位置，并用【钢笔】工具绘制装饰线条（图3-3-13）。

（12）框选中新增加的对象，点击组合键【Ctrl+G】进行组合。执行菜单【窗口/泊乌窗/变换/旋转】命令打开【旋转】面板，参数设置如图3-3-14所示，将对象旋转中心移至大图的中心点（辅助线交叉点）点击【应用】按钮，得到效果（图3-3-15）。

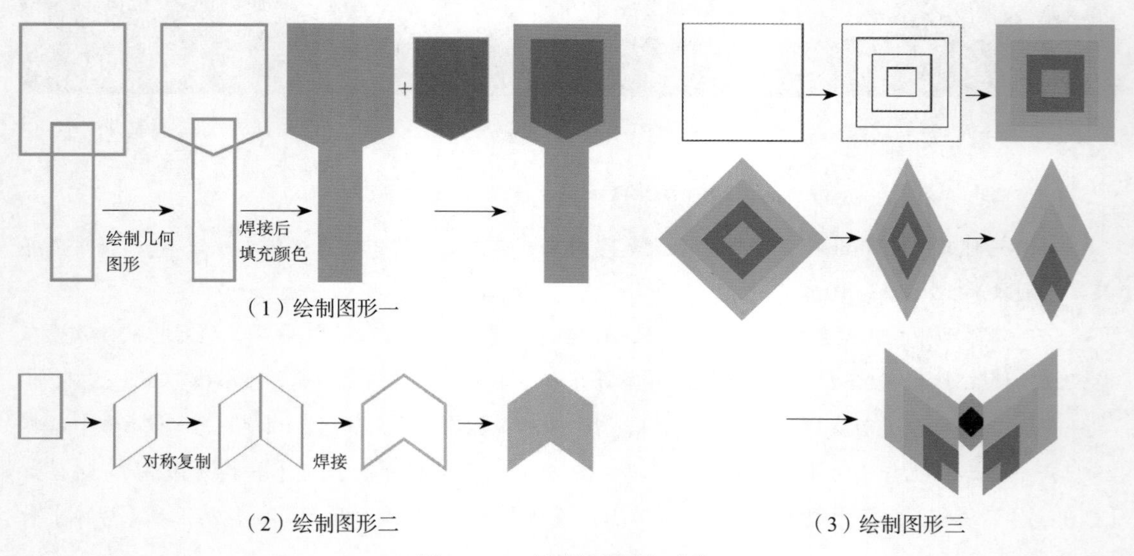

（1）绘制图形一

（2）绘制图形二

（3）绘制图形三

图3-3-12 图形绘制分解步骤

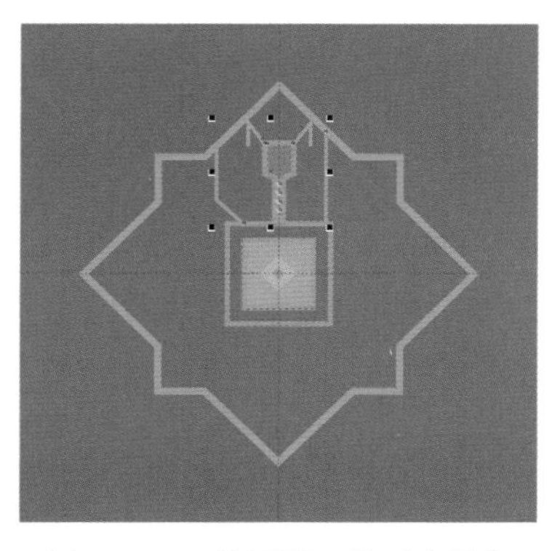

图3-3-13 将图形一移至大图中

图3-3-14 旋转面板

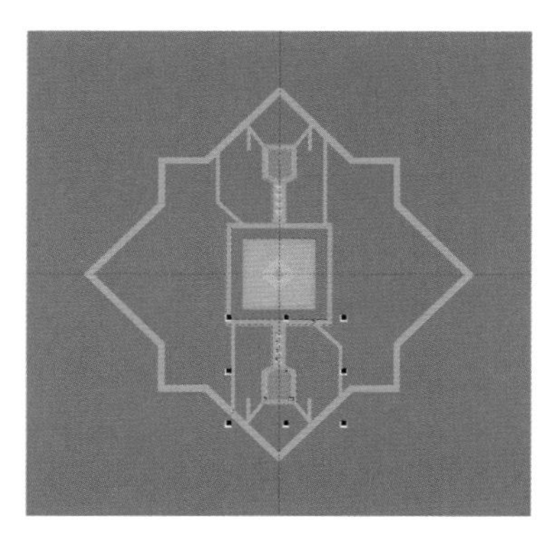

图3-3-15 旋转后的效果

（13）配合【Shift】键选中两个腰鼓图形对象，单击快捷键数字键盘【+】键进行原位复制，然后在属性栏【旋转角度】中输入数值“90” 90，得到效果（图3-3-16），接着直接点击属性栏中的【垂直镜像】按钮，使对象镜像（图3-3-17）。

（14）将基础图3-3-12（2）中的图形二移至大图中合适位置，再次单击鼠标左键，图形二进入【旋转】状态，拖动其中心点移至大图的中心点（辅助线交叉点）（图3-3-18）。然后执行菜单【变换/旋转】命令，打开【旋转】面板，在面板中设置参数【旋转角度】为“90”,【副本】为“3”，点击【确定】按钮（图3-3-19）。

（15）将基础图3-3-12（3）中的图形三移至大图中合适位置（图3-3-20），重复步骤14，将其进行旋转复制（图3-3-21）。

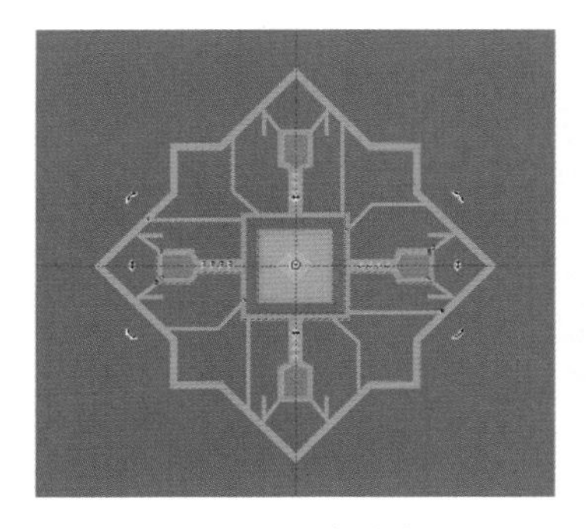

图3-3-16 旋转效果

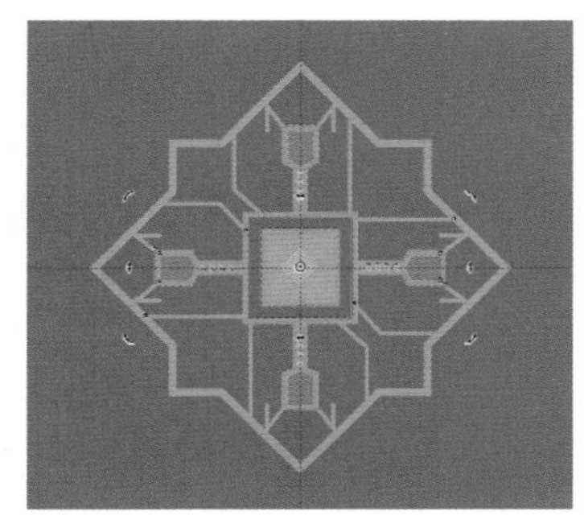

图3-3-17 对象垂直镜像

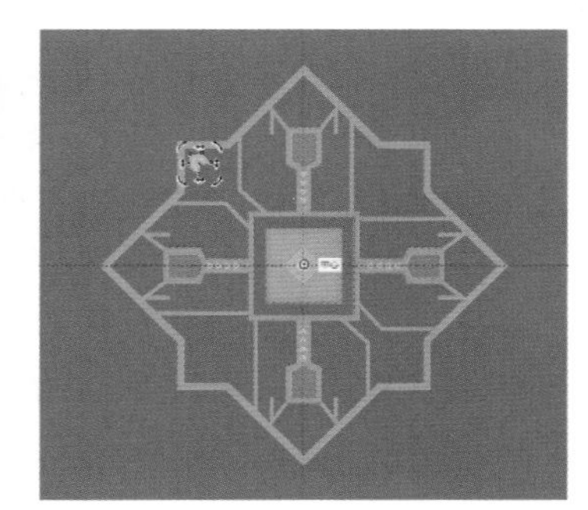

图3-3-18 确定旋转中心

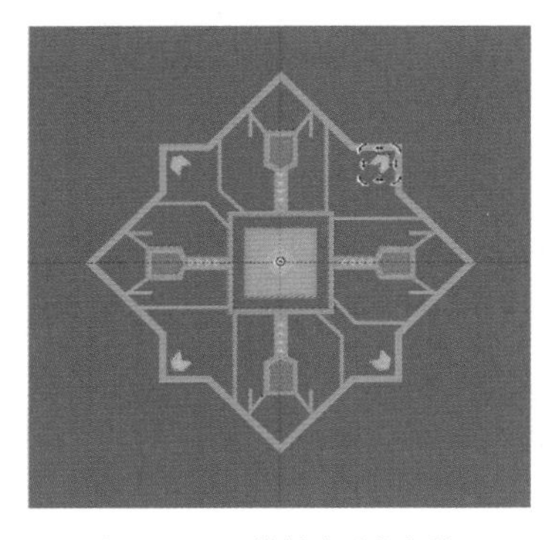

图3-3-19 旋转复制图形二

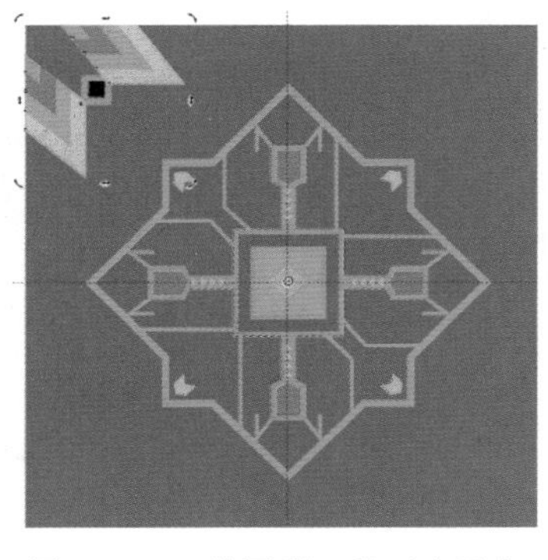

图3-3-20 将图形三移至大图中

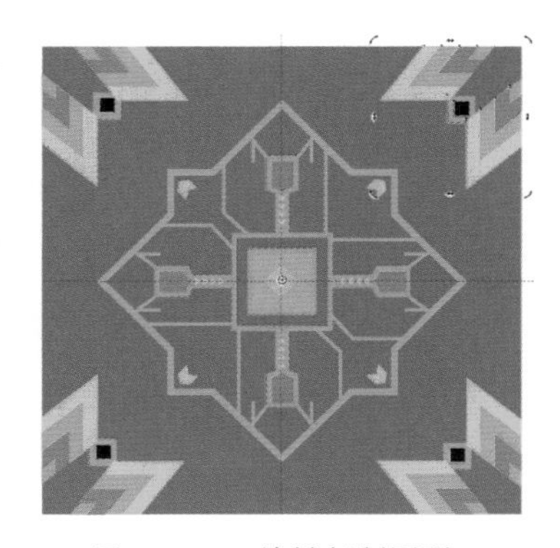

图3-3-21 旋转复制图形三

（16）绘制波浪线（图3-3-22）。用工具箱【2点线】工具，配合【Shift】键绘制一条水平线[图3-3-22（1）]，在属性栏设置线的宽度为“1.5mm” 1.5 mm 。然后选择工具箱中的【粗糙】工具 粗糙，在属性栏【笔尖半径】设置为“10mm”，在直线上拖动生成折线[图3-3-22（2）]。用工具箱【形状】工具删除不合适的节点并调整首尾的节点位置[图3-3-22（3）]。选中图（3），执行菜单【对象/将轮廓转换为对象】命令，然后执行对称镜像复制，生成图3-3-22（4）。用【选择】工具将对象连接位置适当移动，全选对象执行属性栏的【焊接】按钮，得到图3-3-22（5）。

（1）

（2）

（3）

（4）

（5）

图3-3-22 波浪线绘制

（17）将图（5）移至大图中合适位置，并用【形状】工具适当调整节点以适合大图的外轮廓（图3-3-23）。

（18）调整好波浪线后再移动复制一条至合适位置，选中两条波浪线执行【变换/旋转】命令，在面板中设置参数【旋转角度】为“90”，【副本】为“3”，点击【确定】按钮，得到效果（图3-3-24）。

（19）重复以上操作步骤，根据设计需要继续绘制装饰图形，丰富外观效果，并改变不同的颜色填充。全选图形，单击快捷键【F12】，打开【轮廓笔】对话框，在对话框中勾选【填充之后】、【随对象缩放】 填充之后(B) 随对象缩放(J) 两个功能，将对象调整至所需大小（图3-3-25）。

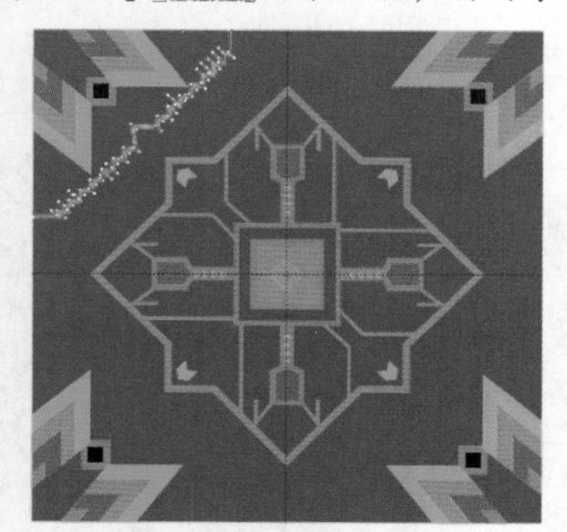

图3-3-23 将波浪线移至大图中

图3-3-24 旋转复制

（1）

（2）

（3）

图3-3-25 不同颜色填充效果

3. 基本单元图形的设计应用。

（1）桌旗绘画。用【矩形】工具绘制一个长方形，单击鼠标右键执行【转换为曲线】命令，用【形状】工具在下方中央位置双击添加一个节点，垂直拖动节点至合适位置。单击数字键盘【+】键原位复制对象，按住【Shift】键，鼠标往中间位置拖动，缩小对象，用【形状】工具移动下方的两个节点至合适位置。增加装饰线和吊坠，完成后效果如图3-3-26（1）所示。

（2）在对象中填充单色[图3-3-26（2）]。

（3）向量图样填充。选中中间对象，执行【填充/向量图样填充 /从文档新建 】命令，将基本单元图形填充到对象上[图3-3-26（3）]。在【变换】面板中【水平位置】输入“10mm”，即可得到图形[图3-3-26（4）]。根据设计需要，可以多次调整填充大小和位置[图3-3-26（5），图3-3-26（6）]。

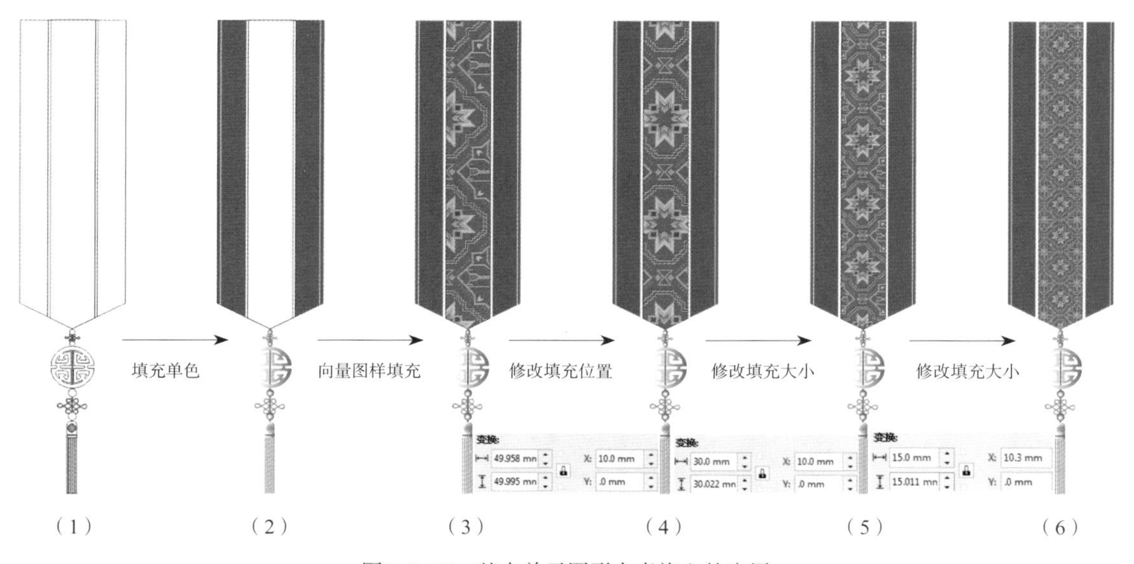

图3-3-26　基本单元图形在桌旗上的应用

（4）根据设计需要，设计不同的图形组合（图3-3-27）。执行菜单【文件/导出】命令（组合键【Ctrl+E】），将文件导出为.png格式。然后在Photoshop软件中将.png图片进行填充和效果处理，此部分内容需要在Photoshop软件中完成（图3-3-28）。

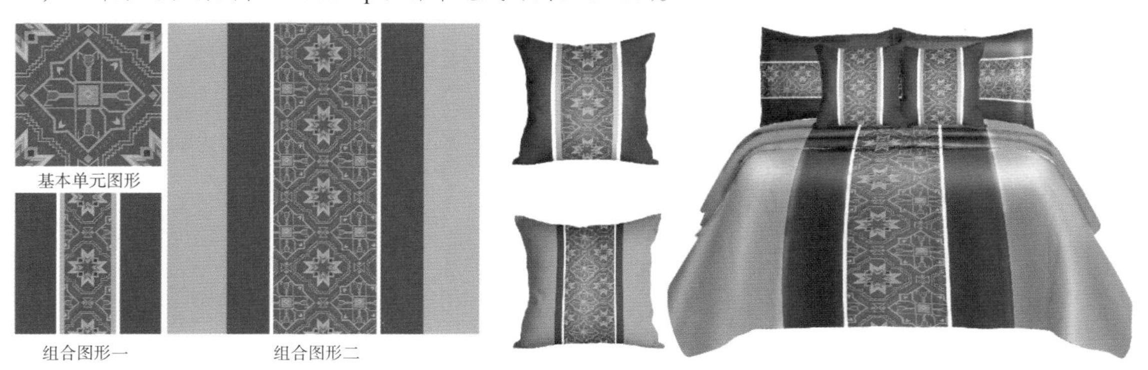

图3-3-27　图形组合

图3-3-28　结合Photoshop进行处理

4. 循环花型的变化。

（1）选中基本单元图形后，执行【窗口/泊乌窗/效果/艺术笔】命令，打开【艺术笔】面板，单击【艺术笔】面板下方的【保存】按钮，弹出【创建新笔触】对话框，勾选【对象喷涂】命令，点击【确定】按钮，基本单元图形出现在【艺术笔列表】中（图3-3-29）。

（2）用【2点线】工具，配合【Shift】键绘制一条水平线，然后单击【艺术笔列表】中刚刚保存的画笔，在属性栏中可以调整参数数值，得到不同效果（图3-3-30）。

（3）选中对象（图3-3-30），鼠标右键单击执行【拆分艺术笔组】命令（图3-3-31），删除水平线。选中对象（图3-3-30），按住【Shift】键不松手，鼠标垂直拖动对象至合适位置，单击鼠标右键结束操作，点击属性栏的【水平镜像】按钮 ，得到效果（图3-3-32）。

（4）重复操作，得到循环图案效果（图3-3-33）。打开一副矢量款式图，执行【填充/向量图案填充】命令将图案应用到款式中，调整图案大小比例，最后效果见图3-3-34。

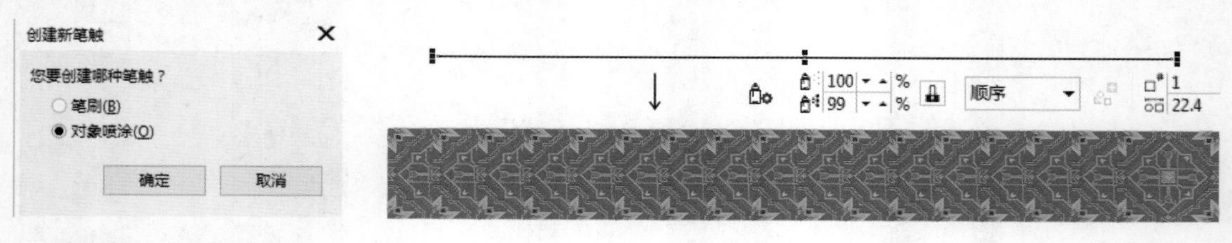

图3-3-29 创建画笔

图3-3-30 应用画笔

图3-3-31 拆分艺术笔组

图3-3-32 垂直移动复制并镜像

图3-3-33 循环图案

图3-3-34 矢量填充

二、创意图案绘画设计表现实例2

（一）实例 2 效果图（图 3-3-35）

图3-3-35　创意图形绘画面料印花设计上的表现效果

（二）作品绘画表现操作流程

1. 作品介绍。作品是利用CorelDRAW软件库自带的素材喷涂、笔刷、笔触、植物等类别进行换色、旋转、变形、组合处理，创造出无缝对接的四方连续纹样，并应用在面料印花产品设计中（图 3-3-36）。

（1）艺术笔素材　（2）创建的独立花型　（3）创建的四方连续印花设计

图3-3-36　实例效果图

2. 基础图形绘画步骤。

（1）单击工具箱中的【艺术笔】工具 ，单击属性栏【喷图】工具，单击笔刷笔触，在【新喷图列表】中选择笔触 （图 3-3-37）。

（2）按住鼠标左键直接在页面中拖出一条路径，得到效果（图 3-3-38）。

（3）单击【选择】工具，选中对象后，单击鼠标右键执行【拆分艺术笔组】命令（图 3-3-39，组合键【Ctrl+K】）。再次鼠标右键单击，执行【取消组合对象】命令，（组合键【Ctrl+U】，图 3-3-40）。

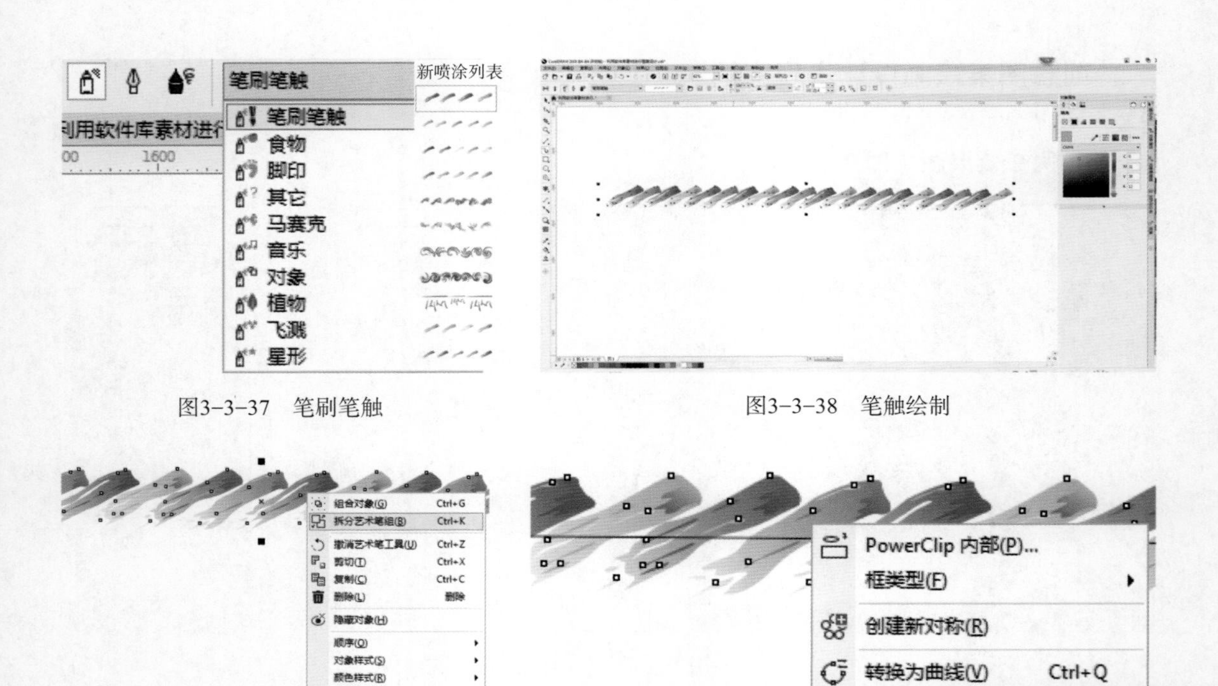

图3-3-37 笔刷笔触　　图3-3-38 笔触绘制

图3-3-39 【拆分艺术笔组】　　图3-3-40 【取消组合对象】

（4）选中任意一个笔触后，单击对象，使对象进入旋转状态，将对象中心点拖放至对象的右上角（图3-3-41）。

（5）选中对象，执行菜单【窗口/泊坞窗/变换/旋转】命令，点击组合键【Alt+F8】，调出【旋转】面板（图3-3-42），设置选转角度为“30”,【副本】为“11”，单击【应用】按钮，得到效果（图3-3-43）。

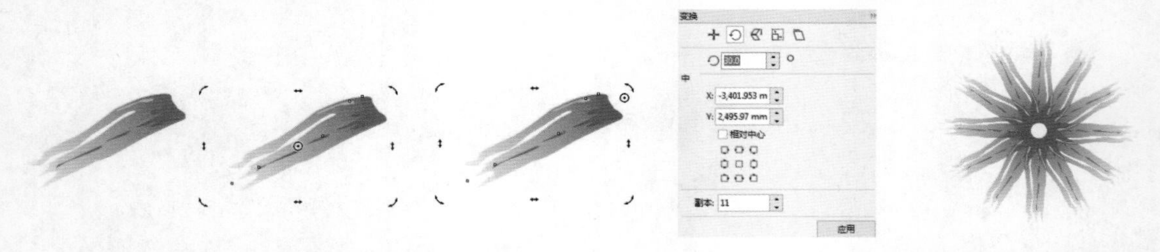

图3-3-41 挑选笔触并移动中心点　　图3-3-42 旋转面板设置　　图3-3-43 旋转复制

（6）添加新笔触。再次选择一个笔触，配合【Shift】键适当放大后，放置在对象（图3-3-43）的合适位置，并将其中心点也移至对象的中心位置（图3-3-44）。

（7）选中新笔触对象，执行【旋转复制】命令，面板中设置选转角度为“30”,【副本】为“11”（图3-3-45），单击【应用】按钮，得到效果图（图3-3-46）。

（8）重复以上操作步骤，可以自由设计多个图形（图3-3-47、图3-3-48）。

（9）单击工具箱中的【艺术笔】工具，单击属性栏中的【喷图】工具，单击【植物】按钮，在【新喷图列表】中选择植物（图3-3-49）。

（10）按住鼠标左键直接在页面中拖出一条路径，得到效果（图3-3-50）。

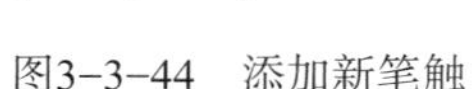

图3-3-44 添加新笔触

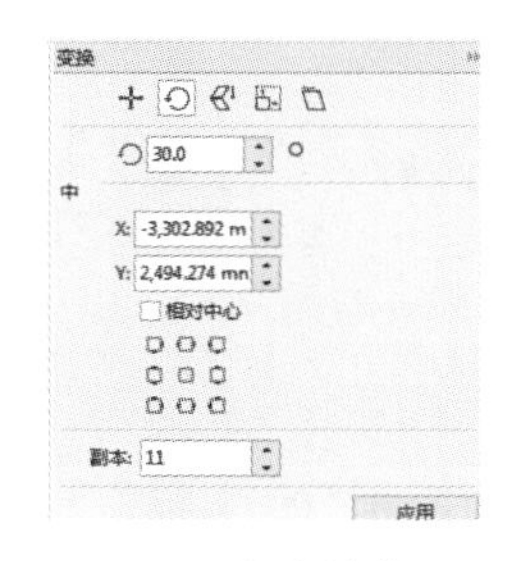

图3-3-45 【旋转】面板

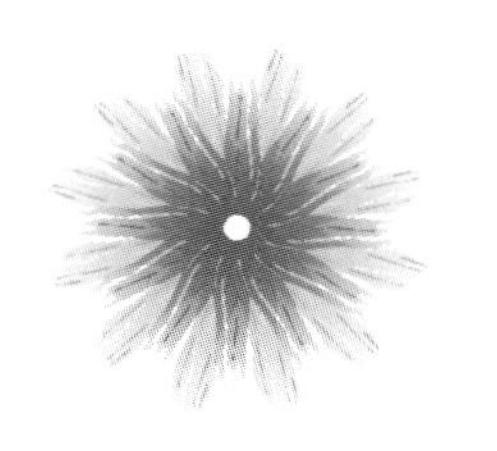

图3-3-46 旋转复制

图3-3-47 新图形

图3-3-48 新图形

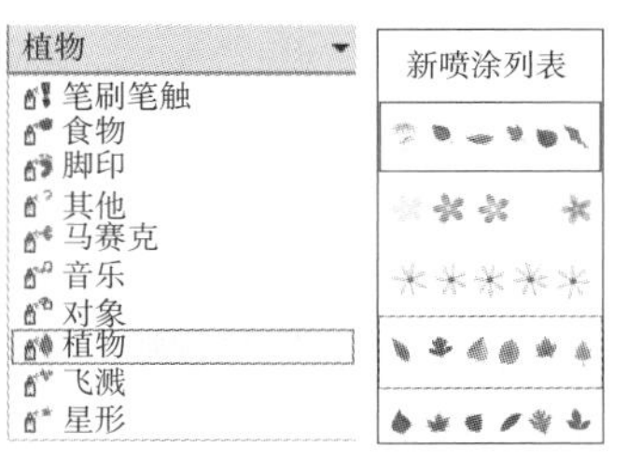

图3-3-49 植物列表

图3-3-50 植物绘制

（11）单击【选择】工具，选中对象后，鼠标右键单击执行【拆分艺术笔组】命令（图3-3-51）。鼠标再次右键单击执行【取消组合对象】命令（图3-3-52）。

（12）选中4片任意叶子对象，逐个鼠标右键单击执行【取消组合对象】命令，根据设计需要更换所需颜色，得到效果（图3-3-53）。

图3-3-51 【拆分艺术笔组】

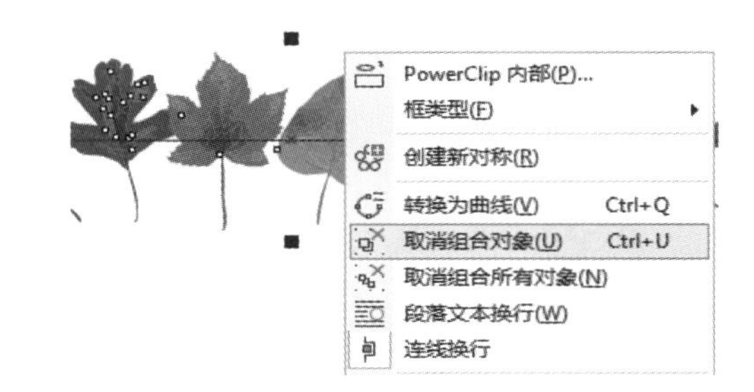

图3-3-52 【取消组合对象】

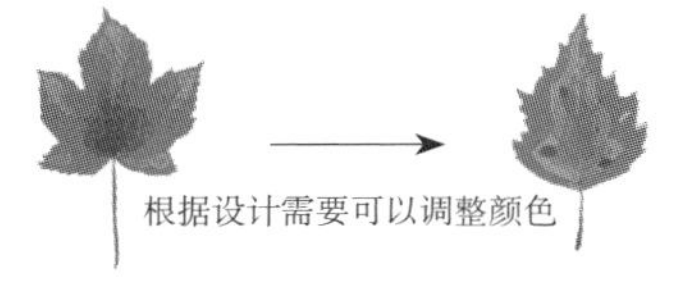

图3-3-53 调整颜色

（13）重复操作，调出另外两组植物中的图形对象（图3-3-54）。

（14）选中对象，执行【拆分艺术笔组】和【取消组合对象】命令，根据设计需要调整外形、修改颜色，得到新的图形（图3-3-55，图3-3-56）。

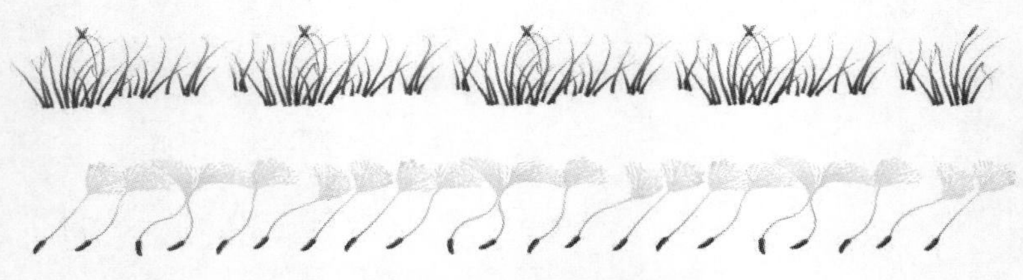

图3-3-54　调出新的植物对象

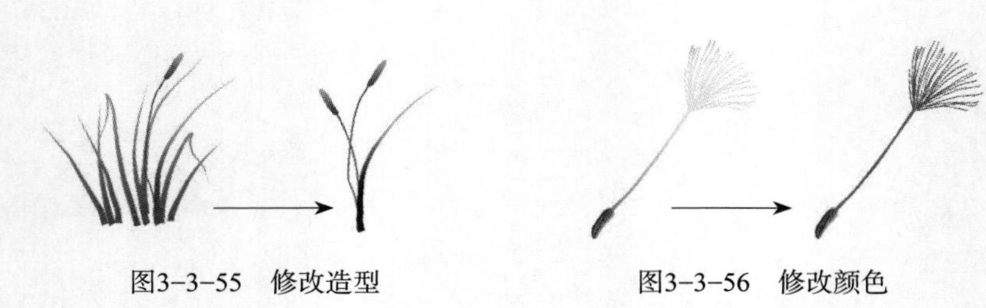

图3-3-55　修改造型　　　　图3-3-56　修改颜色

（15）组合新的图形对象。将单元图形（1）、（2）、（3）、（4）、（5）、（6）（图3-3-57），根据设计需要重新进行组合，用【3点曲线】工具绘制弧线作为茎脉，得到效果图（图3-3-58）

图3-3-57　单元图形　　　　图3-3-58　组合成新的图形对象

3. 四方连续单元纹样绘画步骤。

（1）选中组合后的图形对象，点击属性栏中【锁定比例】按钮，在【对象大小】中查看所选对象的尺寸大小，为了便于记忆，可以将宽度尺寸调整为“300”，高度尺寸会自动生成。取消【锁定比例】按钮的激活，手动调整高度尺寸为“340”。此时，所选对象的尺寸宽度为“300mm”，高度为“340mm”。

（2）选中对象，执行菜单【窗口/泊坞窗/变换/位置】命令，或点击组合键【Alt+F7】，调出【位置】面板（图3-3-59），设置X值为“300mm”，【副本】为“1”，单击【应用】按钮，得到图形（图3-3-60）。

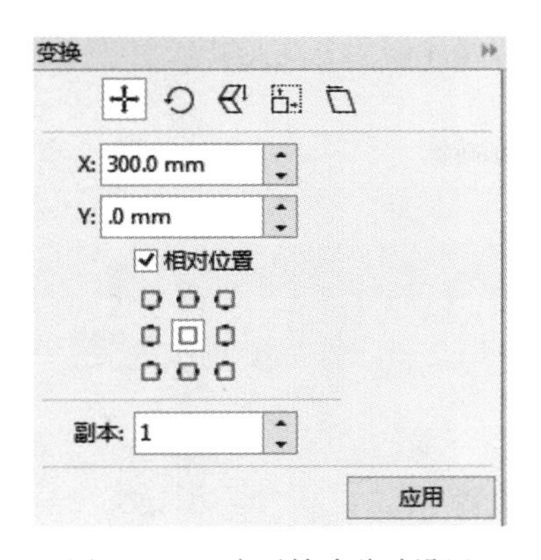

图3-3-59 水平精确移动设置

图3-3-60 水平移动复制后的效果

（3）选中所有对象，在【位置】面板（图3-3-61），设置*Y*值为“340mm”,【副本】为“1”，单击【应用】按钮，得到图形（图3-3-62）。全选对象，点击组合键【Ctrl+G】组合对象。

（4）选中工具箱中的【矩形】工具，绘制一个“300mm×340mm”的矩形。选中矩形与图3-3-62对象，执行菜单【窗口/泊坞窗/对齐与分布】命令，分别点击【水平居中】、【垂直居中】功能，得到效果（图3-3-63）。

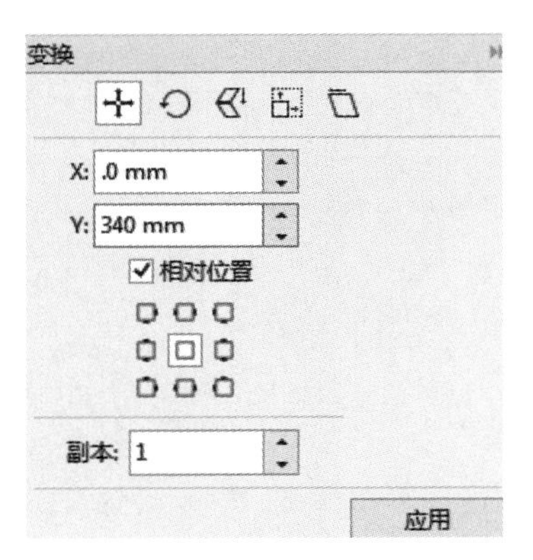

图3-3-61 垂直精确移动设置

图3-3-62 垂直移动复制

图3-3-63 水平、垂直对齐

（5）执行菜单【查看/标尺（勾选）/对齐辅助线和动态辅助线】命令。给矩形填充任意一个颜色，去掉轮廓色填充。鼠标放置在上方标尺的地方，按住鼠标左键不松手，拖出一条水平辅助线置于矩形的上边线，然后再拖出一条水平辅助线置于矩形的下边线。重复操作，拖出了两条垂直辅助线分别置于矩形的左边线和右边线（图3-3-64）。

（6）添加补充矩形内部图形。通过【复制】、【旋转】、【缩放】等工具的操作丰富整个矩形内图形的视觉效果。此过程技术要点是在矩形范围内添加的图形可以任意放置，一旦超出矩形边界的对象则一定要执行【精确水平移动复制】和【精确垂直移动复制】命令，保证左右边界对象和上下边界对象的无缝对齐（图3-3-65）。

（7）制作循环纹样。选中工具箱中的【矩形】工具，绘制一个“1000mm ×1000mm”的矩形。打开【对象属性】面板（图3-3-66），执行【填充/向量图样填充▦/从文档新建▢】命令，在页

面中沿着辅助线拖出循环单元（图3–3–67），然后单击页面中的【接受】按钮，矩形被填充，得到效果（图3–3–68）

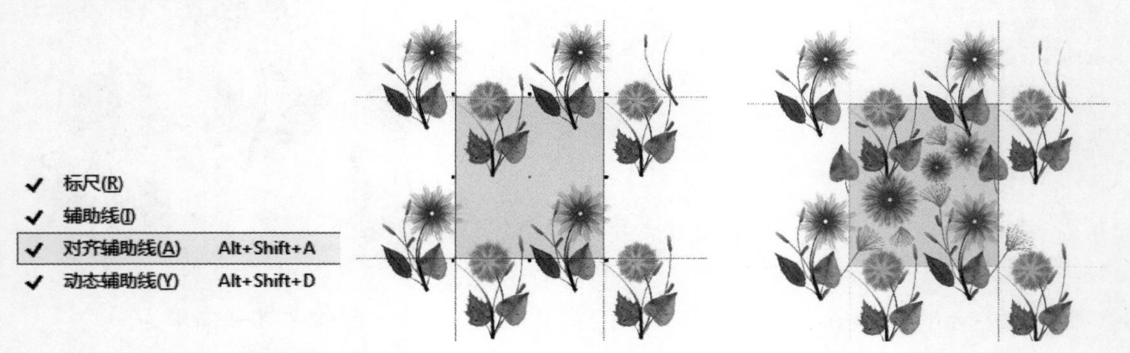

图3–3–64　沿着循环单元矩形的边线拖出辅助线　　图3–3–65　完善补充

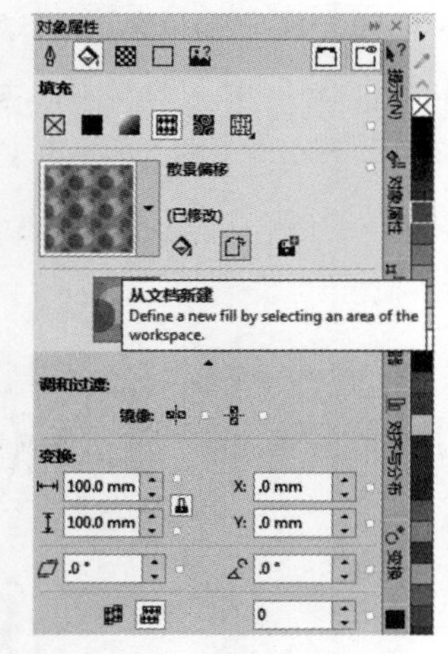

图3–3–66　【对象属性】面板

图3–3–67　在页面中拖出循环单元图形

图3–3–68　填充效果

（8）调入一张矢量款式图，选中款式图，点击工具箱中的【属性滴管】工具，此时鼠标变成【吸管】形状，在图3-3-68矩形上单击一次，光标切换成【油漆桶】形状，在款式图对象上单击一次，得到效果（图3-3-69）。

（9）调整填充对象的大小。打开【对象属性】面板（图3-3-70），激活【锁定比例】按钮，在【变换】中修改宽的参数，高的参数会自动生成，得到效果（图3-3-71）。

图3-3-69　【属性滴管】填充对象

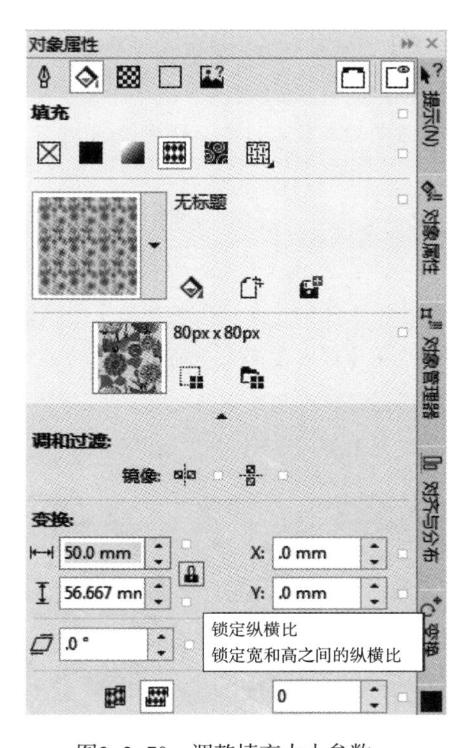

图3-3-70　调整填充大小参数

图3-3-71　调整填充大小效果

本章小结

※【形状】工具可以快速地改变基本形状的造型。

※【弧线】工具可以快速绘制叶子造型。

※【旋转及应用到再制】命令，可以快速地绘制有规则的图形对象。

※【修剪】工具可以将目标对象交叠在源对象上的部分剪裁掉。

※【位置】面板可以精确地移动对象。

※【置于图文框内部】命令可以把一个对象放置到另一个对象内部，并且可以修改内部对象。

※ 循环图案循环单元的绘画技术。

思考练习题

1. 如何应用及操作【变形】工具的【推拉变形】、【拉链变形】及【扭曲变形】?
2. 如何应用【旋转】面板中的【应用到再制】命令绘制有规则的花卉图案?
3. 利用所学工具如何绘制适合纹样?
4. 完成下列图案的绘制。

第四章

CorelDRAW 服装面料绘画表现

课题名称： CorelDRAW 服装面料绘画表现

课题内容：【形状】工具、【描摹位图】工具、【转换为位图】工具、【透明度混合模式】工具、【模糊及杂点】工具

课题时间： 6课时

教学目的： 通过案例的演示与操作步骤，要求学生掌握梭织面料、针织面料、蕾丝面料的绘制方法与技巧。

教学方式： 教师演示及课堂训练。

教学要求： 1. CorelDRAW梭织斜纹印花面料、格子面料的绘画表现。

2. CorelDRAW平针编织、花样编织面料的绘画表现。

3. CorelDRAW网眼、镂空印花面料的绘画表现。

课前准备： 熟悉并掌握CorelDRAW软件的各种工具的操作方法和技巧。收集各种面料的图片，并分析其基本单元图形的结构造型。

服装面料主要包括梭织面料、针织面料及其他组织面料。由于其织造方式的不同，各种面料呈现的外观特征也是变化万千。因此，在绘制服装面料的时候一定要准确把握不同面料的外观肌理，单元组织的正确形态以及质感的处理。CorelDRAW工具，尤其是【钢笔】工具、【混合】工具、【变形】工具、【转换为位图】工具等对于服装面料的绘制非常方便，可以快速地完成斜纹布牛仔布料、格子面料、呢子面料、针织面料和镂空印花面料的绘制。

第一节　梭织面料绘画表现

一、斜纹布料的绘画表现

（一）斜纹布料绘画表现实例效果（图 4-1-1）

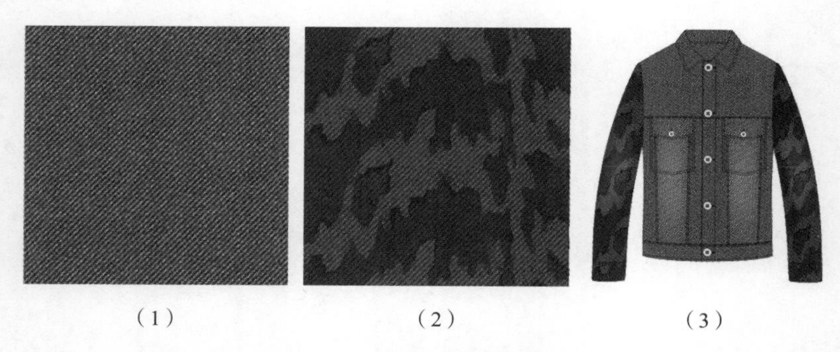

（1）　　（2）　　（3）

图4-1-1　斜纹布料实例效果

（二）斜纹牛仔［图 4-1-1（1）］的绘制

1. 点击组合键【Ctrl+N】新建文件。选择【矩形】工具（快捷键【F6】），绘制一个“100mm ×100mm”的正方形。打开工具箱中【均匀】按钮填充面板（组合键【Shift+F11】），弹出对话框，在对话框中设置R为“87”、G为“81”、B为“93”，填充蓝色（图4-1-2）。

2. 选择【2点线】工具，按住【Shift】键绘制一条垂直线，在属性栏中设置宽度为“1.0mm”，旋转角度为“315”，然后移动复制一条到另一端（图4-1-3）。

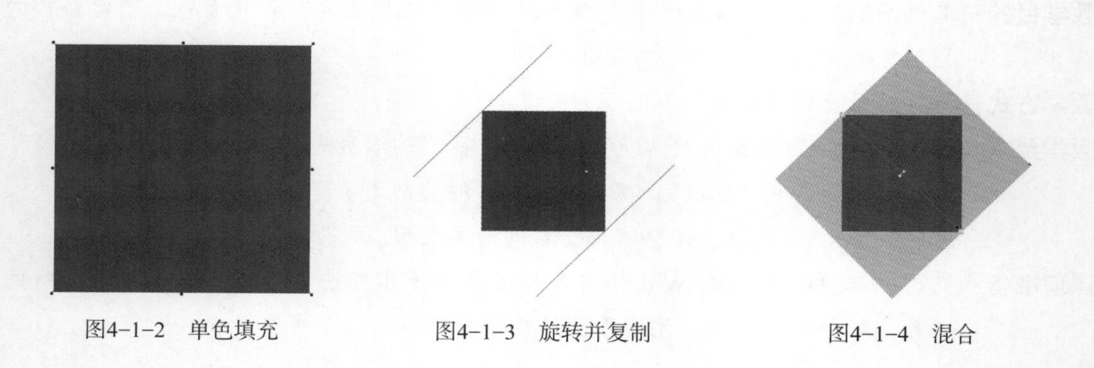

图4-1-2　单色填充　　图4-1-3　旋转并复制　　图4-1-4　混合

3. 打开工具箱中【混合】工具，在属性栏中输入【步长】为“120”，将对象混合（图4-1-4）。

4. 选中混合后的对象，执行【对象/PowerClip/置于图文框内部】命令，将线条放置在正方形中（图4-1-5）。

图4-1-5　置于图文框内部

5. 选中对象，执行菜单【位图/转换为位图】命令，弹出对话框（图4-1-6），设置后点击【确定】按钮，此时对象由原来的矢量图转换成位图。

6. 选中位图，执行菜单【位图/杂点/添加杂点】命令，弹出对话框（图4-1-7），选择【杂点类型】为“均匀”，【颜色模式】为“强度”，设置参数，得到效果（图4-1-8）。

7. 选中对象，按住鼠标左键不松手移动对象并右键单击鼠标，进行快捷复制。选中对象，执行菜单【位图/创造性/晶体化】命令，弹出对话框（图4-1-9），点击【确定】按钮。点击【对象属性/透明度/强光】模式，得到效果（图4-1-10）

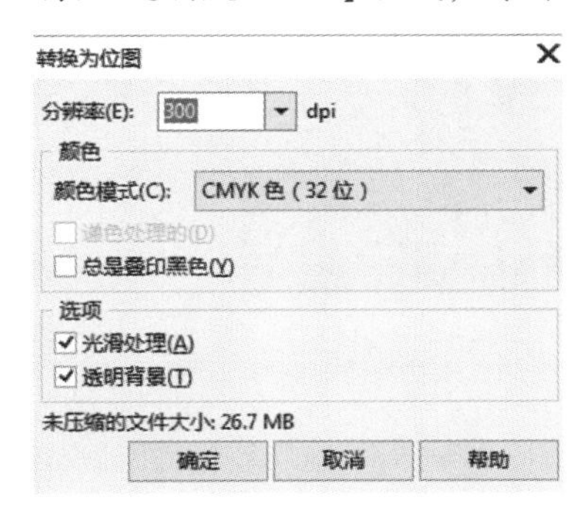

图4-1-6　【转换为位图】面板

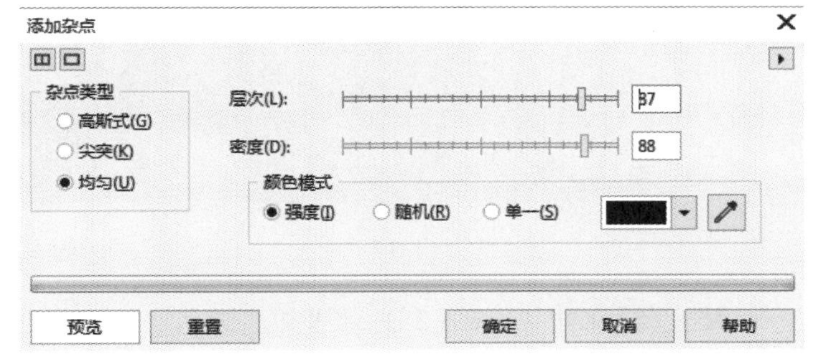

图4-1-7　【添加杂点】面板

图4-1-8　【添加杂点】效果

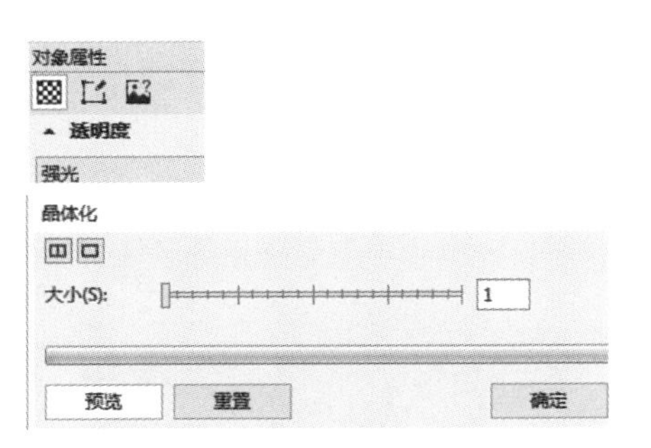

图4-1-9　晶体化设置

图4-1-10　晶体化、强光模式

8. 选中图4-1-8和图4-1-10两个对象，叠加对齐，得到斜纹牛仔布肌理效果（图4-1-11）。

9. 添加洗水效果。选择工具箱中【椭圆】工具绘制一个椭圆，填充白色并去掉轮廓色。选中椭圆，执行菜单【位图/转换为位图】命令（图4-1-12）。执行【位图/模糊/高斯模糊】命令，弹出对话框，设置半径为“250”像素（参数设置可以通过预览来调节），点击【确定】（图4-1-13）。

10. 选中高斯模糊后的对象，适当缩放大小，以适合面料图形（图4-1-14）。为了使洗水效果更加自然，可以执行【对象属性/透明度/叠加】模式或者【柔光】模式命令（图4-1-15）。

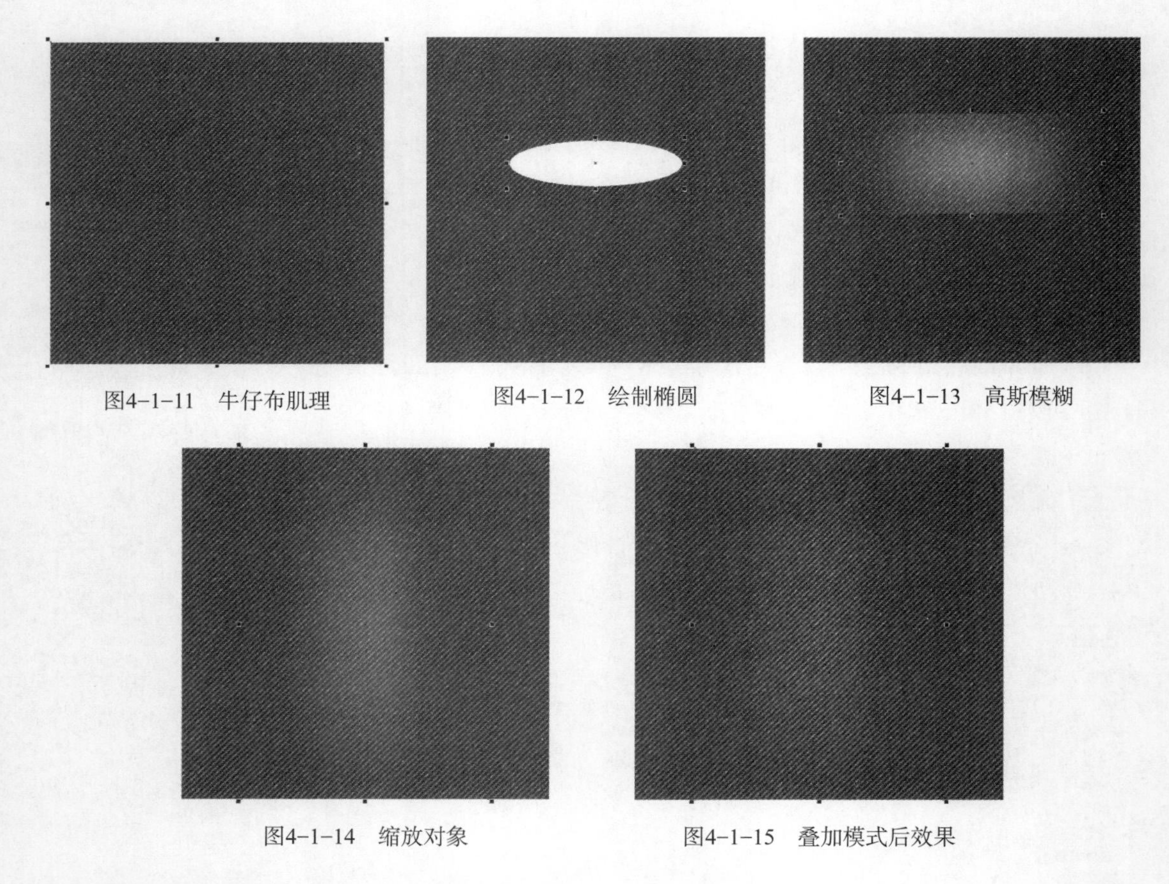

图4-1-11　牛仔布肌理　　图4-1-12　绘制椭圆　　图4-1-13　高斯模糊

图4-1-14　缩放对象　　图4-1-15　叠加模式后效果

（三）激光烧花［图4-1-4（2）］效果的绘制

1. 导入位图并描摹图像操作。执行菜单【文件/导入】命令或者点击组合键【Ctrl+I】导入一张迷彩位图照片［图4-1-16（1）］。然后执行菜单【位图/轮廓描摹/高质量图像】命令，弹出对话框，描摹后点击确定［图4-1-16（2）］。如果描摹后的对象有残缺，综合运用所学工具尽量修整补齐完善［图4-1-16（3）］。

2. 选中图4-1-16（3），按住【Shift】键垂直移动复制一个，调整尺寸为“200mm×200mm”（图4-1-17）。执行【对象属性/透明度/底纹化】命令，修改接口地方（图4-1-18）。

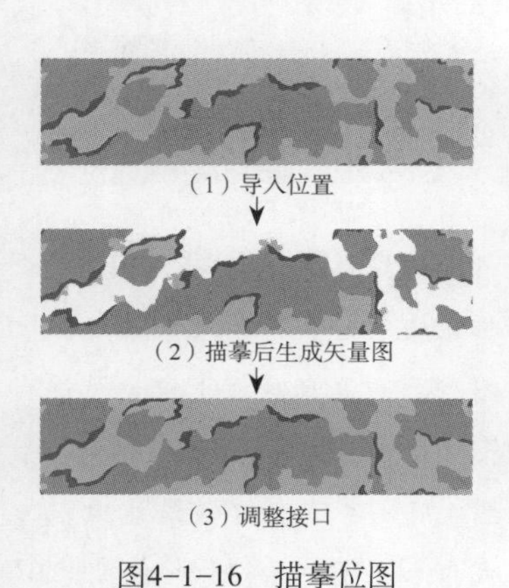

图4-1-16　描摹位图

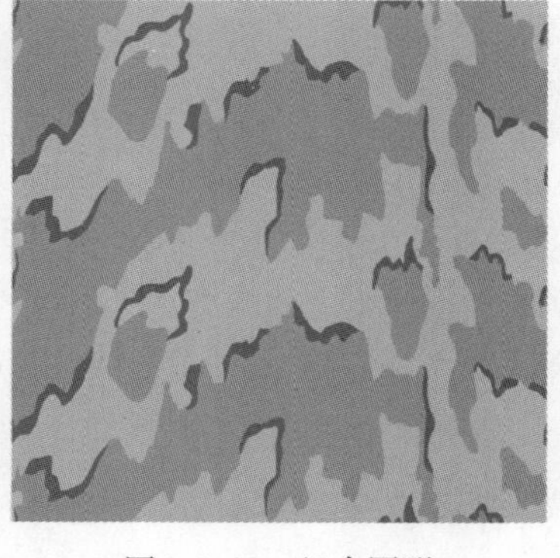

图4-1-17　组合图形

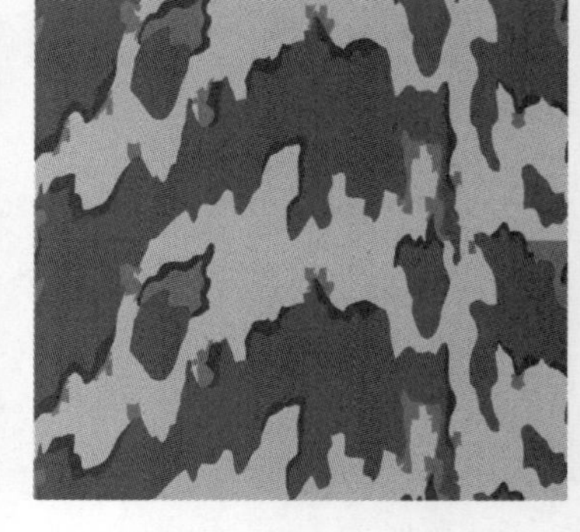

图4-1-18　底纹化模式

3. 将底纹化图形与牛仔斜纹图形叠加，得到效果。执行【对象属性/透明度】命令，不同的模式可以产生多种配色效果（图4-1-19）。

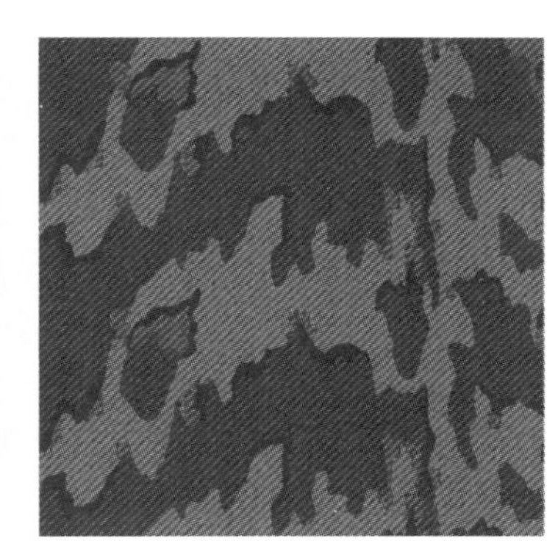

底纹化模式　　乘模式　　差异模式

图4-1-19　最后效果

二、格子面料绘画表现

（一）格子面料实例效果（图 4-1-20）

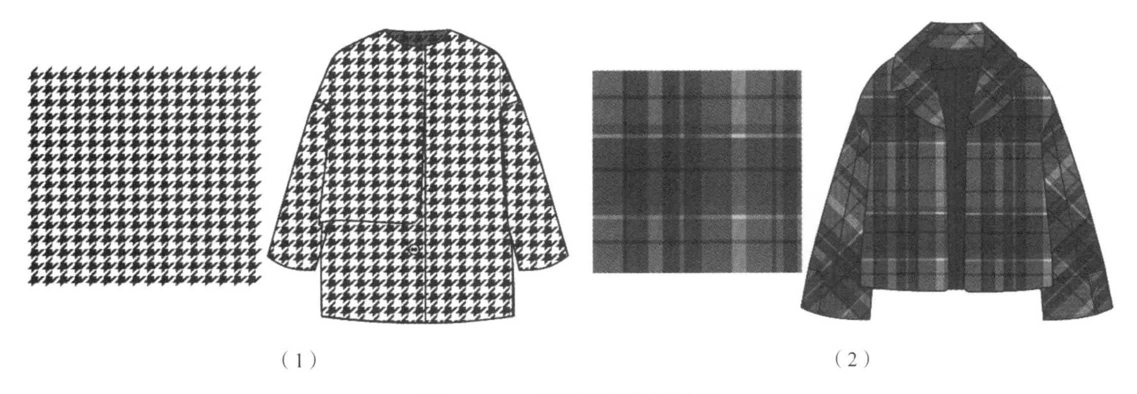

（1）　　（2）

图4-1-20　格子面料实例效果

（二）千鸟格面料［图 4-1-20（1）］绘画表现

1. 点击组合键【Ctrl+N】新建文件。选择工具箱中【矩形】工具（快捷键【F6】），绘制一个"50mm ×50mm"的正方形，在属性栏【旋转】角度输入数值"45"（图4-1-21）。

2. 选择工具箱中【矩形】工具绘制一个"15mm×70mm"的长方形，放置在菱形的左边，单击长方形进入旋转状态，按下鼠标左键不松手拖动中间的箭头往下移动至菱形边缘（图4-1-22）。

3. 选中长方形，单击【+】键复制，单击属性栏中的【水平镜像】按钮，并移动至菱形的右边。然后全选对象，点击属性栏中的【焊接】按钮，得到效果（图4-1-23）。

4. 选择工具箱中【矩形】工具绘制一个"20mm×70mm"的长方形，边缘与菱形的下方角点对齐。单击长方形进入旋转状态，按下鼠标左键不松手拖动中间的箭头往上移动至菱形边缘

（图4-1-24）。

5. 选中长方形，单击【+】键复制，单击属性栏中的【水平镜像】按钮，并移动至菱形的右边。然后全选对象，点击属性栏中的【焊接】按钮，得到效果（图4-1-25）。

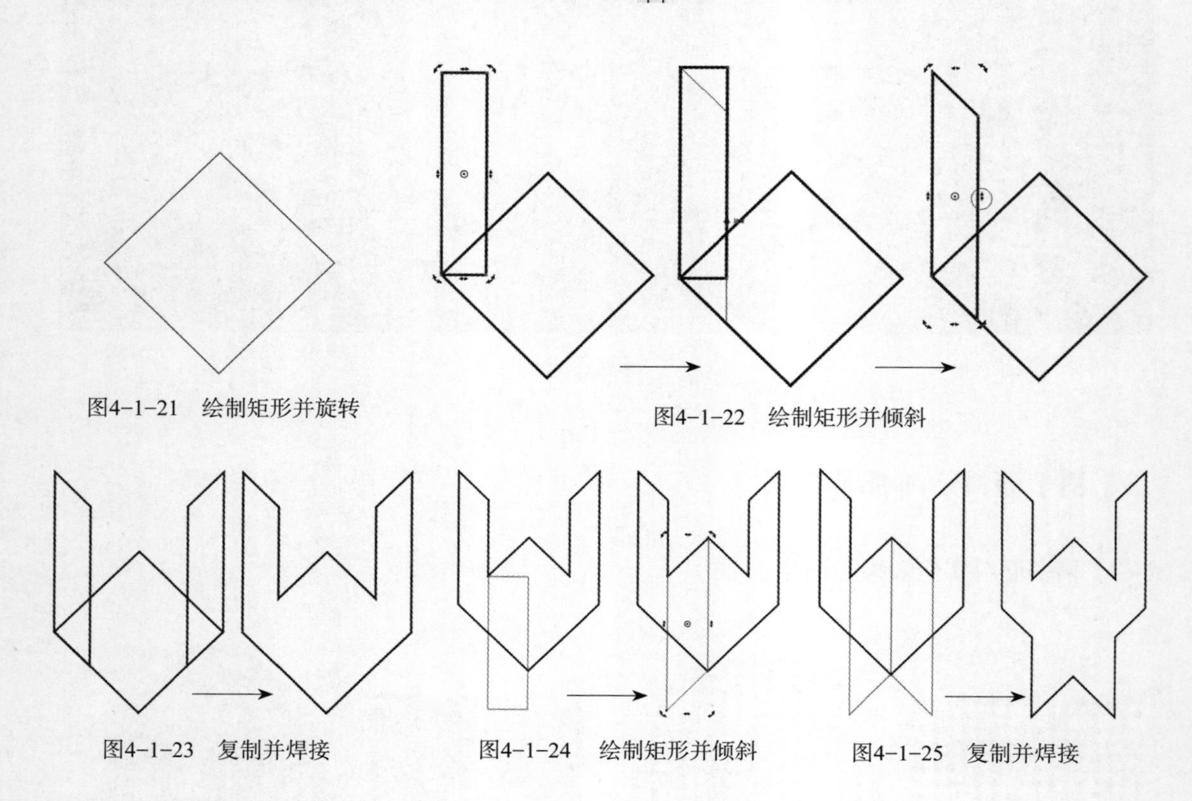

图4-1-21 绘制矩形并旋转

图4-1-22 绘制矩形并倾斜

图4-1-23 复制并焊接

图4-1-24 绘制矩形并倾斜

图4-1-25 复制并焊接

6. 选中焊接后的对象，填充黑色，并旋转“315”，单击快捷键【F12】，弹出对话框，勾选【按图像比例显示】，完成后点击【确定】按钮（图4-1-26）。

7. 选中对象，配合【Shift】键等比例缩小。单击【+】键复制，并垂直移动至页面的下方。打开工具箱中【混合】工具，在属性栏中输入【步长】“15”。鼠标右键单击执行【拆分调和群组】命令 拆分调和群组(B)（组合键【Ctrl+K】），然后点击组合键【Ctrl+G】群组（图4-1-27）。

8. 单击【+】键复制，水平移至页面的右边，然后应用【混合】工具，得到效果（图4-1-28）（技巧：在没有执行上

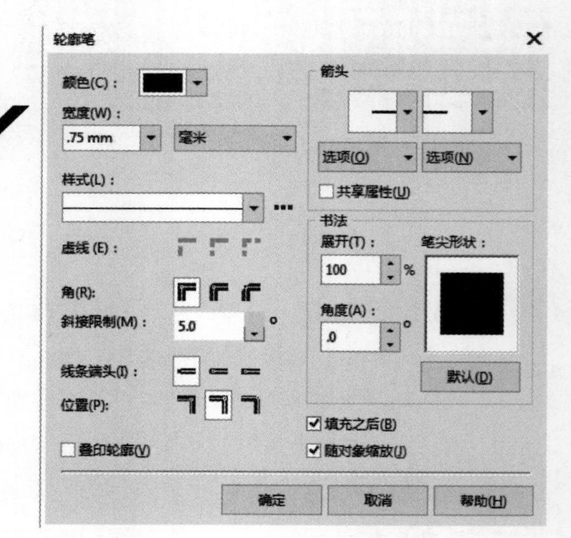

图4-1-26 旋转并设置轮廓

一次调和的【拆分调和群组】命令前提下，不可以进行第二次对象的混合操作）。

9. 打开一幅矢量款式图（图4–1–29）。

10. 将绘制好的千鸟格面料执行菜单【对象/填充/向量图样填充/从文档新建】命令，填充在服装上，得到最后效果（图4–1–30）。

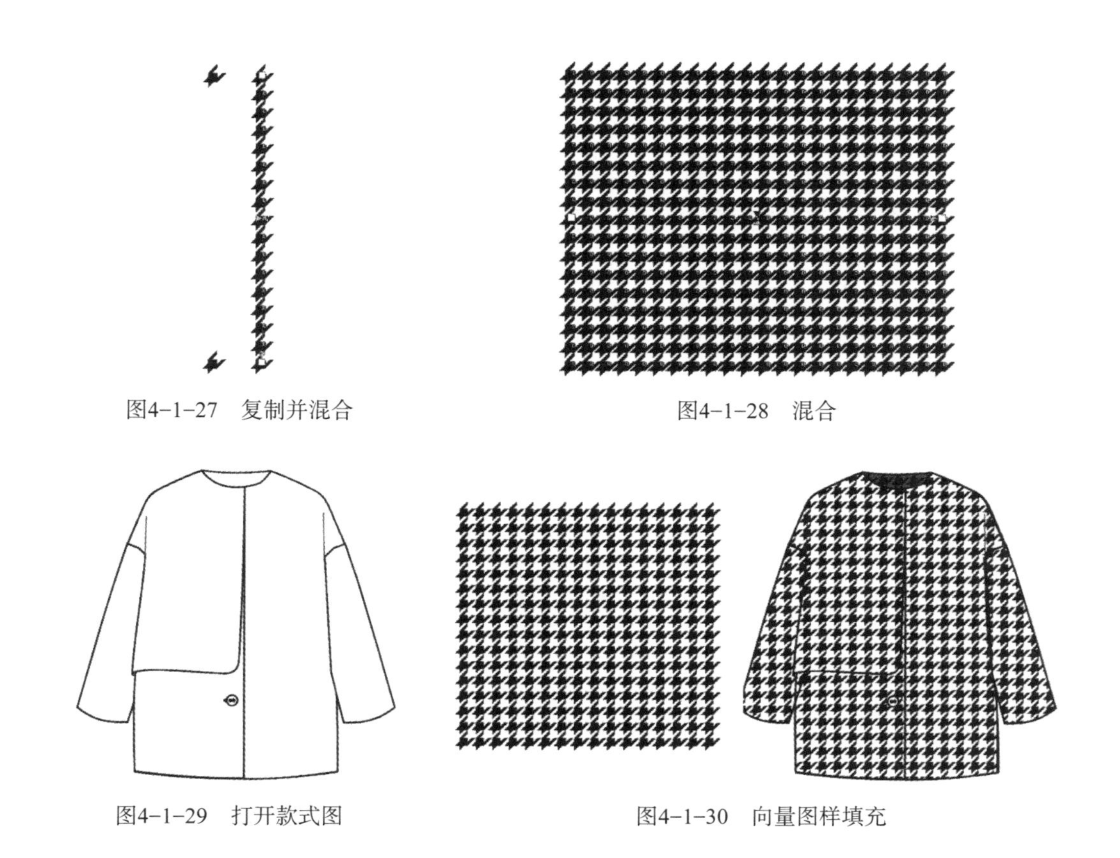

图4–1–27 复制并混合

图4–1–28 混合

图4–1–29 打开款式图

图4–1–30 向量图样填充

（三）英伦风经典格子绘画表现

1. 选择工具箱中【矩形】工具，按住【Ctrl】键绘制一个“150mm×150mm”的正方形[图4–1–31（1）]继续绘制三个“150mm×50mm”的长方形，对齐正方形摆放好，用同样方法继续绘制两个“150mm×10mm”的长方形，按照设计需要填充颜色[图4–1–31（2）]。

2. 全选图4–1–31（2），点击组合键【Ctrl+G】组合对象，然后按住鼠标左键不松手移动对象，至目标位置后鼠标右键单击，进行移动复制。在上方属性栏【旋转】中输入数值“90”，旋转对象，并适当修改颜色，点击组合键【Ctrl+G】组合对象[图4–1–31（3）]。

3. 选中图4–1–31（2）和图4–1–31（3）两个对象，执行【水平居中对齐和垂直居中对齐】命令，通过鼠标右键执行【顺序】命令，将图4–1–31（2）置于最上方，然后执行【对象属性/透明度/合并模式/乘】命令，得到图形[图4–1–31（4）]。

4. 选择【矩形】工具绘制一个矩形，填充颜色，将其置于图4–1–31（4）对象上，执行【对象属性/透明度/合并模式/叠加】命令，得到图形[图4–1–31（5）]，按照同样的方法，根据格子的组合方式可以绘制多个矩形，得到图形[图4–1–31（6）]。

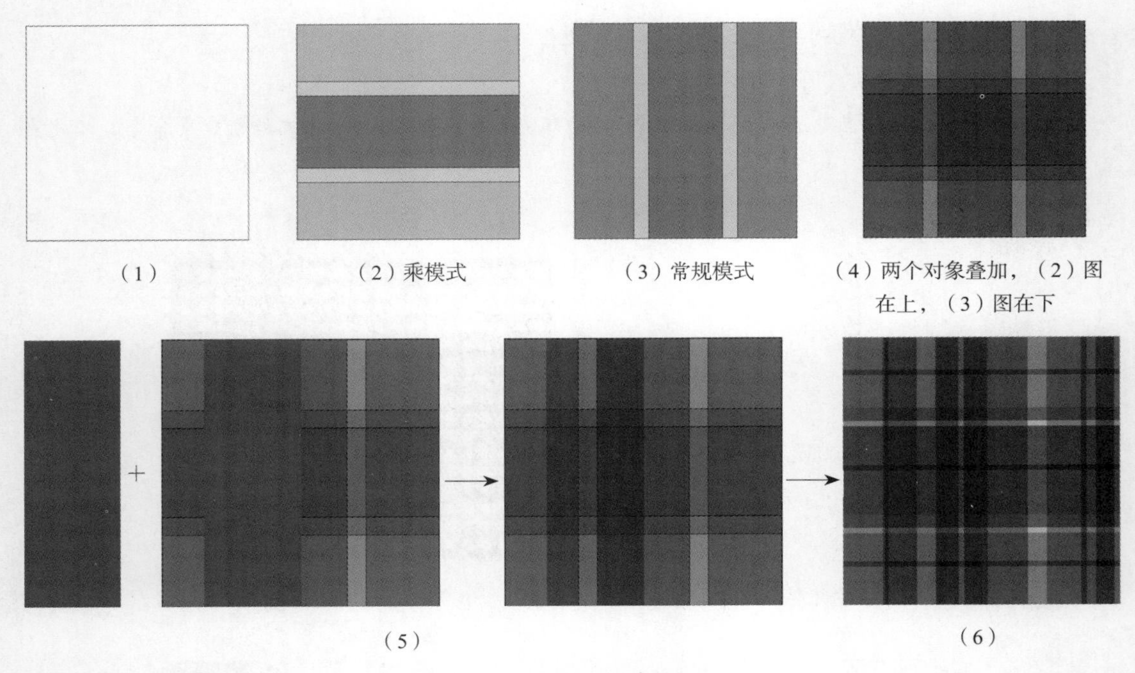

图4-1-31 格子组合过程

5. 添加的矩形因大小、颜色、位置摆放不同，得到不同的格子外观效果（图4-1-32）。

6. 添加布料的纹理。布纹纹理的绘制方法参照斜纹布料的绘制方法。将完成后的纹理对象置于格子图案上方，并执行【对象属性/透明度/合并模式/叠加】命令，得到效果（图4-1-33）。

7. 打开一幅矢量款式图（图4-1-34）。选中面料，执行【填充/向量图样填充/从文档新建】命令，将格子面料填充在服装上，根据格子的走向，在【填充变换】面板中，调整填充的角度 45.0°，得到最后效果（图4-1-35）。

图4-1-32 不同组合得到的各种效果

图4-1-33 添加纹理

图4-1-34　打开款式

图4-1-35　填充服装

三、呢子面料绘画表现

（一）呢子面料实例效果（图 4-1-36）

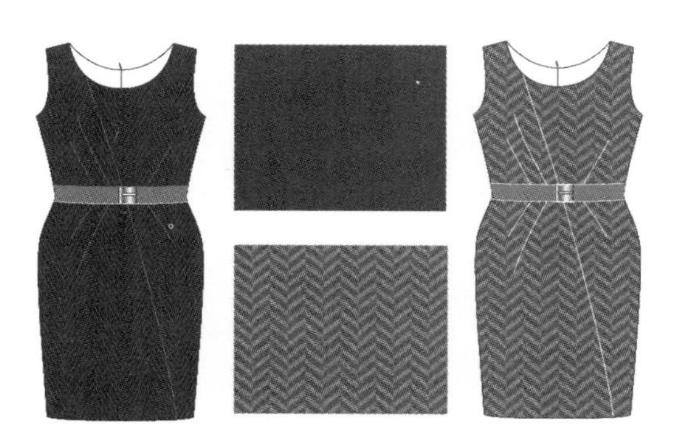

图4-1-36　呢子面料实例效果

（二）呢子面料的绘制

1. 点击组合键【Ctrl+N】新建文件。选择工具箱中【矩形】工具（快捷键【F6】），绘制一个“30mm×30mm”的正方形，上方属性栏轮廓宽度为1mm 1.0 mm，旋转角度数值“45”，45.0（图 4-1-37）。

2. 选择【矩形】工具，再绘制一个长方形，位于菱形的上面，长方形底边对准菱形的对角线（图 4-1-38）。

3. 分别选中长方形和菱形，执行属性栏中的【修剪】命令，菱形上半部分被减掉，形成三角形，然后移除上方的长方形（图 4-1-39）。

4. 选中三角形，执行菜单【对象/将轮廓转换为对象】命令，此时三角形原来的线条轮廓边转换成由多个节点组成的对象（图 4-1-40）。

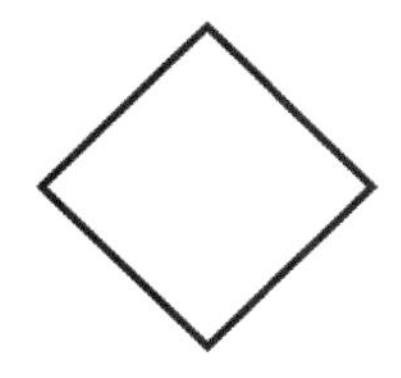

图4-1-37　旋转

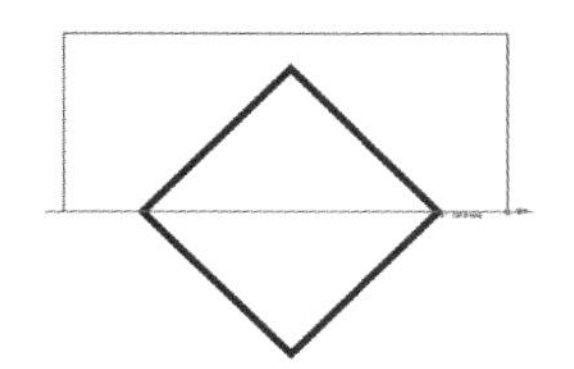

图4-1-38　绘制矩形

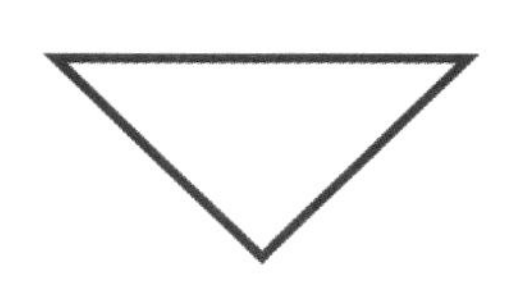

图4-1-39　修剪

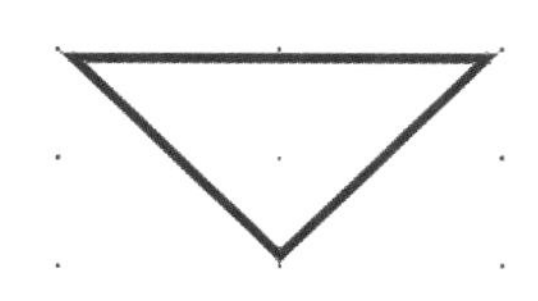

图4-1-40　转换为对象

5. 选择【形状】工具，按下【Shift】键点选圆圈标注的四个节点（图4-1-41），然后点击上方属性栏中的【断开曲线】按钮（图4-1-42），然后鼠标右键点击右方【颜色栏】中的黑色，添加轮廓色（图4-1-43）。

6. 选中三角形，鼠标右键点击执行【拆分曲线】命令 拆分曲线(B)，选中上端两条线段，按下【Delete】键将其删除（图4-1-44）。

7. 全选剩余的对象，执行菜单【排列/闭合/最近的节点和直线】命令，对象闭合并填充（图4-1-45）。

8. 选择【矩形】工具绘制两个矩形，位于两端。分别选中矩形和填充的对象后，点击上方属性栏中的【修剪】按钮，然后移除矩形，得到效果（图4-1-46）。

9. 选中对象后，单击【+】键复制，并垂直移动至下方，打开【混合】工具，【步长】设置为“60”，进行混合得到效果（图4-1-47）。

10. 选中混合后的对象，观察上方属性栏中对象大小的数值 40.134 mm 197.959 mm，然后执行菜单【窗口/泊坞窗/变换/位置】命令，左边【变换】面板，在【水平】中输入对象的宽度，多次点击【应用到再制】按钮，得到效果（图4-1-48）。

11. 选择【矩形】工具绘制一个“150mm×150mm”的正方形，并填充深灰色（图4-1-49）。

12. 选中斜纹，执行【对象/PowerClip/置于图文框内部】命令，放置在正方形中（图4-1-50）。

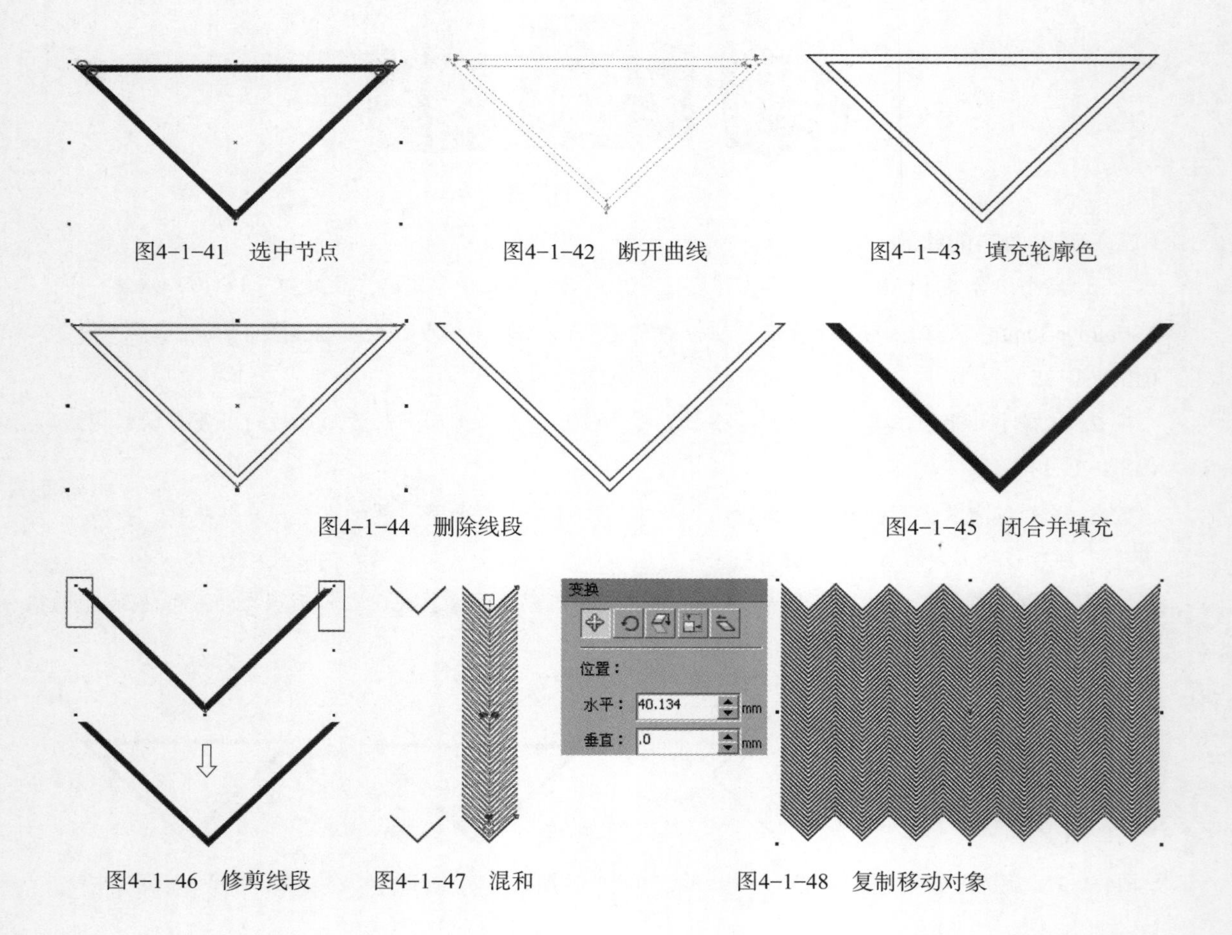

图4-1-41 选中节点　图4-1-42 断开曲线　图4-1-43 填充轮廓色

图4-1-44 删除线段　图4-1-45 闭合并填充

图4-1-46 修剪线段　图4-1-47 混和　图4-1-48 复制移动对象

图4-1-49　绘制正方形

13. 选中精确裁剪后的对象，执行【位图/转换为位图】命令，然后执行【添加杂点】和【模糊】等命令，得到最后效果（图4-1-51）。

14. 打开一幅矢量款式图（图4-1-52）。将绘制好的人字呢面料执行菜单【填充/位图图样填充/从文档新建】命令，填充在服装上，得到最后效果（图4-1-53）。

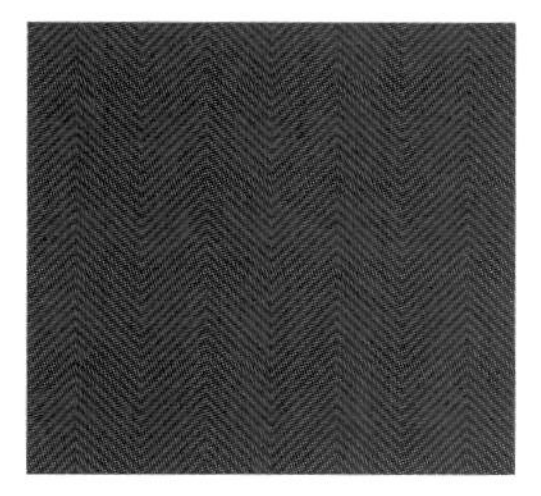
图4-1-50　选中斜纹

图4-1-51　转换位图对象

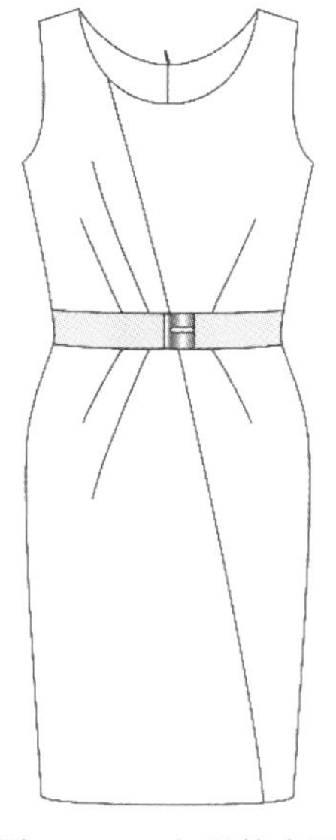
图4-1-52　矢量款式图

图4-1-53　精确裁剪并调整内容

第二节　针织面料绘画表现

一、平针编织

（一）平针编织实例效果（图 4-2-1）

图4-2-1　平针编织实例效果

（二）平针编织的绘制

1. 打开工具箱中【基本形状】工具，选择【心形】，绘制一个心形图案。鼠标右键单击执行【转换为曲线】命令，用【形状】工具调整修改（图4-2-2）。

2. 选中对象，单击两次【+】键，并移至下方，然后填充不同的颜色，点击组合键【Ctrl+G】将其组合（图4-2-3）。

3. 选中群组后的对象，按下【+】键复制，移动至页面的下方。打开【混合】工具，进行混合，鼠标右键单击执行【拆分调和群组】命令后，点击组合键【Ctrl+G】组合。然后再次单击【+】键，并点击属性栏中的【垂直镜像】按钮（图4-2-4）。

4. 全选对象，观察属性栏中【对象大小】12.527 mm ，执行菜单【窗口/泊坞窗/变换/位置】命令，在【水平】位置输入数值“12.527mm”，设置副本，点击【应用】按钮，得到效果（图4-2-5），全选对象后点击【Ctrl+G】将其组合。

5. 选中【矩形】工具绘制一个“100mm×100mm”的正方形，并填充灰色，然后执行菜单【对象/PowerClip/置于图文框内部】命令，将对象置于正方形内（图4-2-6）。

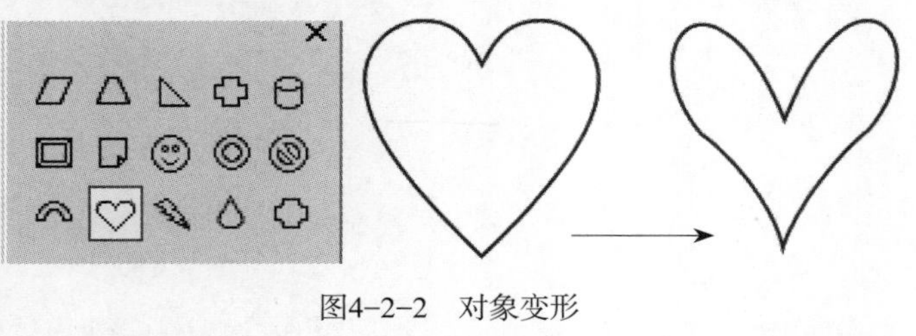

图4-2-2 对象变形

图4-2-3 复制对象

图4-2-4 调和

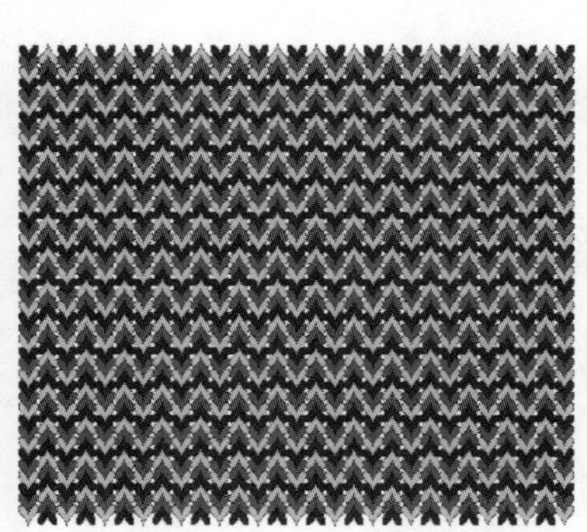

图4-2-5 复制对象

图4-2-6 置于矩形内

6. 选中对象，执行【位图/转换为位图】命令以及【添加杂点】命令（图4-2-7）。

7. 选中图4-2-6，按下【+】键复制，移开。鼠标右键单击执行【编辑PowerClip】命令，进入编辑页面。再次选中对象右键单击执行【取消全部群组】命令，然后鼠标在【颜色栏】中单击一个灰色，进行填充，完成后点击【完成编辑对象】按钮（图4-2-8）。

8. 选中对象，执行【位图/转换为位图】以及【添加杂点】命令（图4-2-9）。

9. 打开一幅矢量款式图（图4-2-10）。将绘制好的针织面料执行菜单【填充/位图图样填充/从文档新建】命令，将面料填充在款式图上，得到最后效果（图4-2-11）。

图4-2-7　添加杂点

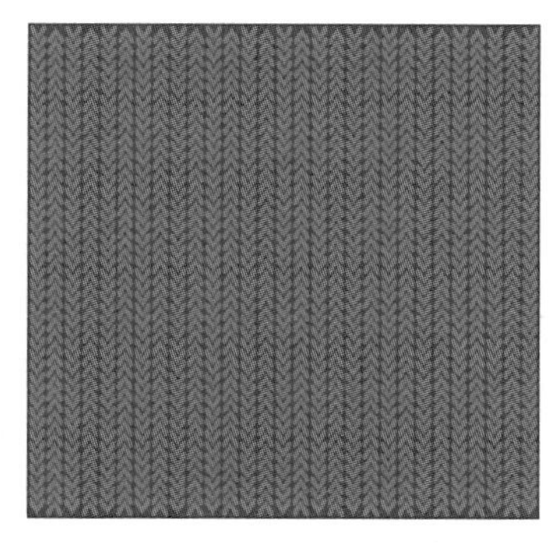

图4-2-8　灰色填充效果

图4-2-9　添加杂点

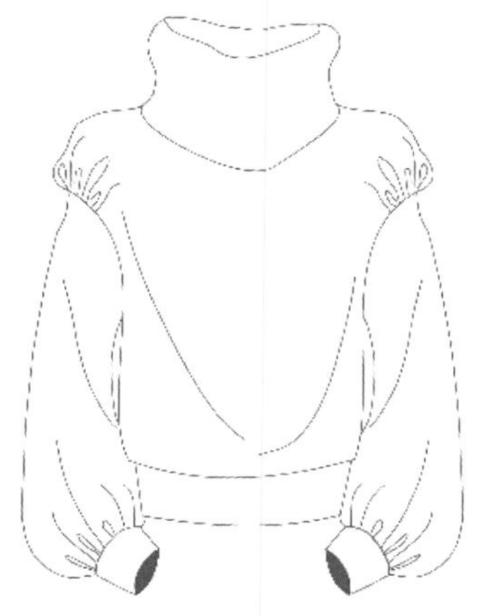

图4-2-10　矢量款式图

图4-2-11　填充并调整内容

二、花样编织

（一）花样编织实例效果（图 4-2-12）

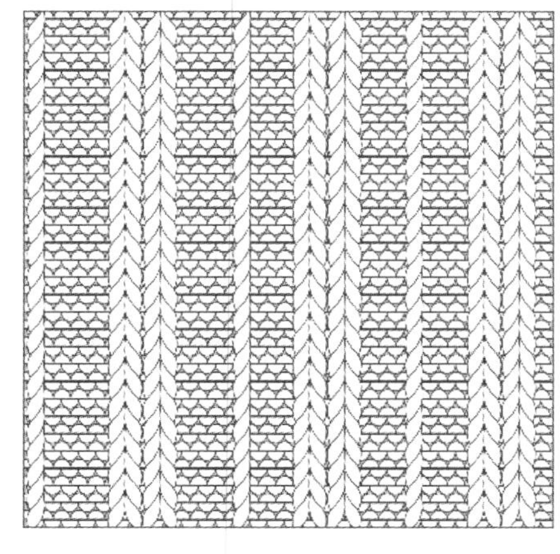

图4-2-12　肌理变化针织效果

（二）花样编织的绘制

1. 选择工具箱中【椭圆】工具绘制一个“8mm×6mm”的椭圆。选择【矩形】工具绘制一个长方形。选中椭圆和长方形，点击属性栏的【修剪】按钮，移除长方形，得到半圆，并填充白色（图4–2–13）。

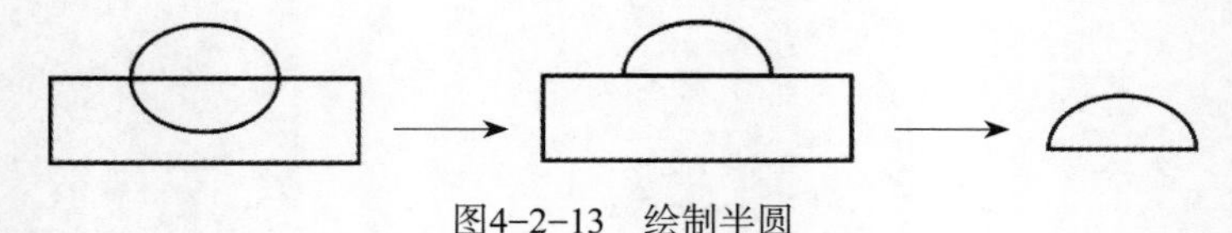

图4-2-13　绘制半圆

2. 选中半圆，执行菜单【窗口/泊坞窗/变换/位置】命令，在面板中【水平】位置输入数值“8mm”，多次点击【应用到再制】按钮，得到效果（图4–2–14）。

3. 选中所有半圆，单击【+】键，点击属性栏中的【垂直镜像】按钮，并下移至合适位置（图4–2–15）。

图4-2-14　复制对象

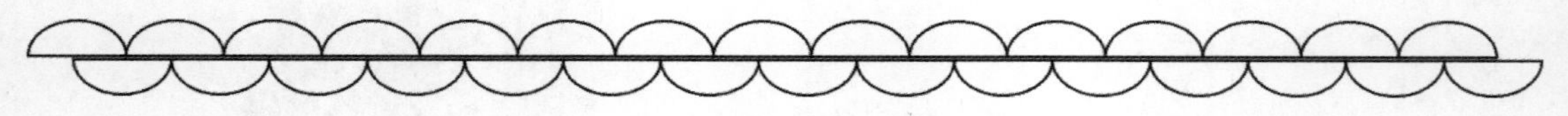

图4-2-15　复制并镜像

4. 全选对象，点击组合键【Ctrl+G】，单击【+】键复制，垂直下移至页面的下方位置，打开【混合】工具进行混合，【步长】数根据实际效果调整（图4–2–16）。

5. 选择【钢笔】工具绘制一个麻花基础图案（图4–2–17），单击【+】键复制，并垂直移至页面下方，应用【混合】工具进行混合，【步长】数根据实际情况调整（图4–2–18）。

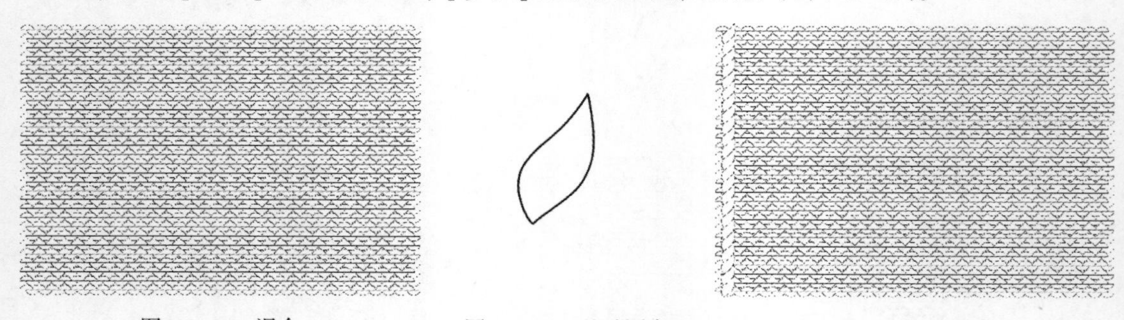

图4-2-16　混合　　图4-2-17　基础图案　　图4-2-18　混合

6. 选中麻花图案，执行【复制】、【镜像】、【移动】及【对齐】等命令，得到效果（图4–2–19）。

7. 选择【矩形】工具绘制一个“100mm × 100mm”的正方形，并填充“浅灰色”。将做好的对象执行菜单【对象/PowerClip/置于图文框内部】命令，得到效果（图4–2–20）。

8. 选中对象，执行菜单【位图/转换为位图】以及【添加杂点】、【扭曲/湿笔画】、【扭曲/风吹效果】等命令得到效果（图4–2–21）。

9. 打开一幅矢量款式图（图4–2–22）。选中对象面料执行【填充/位图图样填充/从文档新建】命令，将面料填充在款式图上，得到最后效果（图4–2–23）

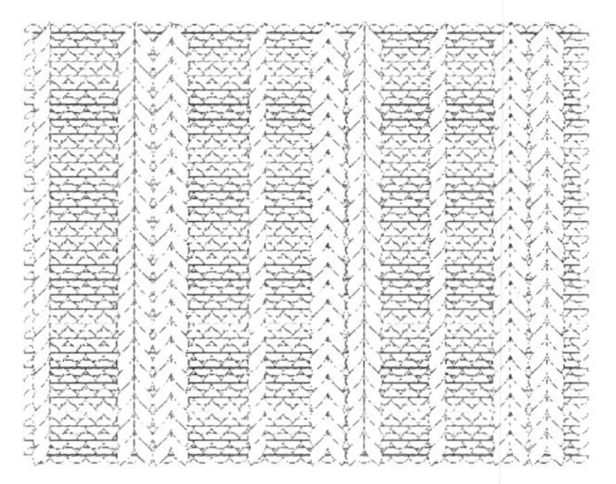

图4-2-19 复制对齐

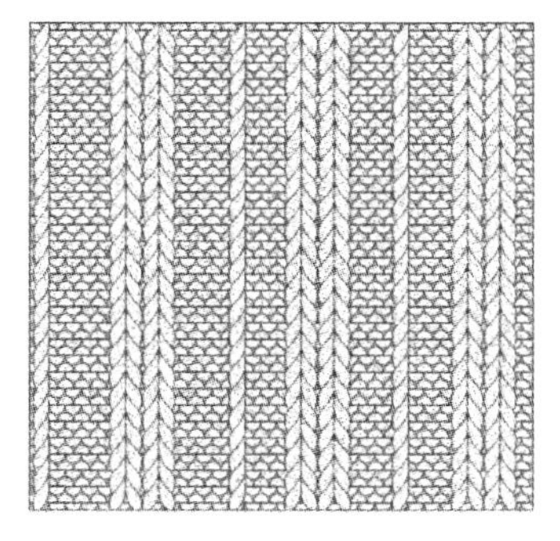

图4-2-20 置于内部

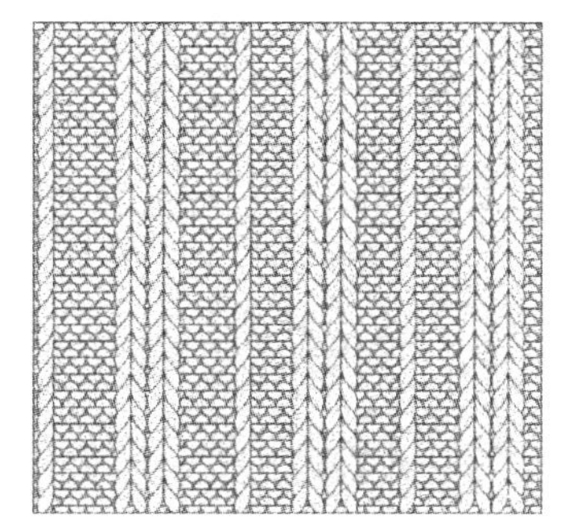

图4-2-21 转换为位图

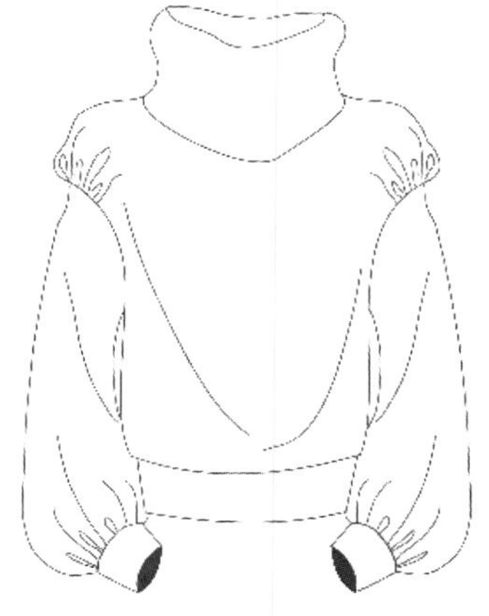

图4-2-22 矢量款式图

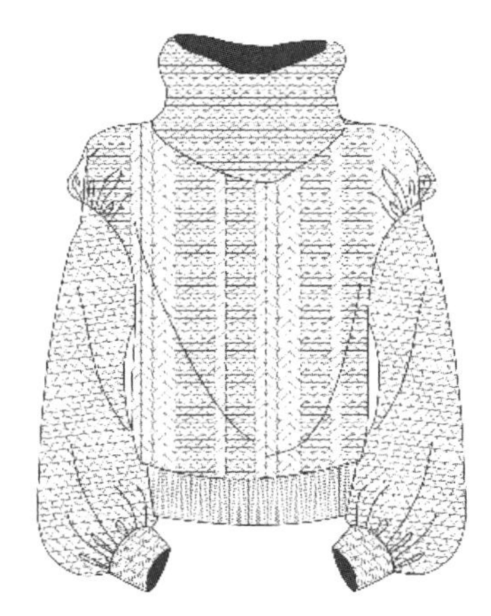

图4-2-23 面料填充并调整

第三节 其他面料绘画表现

一、网眼面料

（一）网眼面料的绘画实例效果（图 4-3-1）

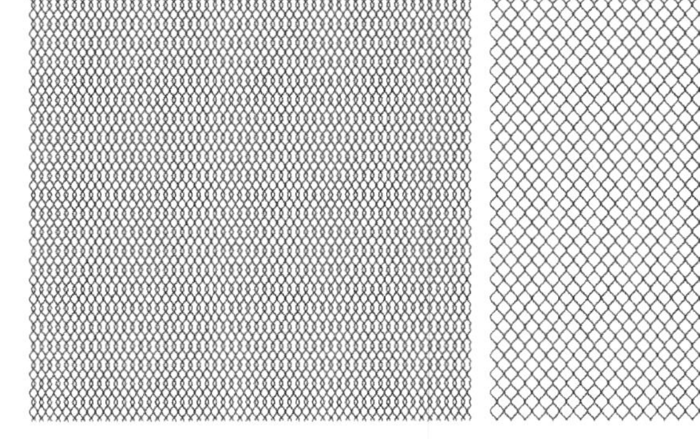

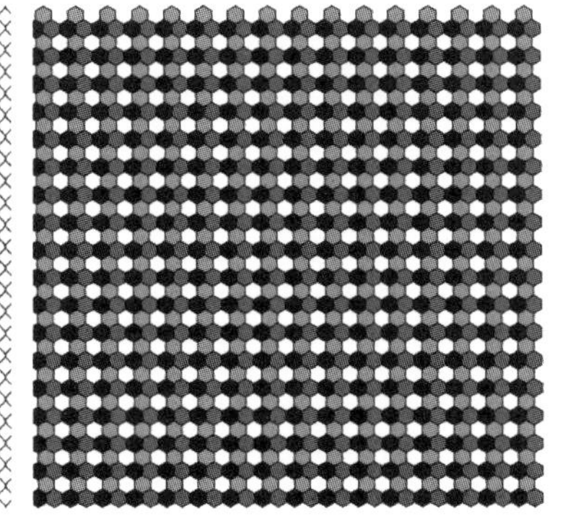

图4-3-1 网眼面料实例效果

（二）网眼面料的绘制

1. 选择【钢笔】工具，配合【Shift】键绘制一条“150mm”长的垂直线。打开【变形】工具，在上方属性栏中选择【拉链变形】，设置【拉链失真振幅】为“5”，【失真频率】为“45”，然后点击后面的【平滑变形】按钮，得到效果（图4-3-2）。

2. 选择平滑后的线，单击【+】键复制，点击属性栏中的【水平镜像】按钮，水平移至右边合适位置，选中两条平滑线，点击组合键【Ctrl+G】。再次单击【+】键复制，水平移至页面的右边（图4-3-3）。

3. 打开工具箱【混合】工具，进行混合（图4-3-4）。【步长】数值的大小会产生不同的外观效果（根据需要自由设置）。

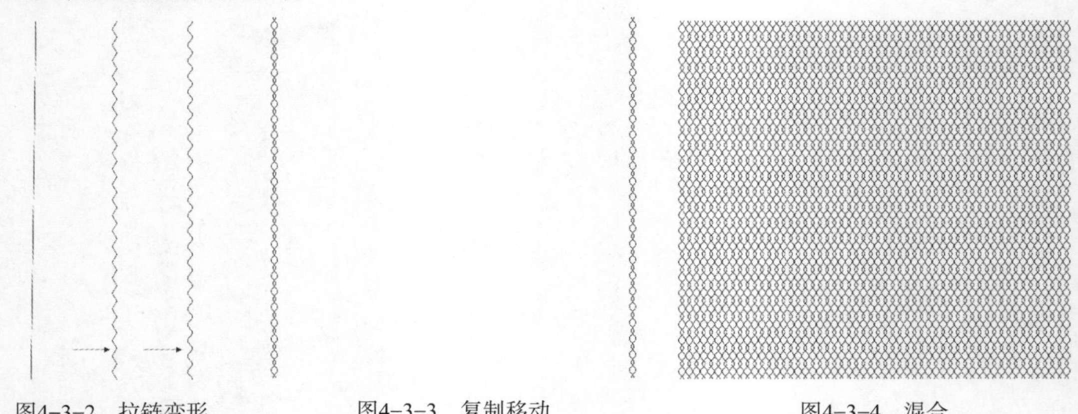

图4-3-2 拉链变形　　图4-3-3 复制移动　　图4-3-4 混合

二、镂空印花面料

（一）镂空印花面料的绘画实例效果（图4-3-5）

图4-3-5 镂空印花面料效果

（二）镂空印花面料的绘制

1. 打开【基本形状】工具，在属性栏选中【水滴】绘制一个图形（图4-3-6）。

2. 选中对象，单击【+】键复制，配合【Shift】键成比例缩小，选中两个对象点击属性栏【修剪】按钮，移除里面的小对象（图4-3-7）。

3. 选择【钢笔】工具，绘制叶脉，并填充颜色，全选对象，点击组合键【Ctrl+G】将对象组合（图 4–3–8）。

4. 再次单击对象，进入【旋转】状态，将【旋转中心】移至对象的下方，执行【窗口/泊坞窗/变换/旋转】命令，或者点击组合键【Alt+F8】打开【变换】面板，在面板中设置旋转角度为“60”，副本为“5”，点击【应用】按钮（图 4–3–9）。

5. 选择【椭圆】工具，重复上面的操作，添加一些细节（图 4–3–10）。

6. 调入一张网眼矢量图作为底板，将图案放置在任意位置（自由设计）（图 4–3–11）。

7. 单击【+】键复制，并移至合适位置，选中后执行【排列/对齐和分布】命令，得到效果（图 4–3–12）。

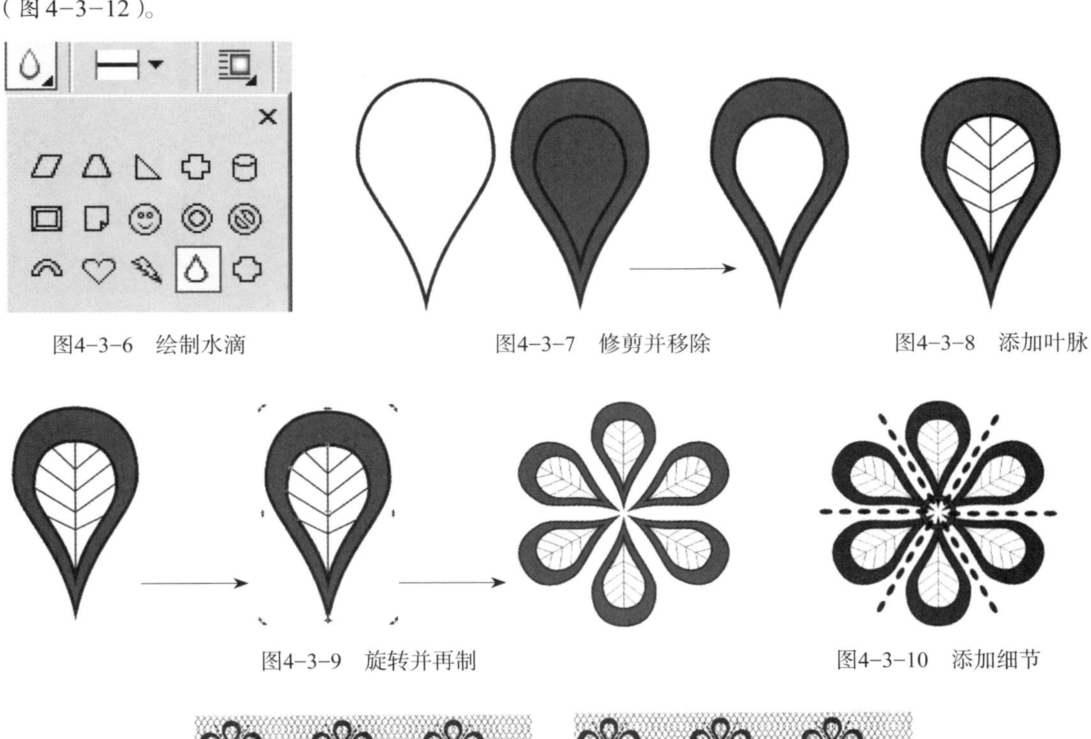

图4–3–6 绘制水滴

图4–3–7 修剪并移除

图4–3–8 添加叶脉

图4–3–9 旋转并再制

图4–3–10 添加细节

图4–3–11 设计图案

图4–3–12 复制并对齐和分布

8. 打开【混合】工具，进行调和。根据设计需要通过属性栏中的【调和对象】按钮输入不同数值调整步长数和步长间距（图 4–3–13）。根据设计需要还可以填充不同的背景色（图 4–3–14）。

9. 打开一幅矢量款式图（图 4–3–15）。将绘制好的蕾丝印花面料执行菜单【对象/PowerClip/置于图文框内部】命令，填充在款式图上，得到最后效果（图 4–3–16）

图4-3-13　调和

图4-3-14　填充底色

图4-3-15　矢量款式图

图4-3-16　置于图文框内部

本章小结

※【混合】工具是绘制各种面料的主要工具。

※【修整工具组】可以改变图形对象的造型。

※【透明度】的混合模式。

※ 点击组合键【Ctrl+D】可以快速复制对象。

※【对齐与分布】命令，可以对齐对象并分布对象之间的距离。

※ 利用【基本形状】工具，配合【形状】工具（【F10】）绘制各种基本单元图形。

思考练习题

1. 如何绘制各种条纹面料及灯芯绒面料？
2. 如何绘制粗花呢面料？

第五章 CorelDRAW 服装插画绘画表现

课题名称： CorelDRAW 服装插画绘画表现

课题内容： 【图纸】工具

【创建调色板】

【形状】工具

【填充及透明】工具

课题时间： 6课时

教学目的： 通过案例的演示与操作步骤，要求学生掌握人物头像插画及服装插画的绘制方法与技巧。

教学方式： 教师演示及课堂训练。

教学要求： 1. 用CorelDRAW 软件绘制人物头像插画。

2. 用CorelDRAW 软件绘制服装插画。

课前准备： 熟悉并掌握CorelDRAW 软件的各种工具的操作方法和技巧，绘制手稿图。

服装插画是视觉艺术的一种表现形式，是以服装为表现对象的插画艺术，诠释的是设计师们的灵感，兼具艺术性与实用性的特征。随着计算机图形软件的开发与应用，服装插画由传统单一的绘画形式逐步向多种流派、不同风格及表现形式上发展。利用CorelDRAW的绘图工具、形状工具、填充工具、透明工具等可以轻松地完成服装插画设计、构图、绘制、上色、填充、渲染的全部过程，使其作品具有形象、直观、趣味及审美的特点。

第一节　专用色盘的建立

在CorelDRAW的绘图操作中，很多时候需要建立一个专用的色盘，方便随时调用和填充。专用色盘的建立为节省操作时间提供便利。下面详细介绍专用色盘建立的操作步骤：

1. 点击组合键【Ctrl+N】新建一个文件。

2. 选择工具箱中的【图纸】工具，在属性栏的【行和列】中输入数值“3”和“3”。

3. 在页面中拖出一个“3×3”的表格（图5-1-1）。

4. 选中表格，鼠标右键单击执行【取消组合对象】命令（【Ctrl+ U】），在页面的空白处单击，取消对象的选择。

5. 单选其中的任意方格，点击组合键【Shift+F11】，弹出【颜色选择】面板，在面板中选择【CMYK】颜色模式，输入数值：【C】为“29”、【M】为“80”、【Y】为“76”、【K】为“0”，命名为“芒果红”，完成后点击【确定】按钮（图5-1-2）。

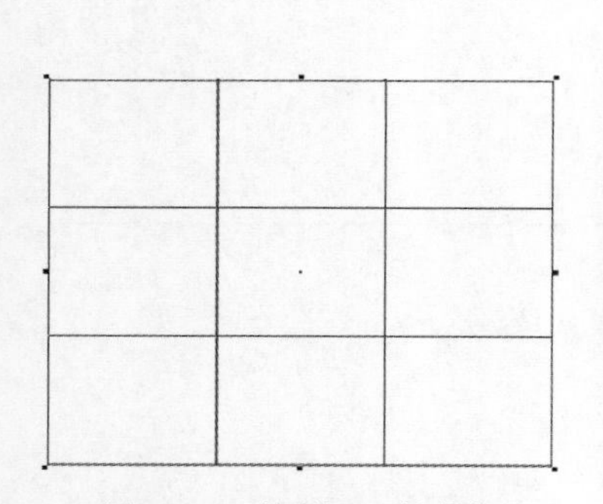

图5-1-1　绘制3×3的表格

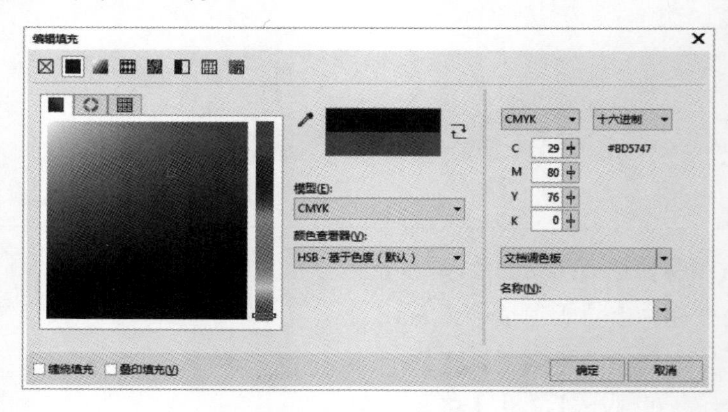

图5-1-2　颜色面板

6. 重复步骤5操作，添加其他方格内的颜色，并各自命名（图5-1-3）。

7. 选中所有颜色，执行菜单【窗口/调色板/从选择中创建调色板】命令（图5-1-4）。

8. 弹出【保存调色板】对话框，命名为“xxx S/S RHF品牌春夏色盘”，完成后点击【保存】按钮。在右边颜色面板中会自动弹出刚刚保存的色板（图5-1-5）。

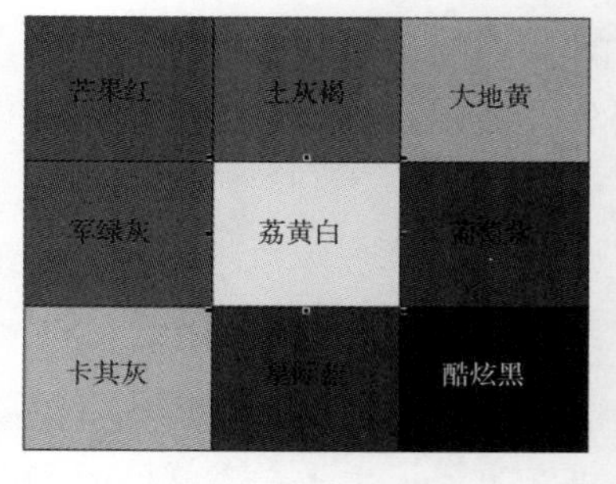

图5-1-3　添加后的颜色

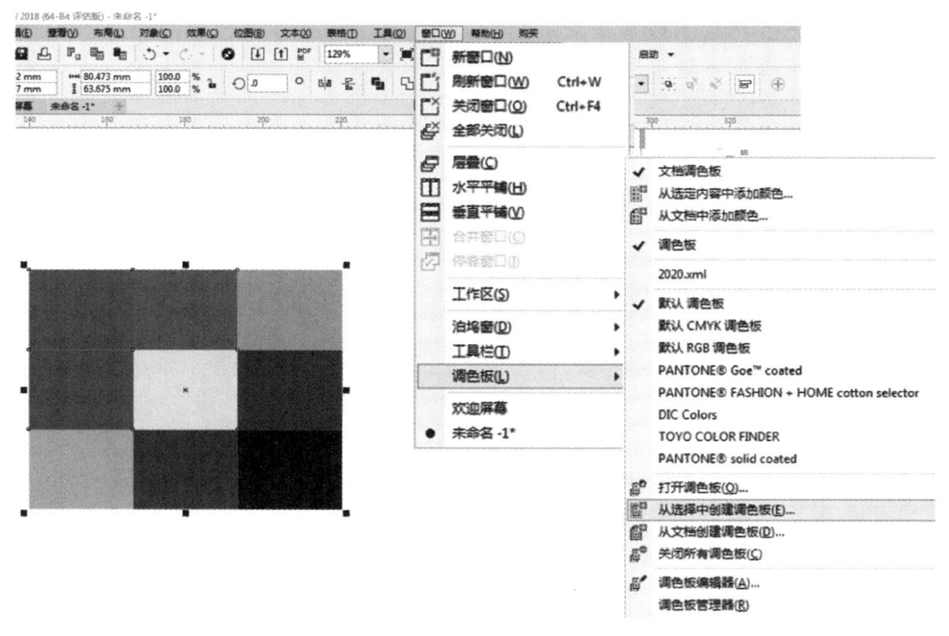

图5–1–4　创建调色板

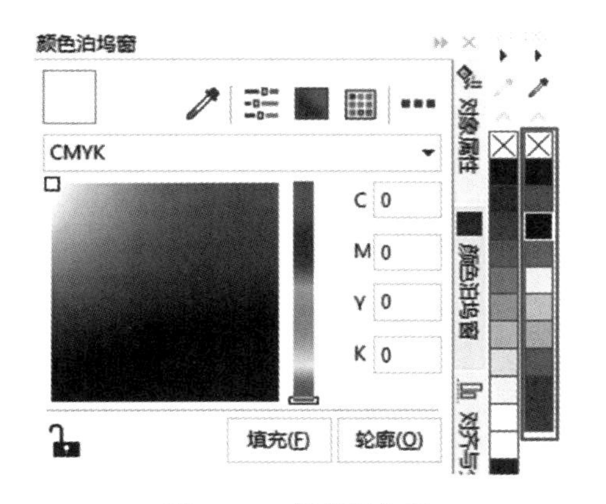

图5–1–5　保存调色板

9. 单击该调色板上方的 ▸ 按钮，执行【编辑颜色】命令，弹出对话框（图5–1–6）。

10. 比较对话框中的色彩与文件中的色彩，将多余的颜色选中后删除，没有的颜色通过【添加颜色】调入进来。编辑完成后，点击【确定】按钮。

11. 再次点击该调色板上方的 ▸ 按钮，执行【调色板/另存为】命令，弹出保存对话框，将其保存在自己熟悉的路径中（图5–1–7）。

12. 重新开启软件，调入专用色盘。执行菜单【窗口/调色板/打开调色板】命令，弹出对话框，找到前面保存的路径，选中文件打开，在颜色面板中出现色盘。

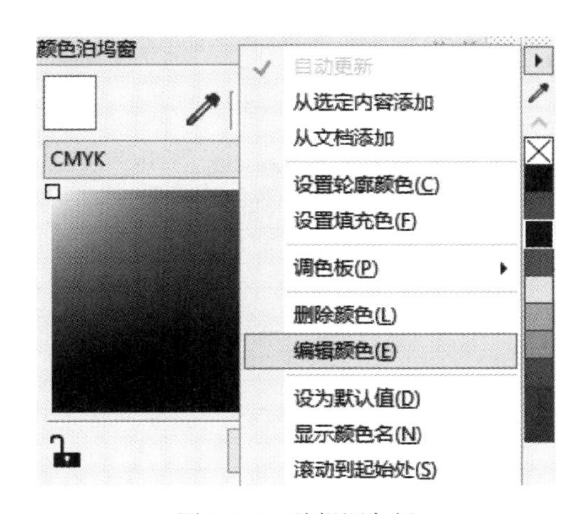

图5–1–6　编辑调色板

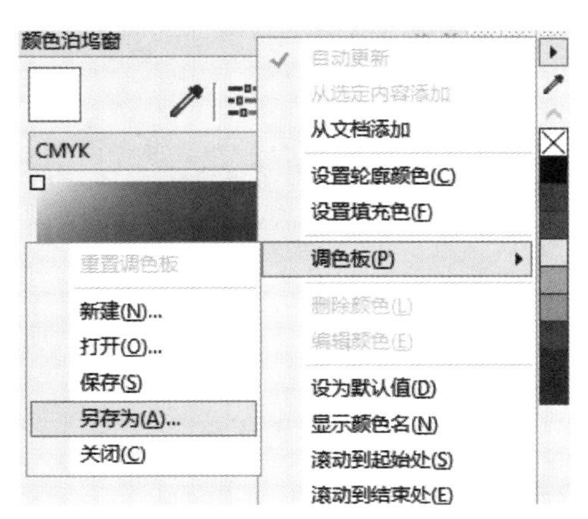

图5–1–7　保存调色板

第二节　头像插画绘画表现

一、头像插画效果（图5-2-1）

（1）

（2）

图5-2-1　头像插画效果

二、图5-2-1（1）绘制步骤

1. 点击组合键【Ctrl+N】新建一个文件，用工具箱中【椭圆】工具绘制一个椭圆，鼠标右键单击执行【转换为曲线】命令（图5-2-2）。

2. 用【形状】工具调整脸型（图5-2-3）。

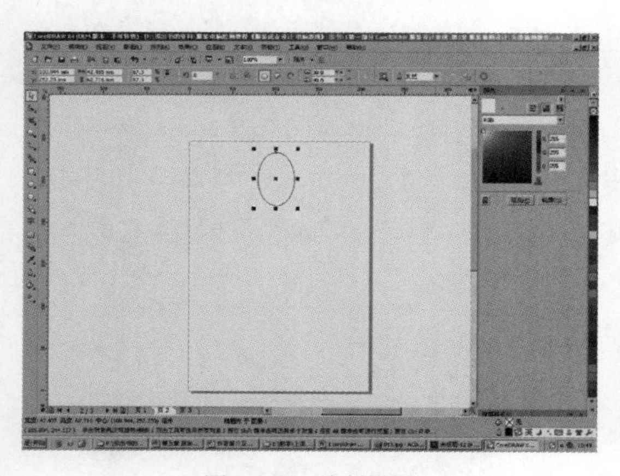

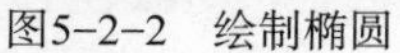

图5-2-2　绘制椭圆

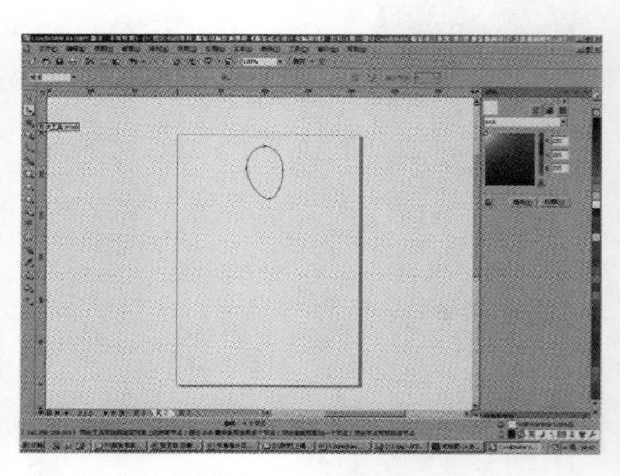

图5-2-3　编辑椭圆

3. 应用【贝塞尔】工具绘制后背和胳膊的轮廓线，然后用【形状】工具调整至合适的形状（图5-2-4）。

4. 调整合适后，将对象填充为“白色”（图5-2-5）。应用【贝塞尔】工具绘制头发轮廓，用【形状】工具调整至合适形状（图5-2-6）。

5. 绘制眉毛操作。先用【3点曲线】工具绘制一条弧线，选择工具箱中【艺术笔】工具，在

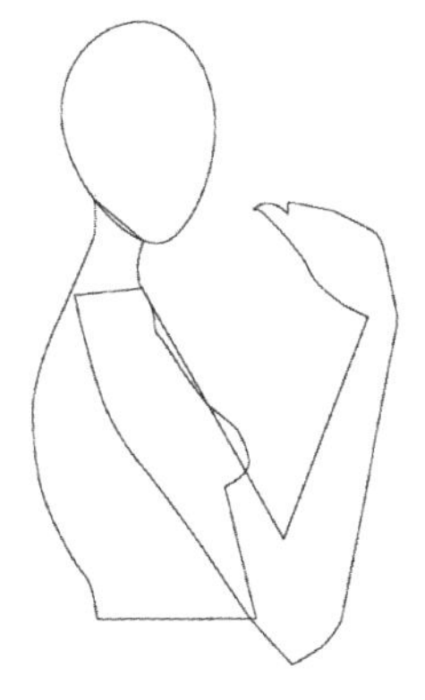
图5-2-4 绘制大体轮廓

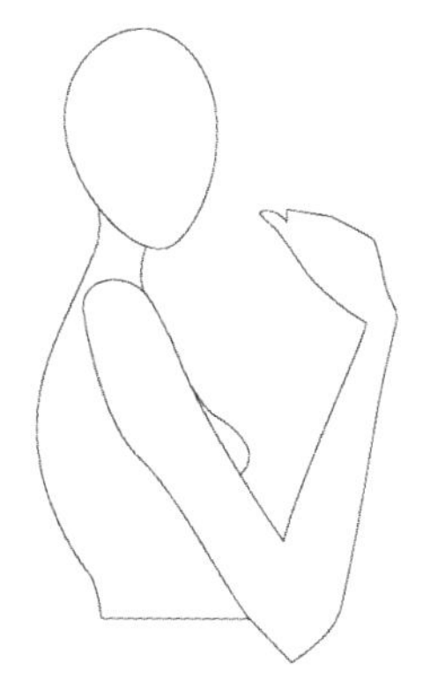
图5-2-5 填充轮廓

图5-2-6 绘制头发轮廓

预设笔中点击，画出眉毛。应用【绘图】工具绘制眼睛轮廓（图 5-2-7）。

6. 应用框选方法选中眼睛和眉毛，点击组合键【Ctrl+G】将其群组，然后单击【+】键，复制后点击属性栏中的【水平镜像】按钮，用【旋转】、【缩放】工具调整眼睛的位置（图 5-2-8）。

7. 用【绘图】工具绘制嘴巴、手及衣服的轮廓线（图 5-2-9）。

图5-2-7 绘制眼睛及眉毛轮廓

图5-2-8 镜像眼睛轮廓

图5-2-9 绘制衣服轮廓线

8. 填充肤色。选中肤色部分，点击组合键【Shift+F11】，弹出【颜色选择】面板，输入“RGB”数值，【R】为“248”、【G】为“160”、【B】为“96”，并添加局部阴影。然后填充头发（图 5-2-10）。

9. 用【复制】、【渐变】、【透明】等工具丰富脸部细节（图 5-2-11）。

10.点击组合键【Ctrl+I】，导入一张面料印花位图，执行【填充/位图图样填充/从文档新建】命令，将印花面

图5-2-10 填充肤色

图5-2-11 丰富细节

料填充在服装上（图5–2–12）。

11. 添加背景。用【矩形】工具绘制一个矩形，轮廓宽度为“16pt”，填充浅灰色并应用透明（图5–2–13）。

12. 用【手绘】工具绘制一个封闭图形，然后单击【+】键将其复制，并往上移动（图5–2–14）。

13. 然后点击两次组合键【Ctrl+D】，再制两个对象，改变颜色，全选后点击组合键【Ctrl+G】群组（图5–2–15）。

图5–2–12 填充上衣

图5–2–13 绘制矩形背景

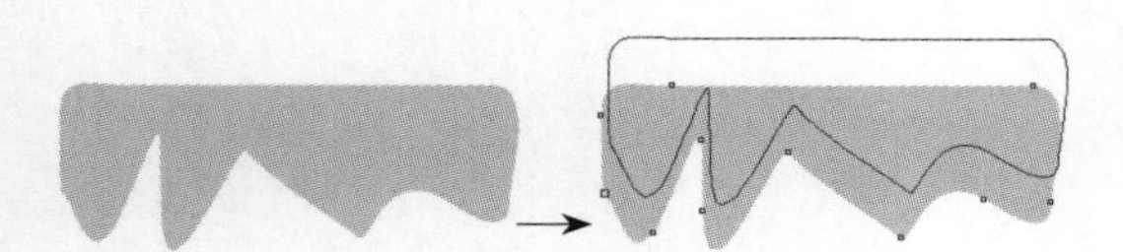

图5–2–14 复制图形

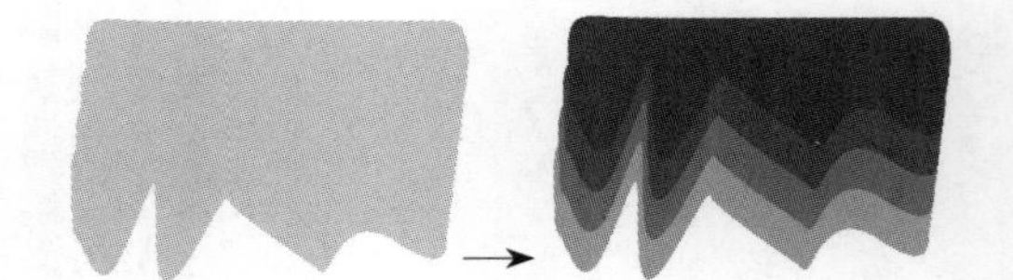

图5–2–15 再制图形

14. 选中组合后的对象，执行菜单【填充/向量图样填充】命令，将其填充在矩形内（图5–2–16）。选中矩形，单击快捷键【F11】，打开【渐变填充】面板，参数自由设置，完成后点击【确定】按钮。导入一张印花图片放置在背景中，执行【透明度/合并模式/叠加】命令（图5–2–17）。

15. 将做好的背景移至人物图下方，并进行最后的调整（图5–2–18）。

图5–2–16 精确裁剪背景

图5–2–17 渐变填充背景

图5–2–18 最后效果

三、图5-2-1（2）操作步骤

1. 绘制脸型。选择【椭圆】工具绘制一个椭圆[图5-2-19（1）]，单击右键执行【转换为曲线】命令，单击【F10】打开【形状】工具，调整节点至合适状态。单击【F5】打开【手绘】工具，绘制耳朵轮廓并置于对象最底层，单击【F6】打开【矩形】工具绘制矩形[图5-2-19（2）]。选中矩形和圆形，单击属性栏【修剪】按钮，得到[图5-2-19（3）]。全选对象，水平镜像复制图形[图5-2-19（4）]。

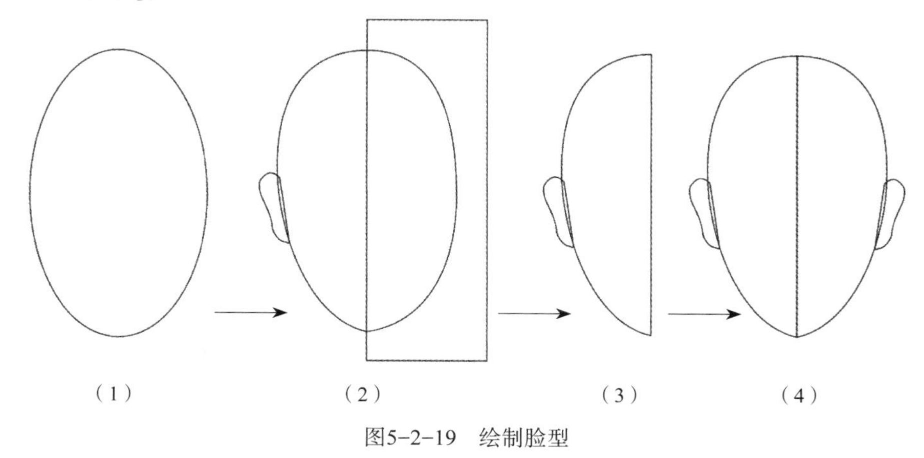

图5-2-19 绘制脸型

2. 选中左右脸部对象，单击属性栏【合并】按钮[图5-2-20（1）]。填充肤色【C】为“0”、【M】为“10”、【Y】为“10”、【K】为“3”[图5-2-20（2）]。全选对象，去掉对象描边[图5-2-20（3）]。单击数字键盘【+】键原位复制对象，执行菜单【窗口/泊坞窗/效果/艺术笔】命令，打开艺术笔，选中脸部和耳朵对象，在【喷涂列表中】选择一种艺术笔，单击【应用】按[图5-2-20（4）]。

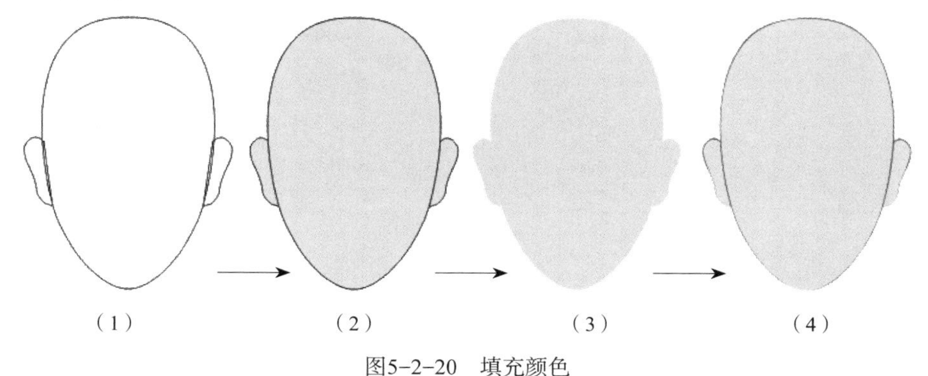

图5-2-20 填充颜色

3. 绘制眼睛。用【钢笔】或者【贝塞尔】工具绘制眼睛轮廓，然后【径向渐变】填充眼白部分，添加眼角阴影。绘制眼球，用【椭圆】工具绘制多个椭圆叠加并渐变填充（图5-2-21）。

4. 用【钢笔】工具绘制上下眼皮，并用【线性渐变】填充。用【3点曲线】工具绘制睫毛，然后执行菜单【对象/将轮廓转换为对象】命令，修改睫毛为尖角造型。用【手绘】工具围绕眼睛绘制一个封闭区域并填充肤色，单击工具箱【网状填充】工具，根据眼影造型添加一些网格点（图5-2-22）。

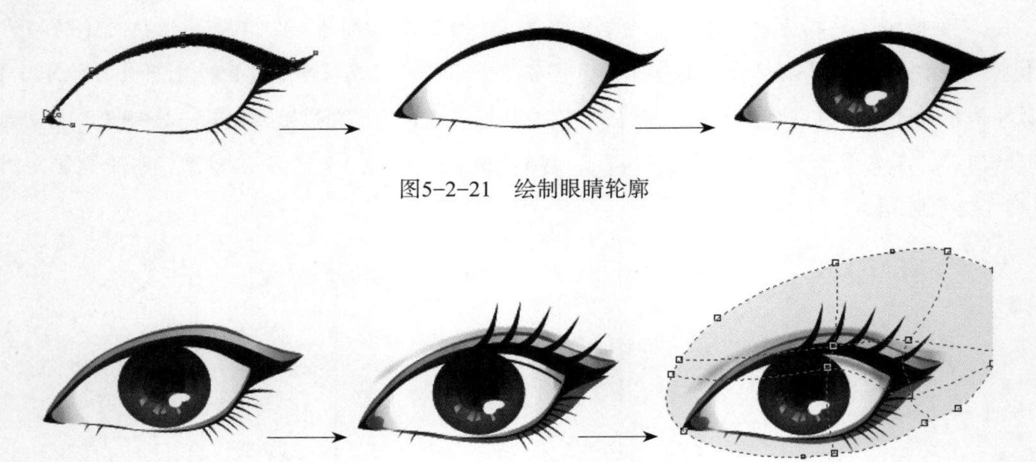

图5-2-21 绘制眼睛轮廓

图5-2-22 丰富眼睛造型

5. 将整个眼睛造型移至脸部，大小调整至合适比例。单击【网状填充】工具，在眼影适当位置添加深色，用【艺术笔】工具绘制眉毛形状（图5-2-23）。

6. 用【选择】工具全选眼睛和眉毛，单击数字键盘【+】键原位复制，单击属性栏【水平镜像】按钮，配合【Shift】将其水平移动至合适位置，然后适当调整眼球的位置，不要形成对眼（图5-2-24）。

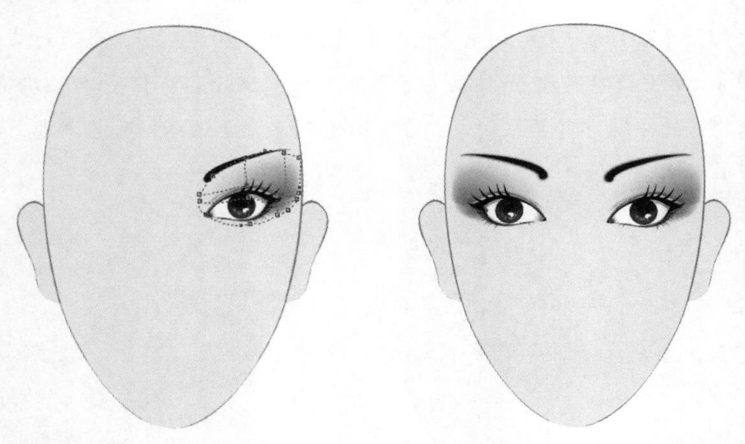

图5-2-23 添加眼影和眉毛　　图5-2-24 水平镜像对象

7. 用【钢笔】工具绘制嘴唇轮廓，填充颜色，根据设计单击数字键盘【+】键复制嘴唇并缩放，多次运用【渐变】和【透明】工具，使嘴唇具有光泽感（图5-2-25）。

8. 用【钢笔】工具绘制鼻头和鼻梁部分，并适当添加高光，完成脸部绘画（图5-2-26）。用【钢笔】工具绘制头发轮廓，用【形状】工具修改节点，改变发型的走向（图5-2-27）。

9. 用【钢笔】工具绘制颈部，并渐变填充，得到最后效果（图5-2-28）。

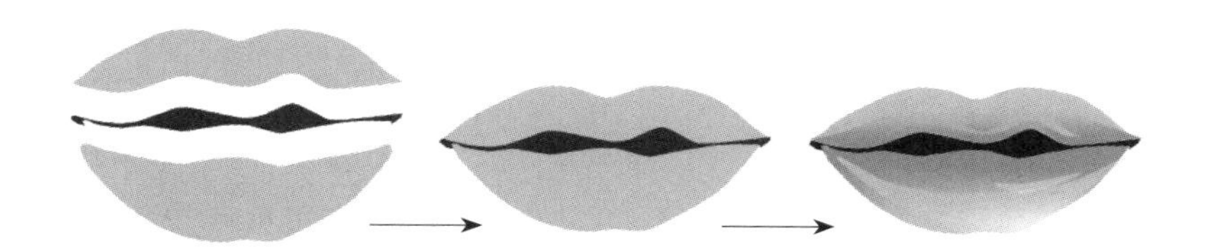

图5-2-25　嘴唇绘制过程

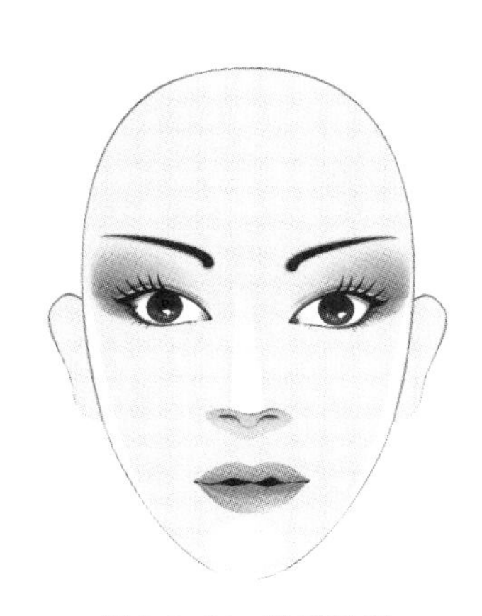

图5-2-26　脸部效果

图5-2-27　绘制头发轮廓

图5-2-28　添加颈部

第三节　服装插画绘画表现

一、服装插画效果（图5-3-1）

图5-3-1　服装插画实例效果

二、绘画步骤

1. 点击组合键【Ctrl+N】新建一个文件。点击组合键【Ctrl+I】导入一张手稿图（图5-3-2）。

2. 用【钢笔】工具，沿着手稿图轮廓进行描绘，在描绘的过程中要保持手稿线条的随意性，并且每个对象尽可能是封闭的区域（图5-3-3）。

图5-3-2　手稿图

图5-3-3　描摹后的线稿

3. 填充脸部肤色。设置肤色【R】为“242”、【G】为“199”、【B】为“190”。选中脸部，此时的脸部不是一个封闭的区域，所以无法进行颜色填充。单击【+】键复制脸部轮廓，执行菜单【排列/闭合/最近的节点和直线】命令（图5-3-4）。选择工具箱中【形状】工具，调整脸部轮廓（图5-3-5），然后单击鼠标右键，执行菜单【顺序/到页面的后面】命令。

4. 选中帽子（必须是封闭对象），填充白色（图5-3-6）。

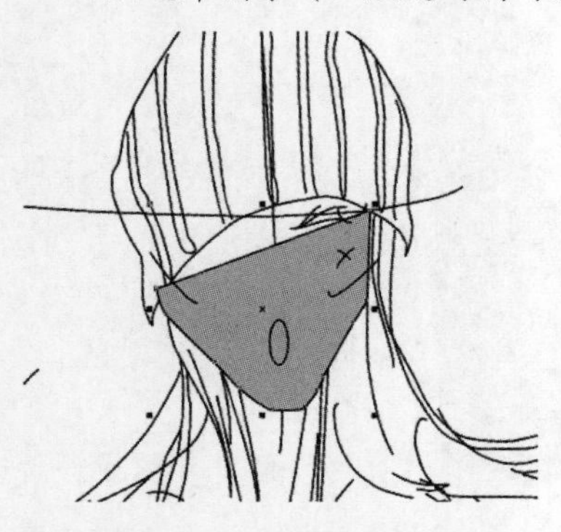

图5-3-4　封闭脸部轮廓

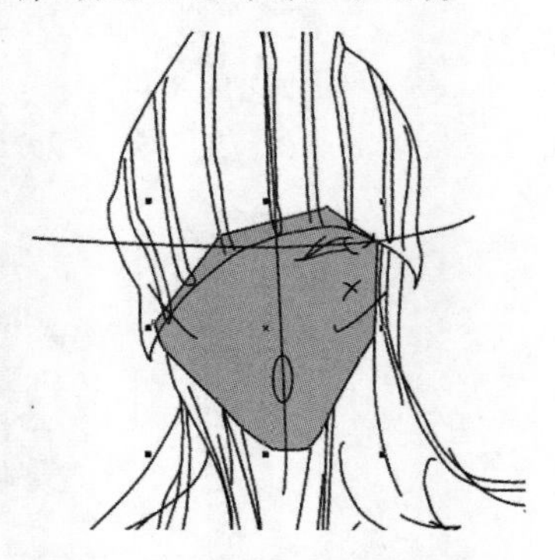

图5-3-5　将脸部置于后面

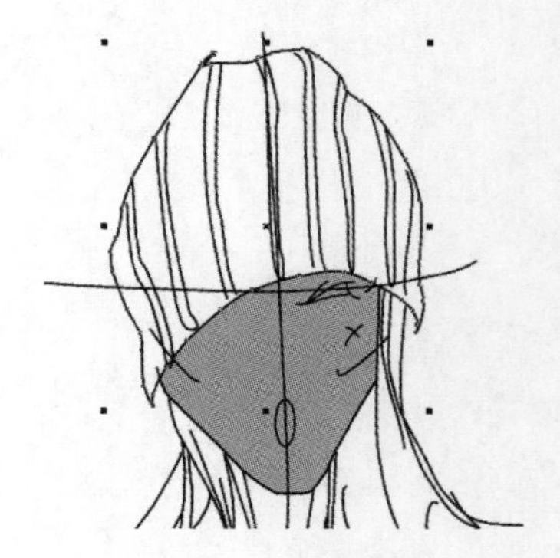

图5-3-6　填充帽子

5. 选中工具箱中的【钢笔】工具，绘制头发的封闭轮廓，并单击鼠标右键执行【顺序/置于页面后面】命令。然后单击快捷键【F11】，打开【渐变填充】对话框，设置如图5-3-7所示得到效果（图5-3-8）。

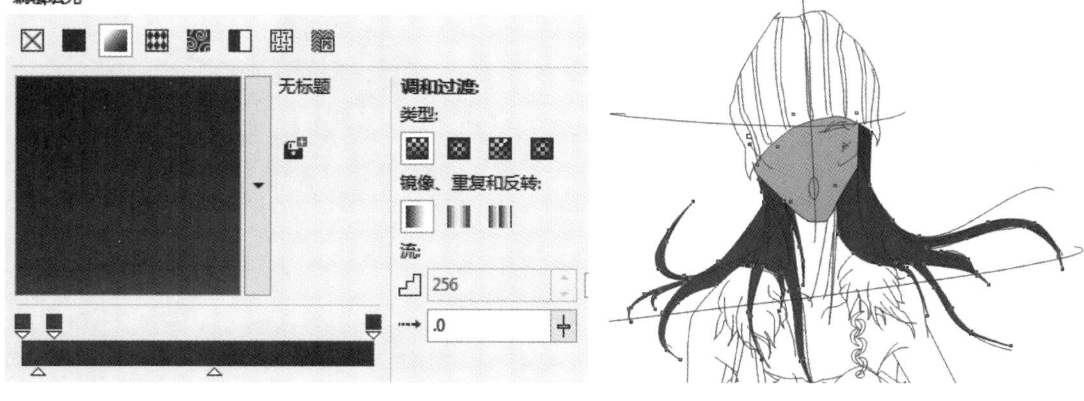

图5-3-7 渐变填充对话框　　　　图5-3-8 填充头发

6. 选中工具箱中的【钢笔】工具，绘制需要填充肤色的封闭轮廓，填充后去掉外轮廓线（图5-3-9），并置于原对象的下方，重复操作，填充其他地方的肤色，得到效果（图5-3-10）。

7. 完成所有肤色的单色填充（图5-3-11）。

图5-3-9 绘制封闭区域并填充　　　　图5-3-10 重复操作　　　　图5-3-11 皮肤单色填充

8. 添加肤色暗部阴影。用【钢笔】工具绘制阴影轮廓，填充较深肤色后，去掉外轮廓线，应用【透明】工具，可以丰富效果（图5-3-12）。

9. 添加肤色的受光部分。同样可以用【钢笔】工具绘制亮部轮廓，填充较浅肤色后，去掉外轮廓线，应用【透明】工具，可以丰富效果（图5-3-13）。

10. 裤子上色。点击组合键【Ctrl+I】导入一张图片，选中裤子的封闭轮廓，执行【填充/矢量图样填充/从文档新建】命令，将印花填充在裤子轮廓中得到效果（图5-3-14）。

11. 重复以上操作，可以对帽子和上衣进行不同颜色或者面料的填充（图5-3-15）。

图5-3-12 添加肤色阴影

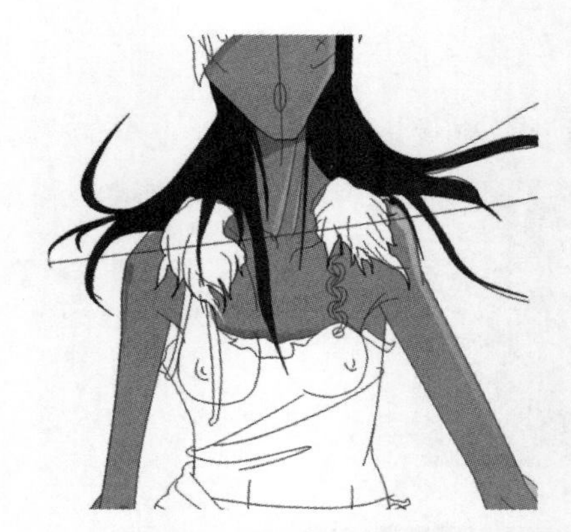

图5-3-13 添加肤色亮部

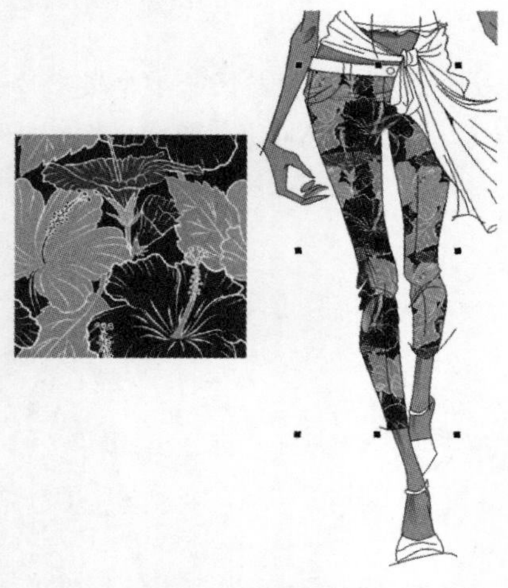

图5-3-14 填充后的裤子效果

图5-3-15 最后效果

本章小结

※【图纸】工具可以绘制被“取消群组”的表格。

※【创建调色板】命令可以创建独立的调色板。

※【透明】工具可以创建对象的透明效果。

※【底纹填充】工具可以填充各种效果的底纹。

思考练习题

1. 如何创建一个流行色色盘？
2. 如何使用【透明】工具使对象层次丰富？
3. 如何用【钢笔】工具描摹.jpg的手稿图，尽可能保持手稿图的线条特征并是封闭的区域？
4. 利用所学工具完成一幅手稿画的描摹与上色处理。

第六章 Adobe Illustrator CC 基本操作

课题名称： Adobe Illustrator CC 基本操作

课题内容： 基本形状绘图工具

铅笔、钢笔工具

选择和排列对象

改变对象形状

服装常用绘图工具与操作

课题时间： 8课时

教学目的： 使学生了解Adobe Illustrator CC软件的功能及应用范围，掌握该软件的基本绘图和编辑命令的操作方法与步骤。为后面的服装绘图打下坚实基础。该软件使用的熟练程度直接影响服装设计师的绘图速度及绘图效果。培养学生综合运用所学工具，独立分析和解决服装绘图技术问题的能力。

教学方式： 教师演示及课堂训练。

教学要求： 1. 认识Adobe Illustrato CC软件的功能及其应用范围。

2. 操作Adobe Illustrato CC软件的基本工具。

课前准备： 软件的安装与正常运行。要求学生具备一定的服装绘图与设计能力。

Illustrator是Adobe公司开发的一款优秀的专业矢量图形设计软件，是服装设计师、专业插画家、多媒体图像艺术家以及网页制作专家必须掌握的软件之一。Illustrator软件具有精良的绘图工具、富有表现力的各种画笔以及丰富的色板和符号资源，其强大的功能适合绘制任何小型设计图形以及大型的复杂图形，尤其是对服装款式图、服装辅料图、服饰图案、印花循环图的绘画与表现处理更具有优势。

第一节　基本绘图工具操作介绍

一、Illustrator工作区

Illustrator中使用各种元素（如面板、栏以及窗口）来创建和处理文档和文件，这些元素的任何排列方式称为工作区（图6-1-1），可以通过从多个预设工作区中进行选择或创建自己的工作区来调整各个应用程序，以适合自己的工作方式。

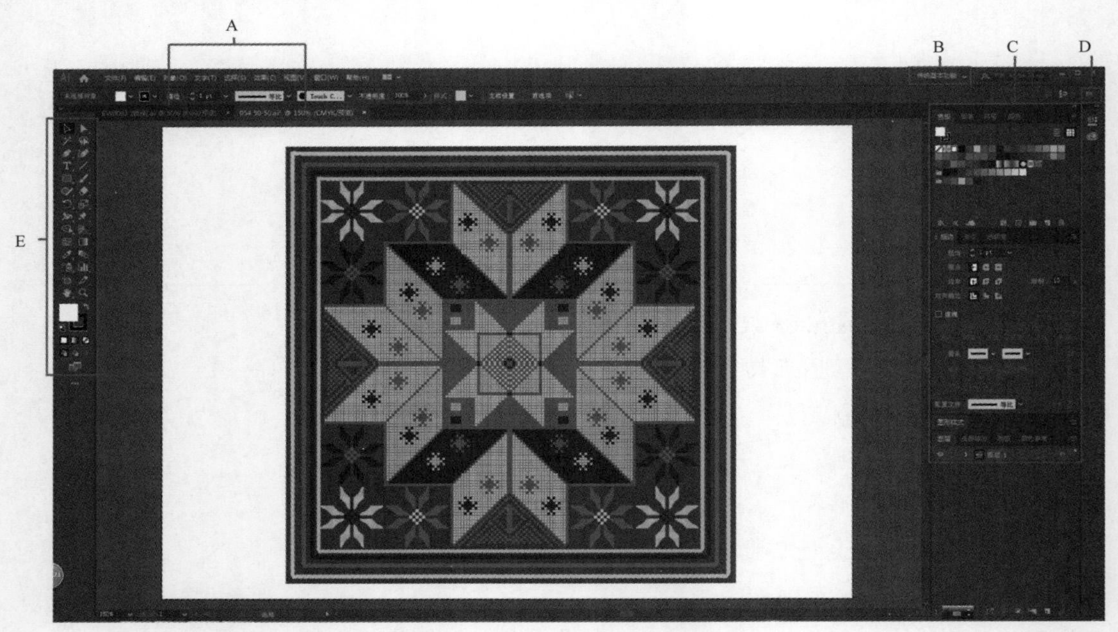

A—选项卡式“文档”窗口　B—工作区切换器　C—面板标题栏　D—【折叠为图标】按钮　E—【工具】面板

图6-1-1　工作界面

二、关于路径

说明：Illustrator绘图时，可以创建称作路径的线条。路径由一个或多个直线或曲线线段组成，每个线段的起点和终点由锚点作标记，路径可以是闭合的，也可以是开放的图形对象（图6-1-2）。

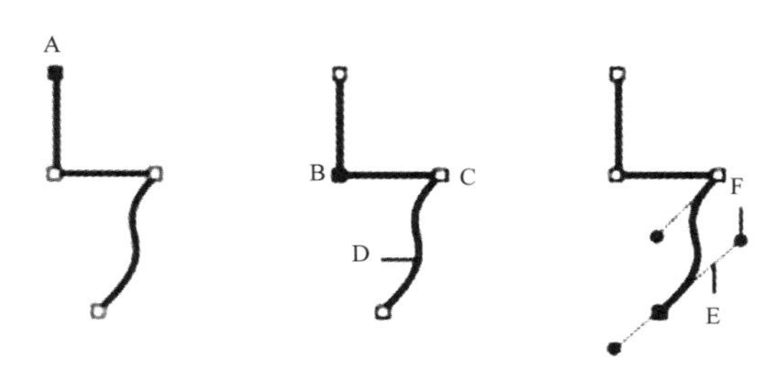

A—选定的（实心）端点　B—选定的锚点　C—未选定的锚点　D—曲线路径段　E—方向线　F—方向点

图6-1-2　路径组件

操作步骤：

1. 通过拖动路径的锚点、方向点（位于在锚点处出现的方向线的末尾）或路径段本身，可以改变路径的形状。

2. 路径具有两类锚点：角点和平滑点。在角点，路径突然改变方向。在平滑点，路径段连接为连续曲线。可以使用角点和平滑点任意组合绘制路径，并随时调整更改路径形状（图6-1-3）。

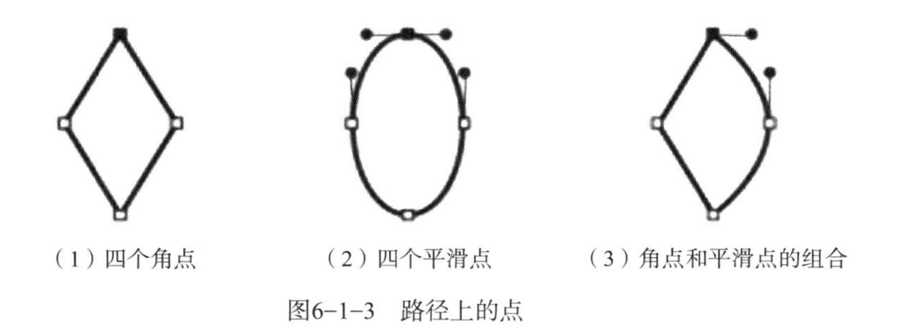

（1）四个角点　（2）四个平滑点　（3）角点和平滑点的组合

图6-1-3　路径上的点

三、选择工具

选择工具组可以准确地选择、定位、修改和编辑对象，在Adobe Illustrator中轻松地组织和布置图稿。只有通过【选择】工具操作后，才可以执行对象的【变换】、【排列】、【编组】、【锁定】、【隐藏】、【扩展】等命令。Illustrator提供以下选择方法和工具：

（一）【选择】工具（【V】）

说明：可以选择完整的路径、对象和组，还可以在组中选择组或在组中选择对象。

步骤：

1. 单击选择物体，框选物体（接触到的物体全部选中）。

2. 按住【Shift】键，加选或减选物体。

3. 按住【Shift】键，放在对角点上可以等比例放大或缩小；按住组合键【Shift+Alt】，放在对角点上可以中心等比例放大或缩小。

4. 按住【Alt】键，把鼠标移动到对象内部，同时移动可以复制对象（图6-1-4）。

5. 按住【Shift】键，可以限制以45°角的倍数进行移动。

6. 选择物体，双击【选择】工具，弹出对话框，在水平和垂直框中设置参数，可以精确移动或复制对象。

（二）【直接选择】工具（【A】）

说明：可以选择单个锚点和路径段；还可以在对象组中选择一个或多个对象。

步骤：

1. 单击对象内部选择物体。
2. 单击锚点选择锚点，当锚点被选择时，呈实心状态（图6–1–5）。
3. 单击锚点，按住【Shift】键，加选或减选锚点。
4. 按住【Shift】键，可以限制以45°角的倍数进行移动。
5. 按住【Alt】键，把鼠标移动到对象内部，同时移动可以复制对象。

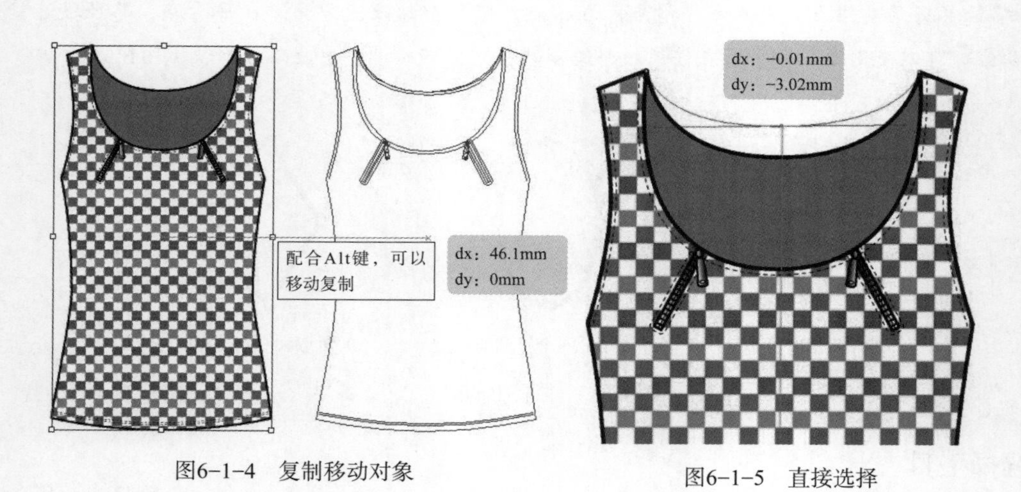

图6–1–4　复制移动对象　　图6–1–5　直接选择

（三）【编组选择】工具

说明：用来选择组内的单个对象或多个组中选择单个组。

步骤：

1. 单击要选择的组内对象，该对象被选中。
2. 若要选择对象的父级组，请再次单击同一个对象。
3. 接下来，继续单击同一个对象，以选择包含所选组的其他组，依此类推，直到所选对象中包含了所有要选择的内容为止。

第一次单击，选择的是组内的一个对象[图6–1–6（1）]。

第二次单击，选择的是对象所在的组[图6–1–6（2）]。

第三次单击，会向所选项目中添加下一个组[图6–1–6（3）]。

第四次单击，则添加第三个组[图6–1–6（4）]。

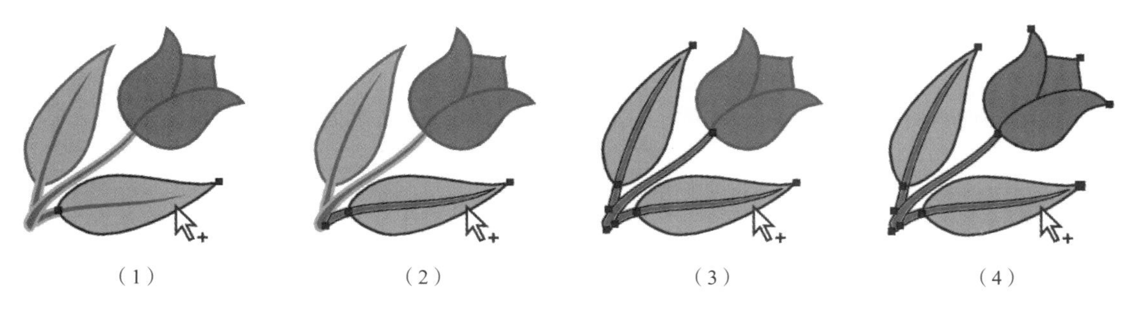

图6-1-6　编组选择

（四）【魔棒】工具（【Y】）

说明：选择文档中具有相同或相似填充属性（如颜色、图案、描边粗细、描边颜色、不透明度或混合模式）的所有对象（图6-1-7）。

步骤：

1. 按住【Shift】键，加选对象；按住【Alt】键，减选对象。
2. 按住【Ctrl】键，切换为【选取】工具；按住【Ctrl+Alt】键可同时移动复制对象。

特性：选择对象，双击【魔棒】工具弹出对话框，设置【容差】参数。【容差】是用来控制选取颜色的范围，值越大，选取颜色区域越大（图6-1-8）。

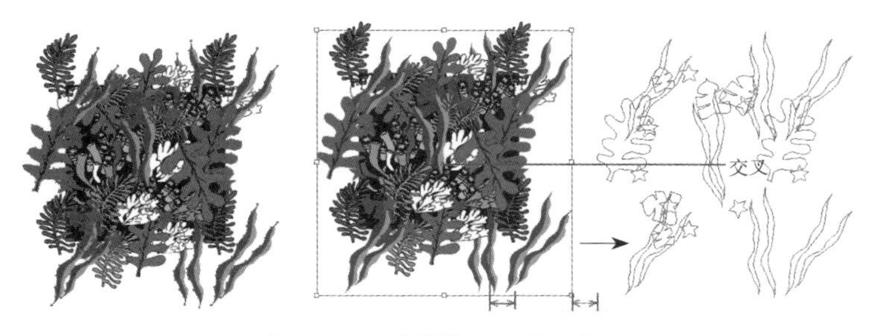

图6-1-7　【魔棒】工具选择

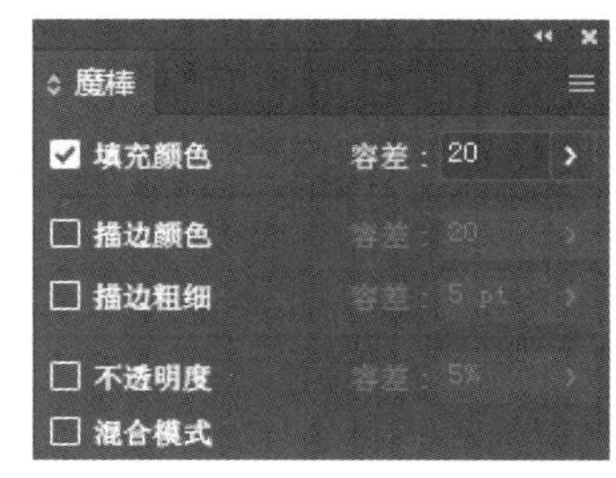

图6-1-8　容差的设定

（五）【套索】工具（【Q】）

说明：方法是围绕整个对象或对象的一部分拖动鼠标选择对象、锚点或路径段。

步骤：

1. 拖动选取整个对象；按住【Shift】键，加选对象；按住【Alt】键，减选对象。
2. 按住【Ctrl】键，切换为【直接选取】工具。
3. 按住【Ctrl+Alt】组合键，可同时移动复制对象。

（六）重复选择或反向选择

1. 若要重复上次使用的选择命令，请执行菜单【选择/重新选择】命令。
2. 若要选择所有未选中对象并取消选择所有选中对象，请执行【选择/反向】命令。

四、线条工具组

线条工具组包括有【直线】、【弧线】、【螺旋线】、【网格】等工具。

（一）【直线】工具

说明：绘制直线。

步骤：

1. 选择工具箱【直线】工具，配合【Shift】键，约束直线以45°角倍数方向绘制。配合【Alt】键，以单击点为中心向两边绘制。按住组合键【Shift+Alt】，以单击点为中心向两边绘制，并以45°角的倍数方向绘制。绘制直线过程中按下空格键，可冻结正在绘制的直线。

2. 按住【～】键，会随着鼠标绘制多条直线。

3. 绘制精确的直线。选择工具箱【直线】工具，在页面中单击，弹出【直线段工具选项】对话框（图6-1-9）；或者直接双击工具箱【直线】图标，也会弹出【直线段工具选项】对话框，在【长度】、【角度】框中输入数值，单击【确定】按钮。

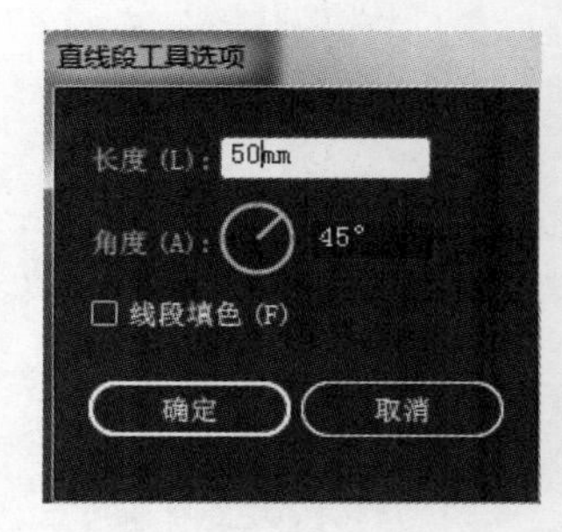

图6-1-9 选项对话框

（二）【弧线】工具

说明：绘制弧线。

步骤：

1. 选择工具箱【弧线】工具，在页面中拖动可以绘制任意弧线。配合【Shift】键，绘制对称弧线。配合【X】键，可以使弧线在凹面和凸面之间切换。配合【C】键，可以使弧线在开放弧线和闭合弧线之间切换。配合【F】键，可以翻转弧线，并且弧线的起点保持不变。

2. 按住上、下方向键，可增大或减小弧线的弧度。配合【～】键，会随着鼠标绘制多条弧线。在绘制弧线过程中，按下空格键，同样可冻结正在绘制的弧线。

3. 案例绘画技术要点：选择【弧线】工具，按住【Shift】键绘制一条弧线[图6-1-10（1）]。继续绘制一条[图6-1-10（2）]。同时选中（1）和（2），点击组合键【Ctrl+J】连接，填充颜色完成[图6-1-10（3）]。全选图（3），按住组合【Ctrl+J】连接路径，填充颜色。继续用弧线重复操作绘制叶脉，得到[图6-1-10（4）]和[图6-1-10（5）]。

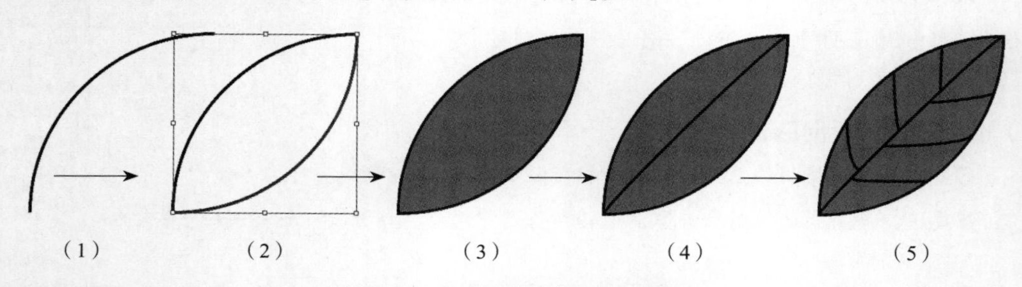

图6-1-10 由弧线绘制的叶子图形

（三）【螺旋线】工具

说明：绘制螺旋线。

步骤：

1. 选择工具箱【螺旋线】工具，在页面中拖动。配合【Shift】键，约束以45°角的倍数方向绘制。配合【Ctrl】键，可以调整螺旋线的密度。配合【～】键，会随着鼠标绘制多条螺旋线。

2. 单击上、下方向键，可增大或减少螺旋圈数。在绘制过程中按下空格键，可冻结正在绘制的螺旋线。

3. 精确设置螺旋线。选择工具箱【螺旋线】工具，在页面中单击，弹出对话框，在【半径】、【衰减】、【段数】框中输入数值即可。

（四）【网格】工具

说明：绘制矩形网格，选中该工具后单击页面，弹出对话框，可以设置参数。

步骤：

1. 在绘制过程中按住上、下方向键，可增大或减少图形中水平方向上的网格线数。

2. 按住左、右方向键，可增大或减少垂直方向上的网格线数。

3. 按【F】键，矩形网格中的水平网格间距将由下到上以10%的比例递增。

4. 按【V】键，矩形网格中的水平网格间距将由下到上以10%的比例递减。

5. 按【X】键，矩形网格中的垂直网格间距将由左到右以10%的比例递增。

6. 按【C】键，矩形网格中的垂直网格间距将由左到右以10%的比例递减。

7. 案例绘画技术要点：应用【网格】工具绘制55×55的网格，然后执行【路径查找器/分割】命令，生成独立的格子，按照纹样设计需要在格子中填充颜色，即可生成新的对象（图6-1-11）。

图6-1-11 利用【网格】工具绘制的瑶族盘王印纹样

五、基本形状工具组

基本形状包括有【矩形】、【椭圆】、【多边形】、【星形】等工具。

（一）【矩形】工具（【M】）

说明：绘制矩形和正方形。选中该工具后单击页面，弹出对话框，可以设置参数。

步骤：

1. 选择工具箱【矩形】工具，在页面中拖动可以绘制任意矩形。配合【Shift】键，绘制正方形。配合【Alt】键，以起始点为中心绘制矩形。配合【Alt+Shift】键，以起始点为中心绘制正方形。

2. 在绘制矩形过程中，按住【~】键，按下鼠标并向不同方向拖动，可绘制出多个不同大小的矩形。按下空格键，可冻结正在绘制的矩形。

3. 精确绘制矩形。选中【矩形】工具，在页面中任意位置鼠标左键单击，弹出对话框，输入数值，单击【确定】按钮即可。

（二）【圆角】矩形工具

说明：绘制圆角矩形和正方形。选中该工具后单击页面，弹出对话框，可设置参数。

步骤：快捷用法同【矩形】工具。

1. 在绘制圆角矩形时，按住上、下方向键可改变圆角的大小。

2. 按住左、右方向键，可直接变为矩形或默认圆角值。在页面中单击，弹出对话框，设置参数。

（三）【椭圆】工具（【L】）

说明：绘制椭圆和正圆。选中该工具后单击页面，弹出对话框，可以设置参数。

步骤：快捷用法同【矩形】工具。

（四）【多边形】工具

说明：绘制多边形。

步骤：快捷用法同【矩形】工具。

1. 配合【Shift】键，绘制正多边形。配合【Alt】键，以起始点为中心绘制。配合【Alt+Shift】键，以起始点为中心绘制正多边形。

2. 绘制多边形时，配合上、下方向键改变多边形的边数，取值在3～1000之间。

3. 技巧：单击【多边形】工具，按下左键不松手在页面中拖动，然后单击键盘上、下方向键可以快速调整多边形边数（图6-1-12）。

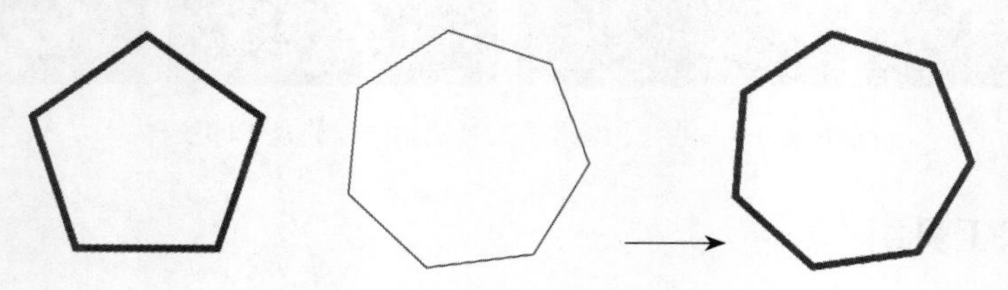

图6-1-12 多边形绘制的图形

（五）【星形】工具

说明：绘制星形。

步骤：快捷用法同【多边形】工具。

1. 单击工具箱【星形】工具，在页面中拖动绘制星形。配合【Shift】键，绘制正的星形。

2. 配合【Alt】键时以中心点绘制，并且星形每个角的“肩线”都在同一条线上。

3. 技巧：单击【星形】工具，按下左键不松手在页面中拖动，然后单击键盘上、下方向键可以快速调整星形边数（图6-1-13）。

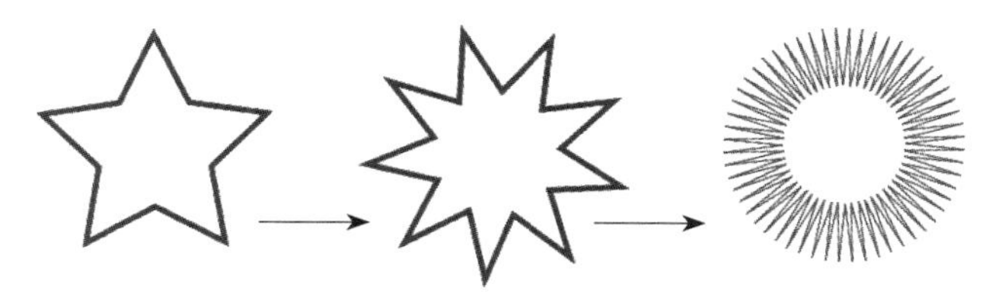

图6-1-13 星形绘制的图形

六、【铅笔】工具（【N】）

说明：【铅笔】工具可以绘制开放路径和闭合路径，就像用铅笔在纸上绘图一样，对于快速素描或创建手绘外观最有效。绘制路径后，如有需要可以立刻更改。双击【铅笔】工具可进行参数设置（图6-1-14）。

（一）绘制开放路径步骤

1. 单击【铅笔】工具。

2. 拖动直接绘制。

3. 如已经绘制好一个开放的路径，可以在选中的情况下，用【铅笔】工具指向它的一个端点，按下左键继续绘制（图6-1-15）。

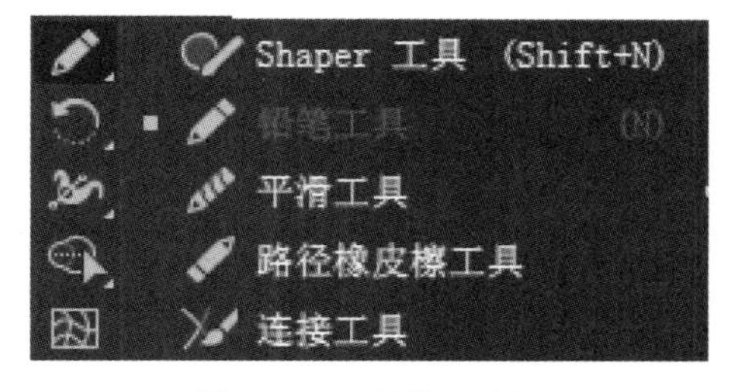

图6-1-14 铅笔工具组

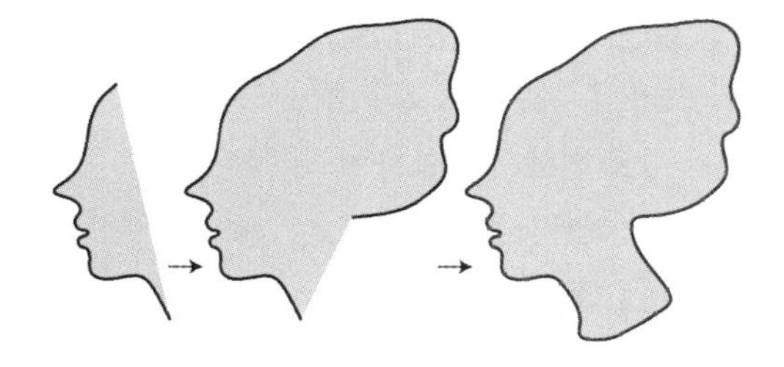

图6-1-15 【铅笔】工具连续绘制

（二）绘制闭合路径步骤

1. 单击【铅笔】工具。

2. 拖动绘制路径。

3. 按住【Alt】键绘画后释放，即可绘制闭合的路径。

4. 双击【铅笔】工具，弹出对话框，可以设置相关选项。

（三）修改路径步骤

1. 选择要修改的路径，按住【Ctrl】键暂切换为【路径】工具，可以修改路径。

2. 用【铅笔】工具在闭合路径的某个节点上按下左键继续绘画，可以使闭合的路径变为开放的路径。

3. 按住【Alt】键，可切换为【平滑】工具。

（四）【平滑】工具步骤

1. 在尽可能保持原形状的基础上，修整路径的平滑度（图6-1-16）。

2. 按住【Ctrl】键，切换为【选取】工具。

3. 双击【平滑】工具可进行设置。

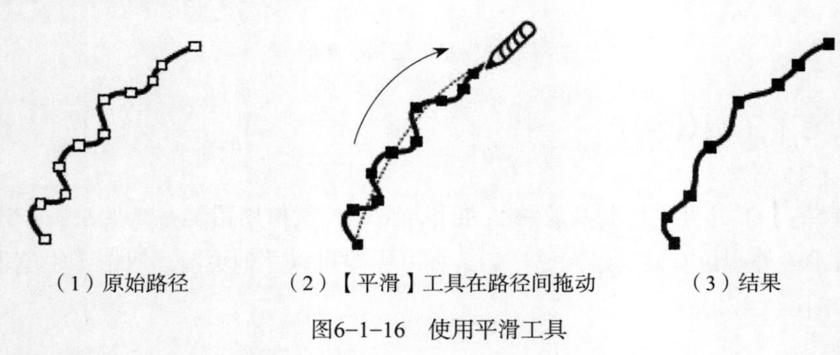

（1）原始路径　（2）【平滑】工具在路径间拖动　（3）结果

图6-1-16　使用平滑工具

七、【钢笔】工具组（【P】）

说明：使用【钢笔】工具可以绘制的最简单路径是直线，方法是通过单击【钢笔】工具创建两个锚点，继续单击可创建由角点连接的直线段组成的路径。

（一）【钢笔】工具绘制直线步骤

1. 选中【钢笔】工具，单击创建始点，到另一点单击可创建直线。重复单击可创建折线，按住【Enter】键单击，结束绘制。

2. 在画线时按住【Ctrl】键，切换为【选取】工具。按住【Alt】键，可切换为【转换点】工具。按住【Shift】键绘画，可以限制以45°角为步长变化。

3. 在绘制的过程中，把【钢笔】工具移到路径上，可添加节点，移到节点上可删除节点，移到起始点上可闭合节点。

（二）【钢笔】工具绘制曲线步骤

1. 选择【钢笔】工具，将【钢笔】工具定位到曲线的起点，并按住鼠标左键不松手，此时会出现第一个锚点，同时【钢笔】工具指针变为一个箭头，具体操作步骤见图6-1-17。

2. 拖动以设置要创建的曲线段的斜度，然后松开鼠标按钮（技巧：按住【Shift】键可将工具限制为45°的倍数）。

3. 将【钢笔】工具定位到希望曲线段结束的位置，请执行以下操作之一：

※ 若要创建C形曲线，请向前一条方向线的相反方向拖动，然后松开鼠标按钮（图6-1-18）。

※ 若要创建S形曲线，请按照与前一条方向线相同的方向拖动，然后松开鼠标按钮（图6-1-19）。

4. 要闭合路径。将【钢笔】工具定位在第一个（空心）锚点上。如果放置的位置正确，钢笔工具指针旁将出现一个小圆圈，单击或拖动可闭合路径。

（1）定位【钢笔】工具

（2）开始拖动（鼠标左键按下）

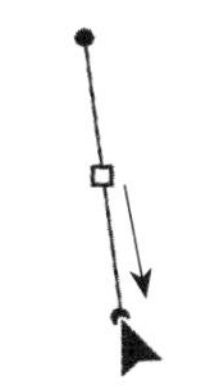

（3）拖动以延长方向线

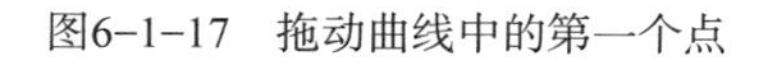

图6-1-17　拖动曲线中的第一个点

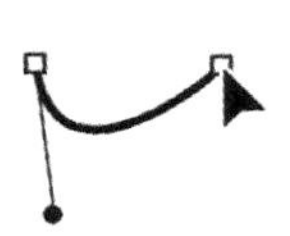

（1）开始拖动第二个平滑点

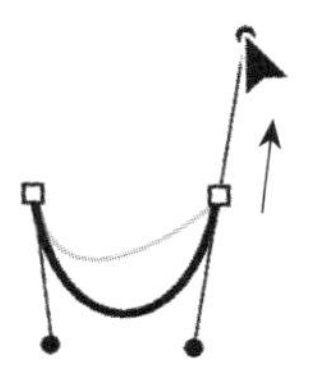

（2）向远离前一条方向线的方向拖动，创建C形曲线

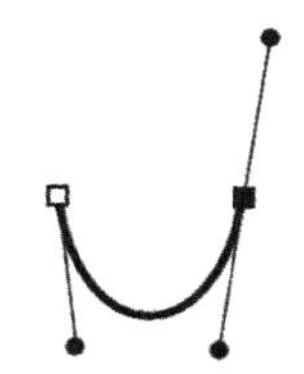

（3）松开鼠标按钮后的结果

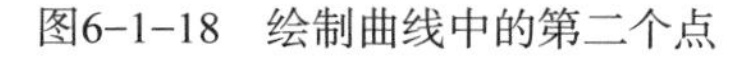

图6-1-18　绘制曲线中的第二个点

（1）开始拖动新的平滑点

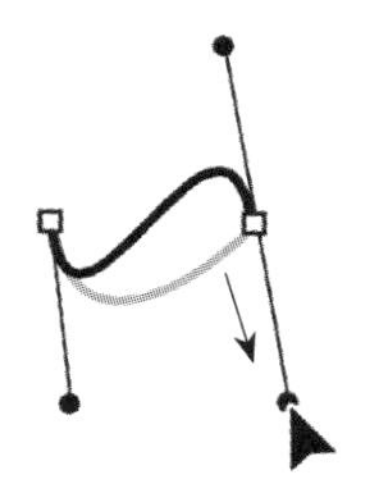

（2）按照与前一条方向线相同的方向拖动，创建 S 形曲线

（3）松开鼠标按钮后的结果

图6-1-19　绘制S曲线

（三）【添加锚点】工具（【+】）

说明：在路径上添加锚点。

步骤：

1. 选择要修改的路径，将【钢笔】工具定位到选定路径上方时，它会变成【添加锚点】工具；或点击【添加锚点】工具，点击快捷键【+】，将指针置于路径段上，然后单击。

2. 按住【Ctrl】键，切换为【选取】工具。

3. 按住【Alt】键，可切换为【转换锚点】工具。

（四）【删除锚点】工具（【-】）

说明：在路径上删除锚点。

步骤：

1. 选择要修改的路径，将【钢笔】工具定位到锚点上方时，它会变成【删除锚点】工具；或点击【删除锚点】工具，并将指针置于锚点上，然后单击。

2. 按住【Ctrl】键，切换为【选取】工具

3. 按住【Alt】键，可切换为【转换锚点】工具。

（五）【转换锚点】工具（【Shift+C】）

说明：将路径上的角点和平滑点相互转换（图6-1-20、图6-1-21）。

步骤：

1. 选择要修改的整个路径，以便能够查看到路径的锚点。

2. 点击【转换锚点】工具，将【转换锚点】工具定位在要转换的锚点上方，将方向点拖动出角点以创建平滑点。

3. 单击平滑点以创建角点。

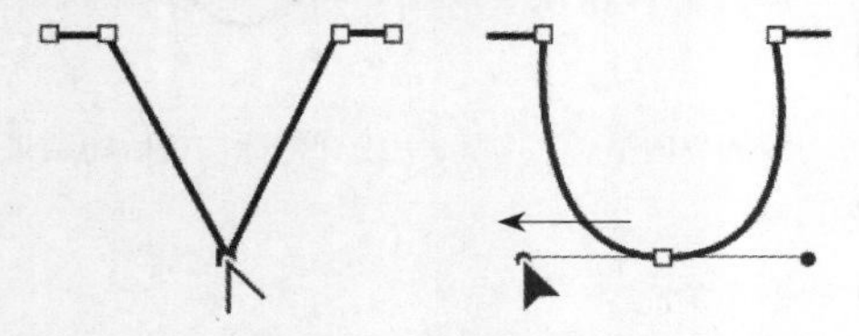

图6-1-20　将方向点拖动出角点以创建平滑点

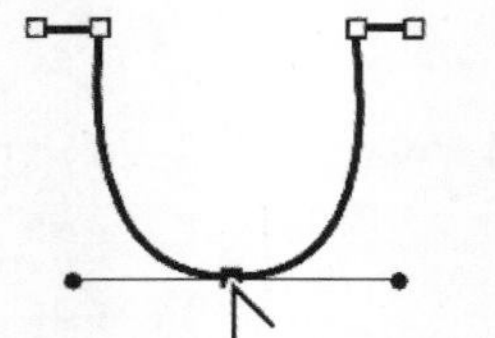

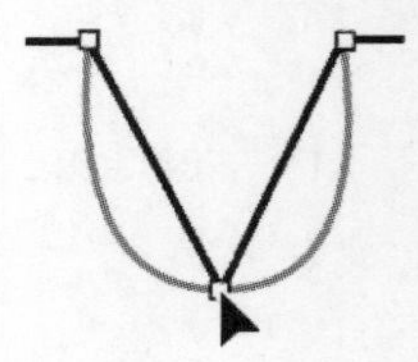

图6-1-21　单击平滑点以创建角点

八、擦除、分割和连接路径

（一）【橡皮擦】工具（【Shift+E】）

说明：【橡皮擦】工具抹除对象（图6-1-22）。【橡皮擦】工具不能对网格和文本使用。

步骤：

1. 选中对象，点击【橡皮擦】工具。

2. 在要抹除的区域上拖动。

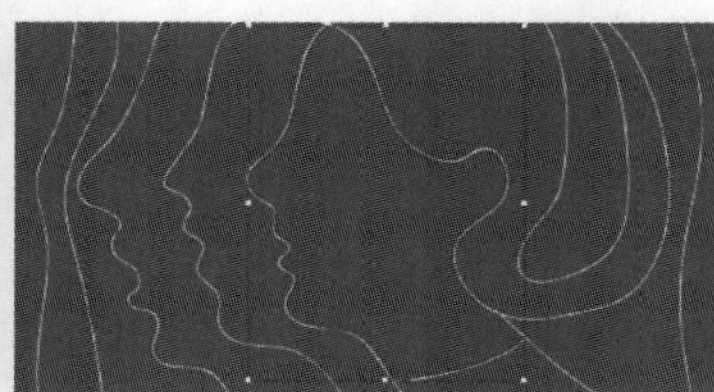

图6-1-22　利用【橡皮擦】工具擦出来的图形

（二）【路径橡皮擦】工具

说明：【路径橡皮擦】工具可通过沿路径进行绘制来抹除此路径的各个部分。

步骤：

1. 选中对象，单击工具箱【路径橡皮擦】工具，在需要抹除的锚点上拖动鼠标即可删除部分

路径，注意必须在锚点上才能擦除。

2. 按住【Ctrl】键，切换为【选取】工具。按住【Alt】键，切换为【平滑】工具。

3. 使用该工具不但可以擦除用【铅笔】工具绘制的路径，而且对于【钢笔】工具、【画笔】工具绘制的路径同样有效。

（三）【剪刀】工具（【C】）

说明：可以分割路径。

步骤：

1. 选中对象，打开【剪刀】工具，在要断开的锚点上单击。

2. 用【直接选择】工具移开该锚点。

（四）【连接】工具

说明：连接锚点，将开放的路径转换成封闭的路径。

步骤：

1. 方法一：全选对象，点击工具箱中的【连接】工具，然后用鼠标从一个锚点拖向另外的一个锚点（图6-1-23）。

2. 方法二：先选中需要连接的端点，执行菜单【对象/路径/连接】命令。

3. 方法三：先选中需要连接的端点，点击组合键【Ctrl+J】。

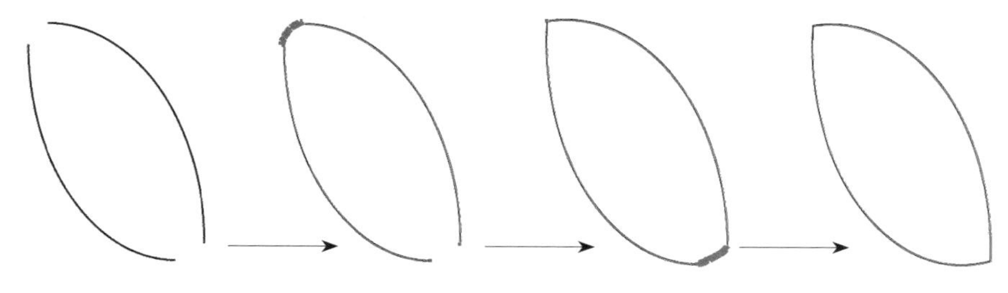

图6-1-23　连接两个端点

第二节　图形对象处理工具操作

一、编组和扩展对象

（一）【编组】和【取消编组】（【Ctrl+G】或【Shift+ Ctrl+G】）

说明：编组是将若干个对象合并到一个组中，作为一个单元同时进行处理。

步骤：

1. 选择要【编组】或【取消编组】的对象。

2. 鼠标右键单击执行【编组】或【取消编组】命令。

3. 或执行菜单【对象/编组】或【对象/取消编组】命令。

（二）【扩展】对象（图 6-2-1）

说明：扩展对象是将单一对象分割成若干个对象，这些对象共同组成其外观。

步骤：

1. 选择对象，执行【对象/扩展】命令。
2. 弹出对话框，设置选项后，单击【确定】按钮。

◆填色：扩展填色。

◆描边：扩展描边。

◆渐变网格：将渐变扩展为单一的网格对象。

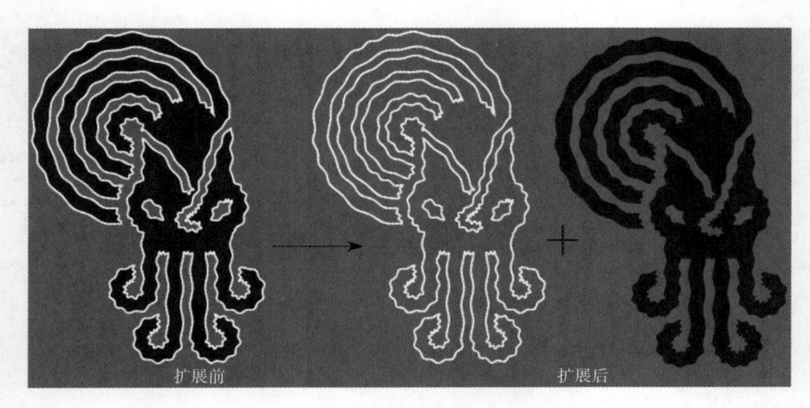

图6-2-1　扩展对象

二、移动、对齐和分布对象

（一）移动对象

说明：移动对象。

步骤：

1. 用【选择】或【直接选择】工具拖动对象。
2. 用键盘上的上下左右方向键移动对象。
3. 选中对象，按下【Enter】键，在弹出的面板或对话框中输入精确数值。
4. 按住【Shift】键可将移动限制为邻近的 45° 角。

特性：使用【智能参考线】、【对齐点】和【对齐网格】命令可以帮助定位对象。

（二）对齐和分布对象（【Shift+F7】）

说明：沿指定的轴对齐或分布所选对象。

步骤：

1. 选中要对齐或分布的对象。
2. 执行菜单【窗口/对齐】命令，弹出面板（图6-2-2）。
3. 单击面板中的【对齐】或【分布】按钮，得到效果（图6-2-3）。

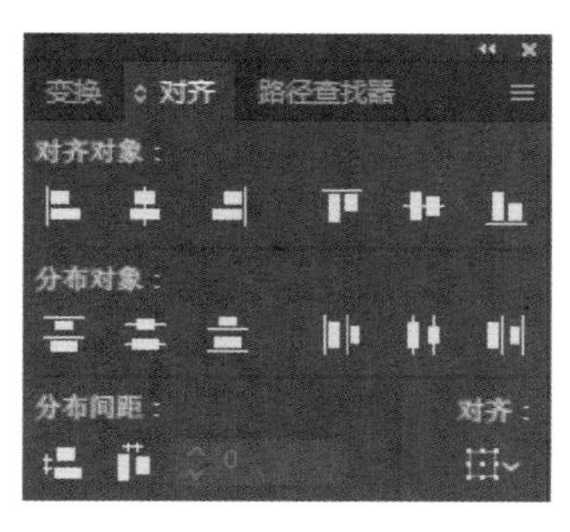

图6-2-2　【对齐和分布】面板

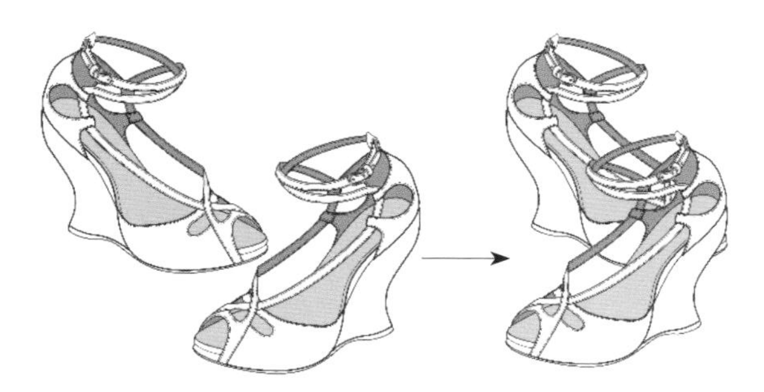

图6-2-3　对象左对齐

三、旋转和镜像对象

（一）旋转对象

说明：使对象围绕指定的固定点翻转，默认的参考点是对象的中心点。

步骤：

1. 定界框旋转对象。使用【选择】工具，选择一个或多个对象，将鼠标指针移近一个定界框角点，待指针形状变为之后再拖动鼠标即可任意旋转（图6-2-4）。

2. 使用【旋转】工具旋转对象。选择一个或多个对象，单击工具箱【旋转】工具。若要围绕其中心点旋转，在窗口任意位置拖动鼠标即可（图6-2-5）。若要围绕其他参考点旋转，先单击任意一点作为参考点，然后将指针从参考点移开，拖动鼠标即可。若要旋转对象的副本，而非对象本身，在开始拖动之后按住【Alt】键。

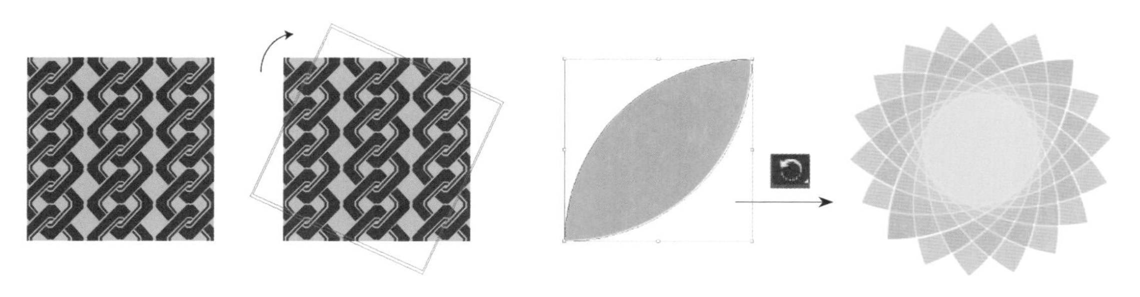

图6-2-4　定界框旋转　　　　图6-2-5　旋转复制对象

（二）镜像工具 镜像对象

说明：为指定的不可见的轴翻转对象。要指定镜像轴，双击【镜像】工具，弹出对话框（图6-2-6）。

步骤：

1. 针对对象本身中心点镜像。选择对象，双击工具箱【镜像】工具，弹出对话框（图6-2-7），选择镜像轴，然后单击【复制】或者【确定】按钮。

2. 针对其他参考点镜像。选择对象，单击【镜像】工具，按住【Alt】键，在页面中任意位置单击对称轴，弹出对话框，选择【镜像轴】，然后单击【复制】或者【确定】按钮。

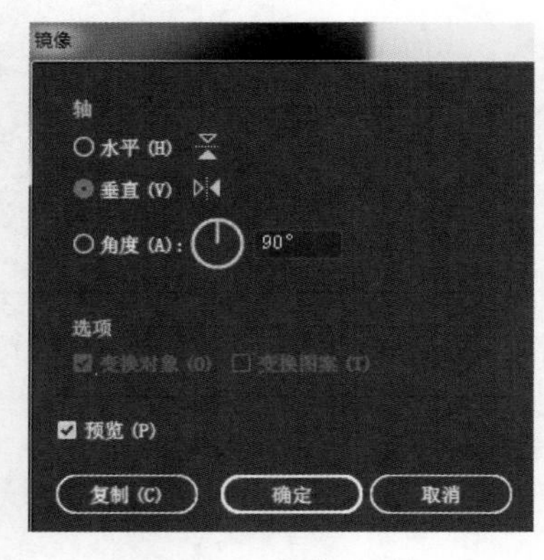

图6-2-6　镜像对话框

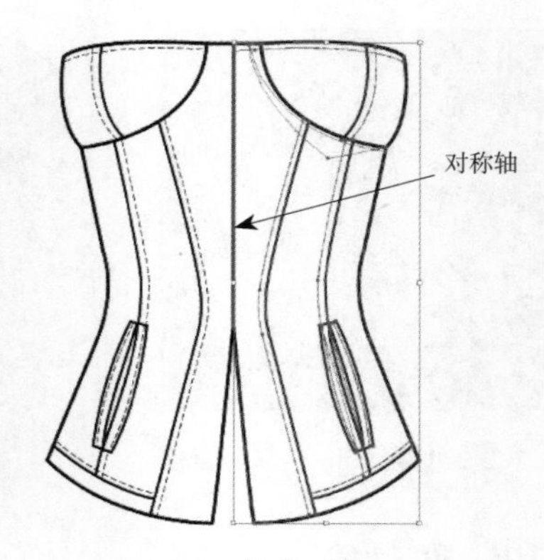

图6-2-7　镜像对象

四、复制、锁定和隐藏对象

（一）复制对象

说明：对选定的对象进行复制。

步骤：

1. 选择一个或多个对象，单击【选择】、【直接选择】或【编组选择】工具。

2. 按住【Alt】键，移动所选对象。在复制完一个对象后，点击组合键【Ctrl+D】可以再次复制。

（二）锁定对象

说明：锁定对象，可防止对象被选择和编辑。

步骤：

1. 选择一个或多个对象，执行菜单【对象/锁定/所选对象】命令。

2. 点击组合键【Alt+Ctrl+2】，解锁，或者单击【图层】面板中与要解锁的对象或图层对应的锁图标。

（三）隐藏对象

说明：对选定的对象进行隐藏。

步骤：

1. 选择一个或多个对象，执行菜单【对象/隐藏/所选对象】命令，或者单击【图层】面板中的眼睛图标。

2. 点击组合键【Alt+Ctrl+3】，显示对象。

五、变换对象

说明：是针对所选对象进行移动、旋转、镜像、缩放和倾斜的操作。

步骤：

1. 选中对象，执行菜单【对象/变换】中的各项命令（图6-2-8）。

2. 选中对象后，执行菜单【窗口/变换】命令组合键【Shift+F8】，或者单击属性栏中【变换】按钮，弹出面板，设置参数后，单击【Enter】键。（图6-2-9）。

3. 图6-2-10操作方法：选中对象后执行菜单【对象/变换/缩放】命令，弹出对话框，等比“50%”，勾选【变换图案】，然后点击【确定】按钮即可。

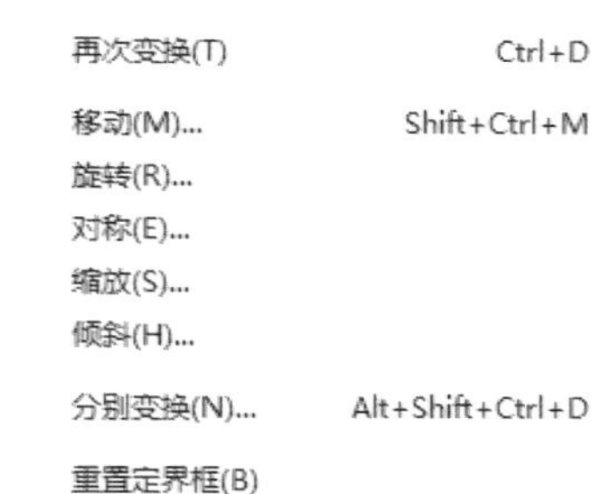

图6-2-8 【变换】命令

图6-2-9 变换面板

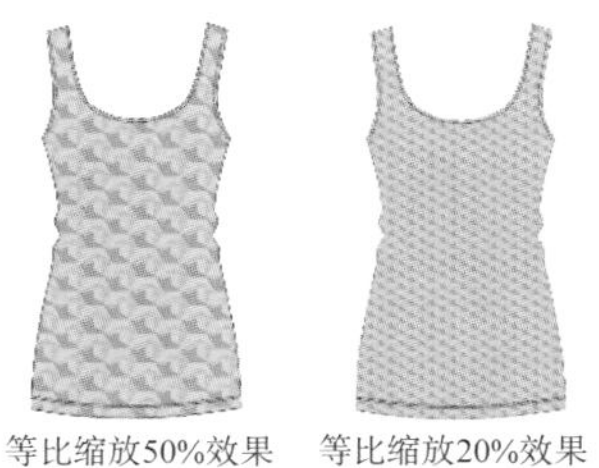

图6-2-10 不同比例缩放对象

六、缩放对象

说明：对象沿水平或垂直方向放大或缩小。

步骤：

方法一：使用定界框缩放对象（图6-2-11）。

1. 用【选择】工具，选择一个或多个对象；拖动定界框手柄，直至对象达到所需大小，在对角拖动时按住【Shift】键，可以保持对象的比例。

2. 按住【Alt】键，相对于对象中心点进行缩放。

方法二：使用【缩放】工具缩放对象（图6-2-12）。

1. 选择一个或多个对象，单击【缩放】工具。在对象任意位置拖动鼠标，可以相对于对象中心点缩放。

2. 在对角拖动时按住【Shift】键，可以保持对象的比例。

方法三：将对象缩放到特定宽度和高度（图6-2-13）。

1. 选择一个或多个对象，在【变换】面板的【宽度】（W）和/或【高度】（H）框中输入数值。

2. 要保持对象的比例，请单击【锁定比例】按钮，然后按【Enter】键。

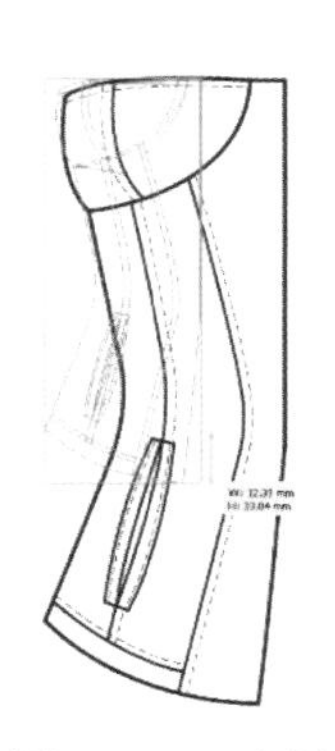

图6-2-11 定界框缩放

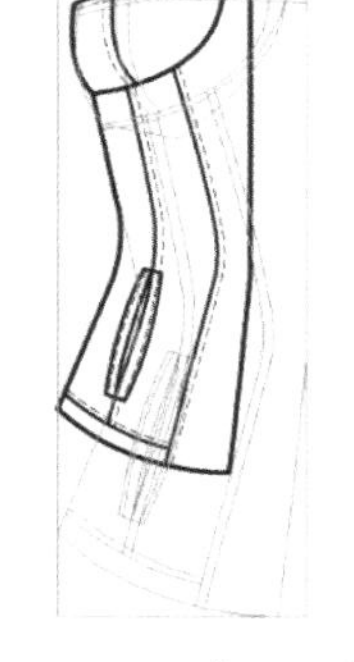

图6-2-12 【缩放】工具

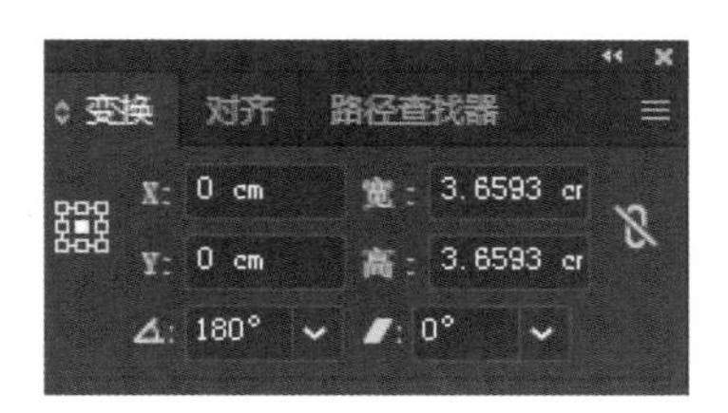

图6-2-13 【变换】面板

七、改变对象形状

说明：利用【操控变形】工具，可以改变图形。

步骤：

1. 选中对象，单击工具箱中的【操控变形】工具。
2. 在对象上出现网格和黑色点，拖动任意的黑色点，可以改变对象的形状。
3. 如果黑色点不合适，可以在网格的位置双击，添加黑色点，再拖动即可（图6-2-14）。

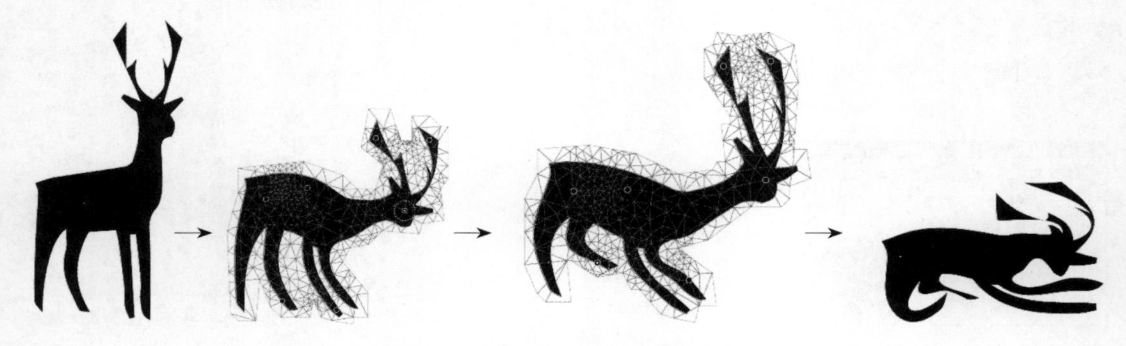

图6-2-14　【操控变形】工具的应用

八、生成新对象

说明：利用【形状生成器】工具（【Shift+M】），可以生成多个不同的新对象，对开放的路径和图形都有效。

步骤：

1. 选中两个以上的对象。

2. 单击工具箱【形状生成器】工具（【Shift+M】），然后直接单击需要保留的新对象，并填充颜色，按住【Alt】键可以删除对象。

3. 案例操作步骤：选中全部对象，点击工具箱中的【形状生成器】工具，鼠标移至对象上会显示网格，单击鼠标即生成新对象，填充颜色，得到效果（图6-2-15）。

4. 按住【Alt】键单击新对象即被删除。

图6-2-15　形状生成器应用效果

九、路径查找器

说明：将所选对象组合成多种新的形状（图6-2-16）。

步骤：

1. 选中至少两个以上的对象。按下组合键【Shift+Ctrl+F9】，打开【路径查找器】面板（图6-2-16）。

2. 单击任意一个【形状模式】按钮。

※ 联集：描摹所有对象的轮廓。

※ 减去顶层：从最后面的对象中减去最前面的对象。

※ 交集：描摹被所有对象重叠的区域轮廓。

※ 差集：描摹对象所有未被重叠的区域，并使重叠区域透明。

※ 分割：将一份图稿分割为作为其构成成分的填充表面。

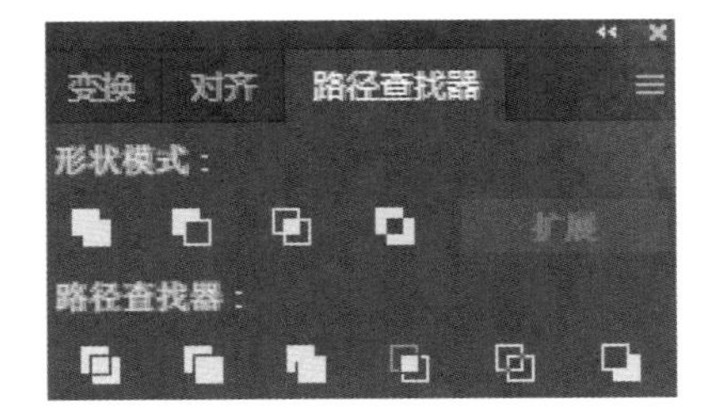

图6-2-16 【路径查找器】面板

※ 修边：删除已填充对象被隐藏的部分，不会合并相同颜色的对象。

※ 合并：删除已填充对象被隐藏的部分，会合并相同颜色或重叠的对象。

※ 裁剪：将图稿分割为作为其构成成分的填充表面，然后删除图稿中所有落在最上方对象边界之外的部分。

※ 轮廓：将对象分割为其组件线段或边缘。

※ 减去后方对象：从最前面的对象中减去后面的对象。

十、【扭曲】对象

说明：使用【自由变换】工具扭曲对象。

步骤：

1. 使用【自由变换】工具扭曲对象。先选择对象，然后单击工具箱【自由变换】工具，拖动定界框上的角手柄（不是侧手柄），按住【Ctrl】键，直至所选对象达到所需的扭曲程度。或者按住组合键【Shift+Alt+Ctrl】达到透视扭曲。

2. 使用【封套】扭曲对象。选择对象，执行菜单【对象/封套扭曲/用变形建立】命令。在【变形选项】对话框中选择一种变形样式。或者执行菜单【对象/封套扭曲/用网格建立】命令。在【封套网格】对话框中设置【行数】和【列数】。或者执行菜单【对象/封套扭曲/用顶层对象建立】命令（图6-2-17）。

3. 使用【直接选择】或【网格】工具拖动封套上的任意锚点。选择锚点，单击【Delete】键删除锚点。

用顶层对象建立　　用网格建立　　用变形建立（鱼形）

图6-2-17　不同的封套扭曲

第三节　服装绘画表现常用工具

一、关于描边（【Ctrl+F10】）

可以使用【窗口/描边】面板来指定线条是实线还是虚线。可以设置虚线次序（如果是虚线）、描边粗细、描边对齐方式、斜接限制以及线条连接和线条端点的样式。

二、创建虚线

说明：可以通过编辑对象的【描边】属性来创建一条点线或虚线。

步骤：

1. 选择对象，在【描边】面板中选择【虚线】。如果未显示【虚线】选项，请从【描边】面板菜单中选择【显示选项】。

2. 通过输入虚线的长度和虚线的间隙来指定虚线次序。输入的数字会按次序重复，因此只要建立了图案，则无须再一一填写所有文本框（图6-3-1）。

3. 选择端点选项可更改虚线的端点。【平头端点】选项用于创建具有方形端点的虚线，【圆头端点】选项用于创建具有圆形端点的虚线，【方头端点】选项用于扩展虚线端点。选中对象，单击【Enter】键即可应用（图6-3-2）。

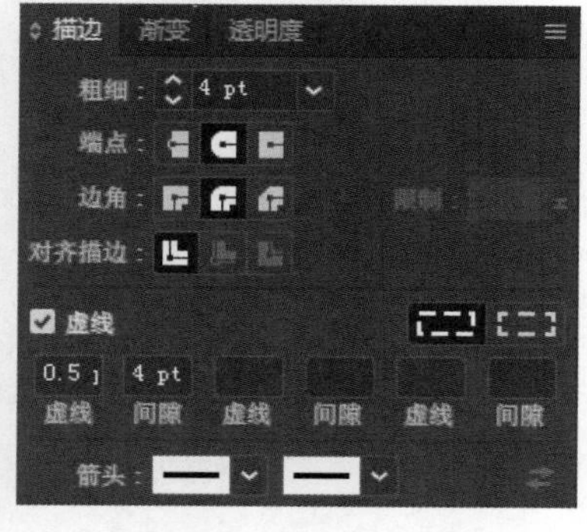

图6-3-1　【描边】面板

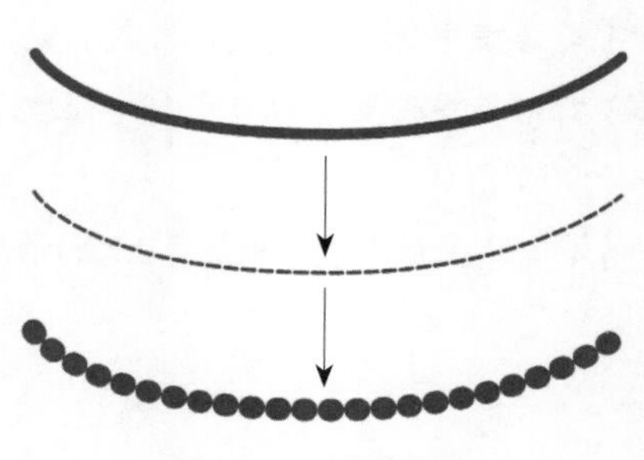

图6-3-2　虚线设置

三、关于色彩

Illustrator可以通过【拾色器】、【颜色】面板、【色板】面板、【编辑/编辑颜色/重新着色图稿】来应用和填充颜色。

（一）拾色器

在【工具】面板或【颜色】面板中双击填充颜色或描边颜色选框（图6-3-3），打开【拾色器】面板（图6-3-4），鼠标在色域中单击或拖动选择颜色，圆形标记指示色域中颜色的位置。在色谱中拖动小三角形或单击滑块可以选择色域。

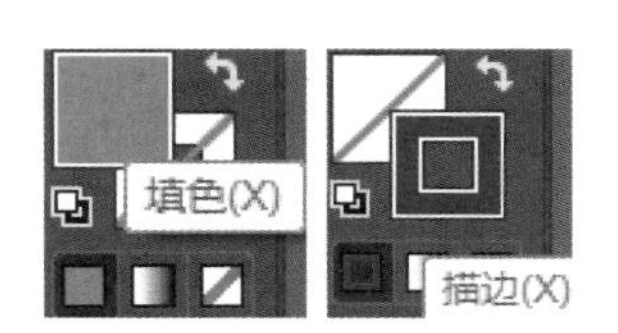

图6-3-3　填色与描边控件

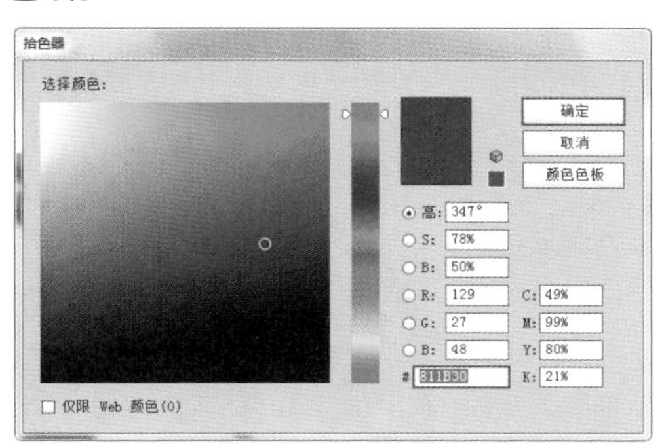

图6-3-4　拾色器

（二）【颜色】面板

执行【窗口/颜色】命令打开【颜色】面板（图6-3-5），可以将颜色应用于对象的填充和描边，还可以编辑和混合颜色。单击右上角的【面板菜单】按钮可以选择不同颜色模型显示颜色值（图6-3-6）。

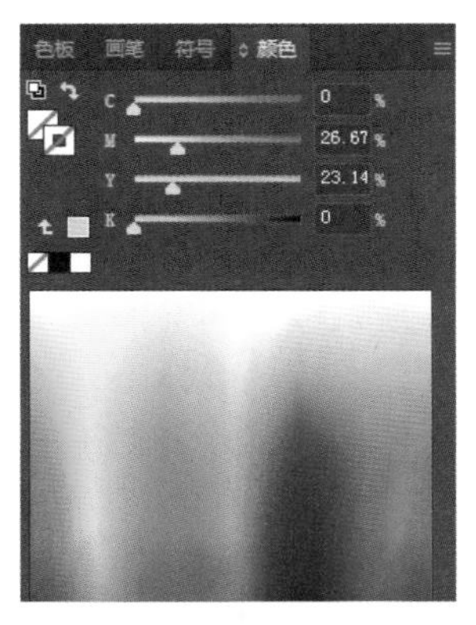

图6-3-5　【颜色】面板

图6-3-6　面板菜单

（三）重新着色图稿

在选择对象后，单击属性栏【重新着色图稿】按钮，或者执行菜单【编辑/编辑颜色/重新着色图稿】命令，打开对话框（图6-3-7）。可以方便地对选定图稿中的颜色进行全局调整，对于服装的配色非常有效（图6-3-8）。

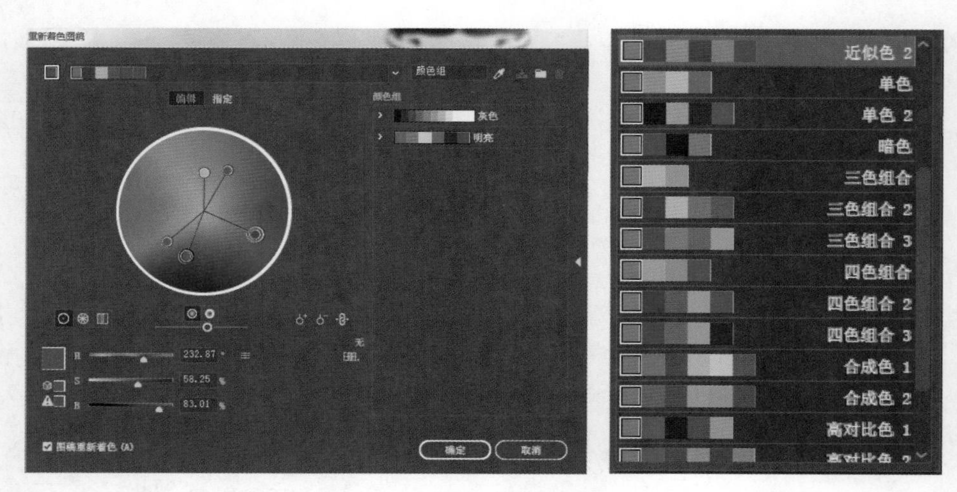

图6-3-7 【重新着色图稿】面板

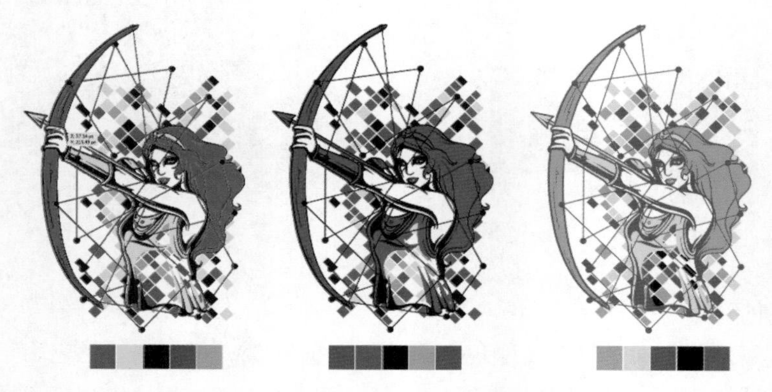

图6-3-8 重新着色的“随机更改颜色顺序”

四、【透明】、【渐变】、【网格填充】

（一）【透明度】面板

使用【窗口/透明度】面板指定对象不透明度和混合模式，创建不透明蒙版（图6-3-9）。

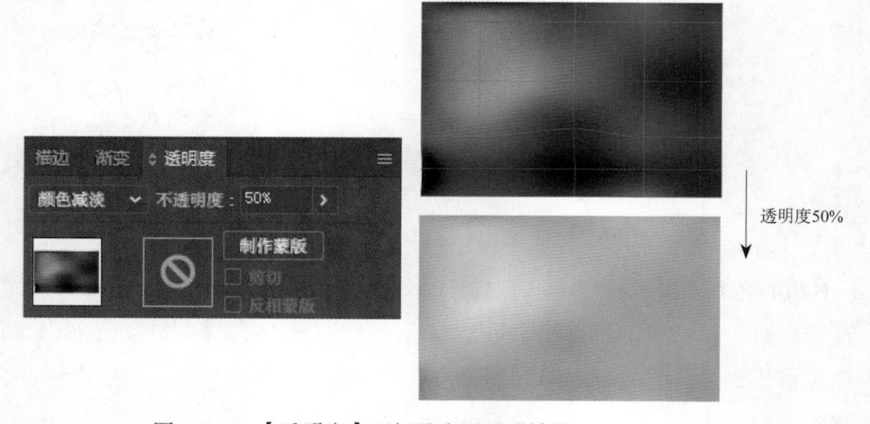

图6-3-9 【透明度】面板及应用透明效果

（二）混合模式

可以用不同方式将对象颜色与底层对象颜色混合。当一种混合模式应用于某一对象时，在此对象的图层或组下方的任何对象上都可看到混合模式的效果（图6-3-10）。

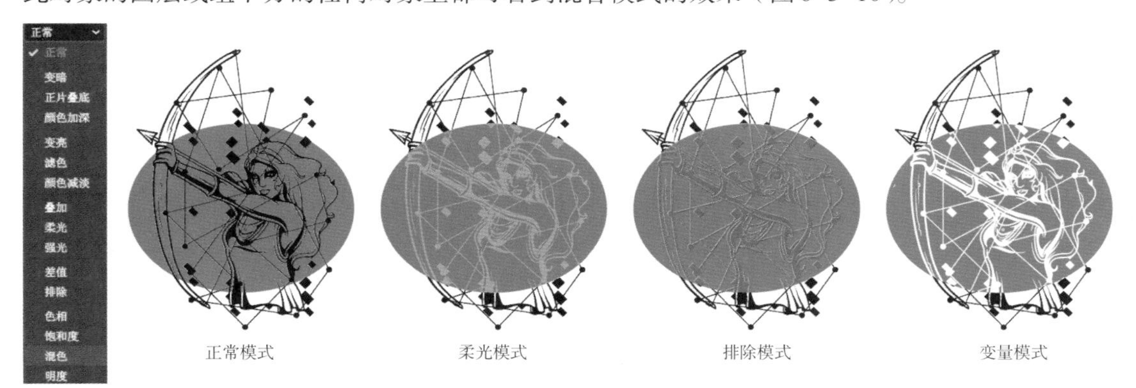

图6-3-10　各种混合模式效果

（三）【渐变】面板（窗口 / 渐变）

在【渐变】面板中，【渐变填色框】显示当前的渐变色和渐变类型。单击【渐变填色框】时，选定的对象将填入此渐变。紧靠此框的右侧是【渐变】菜单，此菜单列出可供选择的所有默认渐变和预存渐变。在列表的底部是【存储渐变】按钮，单击该按钮可将当前渐变设置存储为色板。

默认情况下，此面板包含开始和结束颜色框，但可以通过单击【渐变滑块】中的任意位置来添加更多颜色框。双击渐变色标可打开渐变色标颜色面板，从而可以从【颜色】面板和【色板】面板选择一种颜色（图6-3-11）。

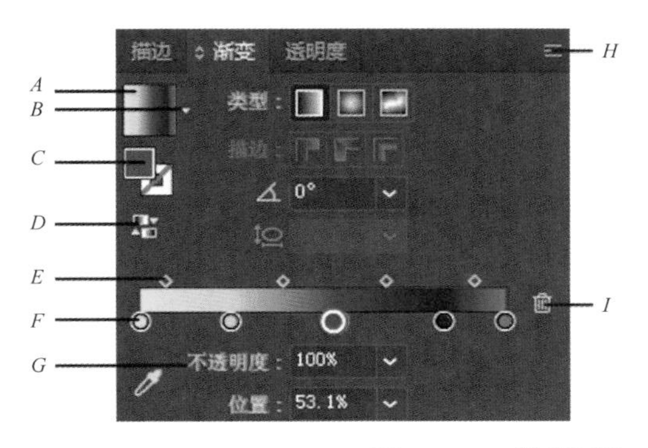

A. 渐变填色框
B. 渐变菜单
C. 填色与描边
D. 反向渐变
E. 色彩滑块
F. 双击可以打开“颜色”板
G. 不透明度
H. 显示与隐藏选项按钮
I. 删除色彩

图6-3-11　渐变面板

（四）【渐变】工具（【G】）

使用【渐变】工具可以添加或编辑渐变。在未选中的非渐变填充对象中单击【渐变】工具时，将用上次使用的渐变来填充对象。【渐变】工具包含【渐变】面板所具有的大部分功能。选择渐变填充对象并选择【渐变】工具时，该对象中将出现一个渐变条（图6-3-12）。可以使用渐变条修改线性渐变的角度、位置和外扩陷印，或者修改径向渐变的焦点、原点和外扩陷印。

将鼠标放置在渐变条上时，它将变为具有渐变色标和位置指示器的渐变滑块（与【渐变】面板中的渐变滑块相同）。可以单击滑块以添加新渐变色标，双击各个渐变色标可指定新的颜色和不透明度设置，或将渐变色标拖动到新位置（图6-3-13）。

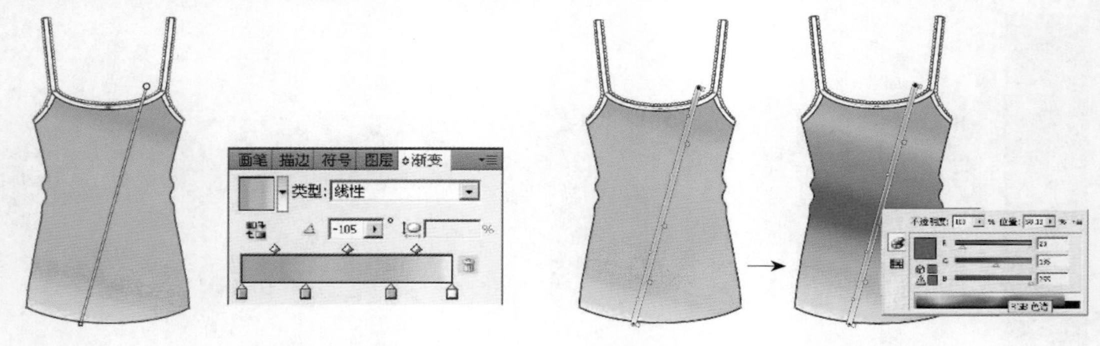

图6-3-12 渐变条　　图6-3-13 渐变条填充效果

（五）建立剪切蒙版

说明：剪切蒙版是留下需要的部分，隐藏不需要的部分。

步骤：

1. 全选对象[图6-3-14（1）]，点击组合键【Ctrl+G】。
2. 将对象[图6-3-14（2）]移至对象[图6-3-14（1）]上。
3. 全选对象[图6-3-14（3）]，右键单击执行【建立剪切蒙版】命令，得到图形[图6-3-14（4）]。

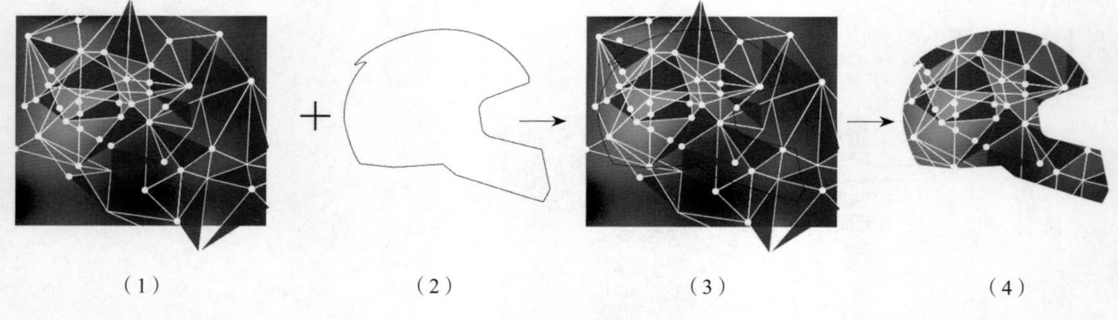

（1）　（2）　（3）　（4）

图6-3-14 建立剪切蒙版

（六）网格

网格对象是一种多色对象，其上色可以沿不同方向顺畅分布且可以从一点平滑过渡到另一点。创建网格对象时，将会有多条线（称为网格线）交叉穿过对象，这为处理对象上的颜色过渡提供了一种简便方法。通过移动和编辑网格线上的点，可以更改颜色的变化强度，或者更改对象上的着色区域范围。

在两网格线相交处有一种特殊的锚点，称为网格点。网格点以菱形显示，且具有锚点的所有属性，只是增加了接受颜色的功能。可以添加和删除网格点、编辑网格点或更改与每个网格点相关联的颜色（图6-3-15）。【网格】工具对于服装色彩的渐变以及人物绘画具有强大的功能。

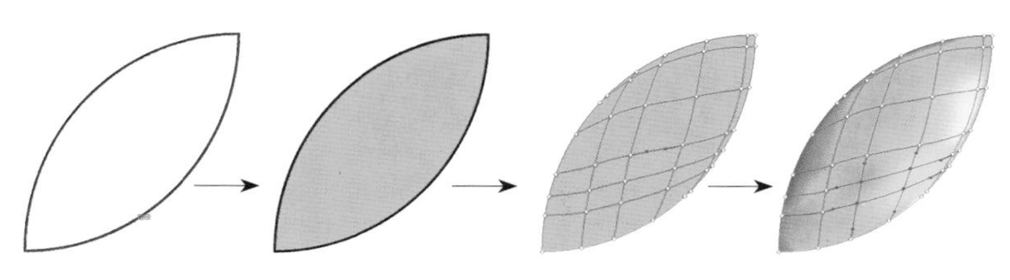

图6-3-15　网格多色填充

五、色彩设计

说明：色彩设计是丰富服装产品，降低生产成本的最有效手段。同一个款式可以是颜色色号相同，颜色数量相等，通过改变色彩的放置位置来求得变化；也可以是颜色色号不同，但颜色数量相等。

步骤：

1. 单击【面板菜单/打开色板库/图案/装饰/Vonster图案】面板，将“小白花”图案拖放至页面中，右键单击执行【取消编组】命令。根据设计用色彩A、色彩B、色彩C替换原来的色彩，选择【正片叠底】的混合模式。用【选择】工具选中定界框，按住【Ctrl+C】复制定界框，按住【Ctrl+F】将其贴在前面，然后填充色彩D，在原稿上增加一个底色（图6-3-16）。

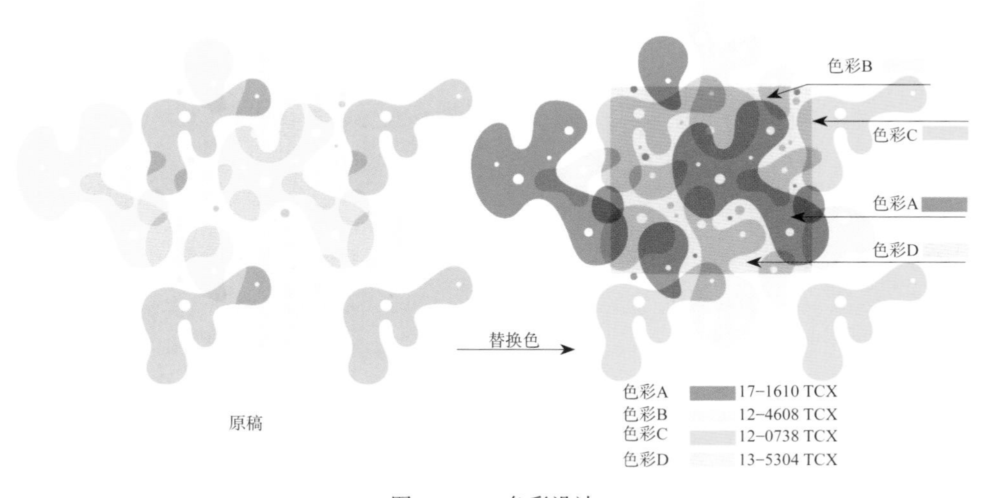

图6-3-16　色彩设计

2. 全选对象，将其拖放至【色板】面板中，创建一个新的图案色板。

3. 填充的图案大小如果觉得不满意，执行菜单【对象/变换/缩放】命令，弹出对话框，设置“等比”缩放比例数值，去掉“变换对象”的勾选，单击【确定】按钮。

4. 选中填充后的对象，单击【控件】面板中的【重新着色图稿】按钮，弹出对话框，点击【当前颜色】下方的【随机更改颜色顺序】按钮，将会改变颜色的位置，出现不同的配色效果（图6-3-17）。

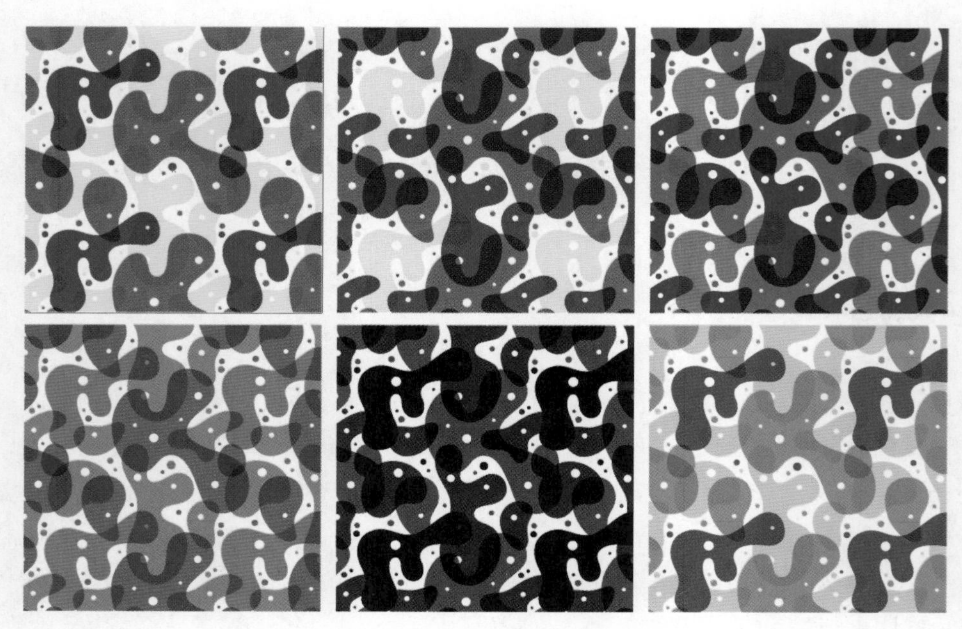

图6-3-17 【随机更改颜色顺序】效果

六、【裁剪】路径查找器填充

说明：利用【裁剪】路径查找器可以填充对象。

步骤：

1. 点击组合键【Ctrl+O】，打开一张矢量款式图。确保需要单独填充面料的部分外轮廓必须是封闭区域（图6-3-18）。

2. 点击组合键【Ctrl+O】，打开一张印花图片（矢量图和位图均可，本案例打开的是矢量印花图片），点击组合键【Ctrl+A】选中对象，再按住组合键【Ctrl+C】复制对象。回到矢量款式图文档，按住组合键【Ctrl+V】粘贴印花图片（图6-3-19）。

3. 选中衣身轮廓，按组合键住【Ctrl+C】复制对象，再次按下组合键【Ctrl+B】（编辑/贴在后面）。选中印花图片，鼠标右键单击执行【排列/置于底层】命令（图6-3-20）。

图6-3-18 打开文件

图6-3-19 粘贴印花图片

图6-3-20 置于底层

4. 用【选择】工具选中衣身轮廓，配合【Shift】键加选印花图片，按住【Shift+Ctrl+F9】打开【路径查找器】面板，点击【裁剪】按钮，得到效果（图6–3–21）。

5. 用【选择】工具配合【Shift】键选中两个袖子，选择工具箱中的【吸管笔】工具，在衣身的任意颜色上点击，颜色被填充至所选袖子的对象中（图6–3–22）。

图6–3–21　裁剪后效果　　　　图6–3–22　吸管笔填色

6. 此时袖子的轮廓处于【无】的状态，打开【描边】框，在【颜色】面板中选择黑色进行描边（图6–3–23）。

7. 重复以上操作，得到效果（图6–3–24）。

8. 打开工具箱【魔棒】工具，在衣身深色上点击，所有深色被选中（图6–3–25）。

9. 双击【填色】框，打开【拾色器】对话框，挑选任意颜色替换（图6–3–26）。

10. 重复上面操作，可以替换其他部分的颜色（图6–3–27）。要替换颜色，首先印花图片必须是矢量格式，位图格式的图片是不可以替换修改颜色的。

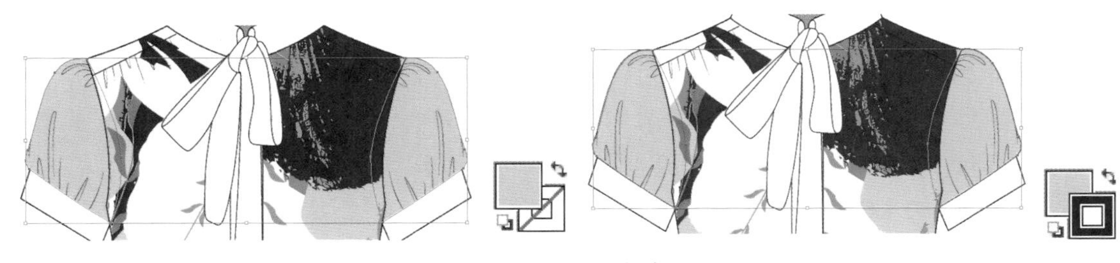

图6–3–23　描边轮廓

图6–3–24　对象轮廓描边

图6–3–25　选择颜色

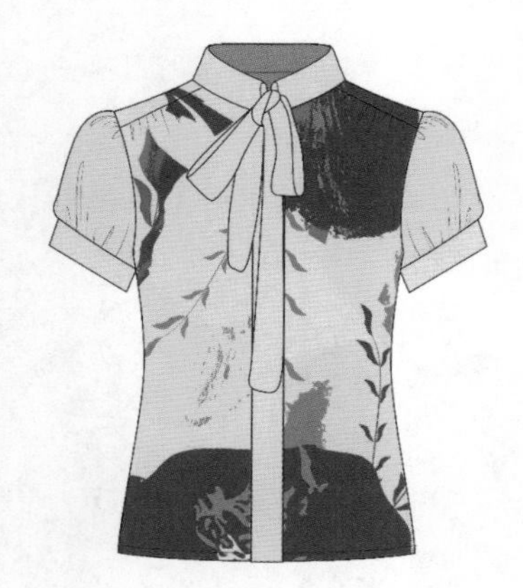
图6-3-26　替换颜色

图6-3-27　最后效果

本章小结

※ 服装款式矢量图都是由基本形状构成的，基本形状包括开放式各种形态线段和闭合式封闭图形。

※ 基本形状的绘制要配合不同的按键，如【Ctrl】、【Shift】键等，可以表现不同的效果。

※【描边】面板的设置与修改可以改变线条轮廓。

※ 任何工具在编辑状态下，只要按住空格键，切换为【抓手】工具，可以移动画面；按住【Ctrl】键，即可切换为【选择】工具。

※ 单击【多边形】工具，按下左键不松手在页面中拖动，然后单击键盘上、下方向键可以快速调整多边形边数。

※ 选择工具箱【螺旋线】工具，按住上、下方向键，可增大或减少螺旋圈数。在绘制过程中按下空格键，可冻结正在绘制的螺旋线。

※【形状生成器】可以生成多个不同的新对象，对开放的路径和图形都有效。

※ 按下组合键【Shift+Ctrl+F9】打开【路径查找器】面板。

※ 按住组合键【Ctrl+2】可以锁定一个或多个对象，按住组合键【Alt+Ctrl+2】解锁对象。

※ 按住组合键【Ctrl+3】可以隐藏一个或多个对象，按住组合键【Alt+Ctrl+3】显示对象。

※ 执行菜单【对象/图案/建立】命令，可以轻松创建无缝拼贴的矢量图案。

※ 绘图时，打开【智能参考线】、【对齐点】和【对齐网格】命令可以帮助定位对象。

思考练习题

1. 如何对齐和分布图形对象？
2. 如何更改渐变颜色？
3. 如何调整对象的不透明度？
4. 如何精确移动复制对象？
5. 用Illustrator CC完成下图的绘制。

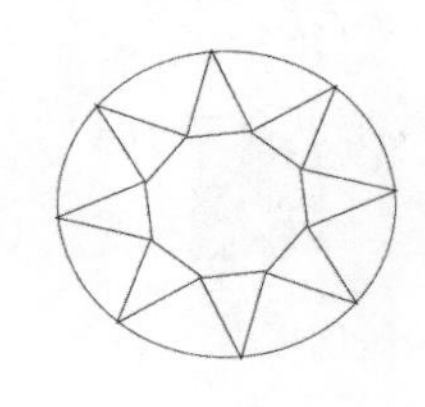

第七章 Illustrator创建图案画笔与色板

课题名称： Illustrator 创建图案画笔与色板

课题内容： 打开与编辑画笔
创建矢量图画笔、位图画笔
打开与编辑色板
创建印花图案新色板

课题时间： 6课时

教学目的： 通过本章的学习，能熟练打开并运用Adobe Illustrator软件丰富的画笔库、图案库、编辑库里边的画笔与图案；同时根据设计需要创建各类画笔与图案色板。

教学方式： 教师演示及课堂训练。

教学要求： 1. 熟悉【画笔】工具的各项功能。
2. 掌握无缝对接画笔生成技术。
3. 掌握无缝对接图案色板生成技术。

课前准备： 绘制矢量服装款式图。

Adobe Illustrator软件具有强大的画笔与图案色板库，画笔库包括有6D钢笔、图像、毛刷、矢量包、箭头、艺术效果、装饰、边框等类型的画笔。图案色板库包括有基本图形点、纹理、线条、自然界动物、树叶以及装饰图案几何图形、古典、现代、花饰等图案是创作包括印花、条纹、格纹和梭织以及针织纹理纺织品填充的出色工具。

除了可以调用、编辑库里边的画笔和色板之外，Adobe Illustrator软件还可以创建画笔和色板，根据设计需求，绘制表达出各种不同的单元图形，创建真正属于自己的画笔和图案样本色板。创作系列化、个性化的专用画笔与色板，能够大大提高服装设计师的工作效率。

第一节　画笔编辑与创建新画笔

一、打开画笔库

画笔库中的【图像】、【毛刷】、【矢量包】画笔工具对于服装绘画及表现非常重要，使用这些画笔可以达到丰富的视觉效果。

1. 单击快捷键【F5】，即可弹出【画笔】面板（图7-1-1），点击【画笔库】菜单按钮即可弹出画笔库子菜单，里面包含有多种画笔模式（图7-1-2）。

2. 选中画笔后直接单击，选中的画笔被置入到【画笔】面板列表中，不同画笔应用效果如图7-1-3所示。

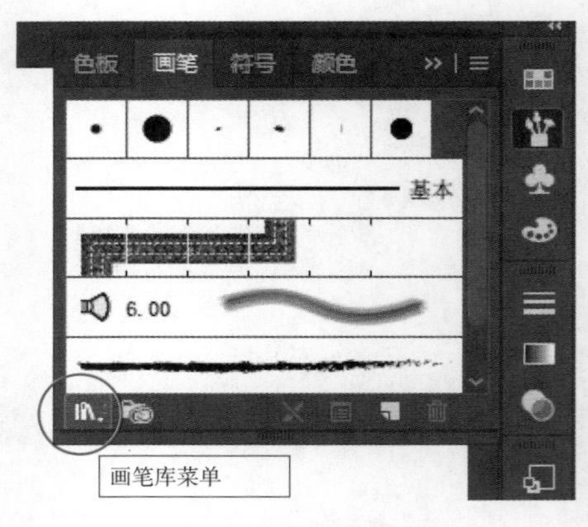

图7-1-1　【画笔】面板

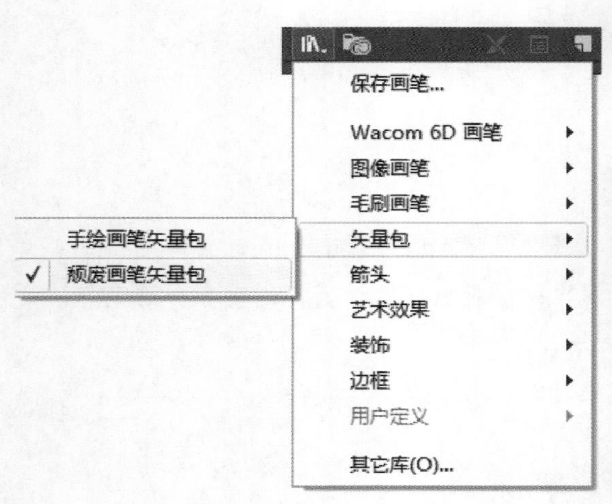

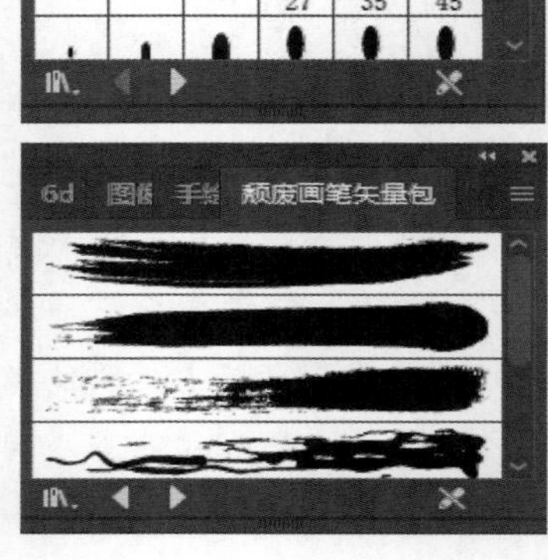

图7-1-2　画笔库

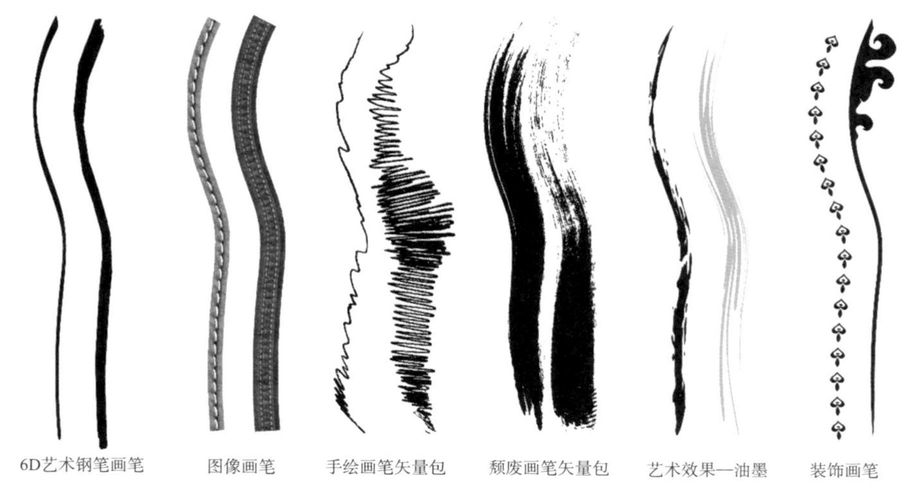

图7-1-3 各种画笔效果

二、编辑画笔

1. 精确替换画笔颜色。选中画笔库中的某个画笔，按住鼠标左键不松手将其拖动到页面中（图7-1-4）。单击【魔棒】工具（【Y】），然后在对象上点击某个颜色，该色彩被全部选中，点击工具箱中【吸管】工具（【I】），光标变成【吸管】形图标，在目标颜色上单击，目标颜色即被填充在所选对象上，重复操作，完成颜色的替换（图7-1-5）。

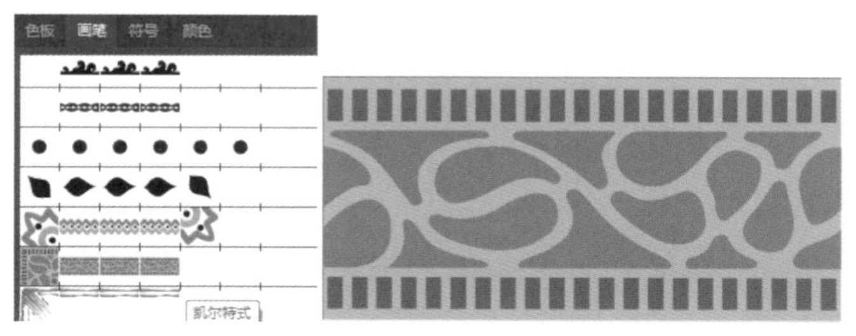

图7-1-4 将画笔拖放至页面中

图7-1-5 替换颜色后效果

2. 全选对象，然后将其拖回至【画笔】面板列表中，或者单击【画笔】面板下方的【新建画笔】按钮，弹出对话框，勾选【图案画笔】，点击【确定】按钮（图7-1-6）。弹出【图案画笔选项】对话框，设置【外角拼贴】和【内角拼贴】为【自动切片】，其他参数不变，点击【确定】按钮，新画笔出现在【画笔】面板列表中（图7-1-7）。

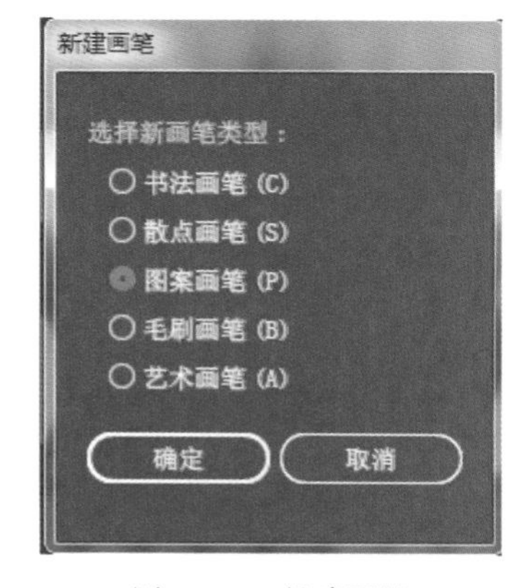

图7-1-6 新建画笔

3. 随机替换画笔颜色。双击【画笔】面板中画笔，弹出【画笔选项】对话框，通过设置画笔大小、间距、分布等参数可以修改画笔。在【着色】方式中选择【色相转换】，画笔对象的颜色将随着轮廓颜色的变化而变化（图7-1-8）。

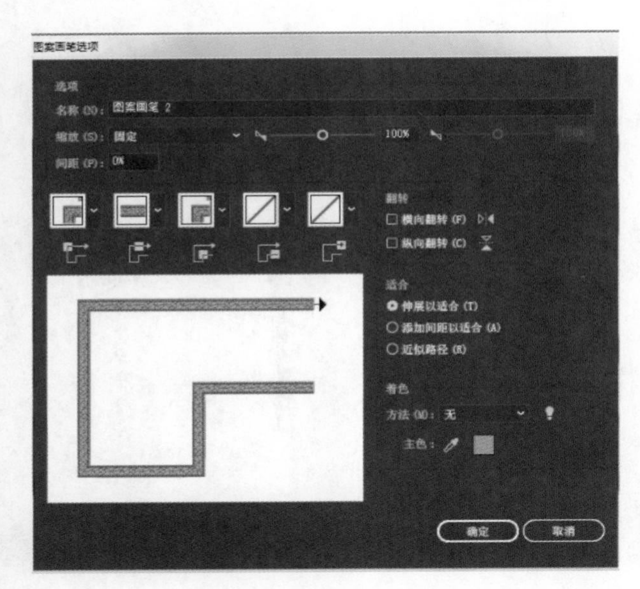
图7-1-7 图案画笔选项设置

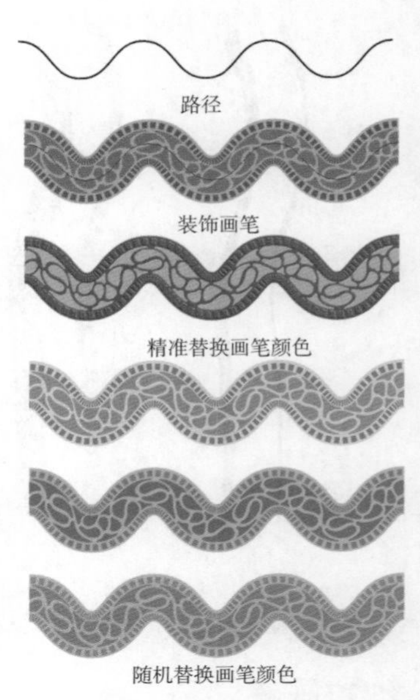

图7-1-8 画笔颜色替换

三、创建位图新画笔

创建位图画笔操作。位图最好选择透明背景的.png格式图片，如果图片不是透明背景的位图，则先用Photoshop软件将背景做删除处理后，另存为.png格式的图片。操作步骤如下：

1. 在Photoshop软件中打开一张蕾丝花边的.jpg位图（图7-1-9），双击【图层】面板，使图层解锁。然后执行菜单【选择/色彩范围】命令，弹出对话框，设置【颜色容差】，鼠标在页面黑色背景上单击，点击【确定】按钮，黑色背景被选中（图7-1-10）。

2. 单击【Delete】键，将背景删除。执行菜单【文件/存储为】命令，弹出保存对话框，在【保存类型】里面选择.png格式，进行保存。

3. 在AI软件中执行菜单【文件/打开】命令打开保存的.png蕾丝图片（图7-1-11）。用【矩形】工具绘制一个矩形定界框，定界框包含一个完整的循环单元。去掉描边和填充，然后鼠标右键单击执行【排列/置于底层】命令。

4. 全选对象，将其拖放至【画笔】面板列表中，弹出【新建画笔】对话框。选择【图案画

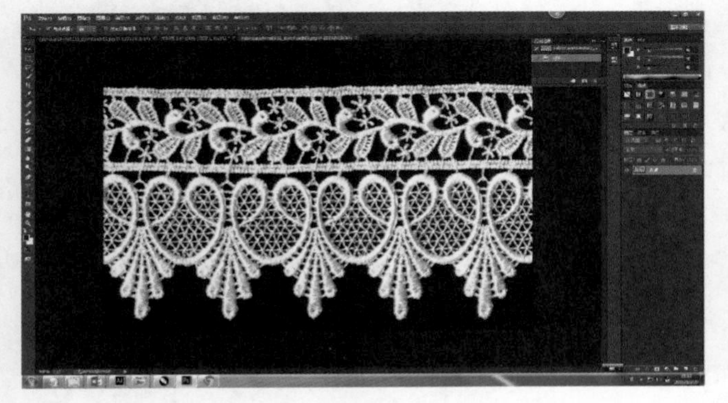
图7-1-9 PS软件中打开位图

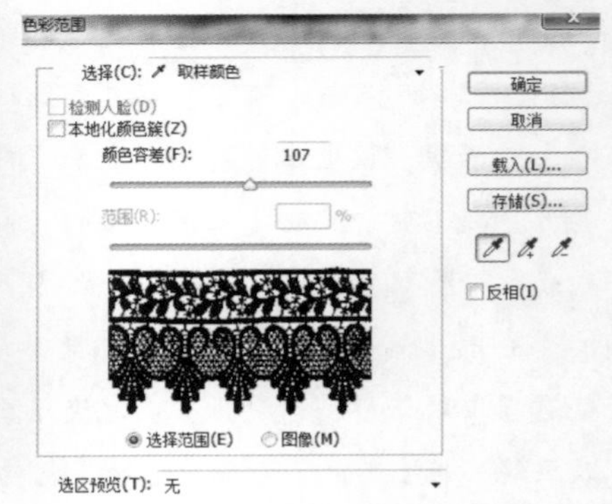

图7-1-10 色彩范围选择

笔】，点击【确定】按钮，弹出【图案画笔选项】对话框。在对话框中设置【外角拼贴】和【内角拼贴】为【自动切片】，完成设置后点击【确定】，新画笔在列表中出现（图7-1-12）。

5. 选中领子弧线，单击【画笔】面板列表中的蕾丝画笔，得到效果（图7-1-13）。如果大小不合适，可以双击【画笔】面板列表中的蕾丝画笔，调出【图案画笔选项】对话框，进行大小设置即可完成。

6. 按照上述方法，创建不同的图案画笔，应用到服装服饰产品设计中（图7-1-14）。

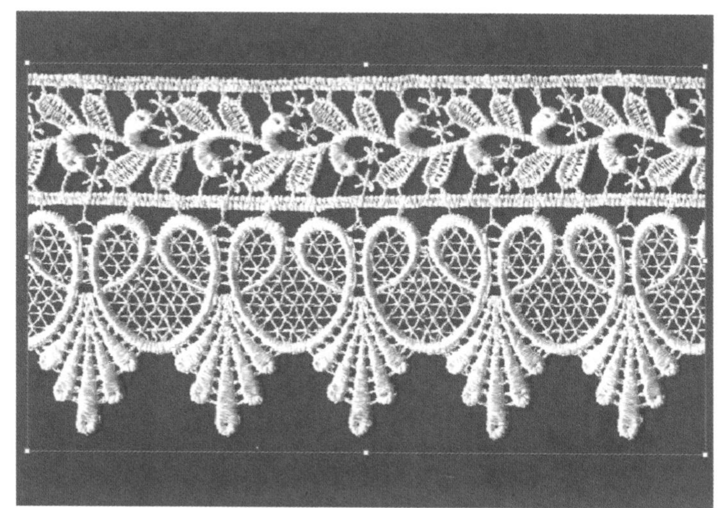

图7-1-11　绘制定界框

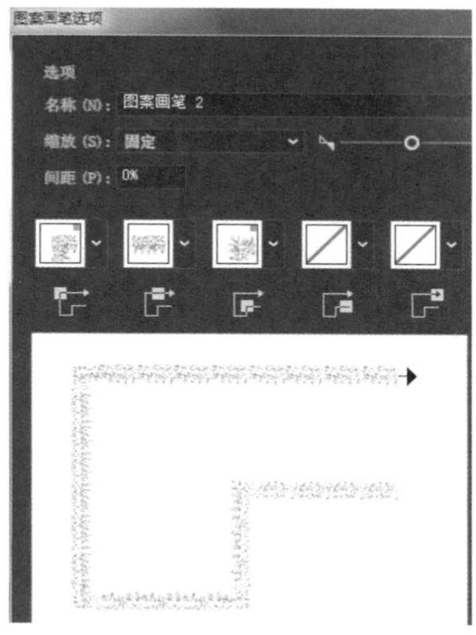

图7-1-12　画笔选项

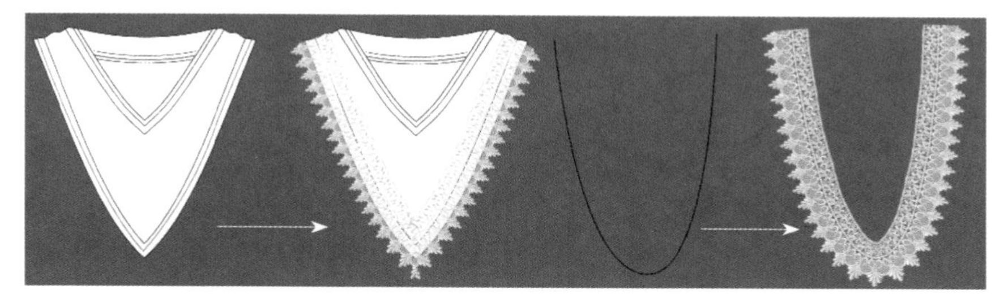

图7-1-13　画笔应用效果

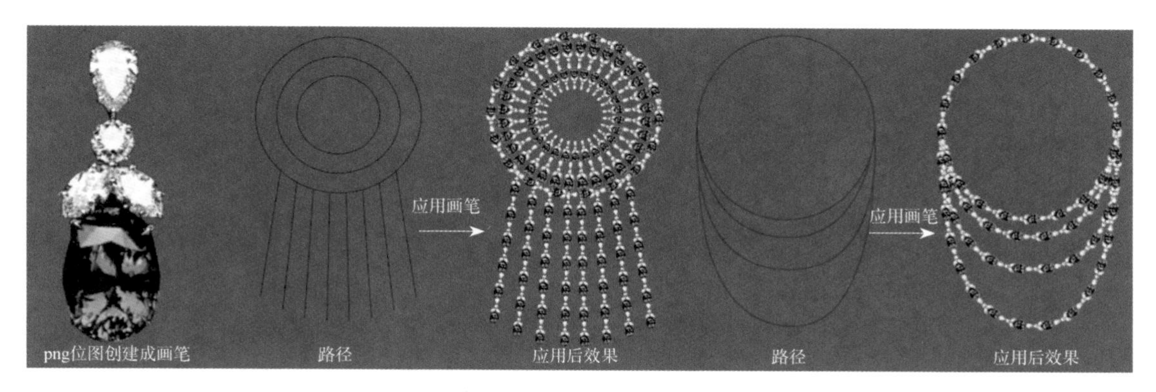

图7-1-14　画笔应用效果

第二节　打开与编辑图案色板库

一、打开图案色板库

Adobe Illustrator软件色板阵容强大。点击【色板】面板左下角的【色板库菜单】按钮，弹出子菜单，里面包含了【图案】、【渐变】、【自然】、【其他库】等内容，根据需要可以调出任意的色板（图7-2-1）。

1. 选中对象，打开【色板】面板，点击【色板库】菜单按钮，弹出子菜单，调出任意图案子面板。

2. 单击子面板中的图案，即可完成。

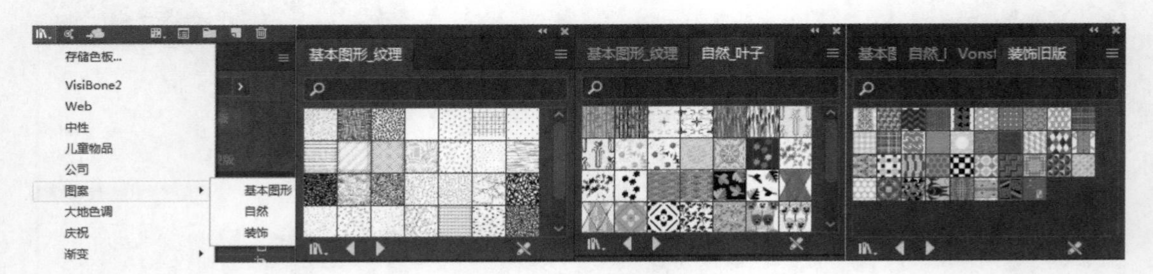

图7-2-1　各种图案色板

二、编辑图案色板库

【色板】库中的图案是可以进行编辑、修改和替换等功能操作，其步骤如下：

1. 在【色板】面板中，点击【色板库菜单】按钮，执行【图案/自然_动物皮】命令，弹出【自然_动物皮】子面板，选中【美洲虎】图案后按住鼠标左键不松手拖放至页面中（图7-2-2）。

2. 在对象上右键单击执行【取消编组】命令，然后可以进行编辑操作（图7-2-3）。

3. 单击工具箱中的【魔棒】工具（快捷键【Y】），此时鼠标转换成魔术棒造型，在深褐色

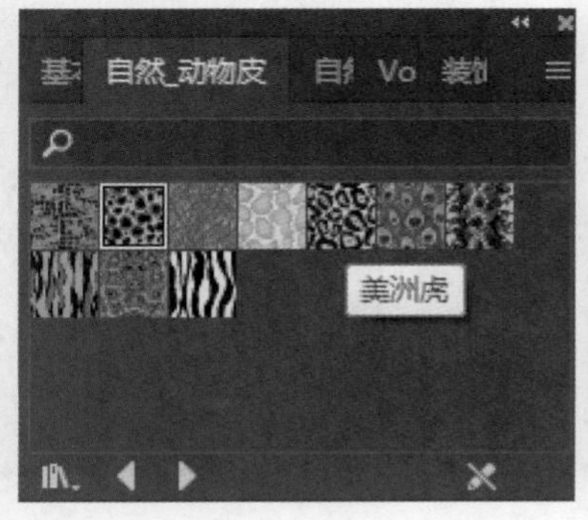

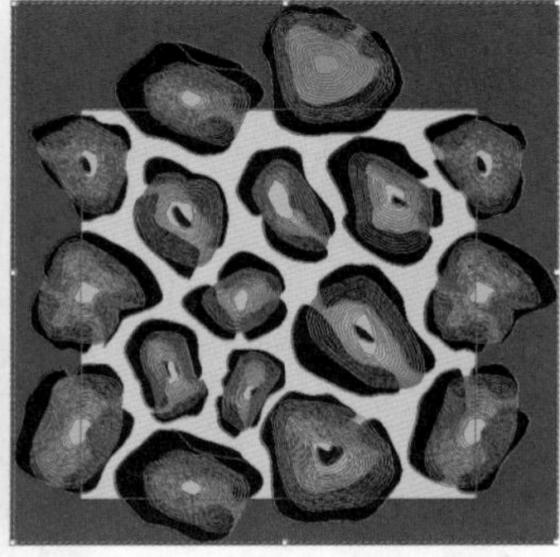

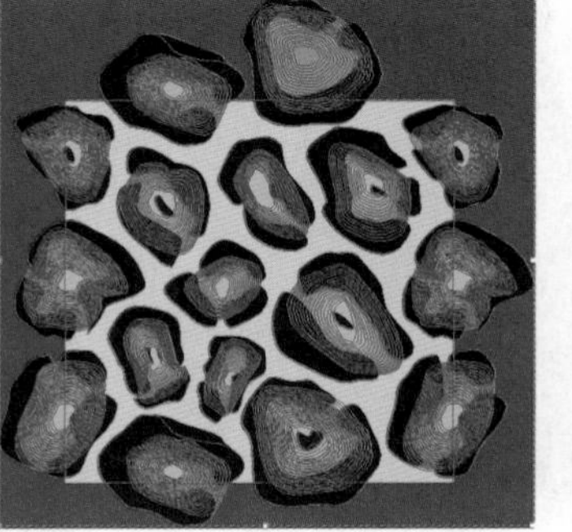

图7-2-2　调出图案至页面

图7-2-3　取消编组

上单击，对象中所有的深褐色被同时选中（图 7-2-4）。

4. 鼠标双击【填色】框，弹出【拾色器】面板，挑选任意颜色（这里是黑色），点击【确定】按钮（图 7-2-5）。

5. 单击快捷键【V】选中方形底板，双击【填色】框，弹出【拾色器】面板，挑选任意颜色，点击【确定】按钮，得到效果（图 7-2-6）。

6. 用【选择】工具全选整个对象。执行菜单【对象/图案/建立】命令，弹出【新建色板】对话框，改名为【绿底豹纹】，点击属性栏中的【完成】按钮 ✓完成（图 7-2-7），新图案出现在【色板】列表中。

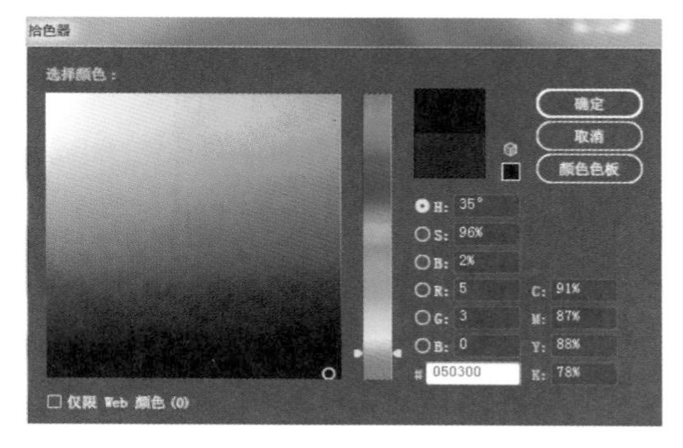

图7-2-4 选择对象

图7-2-5 替换对象颜色

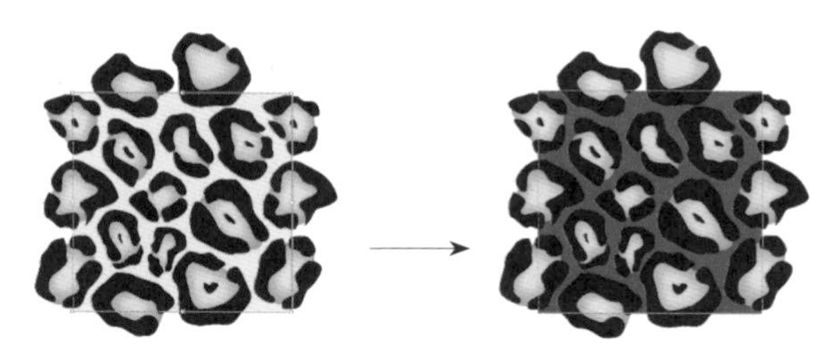

图7-2-6 替换背景底色

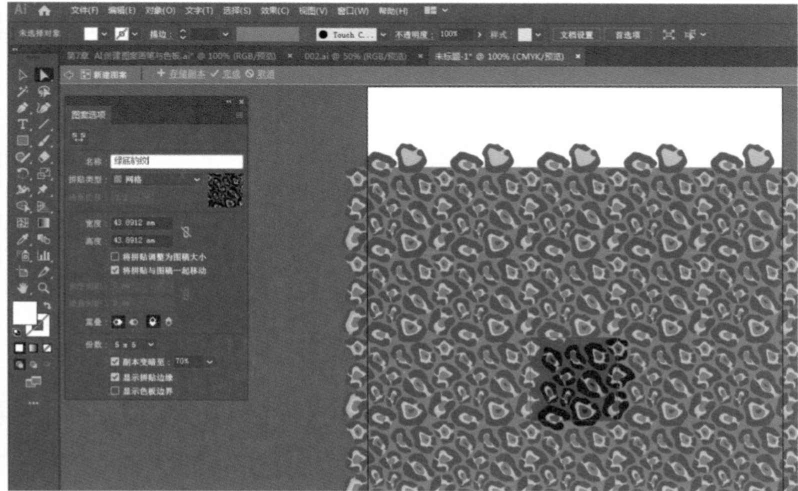

图7-2-7 图案选项

7. 存储色板操作。点击【色板库菜单】按钮，执行【存储色板】命令，弹出保存对话框，取名为【豹纹图案色板】进行保存。

8. 打开色板操作。按住组合键【Ctrl+O】打开一张矢量款式图，点击【色板库菜单】按钮，执行【其他库】命令，找出刚刚保存的路径，调出【豹纹图案色板】文件即可打开色板。

9. 选中款式图需要填充的部分，点击【色板】面板（图7-2-8）中的【绿底豹纹】，进行填充，得到最后效果（图7-2-9）。

图7-2-8 【色板】面板

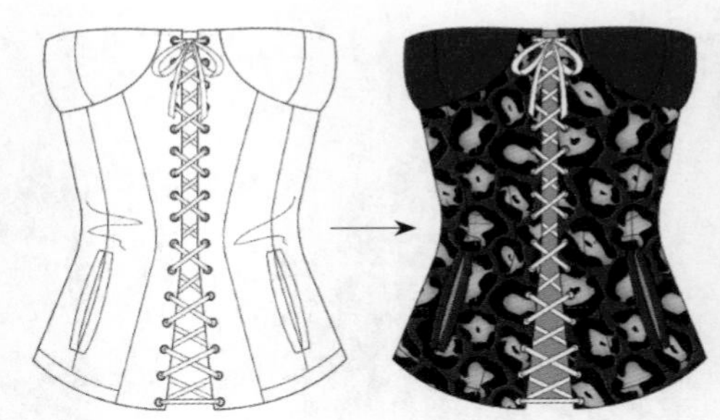

图7-2-9 最后效果

第三节 创建印花图案新色板

一、无缝对接印花图案色板效果（图7-3-1）

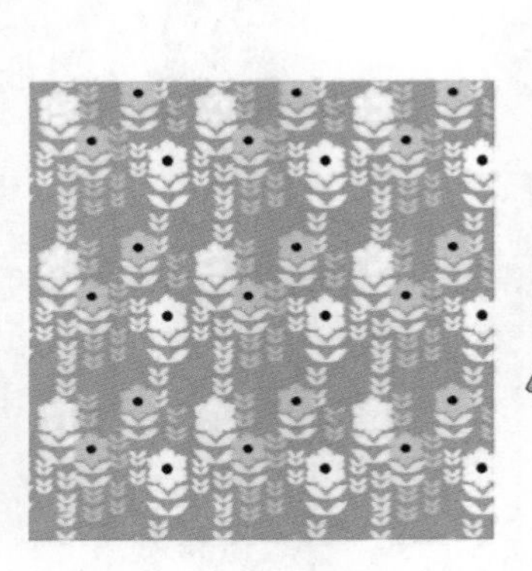

（1）软件自带图案色板应用

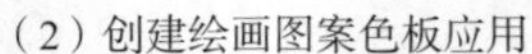

（2）创建绘画图案色板应用

图7-3-1 无缝对接印花图案色板

二、软件自带图案色板应用操作步骤

1. 点击组合键【Ctrl+N】新建文件。执行菜单【窗口/符号】命令，打开【符号面板】（图7-3-2）。

2. 点击【符号】面板中左下角的【符号库菜单】按钮，在弹出的菜单中点击【花朵】，调出

【花朵】面板（图 7-3-3）。

3. 在【花朵】面板中，选中任意图案，按住鼠标左键不松手拖放至页面中，然后右键单击执行【断开符号链接】命令。配合【Shift】键，拖动任意角点，可以等比例放大对象（图 7-3-4）。

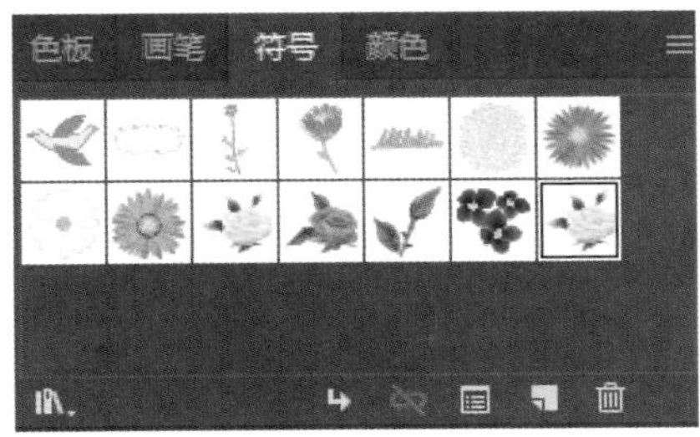

图7-3-2 【符号】面板

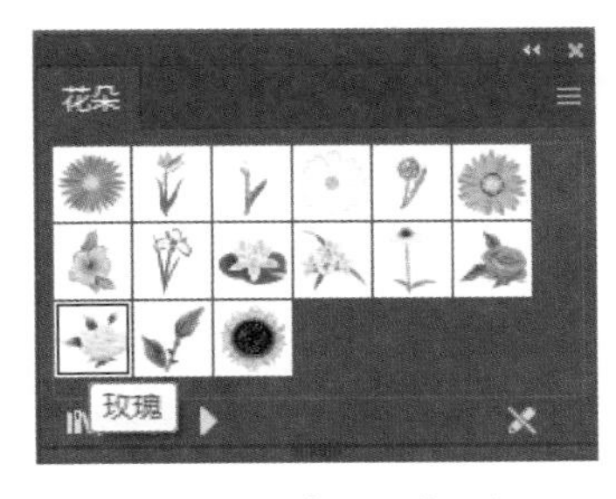

图7-3-3 【花朵】面板

图7-3-4 缩放图案

4. 按照同样方法，拖出另外的对象，并按照设计摆放好位置（图 7-3-5）。

5. 打开工具箱中的【矩形】工具（快捷键【M】），在页面中任意单击，弹出【矩形】对话框，设置宽度“15cm”，高度“15cm”，点击【确定】按钮，绘制一个正方形作为底色（图 7-3-6），点击组合键【Ctrl+2】将矩形锁定。

6. 全选花卉图形，并按住【Ctrl+G】进行编组，移动至矩形的左上角（图 7-3-7）。

图7-3-5 添加花朵

图7-3-6 绘制矩形

图7-3-7 组合图形

7. 选中组合后的花卉图形，然后按下【Enter】键，弹出【移动】选项对话框信息面板（图 7-3-8），此时在水平栏中输入“15cm”，垂直栏输入“0cm”，距离输入“15cm”，角度为“0°”，点击【复制】按钮，得到效果（图 7-3-9）。

8. 选中两组花卉图形，然后按下【Enter】键，弹出【移动】选项对话框信息面板，此时在水平栏中输入“0cm”，垂直栏输入“15cm”，距离输入“15cm”，角度“0°”，点击【复制】按钮，得到效果（图 7-3-10）。

9. 用【选择】工具框选所有的花卉图形，点击组合键【Ctrl+G】进行组合。

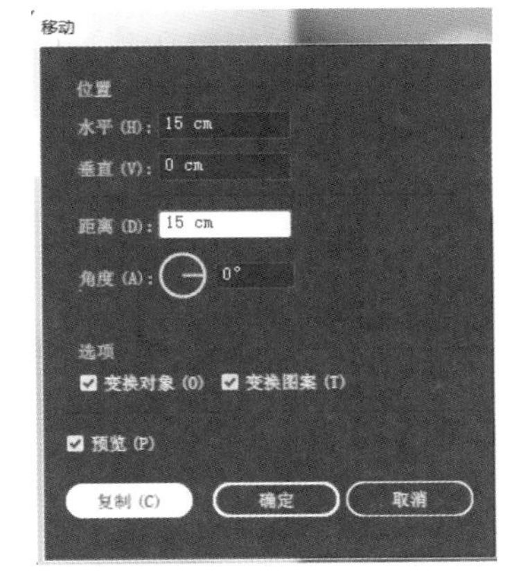

图7-3-8 移动设置

10.点击组合键【Ctrl+Alt+2】解锁矩形对象。

11.选中花卉和矩形对象，点击属性栏上的【水平居中对齐】按钮和【垂直居中对齐】按钮，对齐对象（图7–3–11）。

12.根据设计需要，在矩形空缺位置填补新的图形对象（图7–3–12），空缺补齐的原理可以参考CorelDRAW“连续循环图案的绘画与设计表现”章节。

13.选中矩形对象，点击组合键【Ctrl+C】，接着点击组合键【Ctrl+B】贴在后面，并去掉轮廓与颜色的填充。框选所有图形对象，按住鼠标左键不松手，将整个对象拖放至【色板】列表中，新图案在色板列表中出现。

14.用【矩形】工具绘制一个“60cm×60cm”的正方形，然后点击【色板】列表中的新图案，矩形即被填充（图7–3–13）。

图7–3–9　水平移动复制

图7–3–10　垂直移动复制

图7–3–11　对齐对象

图7–3–12　填补空缺，进行设计

图7–3–13　新图案色板应用

15.调整填充图案的大小操作。选中对象，执行菜单【对象/变换/缩放】命令，弹出对话框，在等比缩放中输入数值，去掉【变换对象】的勾选，完成后点击【确定】按钮（图7–3–14），得到效果（图7–3–15）。

16.调入一张矢量款式图[图7–3–16（1）]，用【直接选择】工具选中需要填充的部分，然后点击【色板】中的【新图案色板】进行填充[图7–3–16（2）]，执行【对象/变换/缩放】命令，得到效果[图7–3–16（3）、图7–3–16（4）]。

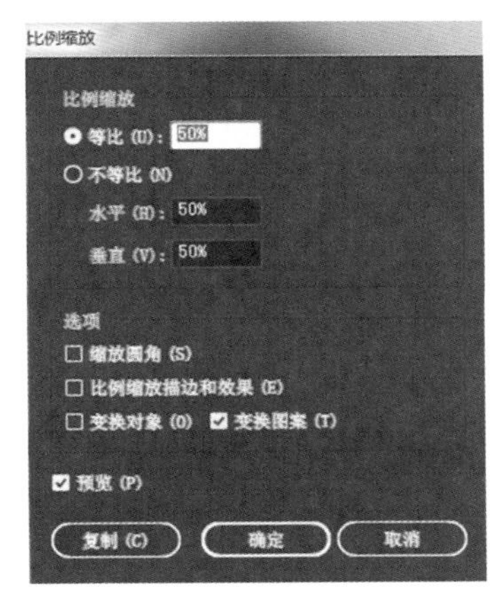

图7-3-14 缩放设置

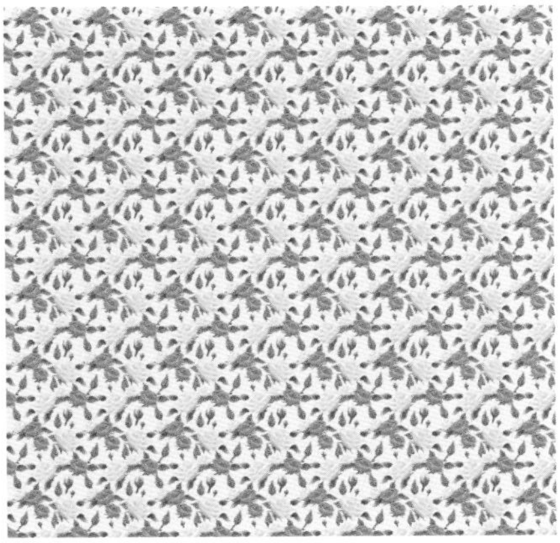

图7-3-15 缩放后效果

图7-3-16 新图案色板在服装上的应用

三、创作绘画图案色板应用操作步骤

第一阶段：绘制主花

1. 选中工具箱中【椭圆】工具，绘制一个椭圆，用【直接选择】工具选择椭圆上的锚点，打开工具箱中的【转换锚点】工具，单击椭圆最下方的锚点，此时圆弧锚点转换成直角锚点，用【直接选择】工具修改椭圆最上方的锚点，改变外轮廓造型（图7-3-17）。

2. 选中对象，配合【Alt】键复制两个，右键单击执行【排列/置于底层】命令（图7-3-18）。

3. 用【选择】工具选中左边对象，点击工具箱中【旋转】工具，将对象旋转，重复操作，得到新的对象，全选后按组合键【Ctrl+G】进行编组（图7-3-19）。

4. 用【选择】工具选中对象，拖动对象的中间边框点（红圈处），将对象压扁一些（图7-3-20）。

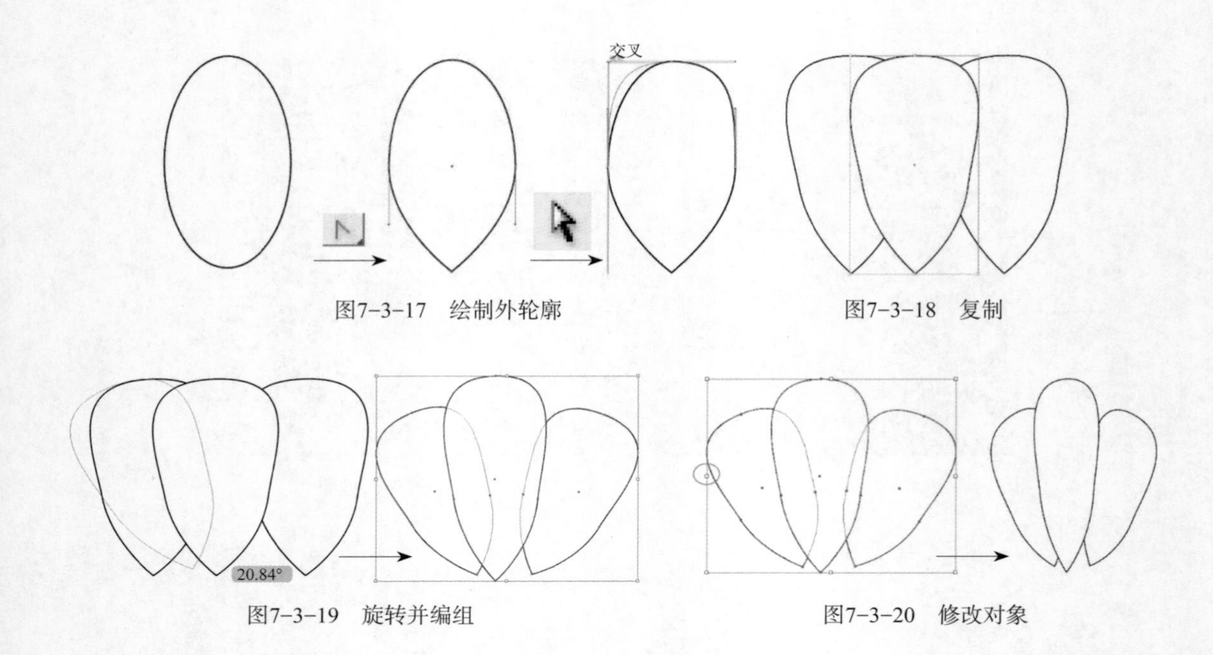

图7-3-17　绘制外轮廓　　图7-3-18　复制

图7-3-19　旋转并编组　　图7-3-20　修改对象

5. 用【选择】工具选中对象，点击工具箱中的【旋转】工具，配合【Alt】键，在页面中单击旋转的中心点，弹出对话框，勾选【对象】，点击【复制】按钮（图7-3-21）。

6. 点击四次组合键【Ctrl+D】（对象/变换/再次变换）命令，生成花卉图形。全选后，按下组合键【Ctrl+G】进行编组（图7-3-22）。

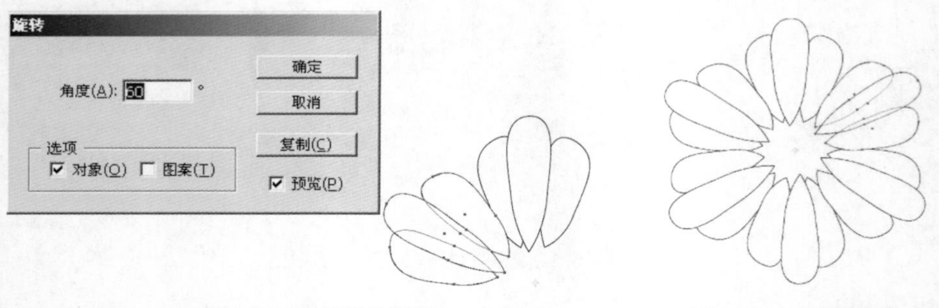

图7-3-21　旋转并复制　　图7-3-22　再制对象

7. 用【椭圆】工具绘制一个花心，并填充"黑色"（图7-3-23）。

8. 用【钢笔】工具绘制花茎和叶子。选中叶子，打开工具箱中【镜像】工具，配合【Alt】键，在花茎上单击弹出【镜像】对话框，轴设置为【垂直】，选项为【对象】，勾选【预览】，点击【复制】按钮（图7-3-24）。

第二阶段：绘制辅花

9. 用【矩形】工具绘制矩形，选择【钢笔】工具，在矩形上方添加一个锚点。打开【转换锚点】工具，将矩形四个直角锚点转换成圆弧锚点（图7-3-25）。

10. 选中对象，点击工具箱中的【旋转】工具，配合【Alt】键，在页面中单击旋转的中心点，弹出对话框，勾选【对象】，单击【复制】按钮，全选后点击组合键【Ctrl+G】编组（图7-3-26）。

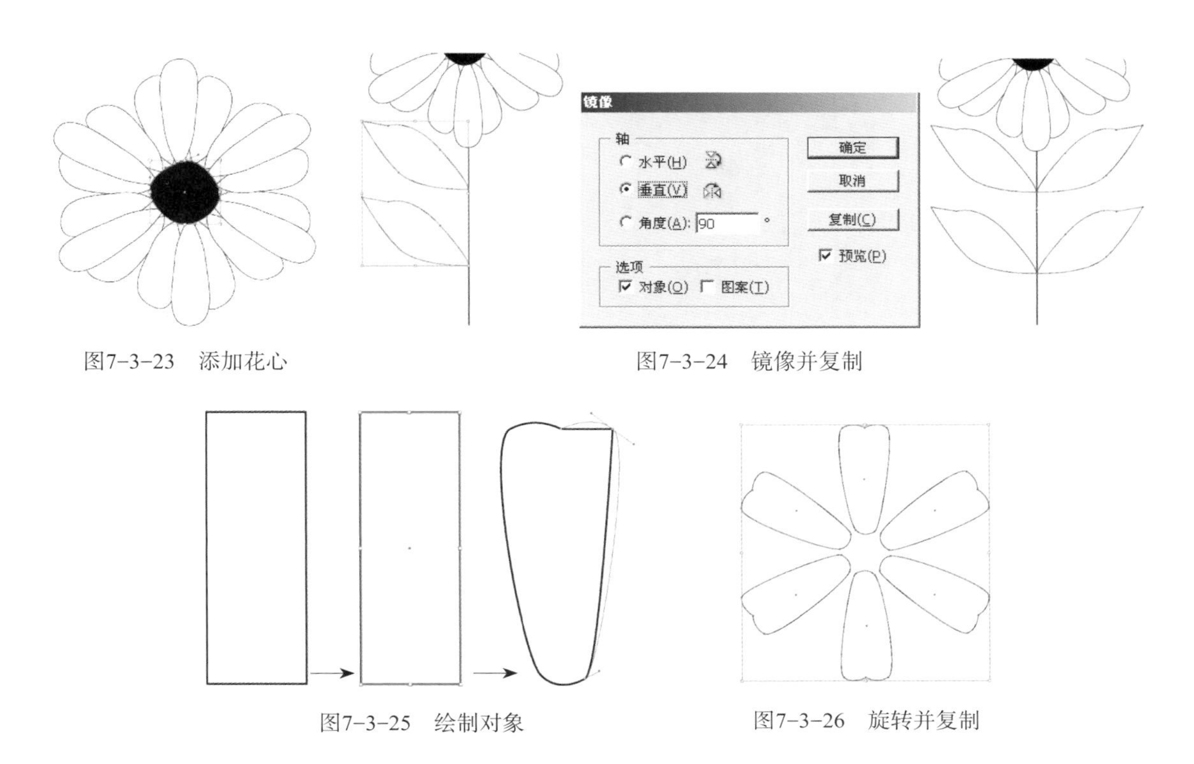

图7-3-23 添加花心

图7-3-24 镜像并复制

图7-3-25 绘制对象

图7-3-26 旋转并复制

11. 添加花心。用【椭圆】工具绘制一个椭圆，点击【旋转】工具，进行旋转复制，得到效果（图7-3-27）。

12.将花心图案移至花朵中（图7-3-28）。

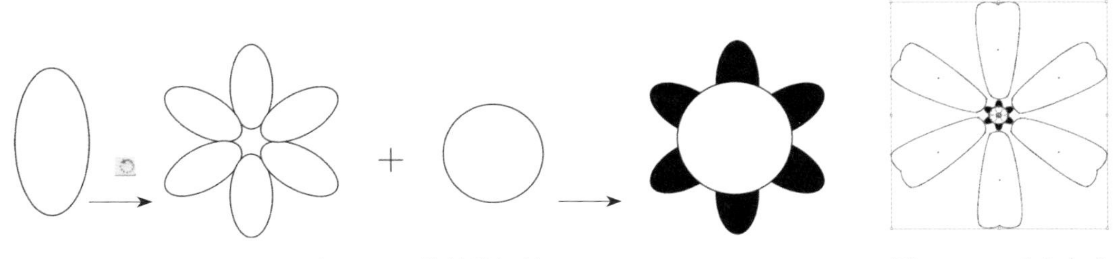

图7-3-27 旋转并复制

图7-3-28 花心完成

第三阶段：组合图案

13.通过颜色填充、复制、缩放等操作，根据设计需要将图案组合（图7-3-29）。

14.第四步：图案循环。用【矩形】工具绘制一个“20cm ×20cm”的正方形，并填充颜色，置于图案的下方（图7-3-30）。

15. 选中图案，单击【Enter】键，弹出【移动】对话框。设置后按下【复制】按钮，重复操作得到图形（图7-3-31）。

16.选中正方形背景放大到整个图案，全选后点击组合键【Ctrl+G】编组（图7-3-32）。

17.用【矩形】工具再绘制一个“20cm×20cm”的正方形，将【填充】框和【描边】框设置为【无】，并确保此时它位于图案花朵的上方（图7-3-33）。

18.用【选择】工具先选中编组后的花朵图案，配合【Shift】键加选刚刚绘制的正方形，执行

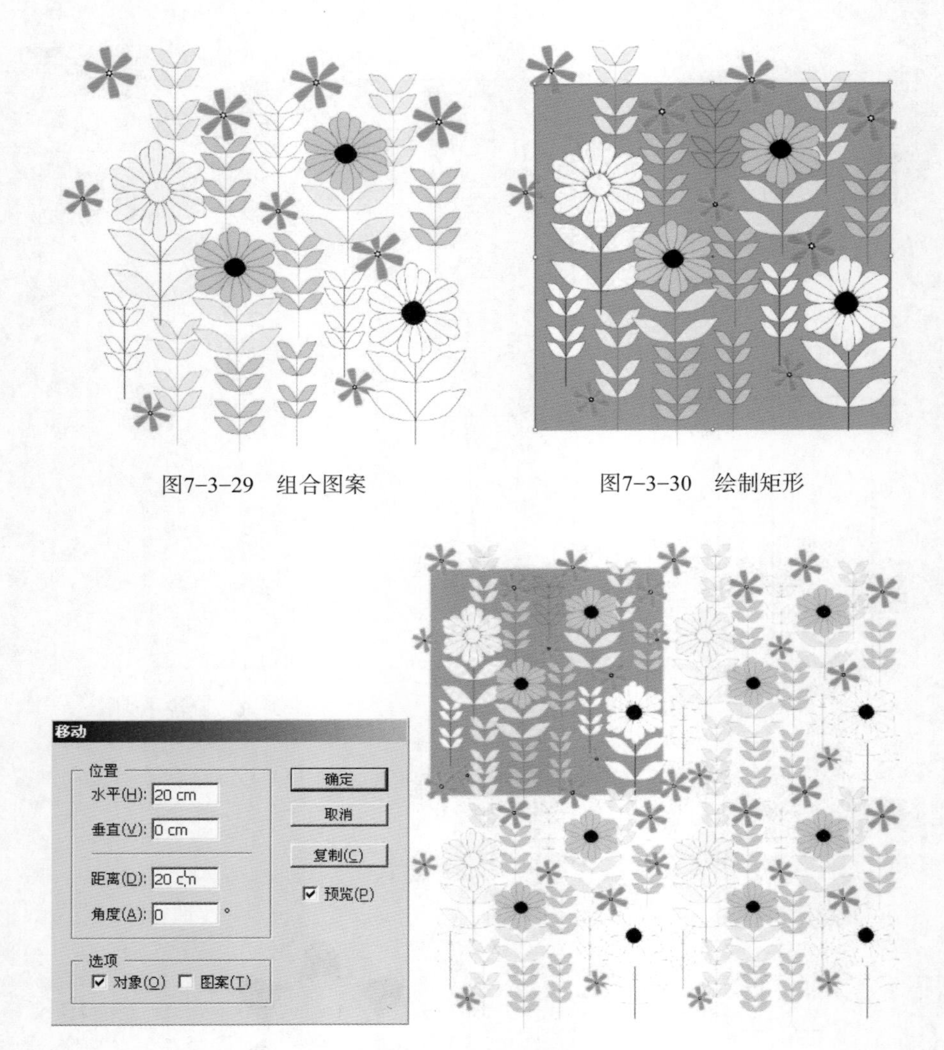

图7-3-29　组合图案

图7-3-30　绘制矩形

图7-3-31　复制并精确移动

图7-3-32　编组

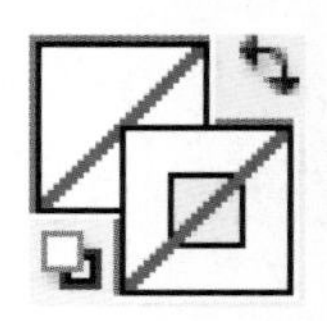

图7-3-33　无填充无描边

菜单【窗口/路径查找器/裁剪】命令打开面板，单击按钮，得到重复循环图案（图7-3-34）。

19.打开【色板】工具，将做好的循环图案拖放至色板中（图7-3-35）。调入一张矢量款式图，选中要填充的部分，点击【色板】中的循环图案。然后根据需要执行【对象/变换/缩放、旋转、倾斜】等命令，得到最后效果（图7-3-36）。

20.点击【色板】面板左下角的【色板库】菜单按钮，执行【存储色板】命令。将创建的新色板进行保存，方便以后随时调用。

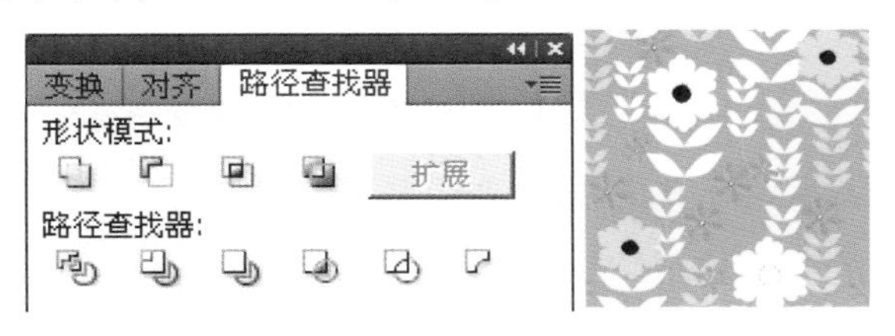

图7-3-34 循环图案

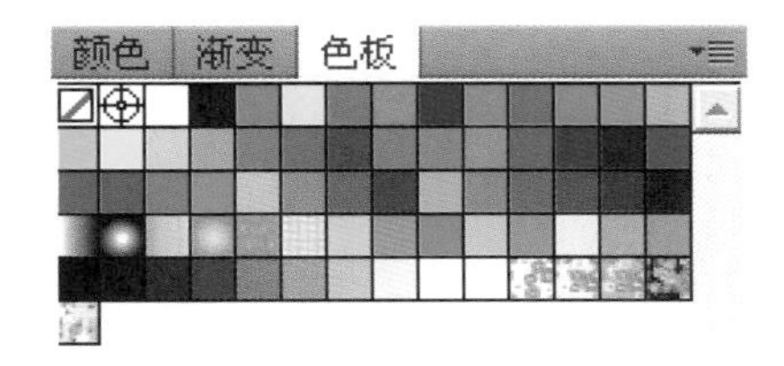

图7-3-35 【色板】面板

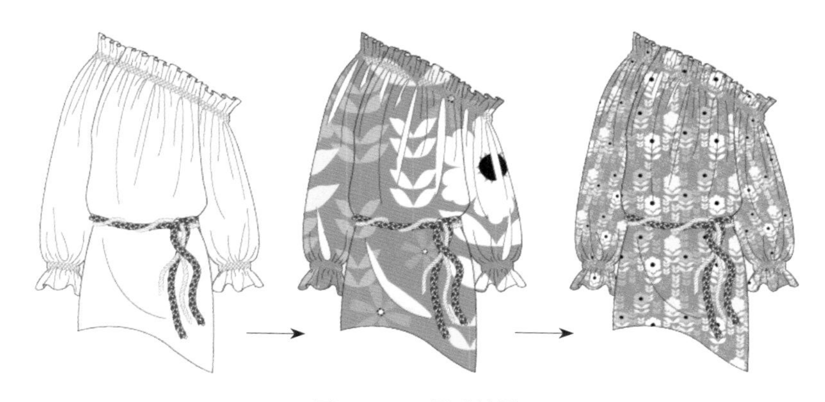

图7-3-36 最后效果

本章小结

※【色板】面板，可控制所有的颜色、渐变和图案，可以自由地在面板中添加色板、删除色板或编辑色板。

※ 打开【重新着色图稿】按钮，或者执行菜单【编辑/编辑颜色/重新着色图稿】命令，可以快捷地对选定图稿中的颜色进行全局调整。

※ 用【魔棒】工具可以快速选择颜色。

※ 选中对象，按住【Alt】键复制并移开，按住组合键【Alt+Shift】水平或垂直复制对象。

※【定界框】必须是无填充、无描边颜色，而且必须位于对象的最底层。

※ 选中对象，执行【对象/变换/缩放】命令，可以缩放对象和填充的图案。

思考练习题

1. 创建一个不少于15个颜色的专用色盘，并保存。
2. 运用【重新着色图稿】命令，执行“指定颜色替换”和“随机颜色替换”操作。
3. 利用所学工具按照下图建立一个图案色板库。

第八章 Illustrator服装辅料绘画表现

课题名称： Illustrator服装辅料绘画表现

课题内容： 扣子绘画实例

拉链与绳线绘画实例

花边绘画实例

课题时间： 6课时

教学目的： 通过本章学习，运用Adobe Illustrator软件可以熟练地绘制各种带状的服装辅料，并能举一反三地扩大应用范畴，制作各种不同效果的对象，为丰富服装款式图的细节打下基础。

教学方式： 教师演示及课堂训练。

教学要求： 1. 基本绘图工具的熟练应用。

2. 创建新图案画笔工具。

3. 掌握定界框的绘制方法与技巧。

课前准备： 绘制服装矢量款式图。绘图工具基本操作方法的反复练习。

服装辅料的种类很多，有功能性的拉链、环扣，织带类的丝绒带、格子带、平纹带、绣花带、花式弹力带以及各种花边等。Adobe Illustrator工具，尤其是【图案画笔】工具对于服装辅料设计制作具有非常强大的功能，可以快速地为任何款式添加拉链、线缝、细绳、珠片、花边与装饰。另外还可以将做好的对象创建成镶边、线缝与装饰图库，为以后的调用和修改提供方便，可节省大量重复操作时间。

第一节　扣子绘画表现

一、扣子绘画表现（图 8-1-1）

（1）　　（2）

图8-1-1　扣子实例效果

二、树脂纽扣[图8-1-1（1）]绘画步骤

1. 选择工具箱【椭圆】工具，按住【Shift】键绘制“2cm×2cm”的正圆，填充任意颜色，去掉描边填充。点击组合键【Ctrl+F9】，打开【渐变】面板（图8-1-2），设置【类型】为径向，在渐变滑块上添加两个颜色，并根据需要调整颜色位置（图8-1-3）。

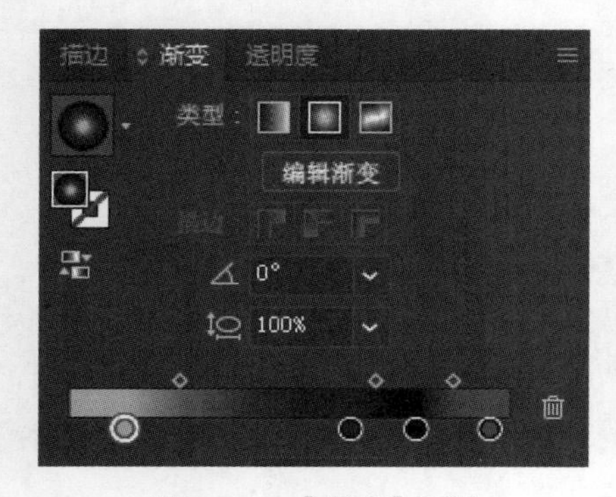

图8-1-2　【渐变】面板

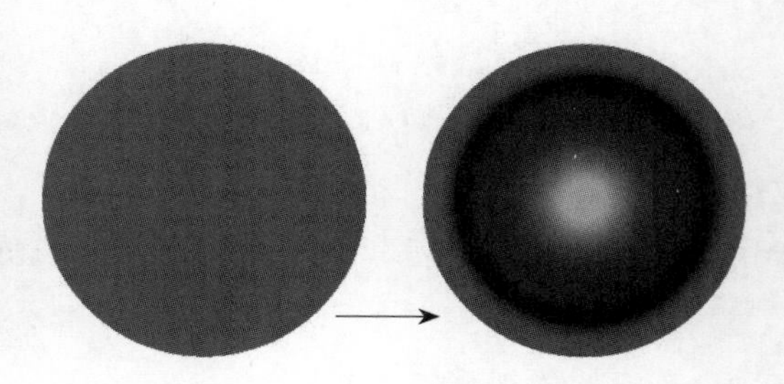

图8-1-3　径向渐变填充

2. 单击工具箱【渐变】工具，对象中出现一个渐变条，渐变条可以修改渐变填充的角度、位置和外扩陷印。根据设计需要，拖动滑块（图8-1-4）。

3. 选中对象，点击组合键【Ctrl+C】复制，接着点击组合键【Ctrl+F】贴在前面，按住【Shift】键，成比例缩放上面的对象，得到效果（图8-1-5）。根据设计需要重复操作，在上方再添加一个渐变圆。

4. 添加穿孔。用【椭圆】工具配合【Shift】键绘制一个小的正圆，然后通过水平移动复制和垂直移动复制，得到效果（图8-1-6）。

5. 全选对象，单击属性栏中的【重新着色图稿】按钮，弹出对话框，通过对话框中的【编辑】选项卡和【指定】选项卡参数的调整，可以搭配任意的颜色（图8-1-7）。

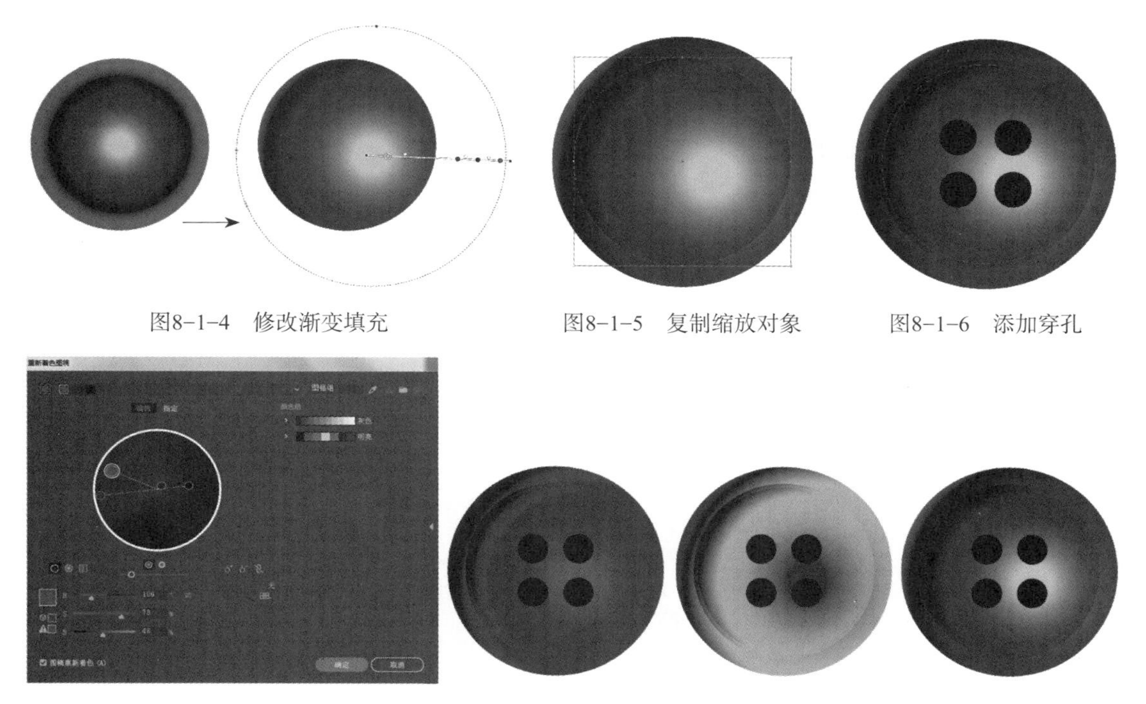

图8-1-4　修改渐变填充　　图8-1-5　复制缩放对象　　图8-1-6　添加穿孔

图8-1-7　重新着色后的效果

三、金属铜扣绘画步骤

1. 选择工具箱【星形】工具，绘制一个“2cm×2cm”的五边形，执行菜单【效果/变形/鱼眼】命令，弹出对话框（图8-1-8），设置【弯曲】为“38%”，单击【确定】命令。执行【对象/扩展外观】命令（图8-1-9）。

2. 用【椭圆】工具绘制一个正圆，打开【渐变填充】面板径向渐变填充，然后用【渐变】工具，修改渐变的焦点位置（图8-1-10）。

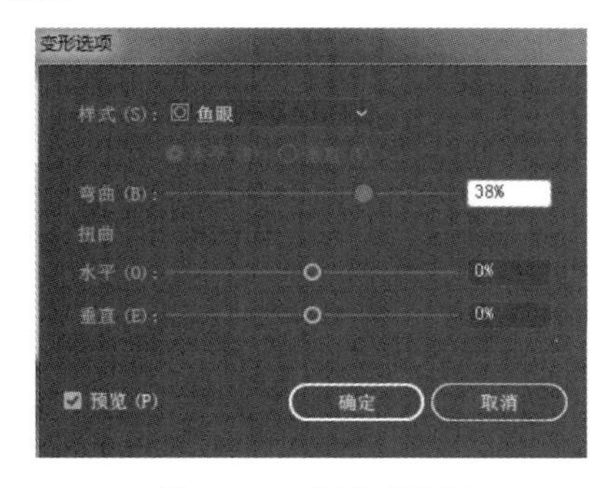

图8-1-8　变形对话框

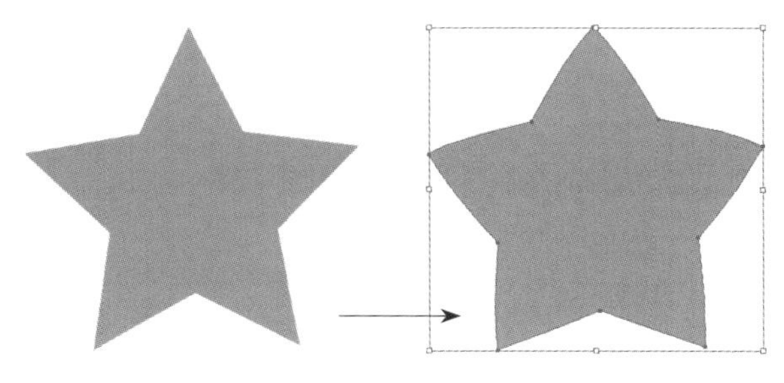

图8-1-9　鱼眼变形

3. 选中正圆，将其拖放至【色板】面板中，创建为新图案色板。选中五边形，单击【色板】中新图案。执行菜单【对象/变换/缩放】命令，在弹出的对话框中设置【等比】为“20%”，去掉【变换对象】的勾选，单击【确定】按钮（图8-1-11）。

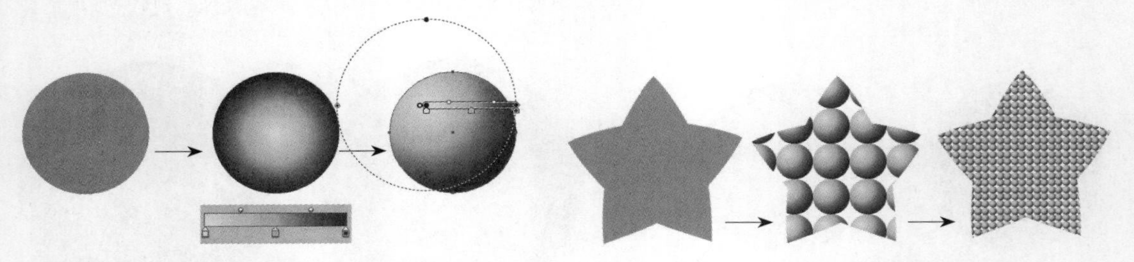

图8-1-10　绘制正圆与渐变填充　　　图8-1-11　图案填充并调整大小

4. 用【椭圆】工具再绘制一个“2.4cm × 2.4cm”的正圆并渐变填充，然后按住【Alt】键移动复制，单击【控制】面板中的【变换】按钮，修改【宽】和【高】均为“2.2cm”，并修改渐变颜色位置，最后两者执行【水平居中】和【垂直居中】对齐命令（图8-1-12）。

5. 选中五边形对象，右键单击执行【排列/置于顶层】命令，然后和正圆对象执行【水平居中】和【垂直居中】对齐命令。选中多边形，打开【透明度】面板，在混合模式中选择【正片叠底】模式（图8-1-13）。

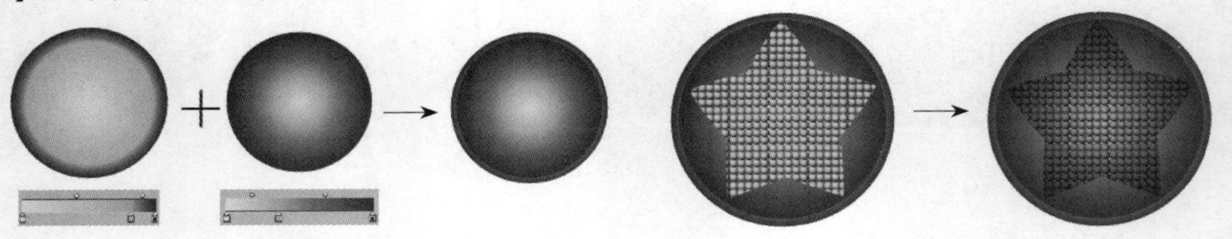

图8-1-12　渐变填充与对齐　　　图8-1-13　对齐和修改混合模式

第二节　拉链与绳线绘画表现

一、拉链与绳线绘画效果（图8-2-1）

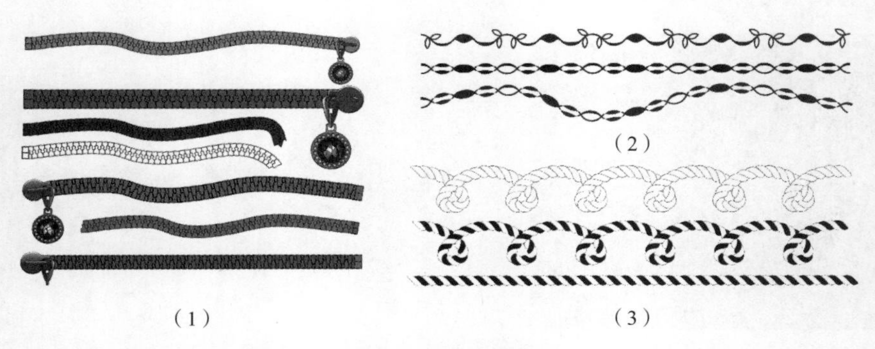

图8-2-1　拉链与绳线绘画效果

二、拉链［图8-2-1（1）］绘画步骤

1. 用【钢笔】工具绘制拉链齿图形［图 8-2-2（1）］，双击【镜像】工具，弹出对话框，选择【水平】轴镜像，单击【复制】按钮［图 8-2-2（2）］。

2. 选中图 8-2-2（2）移至右上方［图 8-2-2（3）］。全选图 8-2-2（3），按住【Alt】键移动复制对象。

3. 用【矩形】工具绘制一个矩形作为定界框，去掉填充和描边，右键单击执行【排列/置于底层】命令［图 8-2-2（4）］。

4. 全选图（4），将其拖放至【画笔】面板中，弹出【新建画笔】对话框，选择【图案】画笔，单击【确定】按钮后，接着弹出【画笔选项】对话框，设置名称为“拉链”、大小，着色为“色相转换”，【外角拼贴】和【内角拼贴】均设置为“自动切片”，然后单击【确定】按钮，拉链出现在【画笔】面板中（图 8-2-3）。

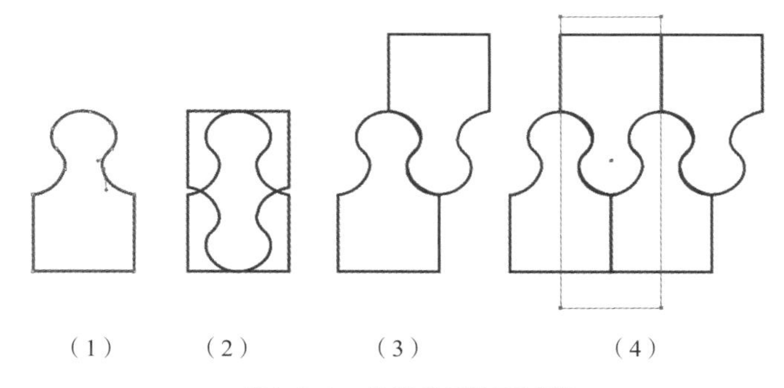

（1）　（2）　（3）　（4）

图8-2-2　拉链单元绘画过程

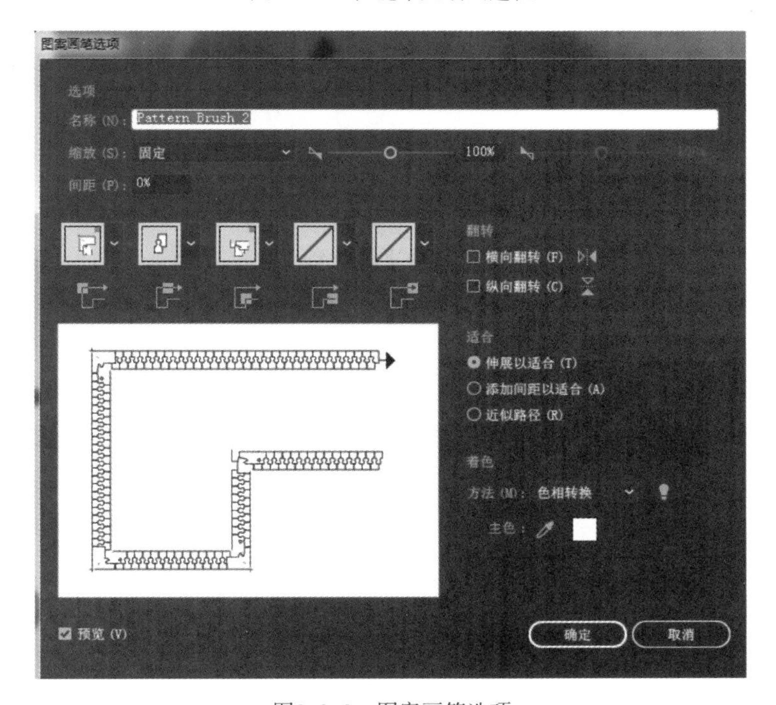

图8-2-3　图案画笔选项

5. 用【钢笔】工具绘制任意一条曲线，单击【画笔】面板中的“拉链”画笔，如果大小不满意，双击【画笔】面板中“拉链”画笔，弹出【画笔选项】对话框，设置参数重新调整即可完成（图8-2-4）。

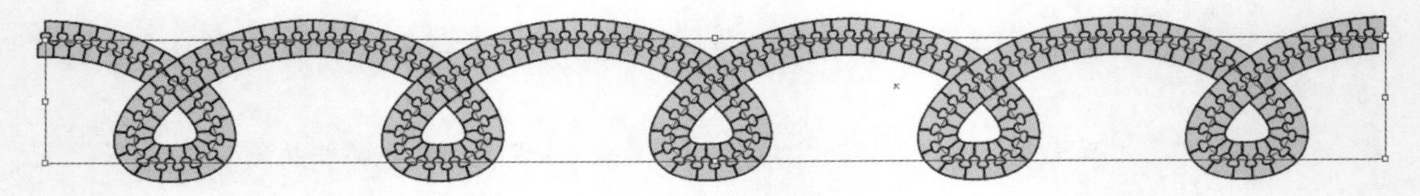

图8-2-4 拉链应用效果

6. 拉链头绘画。用【椭圆】工具绘制一个“1.5cm”的正圆，用【矩形】工具绘制一个“1cm×1cm”的正方形，选中两个对象，点击组合键【Ctrl+Shift+F9】，打开【路径查找器】面板，单击【联集】按钮，得到效果[图8-2-5（1）]。

7. 选择【圆角矩形】工具绘制一个圆角矩形，选择【删除锚点】工具单击下方锚点将其删除，得到图8-2-5（2）。

8. 在图（2）中再绘制一个圆角矩形，选中图8-2-5（2）和圆角矩形，按住组合键【Shift+M】，打开【形状生成器】工具，按住【Alt】键单击圆角矩形，将其删除，得到效果[图8-2-5（3）]。

9. 在图8-2-5（3）中绘制一个圆角矩形，用【形状生成器】工具裁除多余部分，得到效果[图8-2-5（4）]。

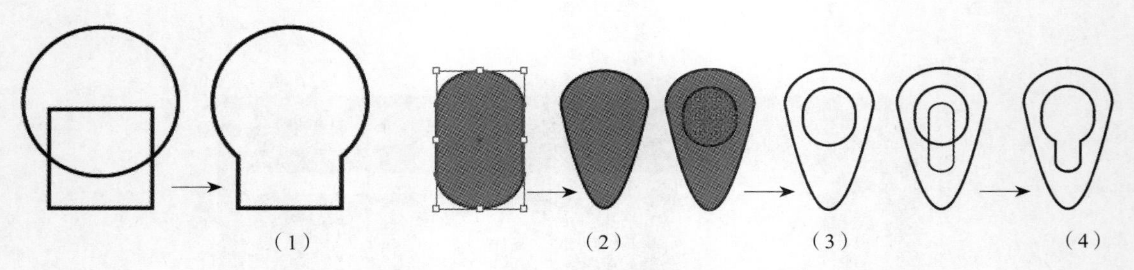

图8-2-5 简单几何形的组合过程

10. 绘制两个同心的正圆，大圆尺寸为“2cm×2cm”，然后绘制一个圆角矩形[图8-2-6（1）]。选中圆角矩形和大圆，单击【联集】按钮。在联集后的对象中再绘制一个圆角矩形，应用【形状生成器】裁除多余部分[图8-2-6（2）]。打开【渐变】面板，进行【径向渐变】填充[图8-2-6（3）]，然后应用【旋转复制】的方式添加小圆[图8-2-6（4）]。

11. 选中图8-2-6（4）中间的正圆，按住【Alt】键移动复制。选择工具箱【铅笔】工具，设置【描边粗细】为“0.25pt”，然后随意绘制多个线条将正圆分割[图8-2-6（5）]。然后全选对象，点击组合键【Shift+M】打开【形状生成器】工具，单击圆内每个区域，然后填充颜色【图8-2-6（6）】。删除圆外多余线段，全选对象，打开【透明度】面板中的【正片叠底】混合模式，点击组合键【Ctrl+G】编组对象[图8-2-6（7）]

12. 组合对象，修改渐变填充对象并适当调整细节。根据设计需要，全选完成后的对象，按住

【Alt】键移动复制，然后部分选中对象，分别单击属性栏的【重新着色图稿】按钮，弹出对话框。通过对话框中的【指定】选项卡、【编辑】选项卡中颜色参数的调整，可以任意搭配颜色（图8-2-7）。将拉链头与拉链进行组合，得到效果（图8-2-8）。

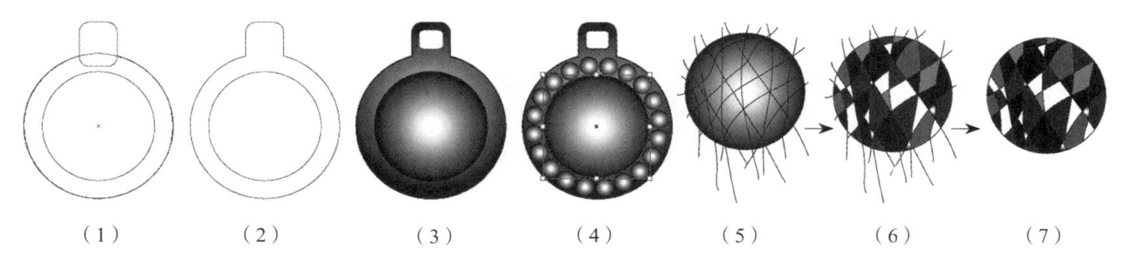

图8-2-6 先组合简单几何形，再生成新形状

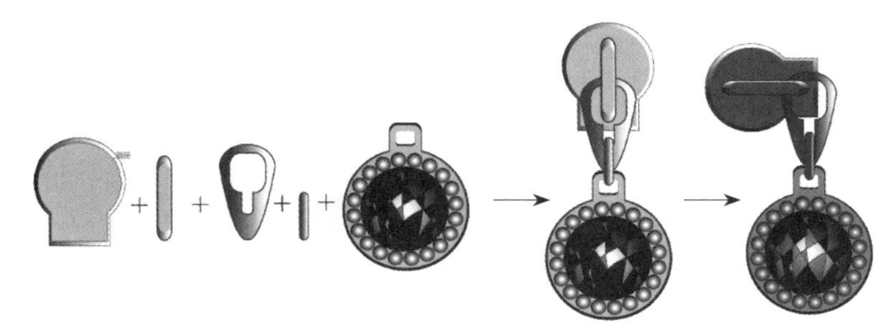

图8-2-7 拉链头的组合与配色

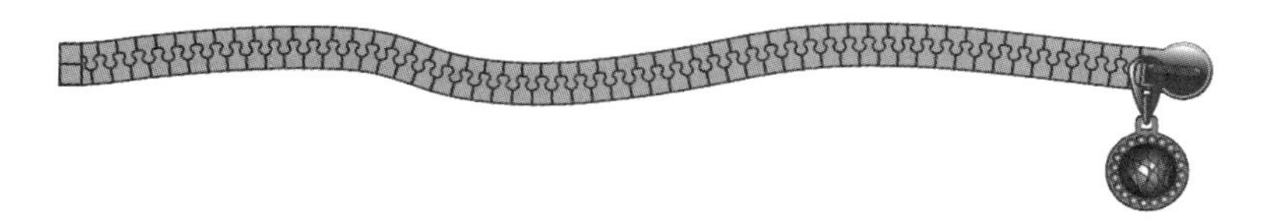

图8-2-8 拉链头与拉链的组合

三、金属链绘画步骤

1. 基本单元的绘画。用工具箱中的【直线段】工具绘制一条长"1cm"，粗细为"1pt"的水平线。执行菜单【效果/扭曲和变换/波纹效果】命令，弹出对话框，设置【大小】为"0.2cm"，【隆起数】为"1"，选择【平滑】，单击【确定】按钮[图8-2-9（1）]。

2. 选中对象，执行【对象/扩展外观】命令，接着再次执行【对象/扩展】命令。单击【A】键，用【直接选择】工具移动锚点，改变造型[图8-2-9（2），图8-2-9（3）]。

3. 用工具箱中【椭圆】工具绘制一个椭圆，点击组合键【Shift+C】，单击上下锚点，将平滑锚点转换成角点，调整大小后移至合适位置[图8-2-9（4）]。

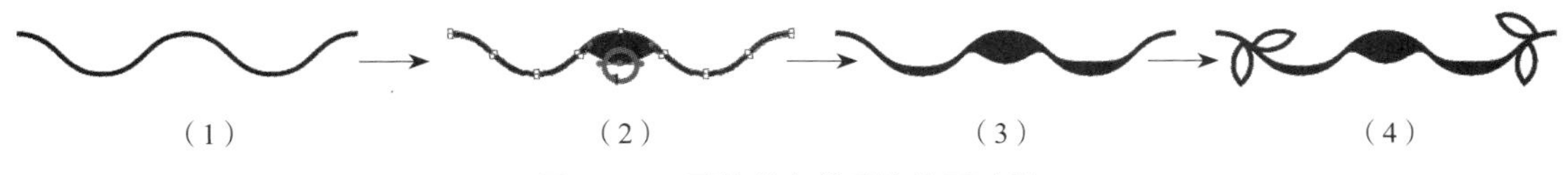

图8-2-9 画笔基本单元的绘画过程

4. 全选对象，将其拖放至【画笔】面板列表中，新建【图案】画笔，弹出对话框（图8-2-10），进行设置后，点击【确定】按钮，应用新画笔（图8-2-11）。

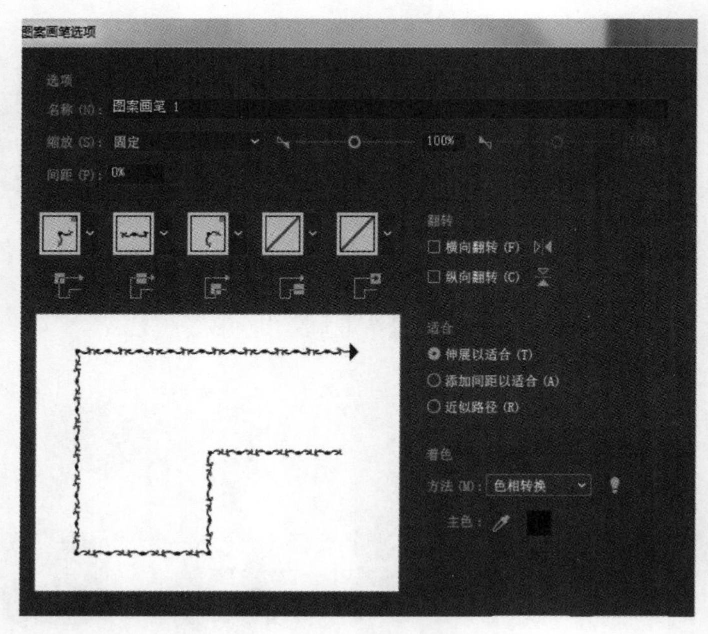

图8-2-10　画笔选项设置

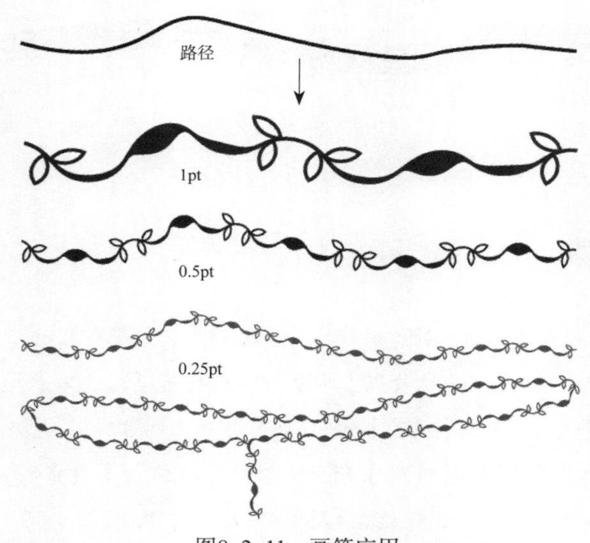

图8-2-11　画笔应用

5. 选中图8-2-9（2），用【直接选择】工具拖动下方锚点并往上垂直移动，使对象扭转，根据设计需要，可以多处移动锚点，然后垂直镜像复制，生成新对象（图8-2-12）。

图8-2-12　移动锚点、镜像复制

6. 将新对象新建成【图案】画笔，应用后效果（图8-2-13）。

7. 保存画笔，方便随时调用。执行【画笔库菜单/保存画笔】命令，给画笔命名。打开已保存的画笔，单击【画笔库菜单/打开画笔库/其他库】即可。

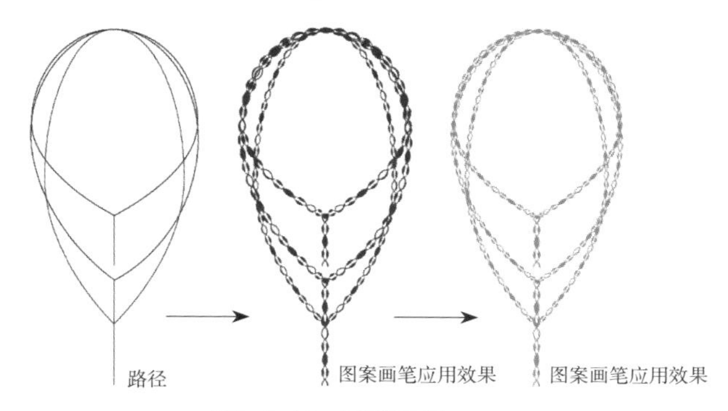

图8-2-13　画笔应用

四、绳线绘画步骤

1. 绘制麻花单元图案。用【椭圆】工具绘制一个椭圆[图8-2-14（1）]，点击组合键【Shift+C】转换锚点后，分别单击椭圆上端和下端锚点，将平滑锚点转换成角点[图8-2-14（2）]。选择【倾斜】工具，拖动上端锚点使对象倾斜[图8-2-14（3）]。选择【直接选择】工具（快捷键【A】），然后单击锚点，拖动锚点手柄修改造型[图8-2-14（4）]。

2. 选中图8-2-14（4），按住组合键【Alt+Shift】垂直移动复制，点击组合键【Ctrl+D】两次，再制两个对象[图8-2-14（5）]。全选图（5），双击工具箱【旋转】工具，弹出对话框，输入角度“90°”，单击【确定】按钮。

3. 用【矩形】工具绘制一个矩形作为定界框，去掉矩形定界框的【轮廓色】与【颜色填充】，点击组合键【Shift+Ctrl+[】将对象置于底层。定界框框选的范围必须是一个完整的循环单元，如果定界框范围有错位，应用后的画笔将随之错位[图8-2-14（6）]。

4. 全选图8-2-14（6），将对象拖放至【画笔】面板中，弹出【新建画笔】对话框，选择【图案】画笔，在【画笔选项】中，命名为【单麻花】，调整大小为“100%”，着色方式为【无】，单击【确定】按钮。【单麻花】出现在【画笔】面板中。

5. 双击【画笔】面板中的【单麻花】图案，弹出对话框选项（图8-2-15），将【外角拼贴】和【内角拼贴】都设置为【自动切片】，应用后效果（图8-2-16）。

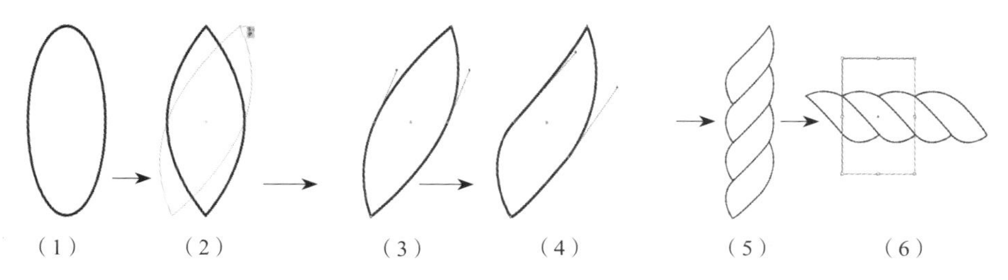

图8-2-14　修整椭圆，复制并旋转

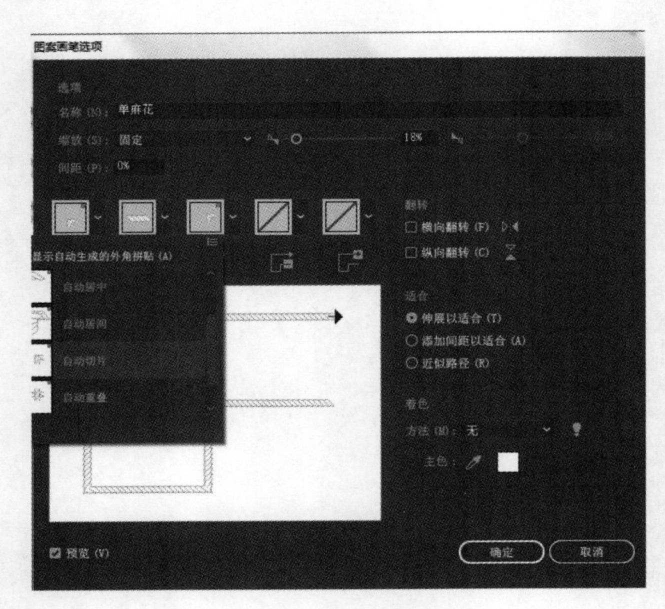

图8-2-15 图案画笔选项

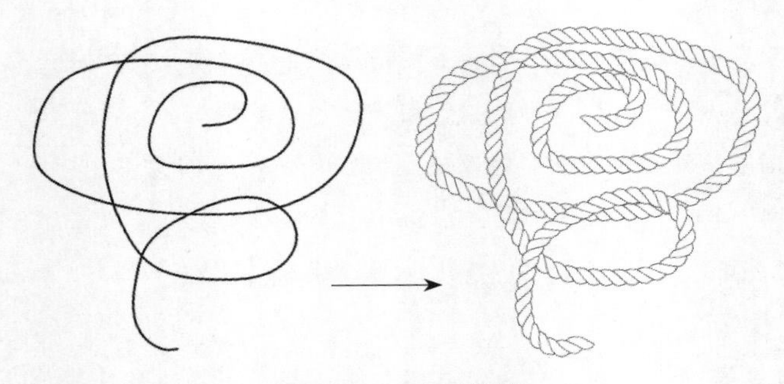

图8-2-16 应用效果

6. 规则绳线效果操作。用【直线段】工具绘制一条长“1.5cm”，粗细为“1pt”的水平线。执行菜单【效果/扭曲和变换/波纹效果】命令，弹出【波纹效果】对话框，设置【大小】为“0.35cm”，【隆起数】为“1”，选择【平滑】，单击【确定】按钮。

7. 执行菜单【对象/扩展外观】命令，然后单击快捷键【A】用【直接选择】工具单击下方锚点手柄往相反方向拖动，使对象扭曲。完成后将其拖放至【色板】面板，创建成新的画笔，命名为“扭转弧线”（图8-2-17）。

8. 用工具箱中【直线段】工具再绘制一条水平线，然后单击【色板】面板中的【扭转弧线】画笔。选中对象执行【对象/扩展外观】命令，再单击【色板】面板中的【单麻花】画笔，规则的扭转麻花效果出现（图8-2-18）。

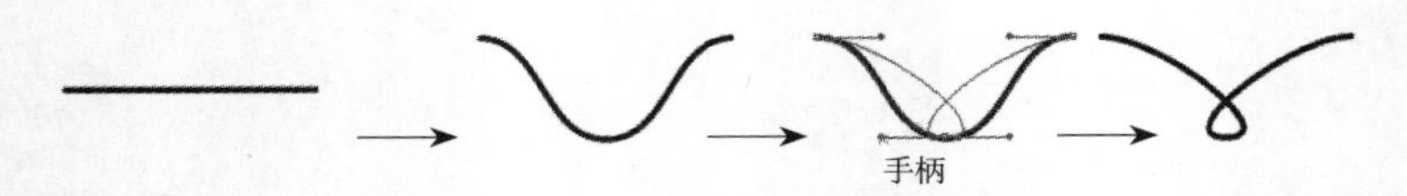

图8-2-17 对象变形

9. 双色变化绳线。选中对象，进行黑白颜色搭配（图8-2-19）。然后将其拖放至【画笔】面板，弹出【新建画笔】对话框，选择【图案】画笔，确定后弹出【画笔选项】对话框，设置名称为"双色麻花"，大小调整为"50%"，着色方式选择【无】，单击【确定】按钮后，新画笔出现在面板中。

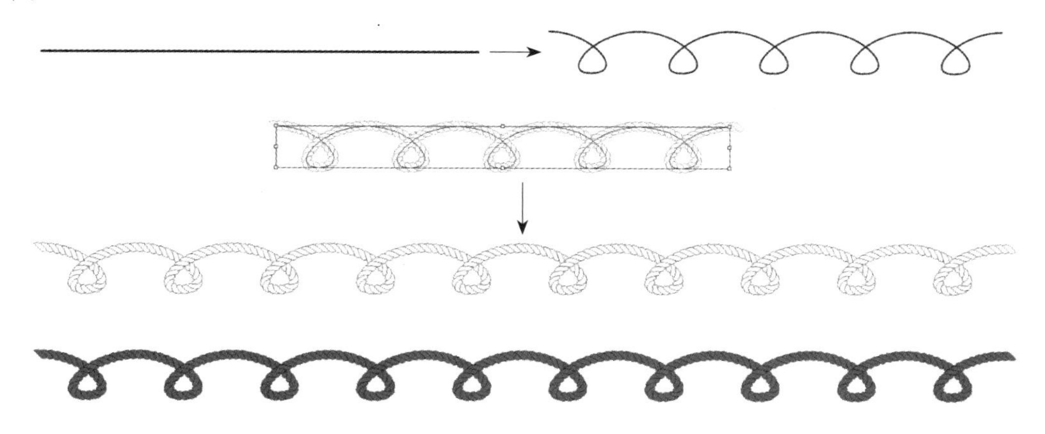

图8-2-18 规则麻花效果

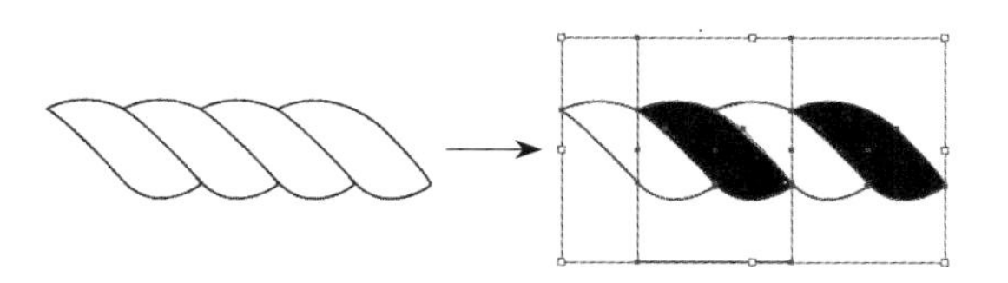

图8-2-19 改变颜色

10. 重复前面步骤，完成画笔的创建并应用。如果需要改变双色效果，只要在【画笔选项】中选择【着色】为【色相转换】即可（图8-2-20）。

图8-2-20 应用画笔

第三节 花边绘画表现

一、花边绘画效果（图 8-3-1）

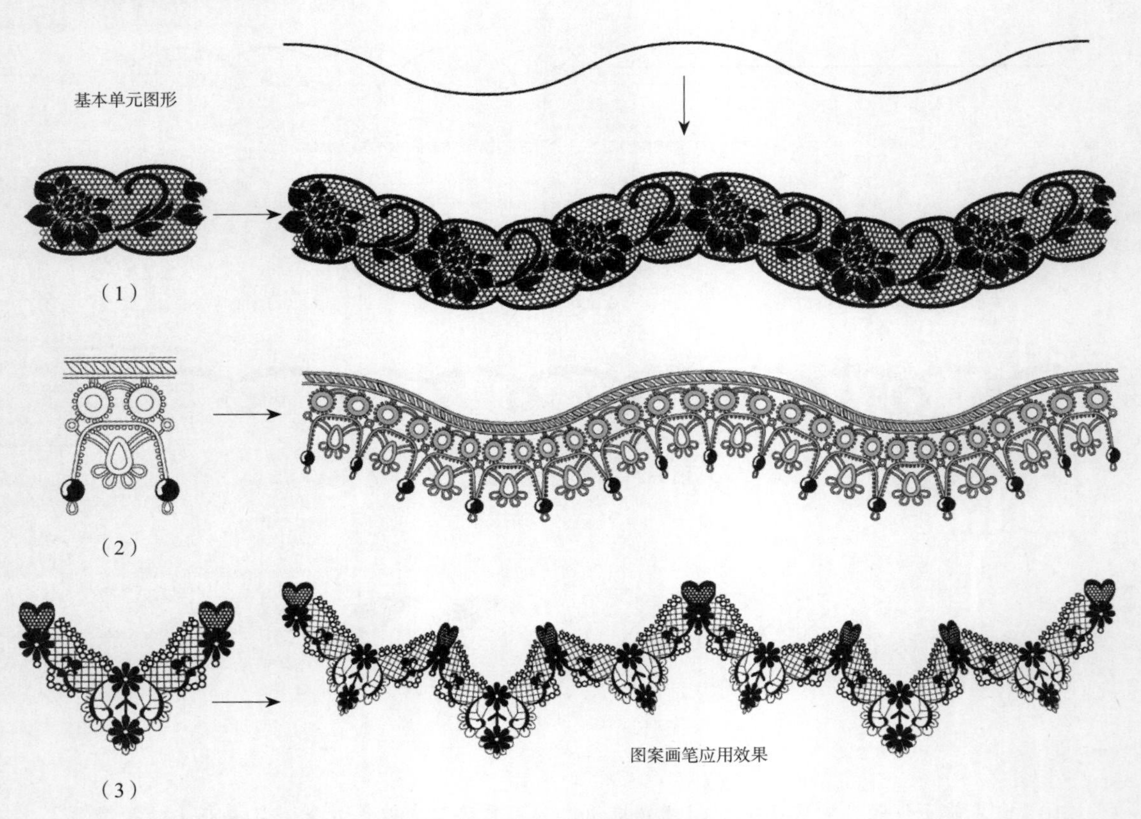

图8-3-1 Illustrator绘制的各种花边

二、花边绘画步骤

1. 用绘图工具绘制基本图形[图8-3-2（1）]。选中图8-3-2（1）中的上下弧线，配合【Alt】键移动复制[图8-3-2（2）]，然后两次点击组合键【Ctrl+J】连接对象，生成图8-3-2（3）。

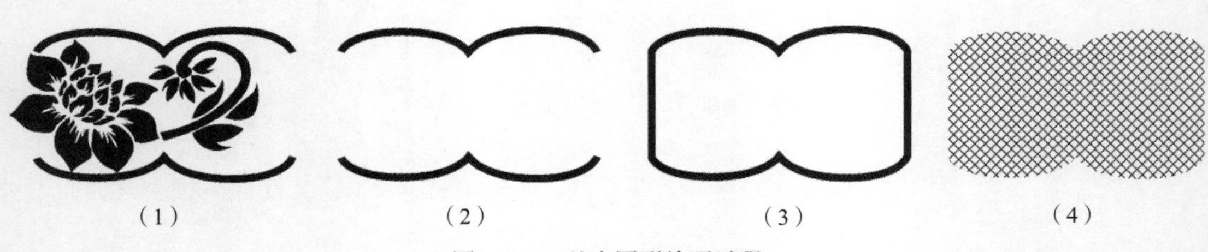

图8-3-2 基本图形绘画过程

2. 用【直线】工具配合【Shift】键绘制一条垂直线，然后镜像复制，形成一个叉形纹样☒，将叉形纹样拖放至【色板】面板中，创建成新的色板，然后填充在图8-3-2（3）中，得到效果

[图8-3-2（4）]。

3. 将图8-3-2（4）移至图8-3-2（1）对象的下方，并水平移动复制，得到效果（图8-3-3）。

4. 绘制定界框。用【矩形】工具绘制一个矩形，去掉轮廓色和填充色，并置于对象的底层。全选对象，将其拖放至【画笔】面板中，生成新的图案画笔（图8-3-4）。

5. 按照同样的操作方法，可以绘制不同的花边图案，并创建成画笔。

图8-3-3　组合图形

图8-3-4　绘制定界框

6. 打开一副矢量款式图，将花边应用到服装款式的腰部和下摆，得到效果（图8-3-5）。

图8-3-5　蕾丝花边在服装上的应用

本章小结

※【图案画笔】能快速绘制具有连续、循环特征的拉链、线缝、细绳、珠片、花边与装饰辅料。

※ 画笔库的保存操作为以后的随时调用和修改提供方便，节省重复操作的时间。

※ 对象的【对齐】、【旋转】、【镜像】等命令对于【新建画笔】具有很重要的意义。

※ 矩形绘制完后，重新设置大小的方法。执行菜单【窗口/变换】命令，弹出【变换】面板，在【W】(宽度)和【H】(高度)框中输入数值后，按【Enter】键。

※ 执行菜单【效果/扭曲和变换/波纹效果】命令，可以将直线转换成曲线或折线，通过选择【平滑】、【尖锐】、【大小】和【隆起数】的修改达到各种不同的外观效果，对于绘制缝纫线和装饰线非常有效。

※ 选择对象后，单击【倾斜】工具，拖动任意锚点可以倾斜对象。

※ 按住组合键【Shift+Ctrl+F9】打开【路径查找器】面板，可以结合、分割对象。

※ 执行【对象/扩展】命令，可以将描边转换成对象。

思考练习题

1. 如何操作完成服装荷叶边的绘制？
2. 如何操作完成针织服装上的线圈穿套？
3. 如何操作完成绳线的绘制？
4. 绘制完成下列辅料图案效果。

第九章 Illustrator服装印花与图案设计绘画表现

课题名称： Illustrator 服装印花与图案设计绘画表现

课题内容： 规则型印花图案绘画设计表现

特殊工艺效果印花图案绘画设计表现

自由创意型图案绘画设计表现

课题时间： 6课时

教学目的： 通过本章的学习，运用 Illustrator 软件能够完成各类印花与图案的绘画表现。

教学方式： 教师演示及课堂训练。

教学要求： 1. 全面综合地应用 Adobe Illustrator 软件各项功能。

2. 掌握无缝对接印花图案绘画的设计表现。

课前准备： 绘制矢量服装款式图，用于印花与图案的填充。

随着数码技术的不断成熟和印花产品质量的提高，数码印花图案成为服装企业新产品开发设计的重要表现形式。数码印花采用直接喷绘或者转移印花的技术可以实现软件处理过的各种创意图形，如重叠、透明、光影等效果。与传统印花技术相比较，数码印花图案无需分色制版，可以节省大量辅助设备及相关成本；印花品质高、色彩丰富、颜色数量不受限制。本章以规则型图案、特殊工艺效果图案、自由创意型图案为例进行绘画设计表现。

第一节　规则型印花图案绘画设计表现

一、规则花纹图案的绘画表现（图9-1-1）

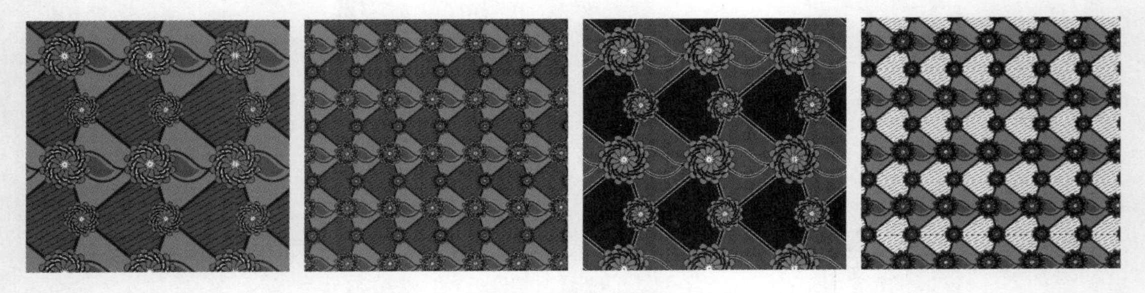

图9-1-1　规则花纹图案绘画效果

二、绘画步骤

1. 绘制花朵。用工具箱【圆角矩形】工具绘制一个椭圆，执行菜单【效果/扭曲和变换/扭转】命令，弹出对话框，设置【角度】参数为“70°”，勾选【预览】，点击【确定】按钮[图9-1-2（1）]。

2. 选中对象，执行菜单【对象/扩展外观】命令，点击工具箱中的【铅笔】工具，绘制几条弧线，设置前景色和轮廓色。全选对象，点击工具箱中的【形状生成器】工具（组合键【Shift+M】），将对象生成几个独立的对象[图9-1-2（2）]。

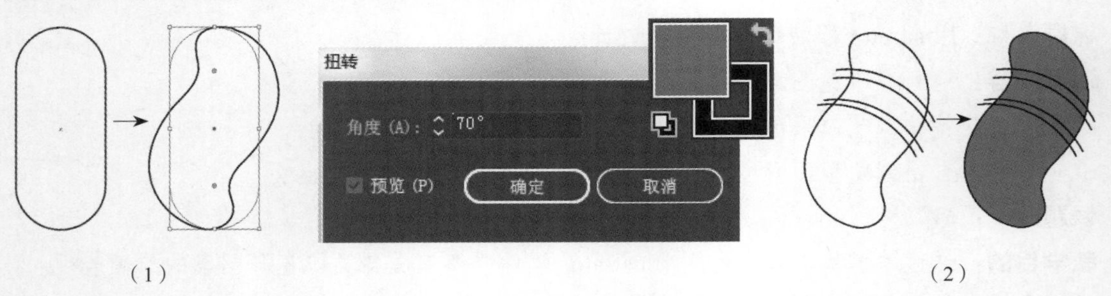

（1）　　（2）

图9-1-2　绘制图形并变形处理

3. 选中对象，填充颜色，点击组合键【Ctrl+G】组合对象。执行【效果/扭曲和变换/自由扭曲】命令，弹出对话框，拖动对话框中的右下角点，变形对象，点击【确定】按钮，得到效果（图9-1-3）。

4. 选中图9-1-3，执行菜单【对象/扩展外观】命令，将对象扩展。点击工具箱中的【旋转】工具，按住【Alt】键，拖动对象中心点至下方，弹出【旋转】对话框，输入角度为“30°”，然后点击【复制】按钮（图9-1-4）。

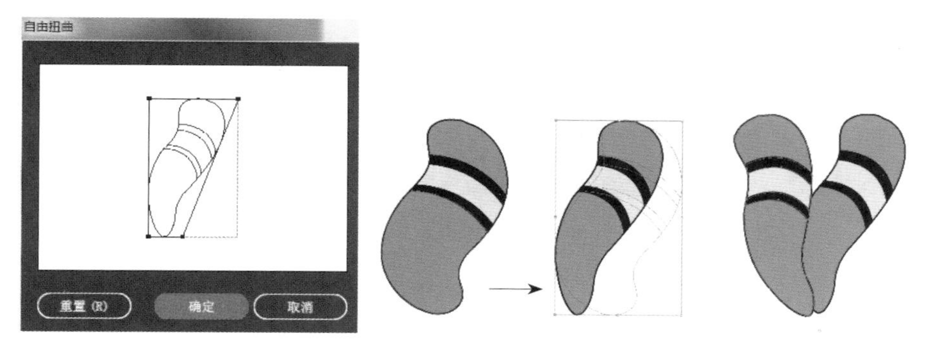

图9-1-3 变形对象　　图 9-1-4 旋转复制

5. 多次点击组合键【Ctrl+D】，进行旋转复制（图9-1-5）。

6. 全选对象，点击组合键【Ctrl+G】组合对象，点击组合键【Ctrl+C】复制对象，接着点击组合键【Ctrl+F】将其贴在前面，然后配合【Shift】键进行成比例缩小并适当旋转（图9-1-6），添加细节（图9-1-7）。

图9-1-5 再制对象　　图9-1-6 缩小对象并旋转　　图9-1-7 添加细节

7. 绘制背景。用【矩形】工具绘制一个正方形，并填充颜色。然后点击组合键【Ctrl+C】复制对象，接着点击组合键【Ctrl+F】将其贴在前面。选中上面的矩形，打开【色板/图案/基本图形/线条】，进行线条填充。

8. 选中线条填充后的对象，执行菜单【对象/变换/旋转】命令，弹出对话框，设置角度为“30°”，点击【确定】按钮。执行菜单【对象/栅格化】命令，弹出对话框，在对话框中选择【透明】背景，点击【确定】按钮（图9-1-8）。

9. 点击【直线】工具，按住【Shift】键，绘制一条垂直线。选中垂直线，执行菜单【效果/扭曲和变换/波纹效果】命令，弹出对话框，设置参数，点击【确定】按钮，将直线转换成折线。然后执行菜单【对象/扩展外观】命令。

10. 选中折线，按住【Alt】键，进行移动复制（图9-1-9）。

11.点击工具箱中的【直线】工具，将折线连接起来（图9-1-10）。全选对象，点击工具箱

【形状生成器】工具，将对象生成几个独立对象并填充颜色（图9-1-11）。

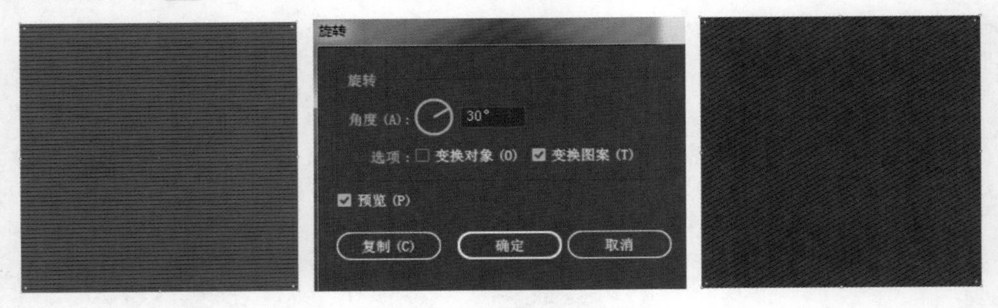

图9-1-8　绘制矩形并填充线条

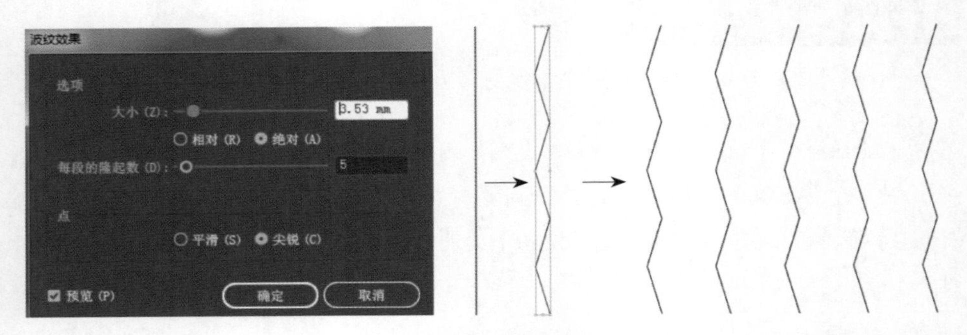

图9-1-9　绘制折线

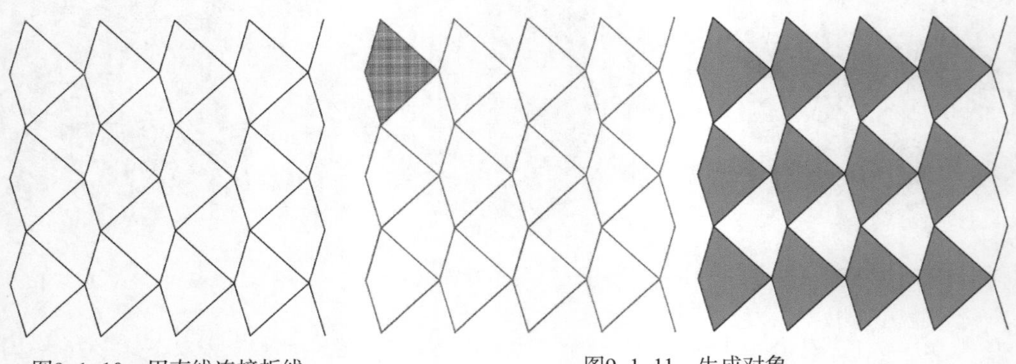

图9-1-10　用直线连接折线　　　　图9-1-11　生成对象

12. 绘制叶子图形。点击工具箱中【弧形】工具绘制一条弧线[图9-1-12（1）]，然后再绘制一条弧线[图9-1-12（2）]。选中两条弧线，点击组合键【Ctrl+J】连接锚点[图9-1-12（3）]。选中图（3），执行菜单【效果/扭曲和变换/扭转】命令，弹出对话框，在对话框中设置【角度】为“60°”，点击【确定】按钮[图9-1-12（4）]。

13. 选中图（4），执行菜单【对象/扩展外观】命令，然后右键单击【取消组合】，配合【Shift】键，缩小中间的对象，形成图形[图9-1-12（5）]。

14. 将背景矩形和叶子对象进行组合，根据设计需要再添加细节，生成背景（图9-1-13）。

15. 将花朵移至背景图片中，然后配合【Shift】键和【Alt】键，垂直移动复制对象（图9-1-14）。

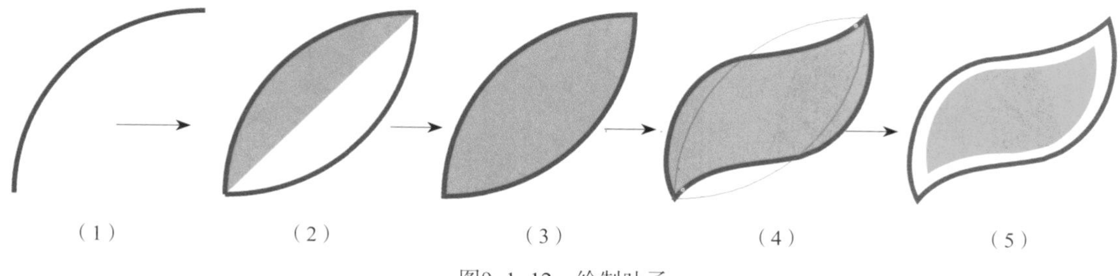

图9-1-12　绘制叶子

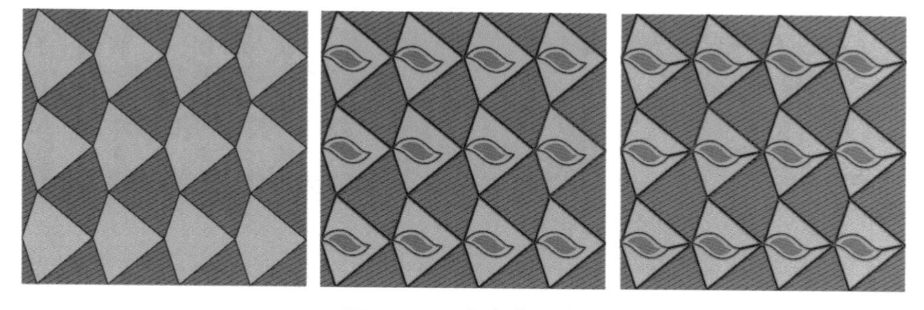

图9-1-13　完成背景绘画

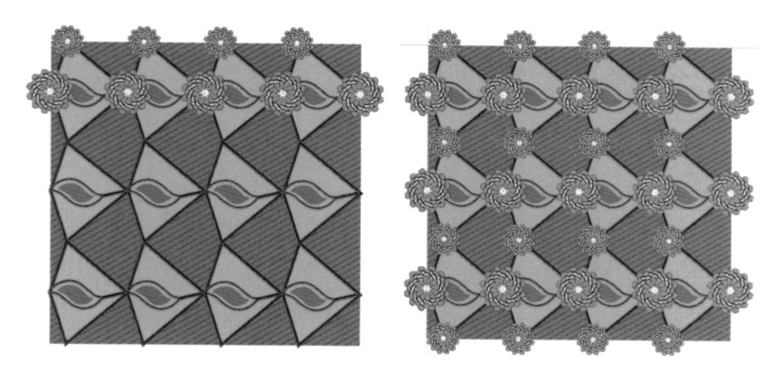

图9-1-14　组合图形

16.将完成后的图案创建成新的色板，绘制一个矩形便可以将矩形填充新色板。选中填充后的矩形，点击属性栏中的【重新着色图稿】按钮，可以换色（图9-1-15）。

17.调入一张款式矢量图，进行填充，并根据设计需要调整填充好图案的大小，得到想要的效果（图9-1-16）。

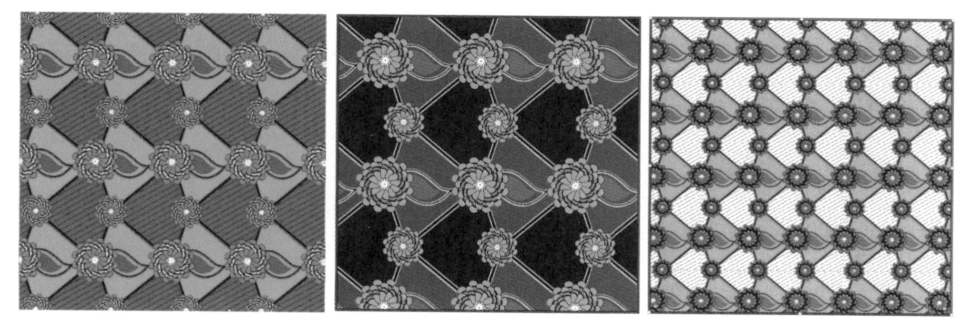

图9-1-15　填充后换色

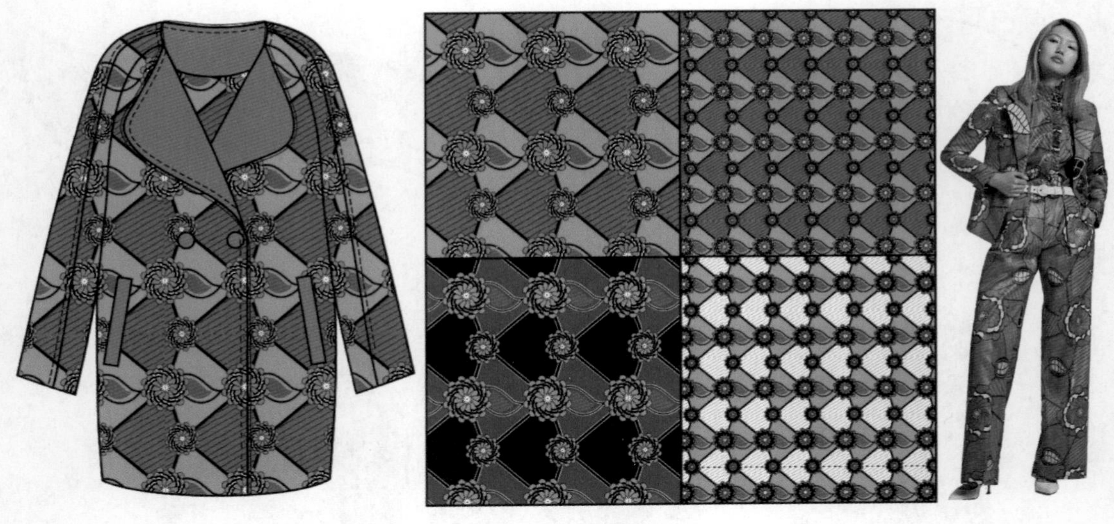

图9-1-16　应用效果

第二节　特殊工艺效果印花图案绘画设计表现

一、扎染印花图案绘画设计效果（图9-2-1）

图9-2-1　数码扎染图案效果

（一）扎染印花单个图案绘画步骤

1. 选择【椭圆】工具绘制一个正圆，填充颜色[图9-2-3（1）]。

2. 选中对象，执行菜单【对象/扩展】命令，弹出对话框，单击【确定】按钮。鼠标右键单击执行【取消编组】命令。选中外轮廓对象，执行菜单【效果/扭曲和变换/粗糙化】命令，弹出【粗糙化】面板（图9-2-2），设置大小为“9%”，细节为“97%”，勾选【尖锐】，预览合适后单击【确定】按钮[图9-2-3（2）]。

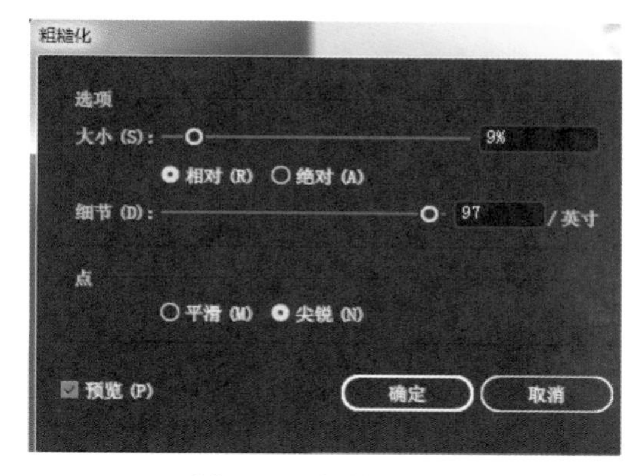

图9-2-2 粗糙化设置

3. 选中图9-2-3（2）外轮廓对象，执行【效果/模糊/高斯模糊】命令，弹出对话框，在弹出的对话框中设置【半径】为“1.4”像素，单击【确定】按钮，得到效果[图9-2-3（3）]。

4. 选中图9-2-3（3）中的外轮廓对象，点击组合键【Ctrl+C】复制对象，点击组合键【Ctrl+F】贴在前面，按住组合键【Alt+Shift】将其放大，得到效果[图9-2-4（1）]。

5. 选中[图9-2-3（3）]中的内圆对象，点击组合键【Ctrl+C】复制对象，点击组合键【Ctrl+B】贴在后面，按住组合键【Alt+Shift】将其放大，得到图9-2-4（2），重复操作得到效果[图9-2-4（3）]。

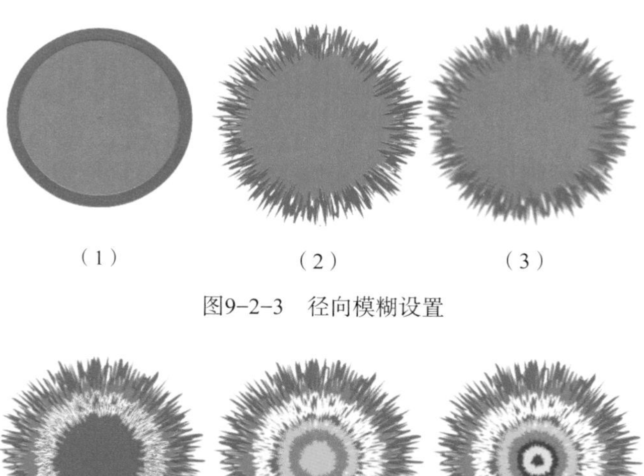

（1） （2） （3）

图9-2-3 径向模糊设置

（1） （2） （3）

图9-2-4 图案绘制过程

6. 打开一张款式矢量图，选中衣身，按住【Alt】键移动复制，然后将图案移至衣身对象后面，选中两个对象右键单击执行【建立剪切蒙版】命令，得到新图形。将新图移回至款式矢量图中，并填充颜色，得到图形（图9-2-5）。

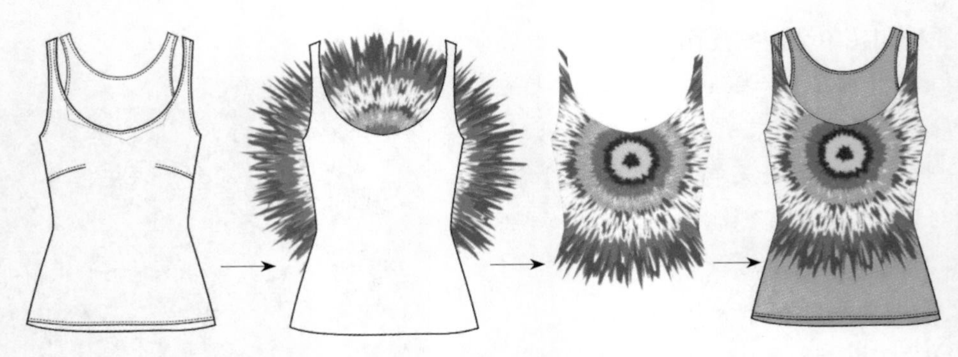

图9-2-5　图案应用效果

7. 选中对象，选择【透明度】面板中的【混合模式】，得到不同的外观效果（图9-2-6）。

图9-2-6　不同混合模式的应用效果

（二）扎染印花多个图案绘画步骤

1. 选择工具箱【星形】工具☆，然后在页面中单击，弹出对话框（图9-2-7），设置参数后单击【确定】按钮，得到图形（图9-2-8）。

2. 填充颜色，选中对象执行菜单【效果/扭曲和变换/波纹效果】命令，弹出对话框（图9-2-9），设置参数后单击【确定】按钮，得到图形（9-2-10）。

3. 选中对象，执行菜单【效果/模糊/径向模糊】命令，弹出对话框（图9-2-11），设置参数

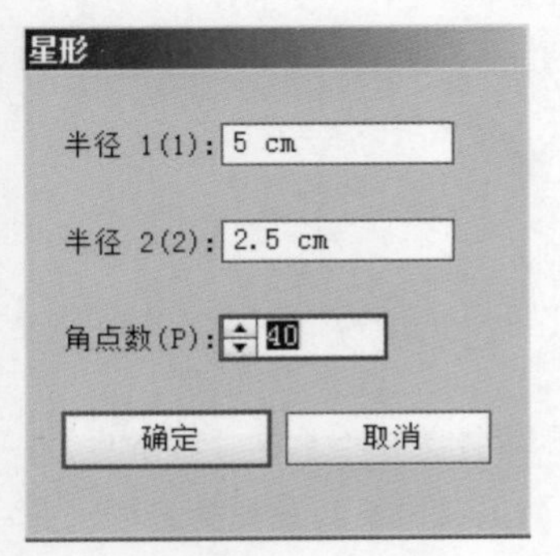

图9-2-7　星型设置

图9-2-8　绘制星型

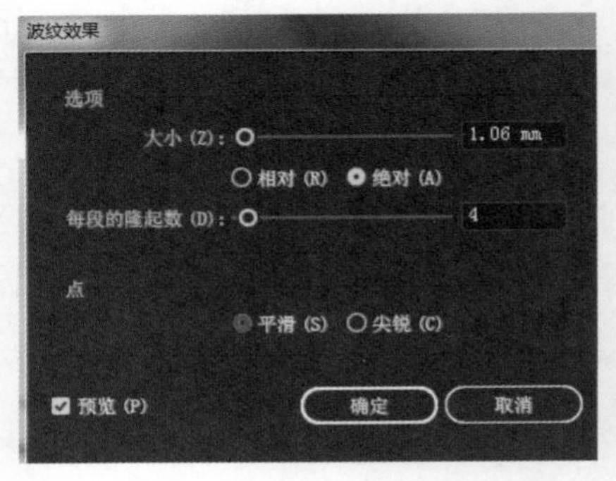

图9-2-9　波纹设置

后单击【确定】按钮，得到图形（图9-2-12）。

4. 选中对象，点击组合键【Ctrl+C】复制对象，点击组合键【Ctrl+F】将其贴在前面，然后配合组合键【Shift+Alt】比例缩放对象，并修改颜色填充（图9-2-13）。

5. 重复操作，继续复制缩放对象，并填充不同的颜色，得到效果（图9-2-14）。

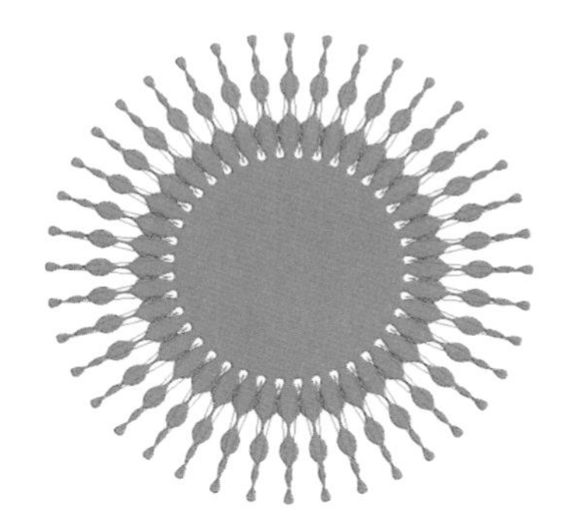

图9-2-10　波纹效果

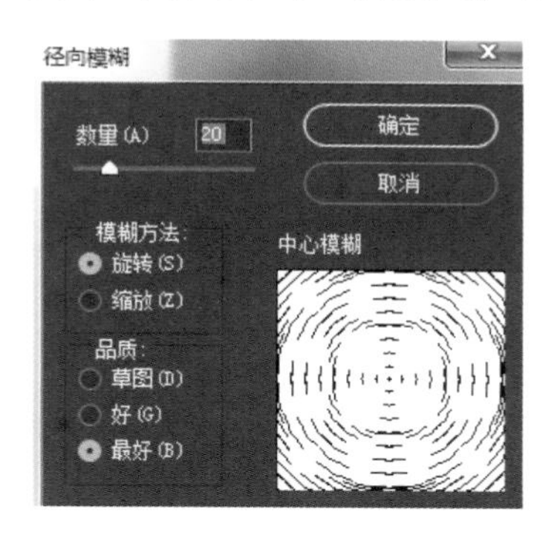

图9-2-11　模糊设置

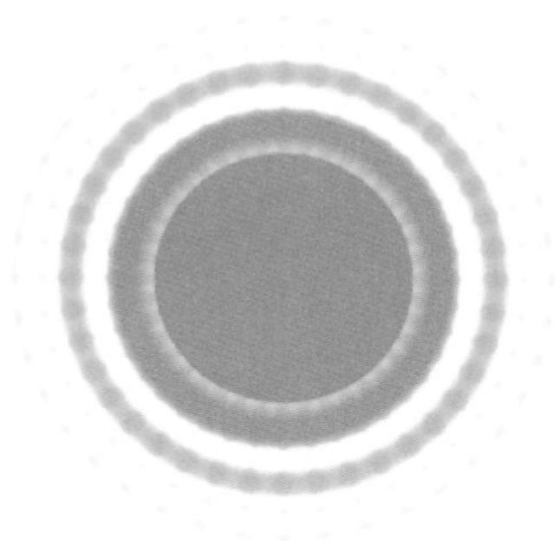

图9-2-12　旋转模糊

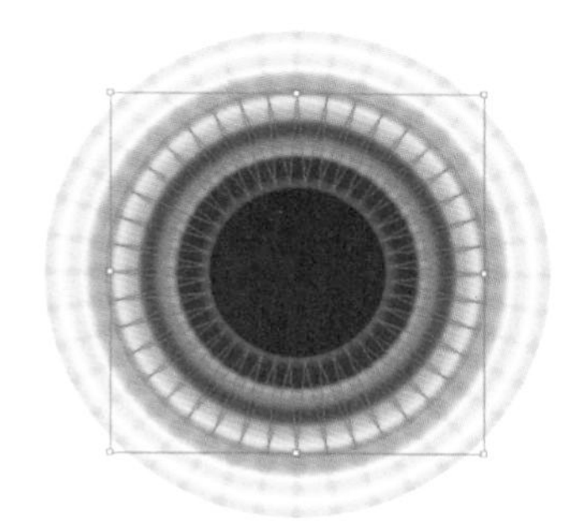

图9-2-13　复制并缩放

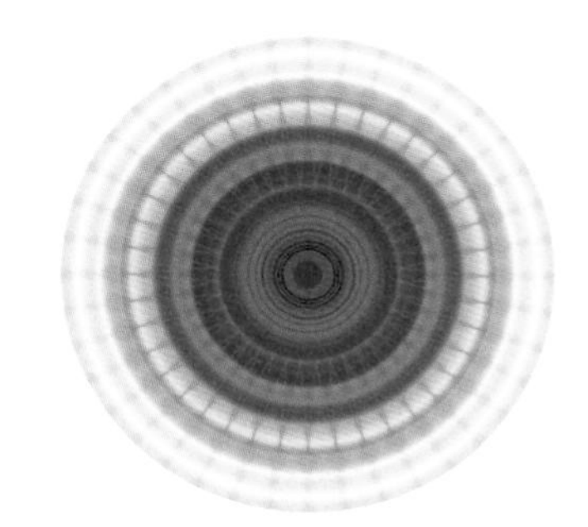

图9-2-14　填充不同颜色效果

6. 选择编组后的对象，单击【变换】面板，设置宽、高均为“10cm”（图9-2-15）。双击工具箱【选择】工具，弹出移动对话框，设置参数（图9-2-16），单击【复制】按钮，得到图形（图9-2-17）。

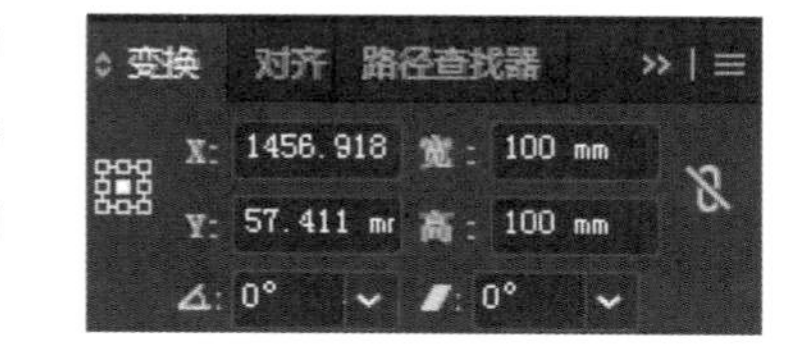

图9-2-15　【变换】面板

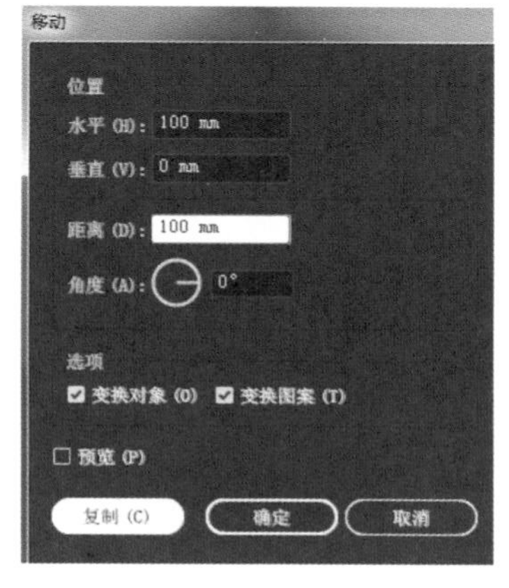

图9-2-16　移动设置

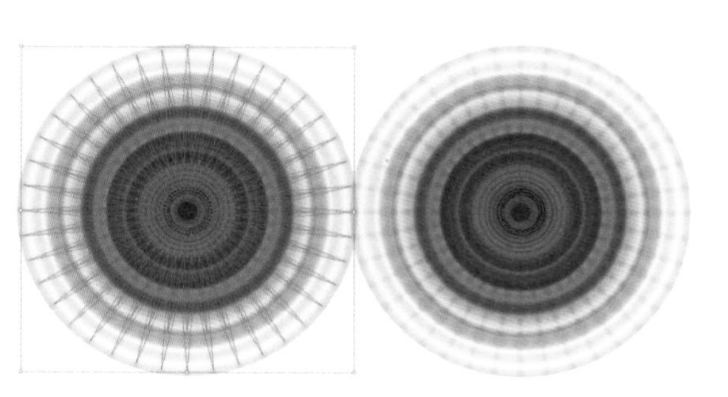

图9-2-17　移动复制

7. 重复操作，得到图形（图9-2-18）。根据设计需要在中间位置添加辅助部分（图9-2-19）。

8. 绘制一个“10cm×10cm”的正方形，去掉【填充】、去掉【描边】，然后将其置于对象的最底层，全选后拖放对象至【色板】面板中，生成新的图案色板。再绘制一个“10cm×10cm”的正方形，填充图案色板，运用不同的比例缩放得到效果（图9-2-20）。

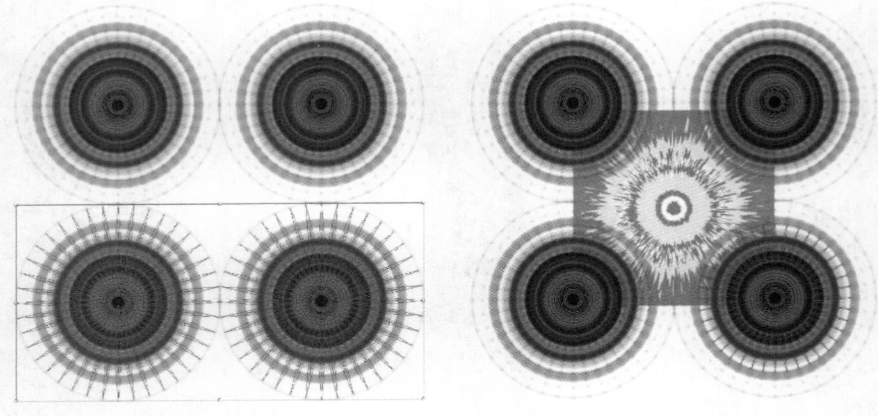

图9-2-18　移动复制　　　　图9-2-19　完善造型

（1）比例是100%填充

（2）比例是50%填充

（3）比例是200%填充

图9-2-20　不同的比例缩放

二、刺绣图案绘画设计效果

（一）刺绣图案效果（图 9-2-21）

图9-2-21　刺绣图案效果

（二）刺绣图案绘画步骤

1. 用工具箱中的【弧形】和【钢笔】工具绘制图形（图9-2-22），并根据设计需要填充颜色。

2. 选中图9-2-22（1）中的枝干部分，执行菜单【效果/风格化/涂抹】命令，弹出对话框（图9-2-23），根据外形设计需要分别设置【角度】、【描边宽度】、【间距】、【变化】等参数，得到效果[图9-2-24（1）]。

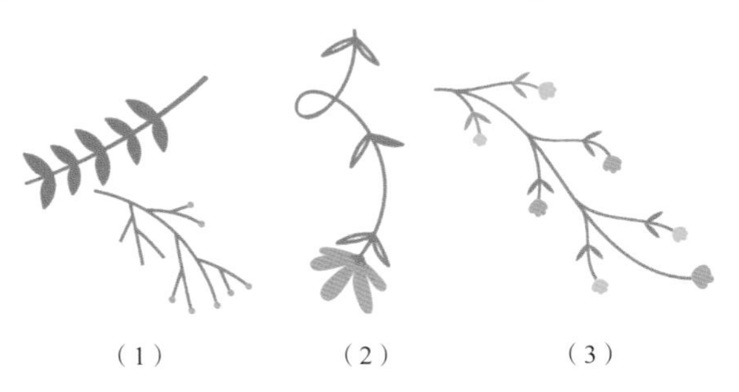

（1）　　（2）　　（3）

图9-2-22　绘制图形

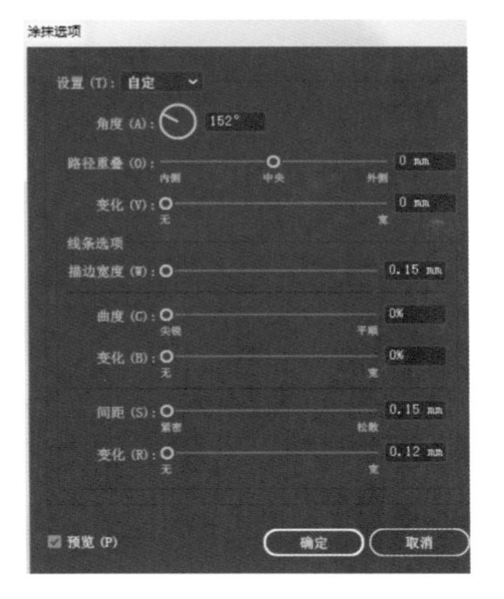

图9-2-23　涂抹对话框

3. 选中图9-2-22（1）中的叶子对象，重复执行菜单【效果/风格化/涂抹】命令，在弹出的对话框中根据叶子的走线方向设置不同的参数，得到效果[图9-2-24（2）]。

4. 重复操作，将所有对象进行涂抹后，并重新移动组合，得到效果（图9-2-25）。

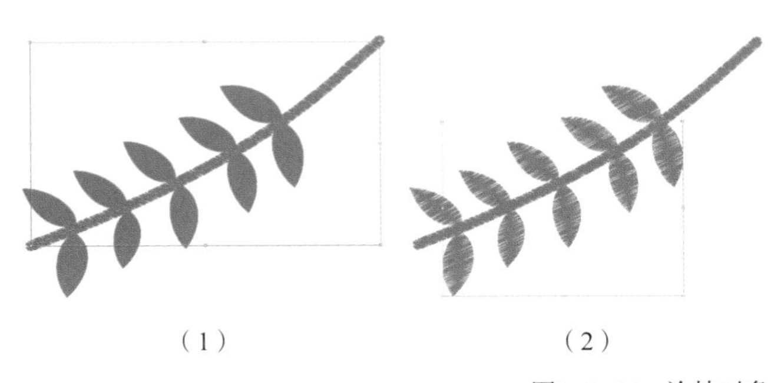

（1）　　（2）

图9-2-24　涂抹对象

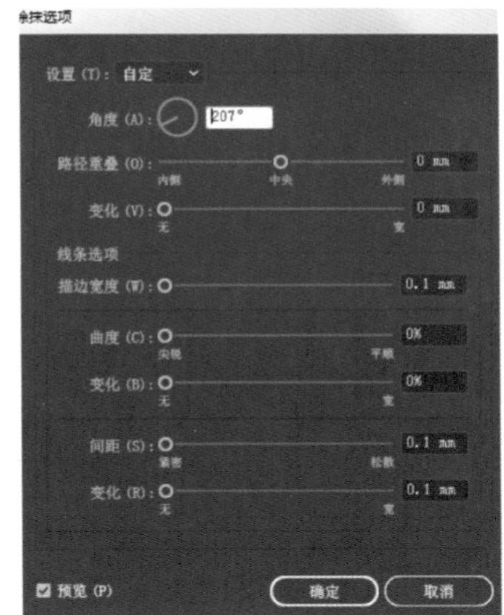

5. 选择工具箱【螺旋线】工具绘制三条螺旋线，配合【Ctrl】键，调整螺旋线的密度，配合上、下方向键，调整圈数[图9-2-26（1）]。

6. 单击【A】键打开【直接选择】工具，单击螺旋线的锚点，根据设计需要调整造型[图9-2-26（2）]。

7. 全选对象，执行菜单【对象/扩展】命令，将对象扩展。单击【A】键修改调整锚点，改变造型[图9-2-26（3）]。

图9-2-25　涂抹对象后并组合

8. 全选对象后，执行菜单【效果/风格化/涂抹】命令，弹出对话框，设置【紧密】，然后根据【预览】效果调整其他参数数值，得到图形[图9-2-26（4）]。

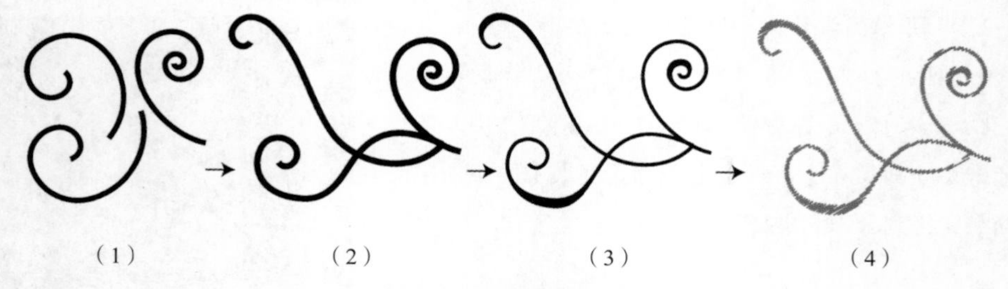

图9-2-26 图形绘制与调整

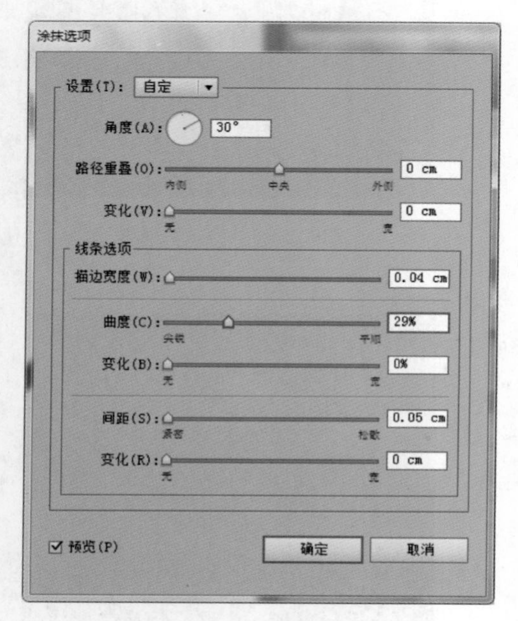

图9-2-27 参数设置

9. 用【椭圆】工具绘制几个椭圆作为叶子，填充颜色。选中椭圆，执行【效果/风格化/涂抹】命令，弹出对话框（图9-2-27），选择【自定义】，设置参数后得到效果（图9-2-28）。

图9-2-28 涂抹效果

10.根据设计需要，将图形摆放至合适位置（图9-2-29），完成后点击组合键【Ctrl+G】进行组合，单击工具箱中的【镜像】工具，将对象镜像复制，得到图形（图9-2-30）。

11.调入一张款式图，将刺绣图案放置在款式图中的合适位置，并根据设计需要，执行菜单【对象/变换/缩放】命令，调整填充图案的大小（图9-2-31）。

图9-2-29 群组对象

图9-2-30 镜像复制对象

图9-2-31 刺绣图案应用效果

三、贴花文字图案绘画设计效果

（一）文字图案效果（图 9-2-32）

图9-2-32 贴花文字效果

（二）贴花文字绘画步骤

1. 输入字体。在工具箱中点击【文字】工具T，输入字体，字体以短粗字体最好（图9-2-33）（技巧：字体造型可以通过各类字体网站下载后，复制到C：\WINDOWS\Fonts）。

SPORT

图9-2-33 输入文字

2. 调整字体间距。单击【选择】工具选中字体，执行菜单【窗口/文字/字符】命令，调出面板（图9-2-34），将【字距调整】设置为“75”，或者直接在右边的“字符面板”中调整字距数值，得到效果（图9-2-35）。

图9-2-34 字符面板选项

SPORT

图9-2-35 字距调整后效果

3. 添加新描边。选中文字对象，执行菜单【窗口/外观】命令，调出【外观】面板，单击面板右上角的下拉菜单按钮，执行【添加新描边】命令。在【外观】面板中修改【填色】与【描边】颜色，描边粗细设置为“4pt”（图9-2-36），得到效果（图9-2-37）。

4. 移动描边图层。选中文字对象，在【外观】面板中，鼠标放在【描边】图层中，然后按住鼠标左键不松手，将“描边”图层移至“填色”图层的下方，得到效果（图9-2-38）。

5. 添加新描边。选中文字对象，在【外观】面板中执行【添加新描边】命令，将描边色改成“黑色”，粗细为“1pt”。

图9-2-36 描边设置

图9-2-37 描边后效果

图9-2-38 将“描边”移至“填充”图层的下方

在【描边】面板（图9-2-39）中勾选【虚线】，设置虚线“2pt”，间隙“1pt”，得到效果（图9-2-40）。

6. 偏移虚线描边。选中文字对象，在【外观】面板中，单击虚线描边图层后，执行菜单【效果/路径/偏移路径】命令，弹出对话框（图9-2-41），通过【预览】调整偏移数值，合适后点击【确定】按钮，效果（图9-2-42）。

7. 添加新描边。选中文字对象，在【外观】面板中执行【添加新描边】命令，将描边色改成浅色，粗细为“1pt”，效果（图9-2-43）。偏移浅色描边，然后执行【效果/路径/偏移路径】命令，偏移描边，得到效果（图9-2-44）。

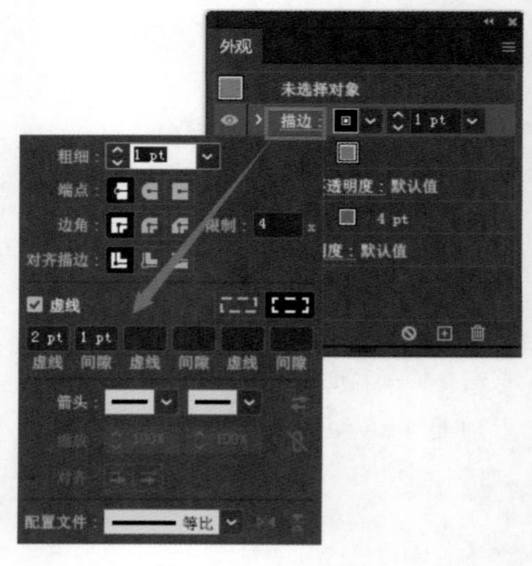

图9-2-39 虚线设置

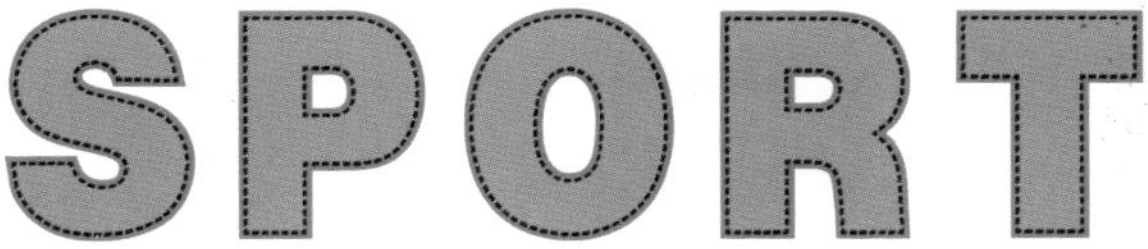

图9-2-40 新描边效果

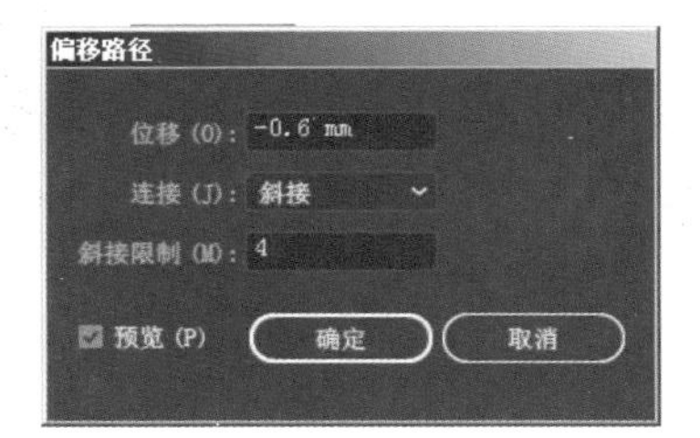

图9-2-41 偏移路径设置

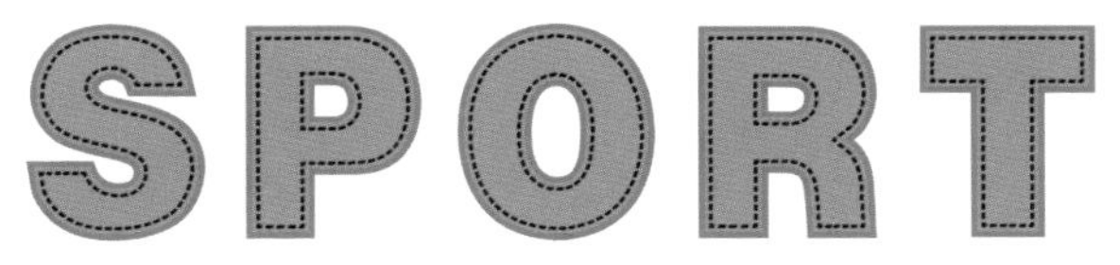

图9-2-42 虚线描边偏移后效果

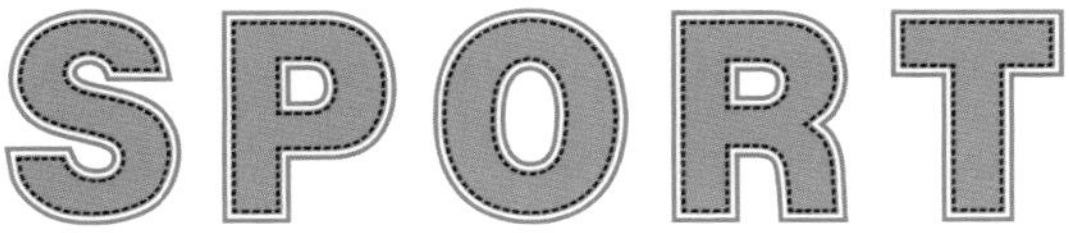

图9-2-43 添加浅色描边

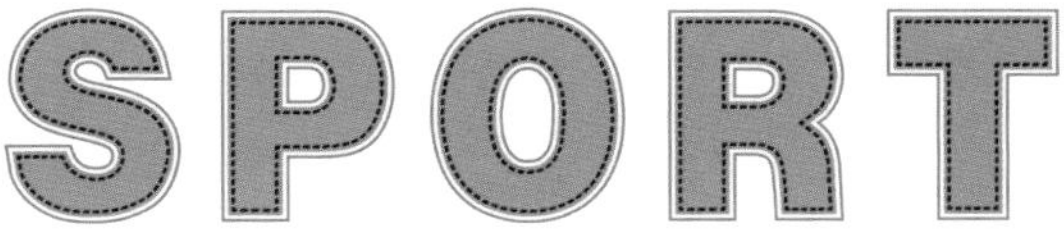

图9-2-44 偏移浅色描边

8. 添加锯齿形缝线效果。选中文字对象，在【外观】面板中单击浅色描边图层后，执行菜单【效果/扭曲和变换/粗糙化】命令，勾选预览，调整参数至合适（图9-2-45），点击【确定】按钮。再次单击浅色描边图层，执行菜单【效果/扭曲和变换/波纹效果】，弹出对话框，设置参数（图9-2-46），得到效果（图9-2-47）。

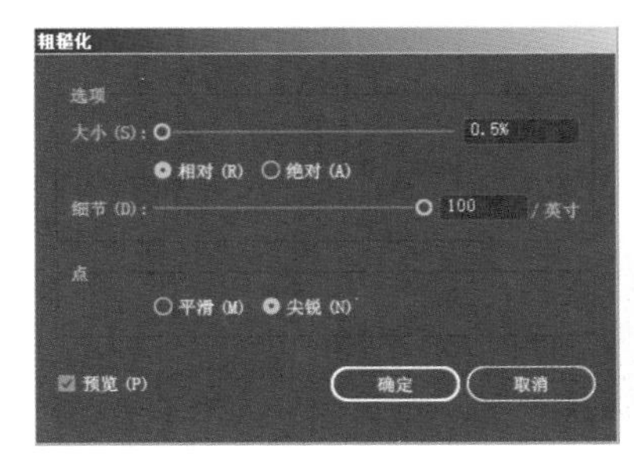

图9-2-45 粗糙化设置

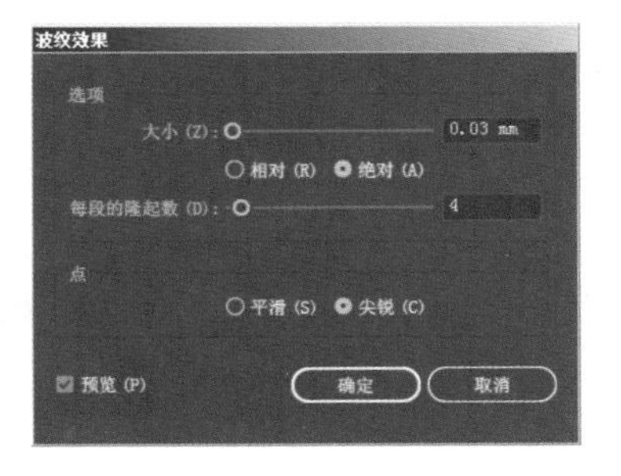

图9-2-46 波纹效果设置

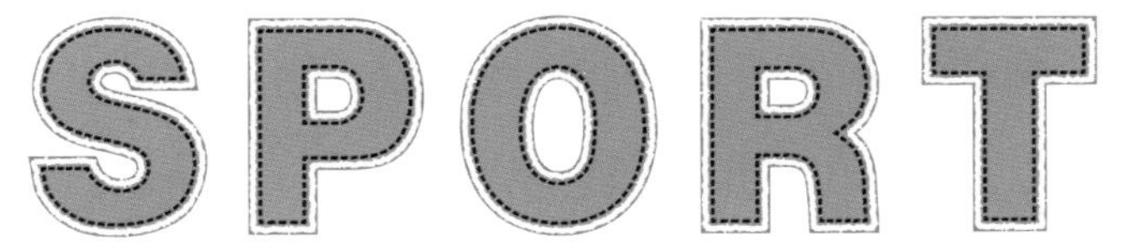

图9-2-47 粗糙、波纹效果

9. 复制描边。选中文字对象，在【外观】面板中单击浅色描边图层后，单击【外观】面板下方【复制所选项目】按钮，修改描边色为“橙”，双击【偏移路径】图层（图9-2-48），弹出对话框，通过预览设置合适的偏移数值，得到效果（图9-2-49）。

10. 建立图形样式。执行菜单【窗口/图形样式】命令，打开【图形样式】面板，选中文字对象，将其拖放至【图形样式】面板中（图9-2-50）。

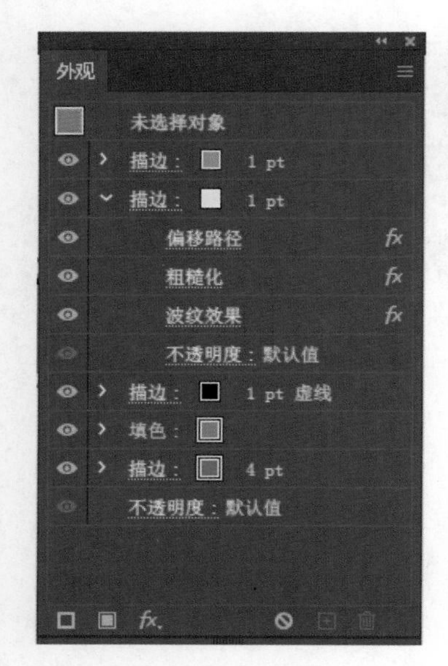

图9-2-48 修改描边颜色

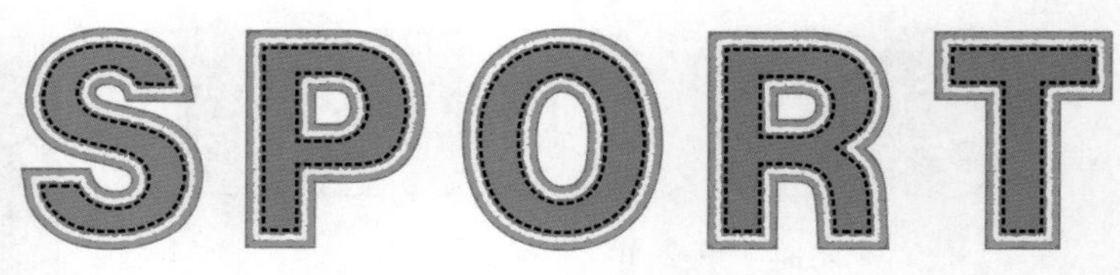

图9-2-49 描边偏移后效果

图9-2-50 建立图形样式

11. 在工具箱中点击【文字】工具T，输入文字并修改字体，选中文字对象后，点击【图层样式】面板中刚刚拖放进去的样式，得到图形（图9-2-51）。

12. 绘制背景。新建一个图层，用【钢笔】工具，配合【Shift】键绘制一条水平线，点击组合键【Ctrl+C】，然后点击组合键【Ctrl+F】，双击【旋转】工具，输入角度“90°”，单击【Enter】。

13. 选中两条直线，执行菜单【效果/扭曲和变换/变换】命令，弹出子面板（图9-2-52），设置【旋转】角度和【副本】数，点击【确定】按钮，得到效果（图9-2-53）。

14. 用【钢笔】工具绘制一条曲线，然后全选对象，点击【图层】面板中点击【可定位，拖移可移动外观】按钮，激活该功能（图9-2-54）。

21 → 21 → 21

图9-2-51 复制图形样式

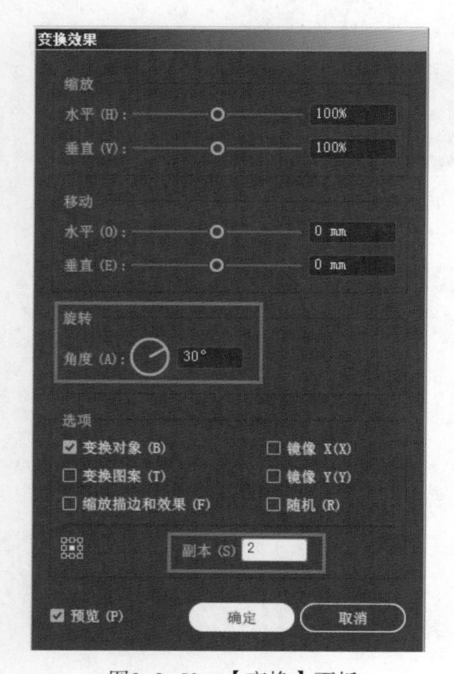

图9-2-52 【变换】面板

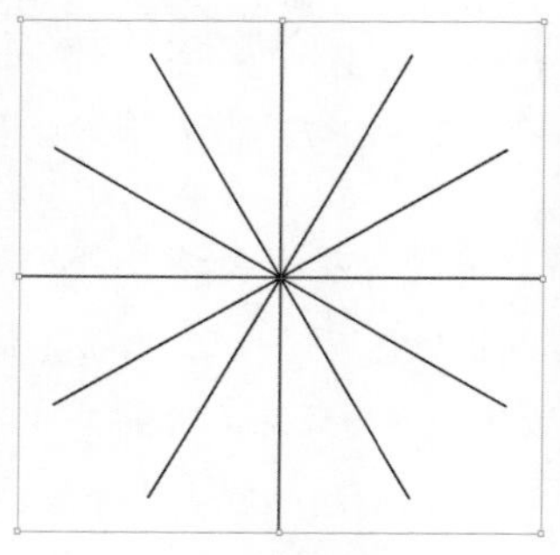

图9-2-53 旋转复制后效果

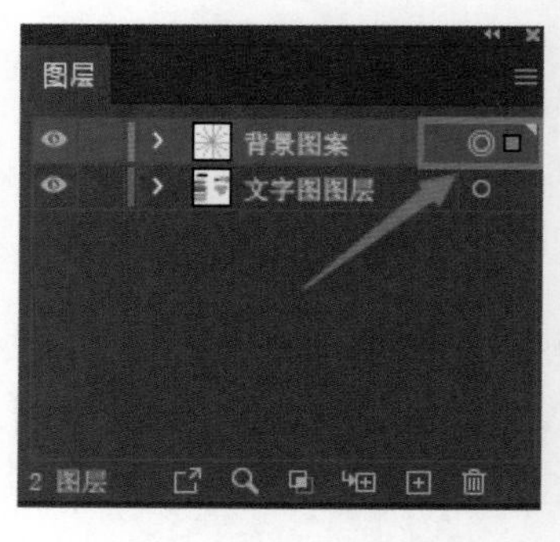

图9-2-54 点击按钮

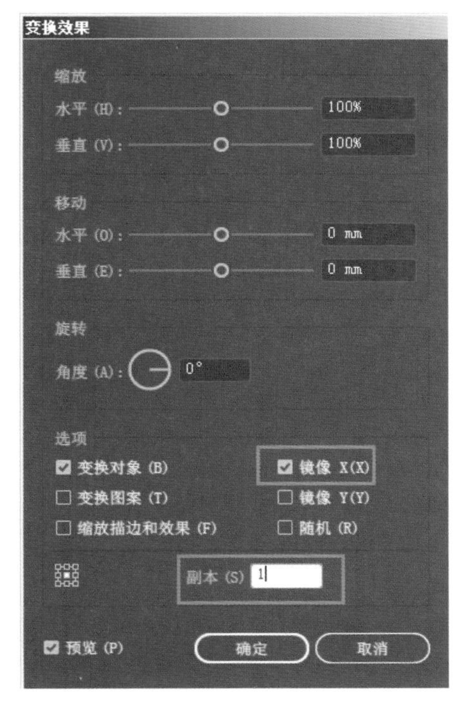

图9-2-55 【变换】面板

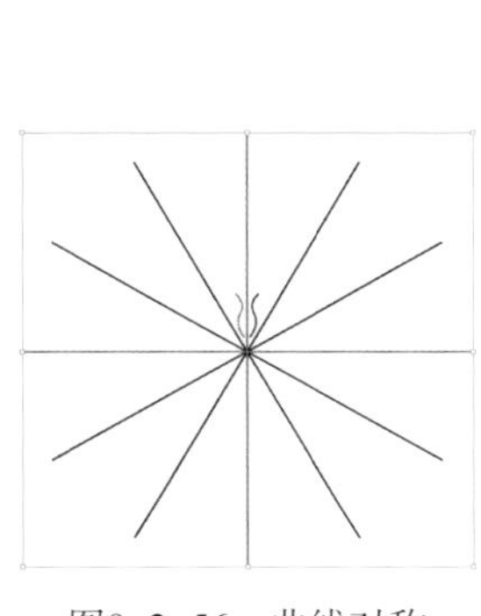

图9-2-56 曲线对称

15. 执行菜单【效果/扭曲和变换/变换】命令，弹出子面板（图9-2-55），勾选【镜像】选项，设置【副本】为1，点击【确定】按钮，得到效果（9-2-56）。

16. 全选对象，再次点击【图层】面板中"可定位，拖移可移动外观"按钮，激活该功能，执行菜单【效果/扭曲和变换/变换】命令，弹出警示对话框（图9-2-57），点击【应用效果】按钮，弹出【变换效果】面板，设置【角度】为60，【副本】为5（图9-2-58）。点击【确定】按钮，得到效果（图9-2-59）。

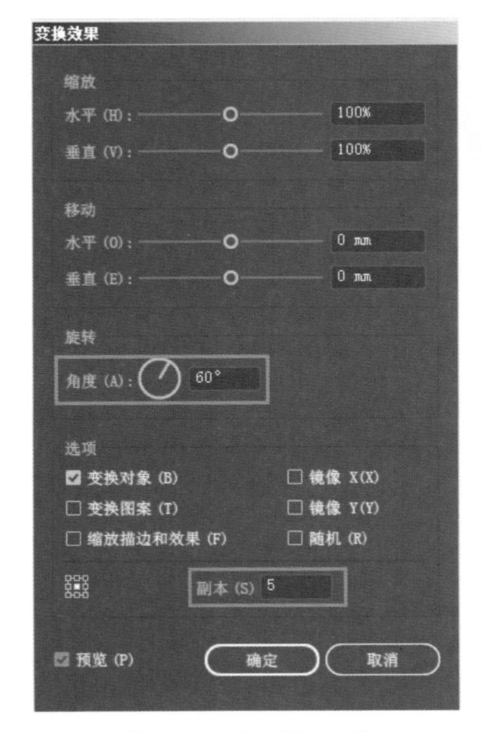

图9-2-58 【变换】面板

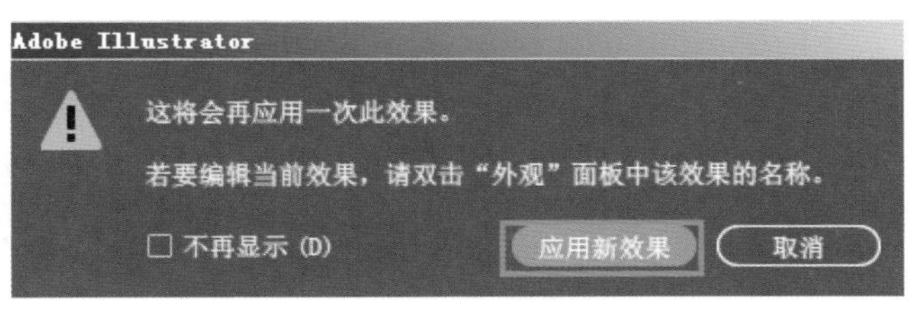

图9-2-57 警示对话框

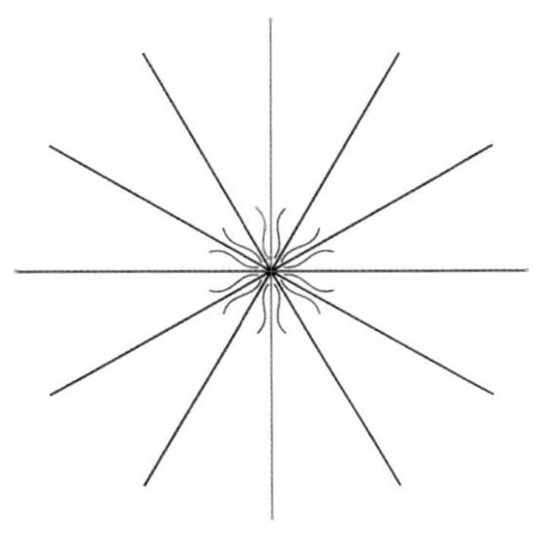

图9-2-59 生成副本

17.此时图形处于联动状态，只要用【钢笔】工具绘制一个图形，则自动生成5个副本图形，完成所有图形绘画后，选中图形对象，执行菜单【对象/扩展外观】命令，右键单击鼠标执行多次【取消编组】命令，删除之前的水平和垂直线，得到效果（图9-2-60）。

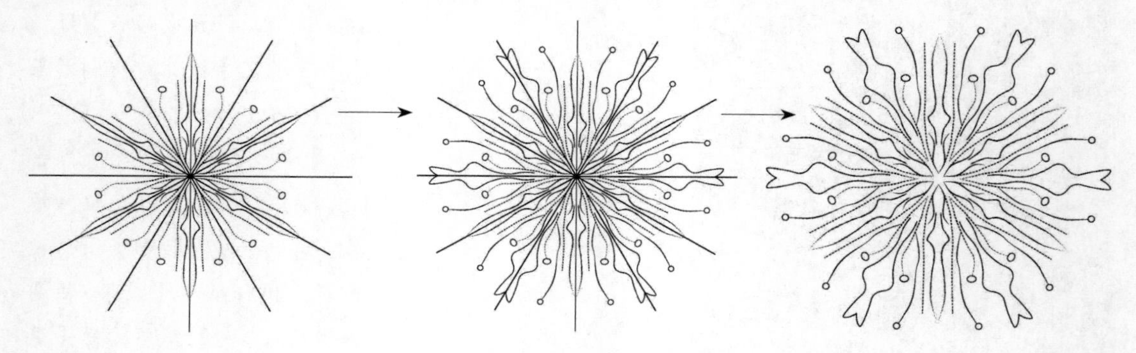

图9-2-60　通过副本完成的效果

18.根据设计需要，删除下面部分对象，将文字放置在合适位置（图9-2-61）。

图9-2-61　组合图形

19.调入一张T恤款式图，将背景和文字图形移至款式图的合适位置（图9-2-62）。

图9-2-62　字母效果

第三节 自由创意型印花图案绘画设计表现

一、 数位板手绘花卉图案效果（图9-3-1）

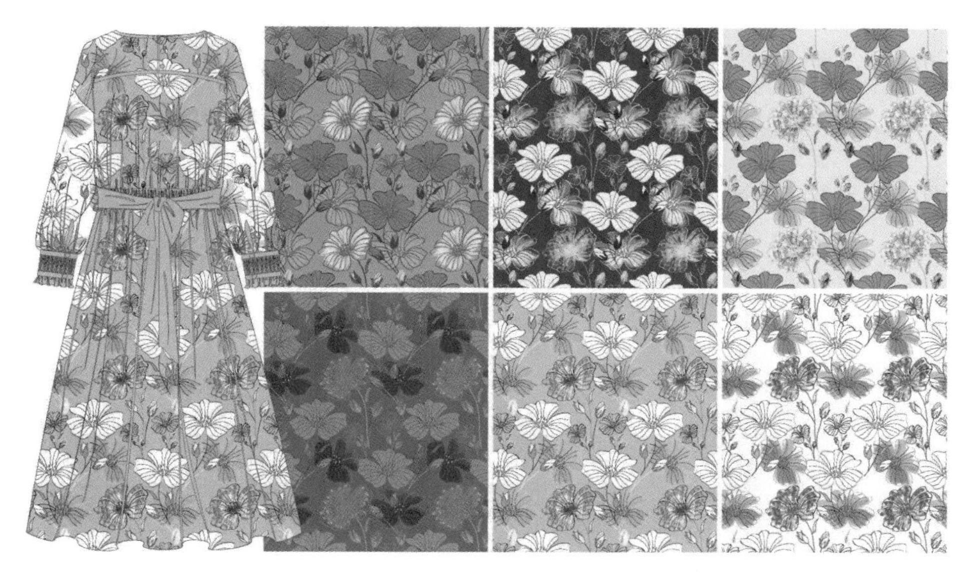

图9-3-1 手绘图案效果

二、手绘图案设计表现

1. 绘制花卉。将手绘板连接到电脑（如果没有数位板，用鼠标工具同样可以完成）。单击工具箱中的【画笔】工具，根据需要挑选合适的【画笔/艺术效果/书法】命令和颜色绘制花朵造型（图9-3-2）。

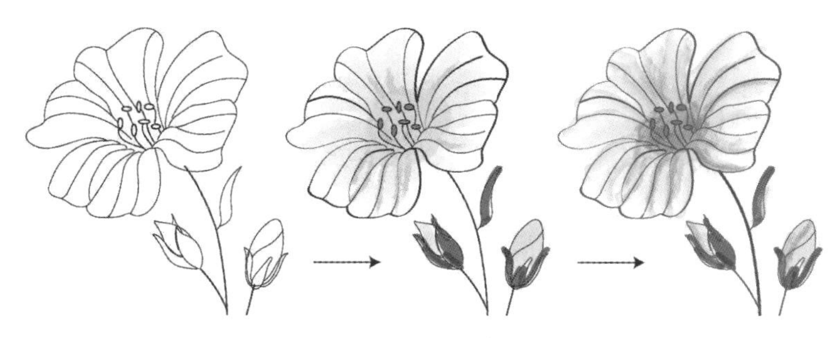

图9-3-2 花朵绘制过程

2. 重复操作，可以绘制另外的花朵。根据设计的需要进行组合（图9-3-3）。全选对象，点击组合键【Ctrl+G】编组对象。

3. 选中对象，执行菜单【窗口/属性】命令，打开【属性】面板，查看对象的【宽】和【高】的尺寸，此对象的【宽】是“100mm”，【高】是“120mm”（图9-3-4）。

4. 选中对象，双击工具箱中的【选择】工具按钮，弹出对话框，在对话框的【水平】栏中输入“100mm”,【垂直】栏中输入“0”，然后点击【复制】按钮，得到效果（图9-3-5）。

5. 全选所有对象，双击工具箱中的【选择】工具按钮，弹出对话框，在对话框的【水平】栏中输入“0mm”,【垂直】栏中输入“120mm”，然后点击【复制】按钮，得到效果（图9-3-6）。

图9-3-3　编组对象

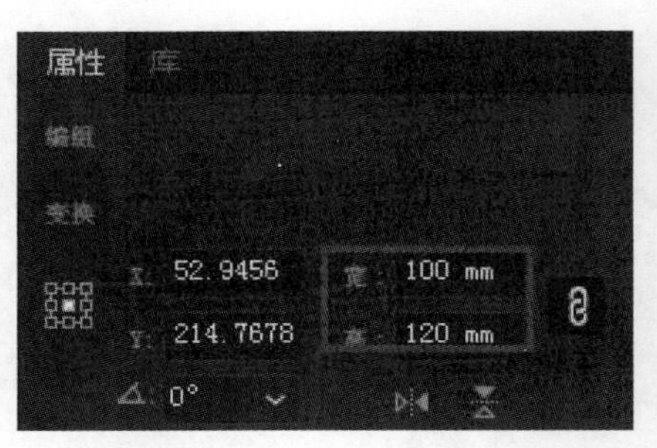

图9-3-4　【属性】面板

图9-3-5　水平移动复制

图9-3-6　垂直移动复制

6. 单击工具箱中的【矩形】工具，然后在页面中单击一次，弹出矩形对话框，在对话框中【宽度】输入“100mm”,【高度】输入“120mm”，然后点击【确定】按钮。

7. 选中矩形和花卉对象，执行【水平居中对齐】和【垂直居中对齐】命令，得到效果（图9-3-7）。

8. 根据设计需要，在矩形中可以再添加几朵花卉，补充空白（图9-3-8）。

9. 选中矩形对象，去掉轮廓色和填充色，鼠标右键单击执行【排列/置于底层】命令。全选所有对象，将其拖放至【色板】面板中，生成新的图案色板，即可应用在对象中（图9-3-9）。

10. 根据设计需要，可以添加背景色，或者执

图9-3-7　对齐对象

行【重新着色】命令，改变图案设计的配色效果（图9-3-10）。

图9-3-8 在空白中添加花卉

图9-3-9 色板填充后效果

图9-3-10 手绘图案最后效果

本章小结

※ 按住组合键【Ctrl+D】再制对象，对于绘制重复的图形非常有效。

※ 双击【选择】工具，可以精确移动对象。

※ 按住组合键【Ctrl+J】连接不闭合的对象。

※ 执行菜单【对象/路径/分割下方对象】命令，可以分割对象。

※ 执行菜单【对象/图案/建立】命令，可以创建新图案。

※ 执行菜单【对象/实时上色/建立】命令，可以在一个对象中分区域填充颜色或图案。

※ 执行【画笔库/艺术效果】命令，可以绘制不同风格效果对象。

※ 执行菜单【效果/扭曲和变换/粗糙化】命令，可以粗糙对象。

※ 执行菜单【效果/扭曲和变换/扭转】命令，可以改变对象造型。

※ 使用【形状生成器】工具，可以生成独立的对象。

思考练习题

完成图9-3-11的绘制。知识要点：先绘制基础图形，然后绘制定界框，创建成新的色板图案，应用色板即可。

图9-3-11 手绘图案最后效果

第十章 Illustrator服装款式造型设计绘画表现

课题名称： Illustrator服装款式造型设计绘画表现

课题内容： 服装单品款式图绘画
对JPEG手稿图的处理

课题时间： 6课时

教学目的： 运用Illustrator软件绘图工具熟练地绘制各种类型的服装款式图，并对Jpeg格式手稿图进行编辑与处理。通过课堂训练，加深对Illustrator工具操作方法的掌握。

教学方式： 教师演示及课堂训练。

教学要求： 1.【钢笔】工具的熟练掌握与具体应用。
2.【镜像】工具的熟练掌握与具体应用。
3.【图像描摹】工具的熟练掌握与具体应用。
4.【吸管笔】工具的熟练掌握与具体应用。

课前准备： 练习工具操作方法并收集服装款式图资料。

服装款式造型设计是指服装的外轮廓、内结构、零部件以及色彩、面料和配饰等多种因素组合而成的着装整体形象。Adobe Illustrator与CorelDRAW一样，其中的【钢笔】工具、【描边】工具、【画笔预设】工具等具备了快速绘制、修改服装外轮廓、内结构及零部件单品设计的能力。与CorelDRAW软件不同的是，Adobe Illustrator还具有可以直接将位图格式的手稿转换成矢量图的工具，并对服装色彩填充、面料设计进行修改与编辑。

第一节　服装单品款式图绘画表现

一、上衣单品款式实例效果（图10-1-1）

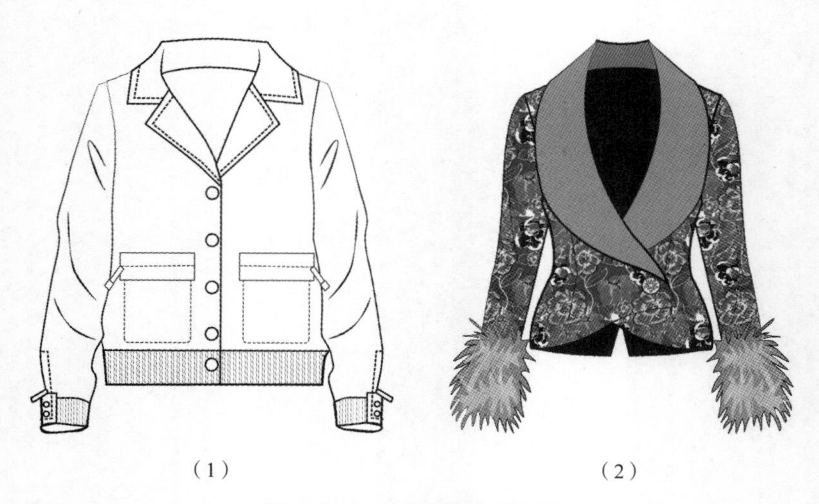

图10-1-1　单品绘制实例效果

二、夹克款式［图10-1-1（1）］绘画步骤

1. 执行菜单【文件/新建】命令（组合键【Ctrl+N】），新建一个文件。在工具栏中选择【钢笔】工具，在左边的工具箱下方去掉填色，将描边色设置为“红色”。然后用【钢笔】工具绘制衣身的廓型（图10-1-2）。

2. 执行菜单【视图/显示网格】命令。点击工具箱中的【直接选择】工具（快捷键【A】），修改衣身的锚点。在【钢笔】工具激活状态下，可以配合【增加/删除锚点】（快捷键【+】/【-】），转换锚点（组合键【Shift+C】）等工具修改衣身轮廓，得到效果（图10-1-3）。

3. 用【钢笔】工具绘制袖子的廓型，用【直接选择】工具（快捷键【A】），修改袖子的形状（图10-1-4）。

4. 用【选择】工具（快捷键【V】）选中袖子，填充“白色”（图10-1-5）。

5. 用【钢笔】工具绘制袖口和添加衣纹线条（图10-1-6）。

6. 用【魔术棒】工具点选绿色，袖子全部被选中；或者用【选择】工具配合【Shift】键选中整个袖子，按下组合键【Ctrl+G】编组（图 10-1-7）。

7. 用【选择】工具选中编组后的袖子，打开工具箱中的【镜像】工具，按住【Alt】键在页面中任意位置单击（尽可能靠近衣身的中心线），弹出【镜像】对话框（图 10-1-8），设置参数后点击【复制】按钮（图 10-1-9）。

8. 用【选择】工具选中左边袖子，移至合适位置（图 10-1-10）。

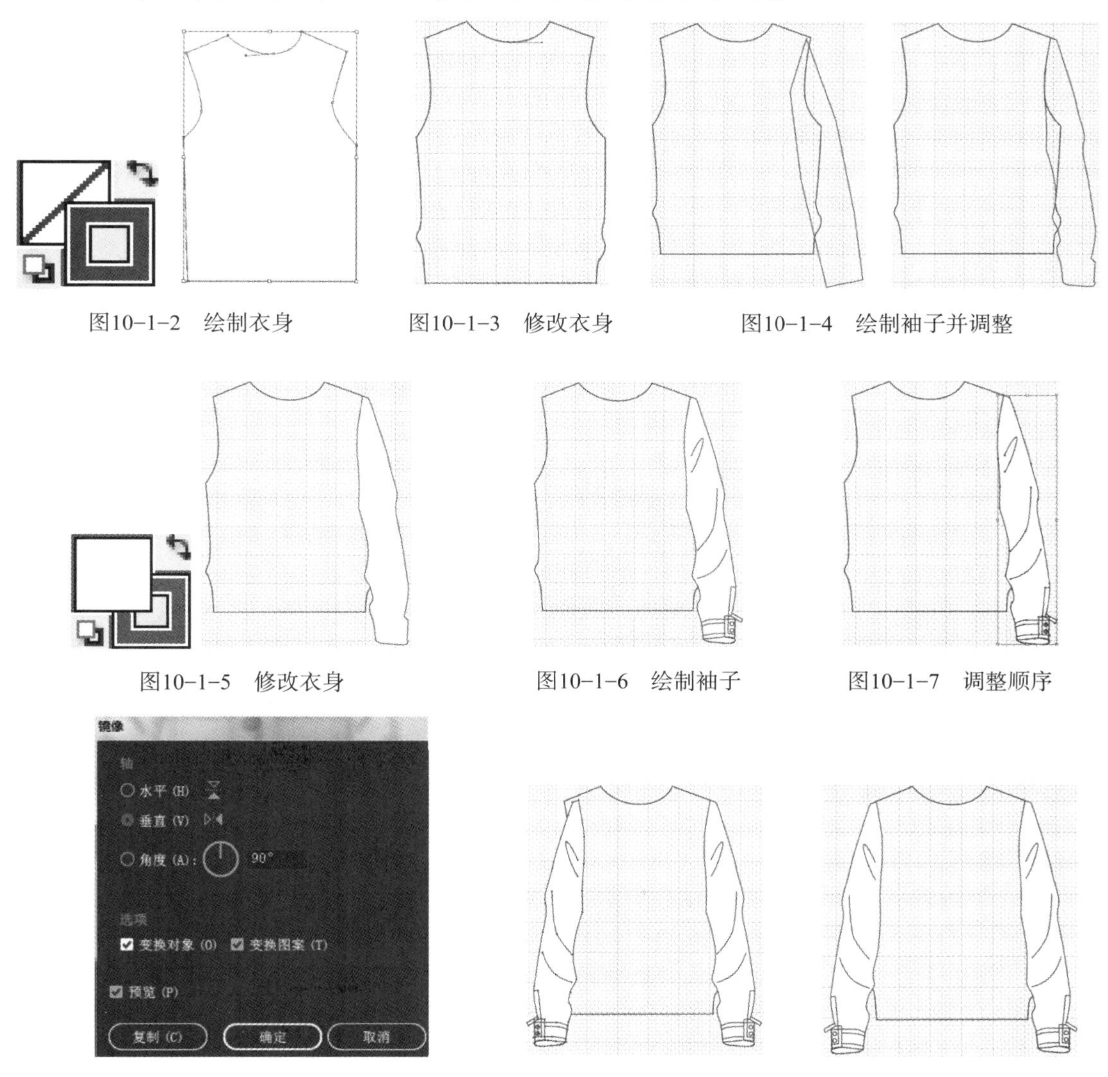

图10-1-2　绘制衣身　　图10-1-3　修改衣身　　图10-1-4　绘制袖子并调整

图10-1-5　修改衣身　　图10-1-6　绘制袖子　　图10-1-7　调整顺序

图10-1-8　镜像对话框　　图10-1-9　复制对象　　图10-1-10　调整位置

9. 用【钢笔】工具绘制衣领形状，用【直接选择】工具修改调整（图 10-1-11）。

10. 用【钢笔】工具绘制门襟和下摆（图 10-1-12）。

11. 用【椭圆】工具绘制扣子，选中扣子配合【Alt】键移动复制扣子（图 10-1-13）。

12. 为对象描边。使用【描边】面板【窗口/描边】命令来指定线条是实线还是虚线；虚线顺序及其他虚线调整（如果是虚线）、描边粗细、描边对齐方式、斜接限制、箭头、宽度配置文件和线条连接的样式及对线条端点进行设置（图 10-1-14）。

13. 修改缝纫线。选中下摆处的黑色线条，在【描边】面板中勾选【虚线】，设置【虚线】为“4pt”，【间隙】为“2pt”，按【Enter】键确定（图10–1–15）。

14. 选中其他需要修改的地方，然后单击【吸管】工具，在虚线上单击一下，虚线被复制到选中的对象上（图10–1–16）。

15. 按照同样的方法可以修改袖口的缝纫线（图10–1–17）（技巧：配合【Shift】键可以选择多个对象）。

图10–1–11　绘制领子

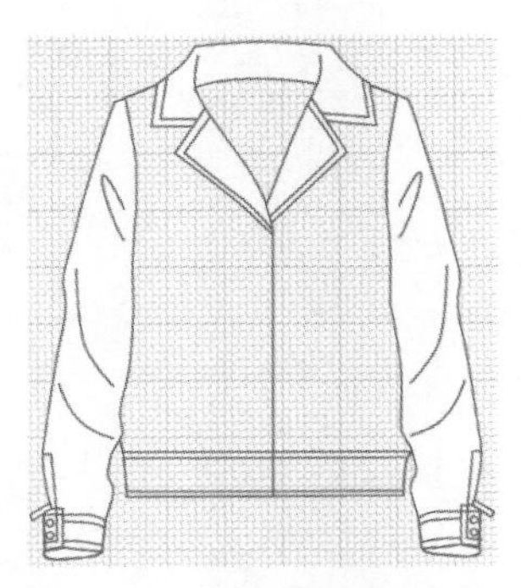

图10–1–12　绘制门襟及下摆

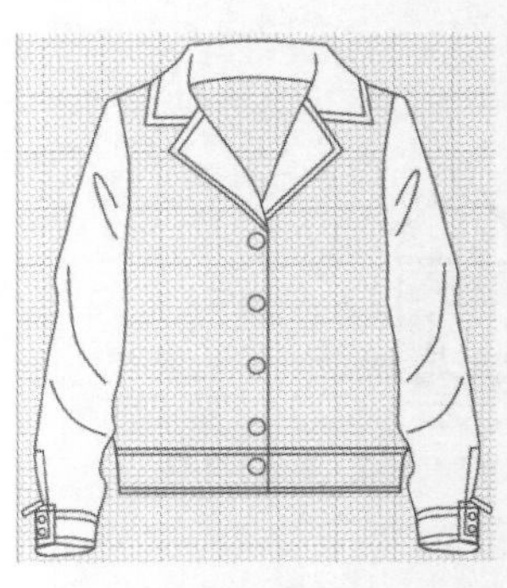

图10–1–13　绘制扣子

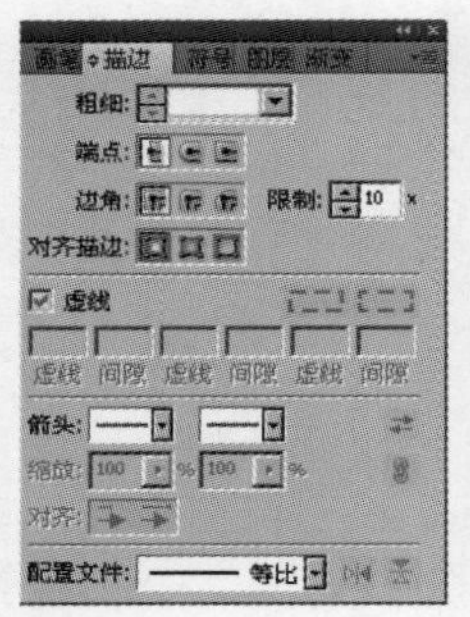

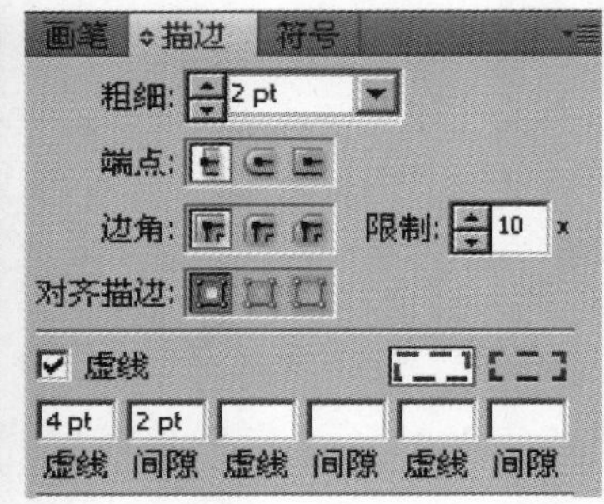

图10–1–14　【描边】面板

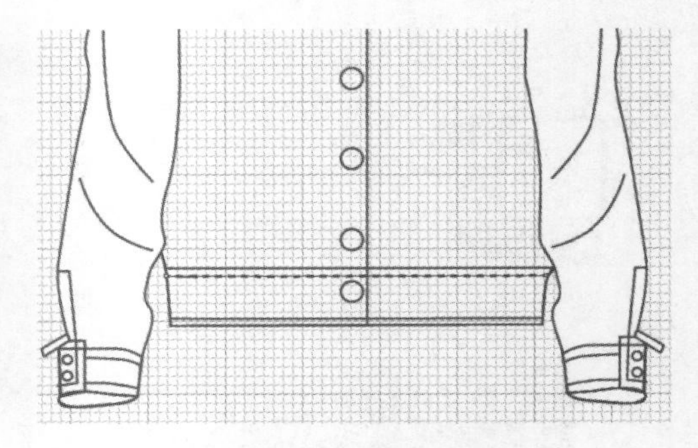

图10–1–15　虚线设置

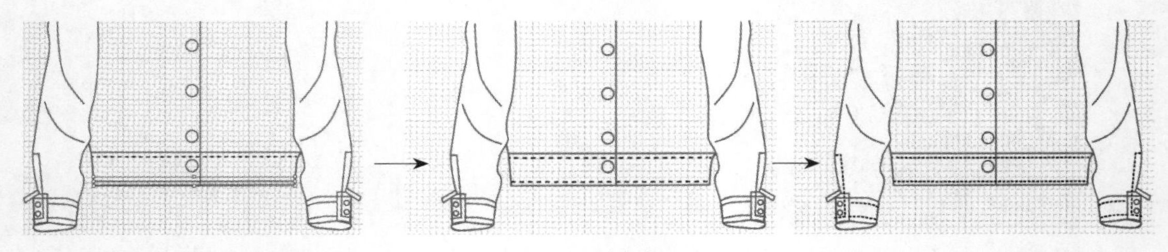

图10–1–16　虚线复制

图10–1–17　虚线复制

16. 全选对象，将【描边色】设置为“黑色”（图10–1–18）。

17. 选中衣身，将【填充色】设置为“白色”，填充“白色”（图10–1–19）。

18. 绘制下摆罗纹。先选中下摆轮廓（图10–1–20），打开菜单【窗口/色板】（图10–1–21）。

19. 鼠标左键单击【色板】面板右上角的“小三角”，弹出子菜单，执行【打开色板库/图案/基本图形/线条】命令，弹出【线条】面板（图10–1–22），挑选【格线标尺1】，置于下摆轮廓中（图10–1–23）。

20. 如果对下摆的线条填充不满意，可以通过执行菜单【对象/变换/缩放】命令进行修改。按照同样的操作方法，给袖口也添加罗纹效果（图10–1–24）。

21. 添加口袋，完善细节，全选后，按住组合键【Ctrl+G】将对象组合（图10–1–25）。

图10–1–18 填充黑色轮廓　　图10–1–19 填充白色衣身

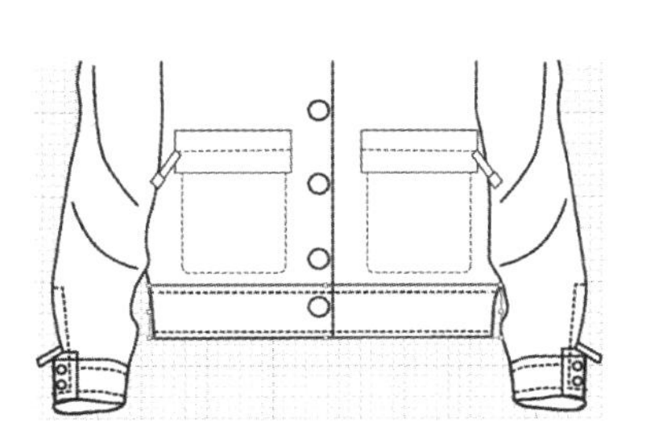

图10–1–20 选中对象

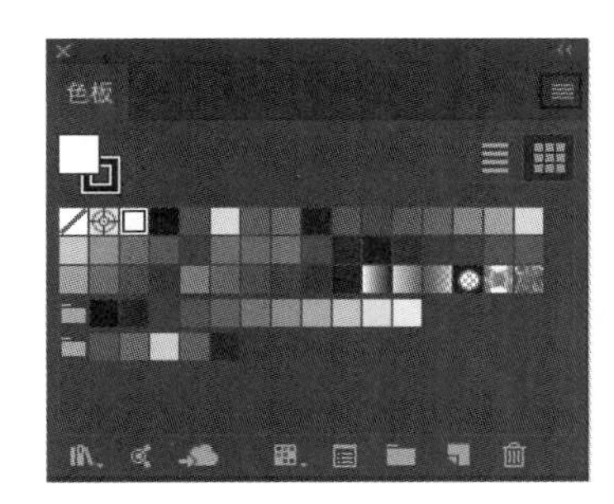

图10–1–21 【色板】面板

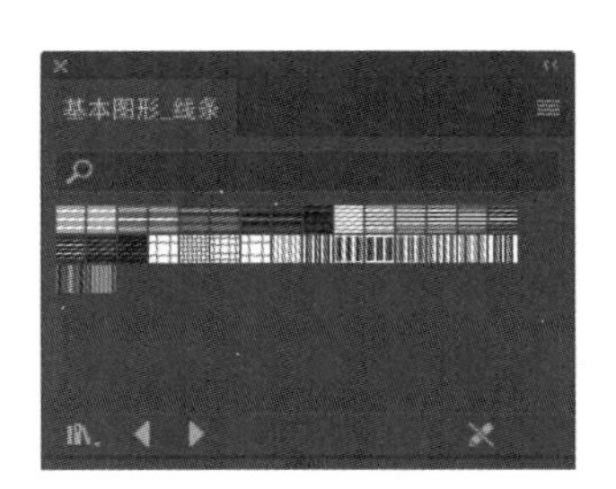

图10–1–22 线条对象

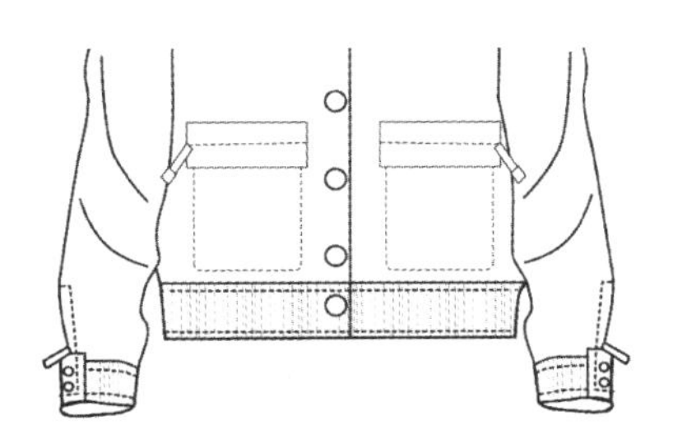

图10–1–23 线条效果

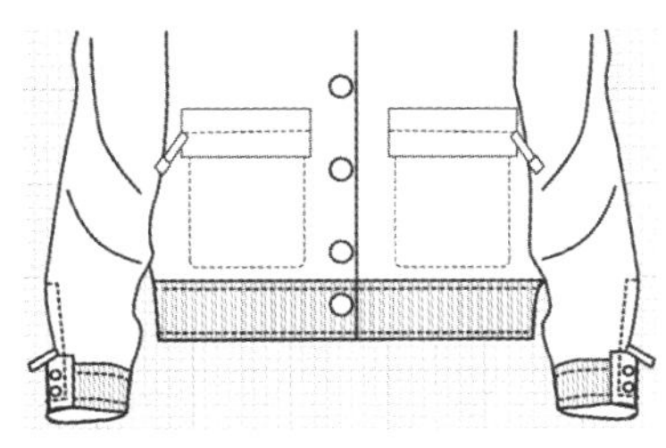

图10–1–24 添加袖口罗纹

图10–1–25 最后效果

三、外套款式［图10–1–1（2）］绘画步骤

1. 新建文件，调入人台基础模板。执行菜单【视图/显示网格】命令。选中人台对象，设置不透明度为“40%”，这样模板既能起到指导作用，又不会分散设计者的注意力，然后点击组合键【Ctrl+2】将人台锁定（图10–1–26）。

2. 单击工具箱【钢笔】工具，绘制款式的衣身片、翻领片，用【直接选择】工具点击锚点，修改外轮廓造型至合适状态，然后填充单色（图10–1–27）。

3. 重复操作，用【钢笔】工具继续绘制袖子（图10–1–28）。

4. 选中衣身部分单击工具箱【镜像】工具，按住【Alt】键单击中心线上任意一个锚点，弹出【镜像】对话框，选中【垂直】镜像，勾选【预览】，然后单击【复制】按钮，调整图形的顺序，完成服装款式图的绘画（图10−1−29）。

5. 点击组合键【Alt+Ctrl+2】，解锁人台对象，选中人台，点击【Delete】键，将人台删除。调入上一章绘制的【自由创意型图案】，将其填充在款式图中（图10−1−30）。

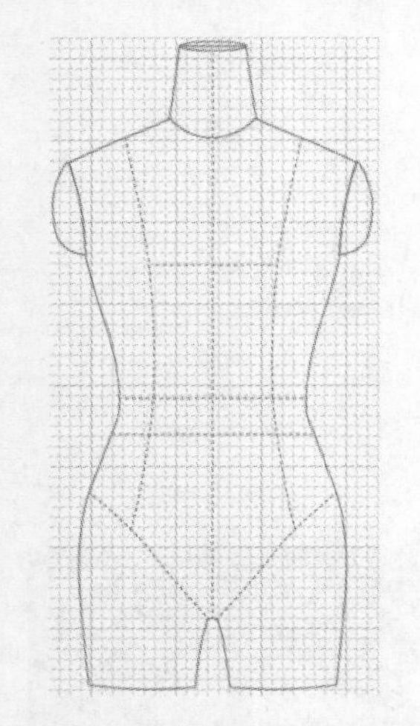

图10−1−26　调入基础模板

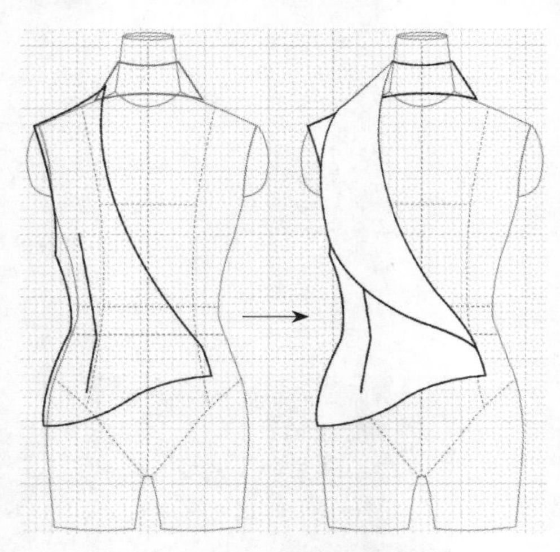

图10−1−27　绘制外轮廓并单色填充

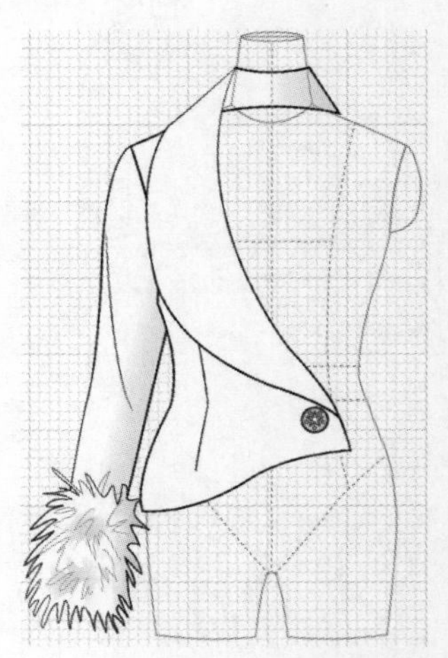

图10−1−28　完成一侧服装的绘画

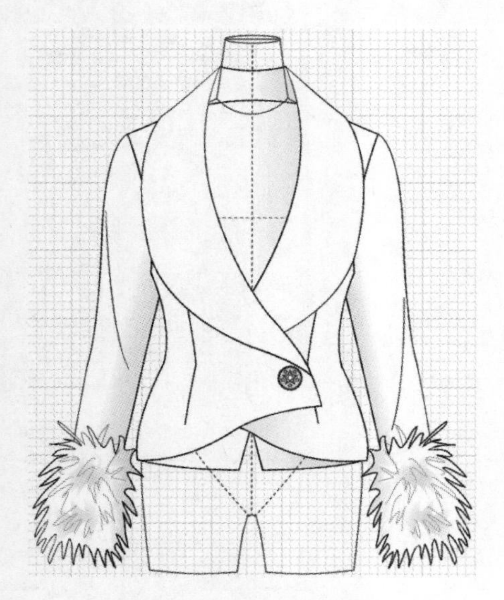

图10−1−29　镜像对象

图10−1−30　最后效果

第二节 对JPEG手稿图的数字化处理

一、JPEG手稿图处理实例效果（图10-2-1）

图10-2-1 手稿图数字化处理实例效果

二、手稿图数字化处理步骤

1. 执行菜单【文件/新建】命令，新建一个文件。执行菜单【文件/打开】命令，打开一张手稿图（图10-2-2）。双击工具箱中【旋转】工具，弹出旋转对话框，设置【旋转】角度为“−90°”，将图片进行旋转（图10-2-3）。

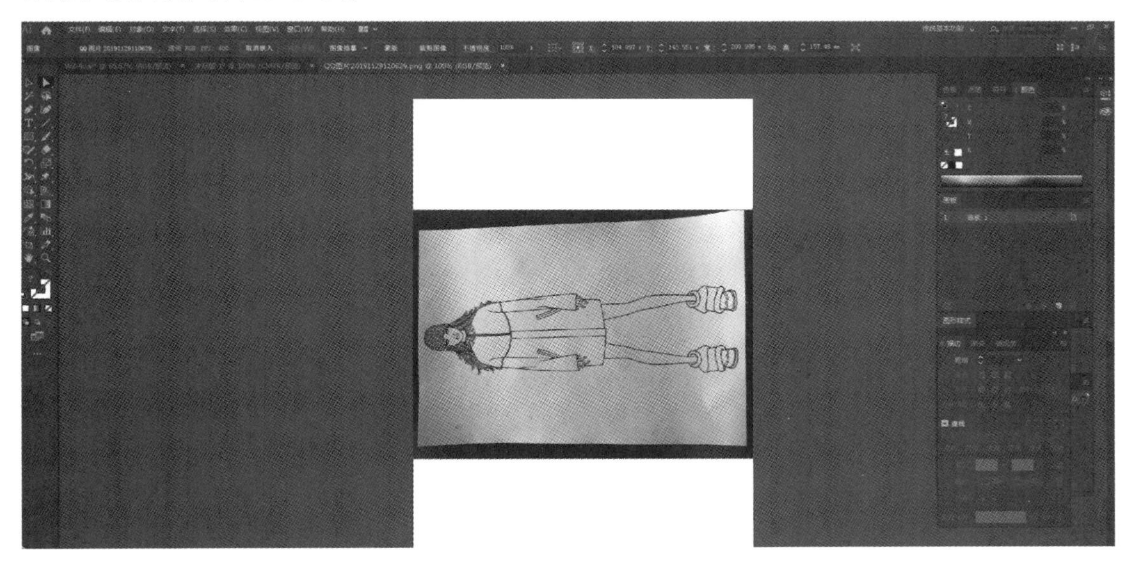

图10-2-2 打开手稿图

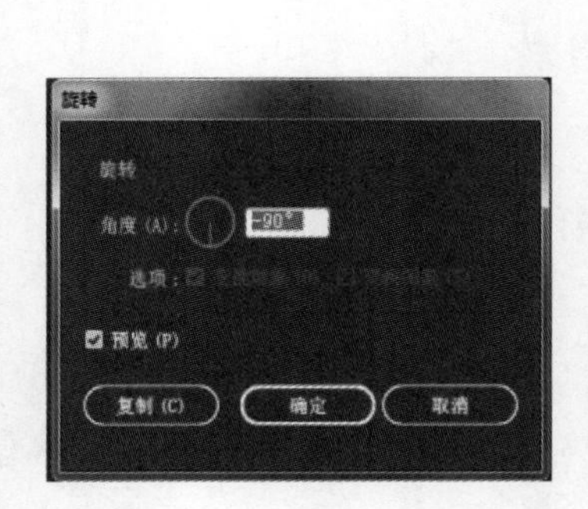

图10-2-3　旋转手稿图

2. 选中图片，执行菜单【对象/图像描摹/建立并扩展】命令，此时对象转换为矢量图（图10-2-4）。

3. 选中对象，鼠标右键单击执行【取消编组】命令，然后鼠标右键单击执行【释放符合路径】命令，选中不需要的对象，点击【Delete】键进行删除，保留需要的对象（图10-2-5）。

4. 打开菜单【窗口/颜色】命令（快捷键【F6】），单击【颜色】面板右上角的“小三角”，在弹出的子菜单中选中【CMYK】颜色模式（图10-2-6）。

图10-2-4　描摹对象

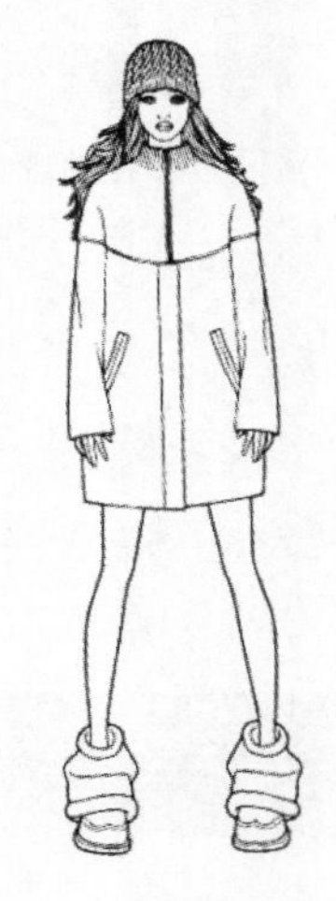

图10-2-5　删除多余的背景

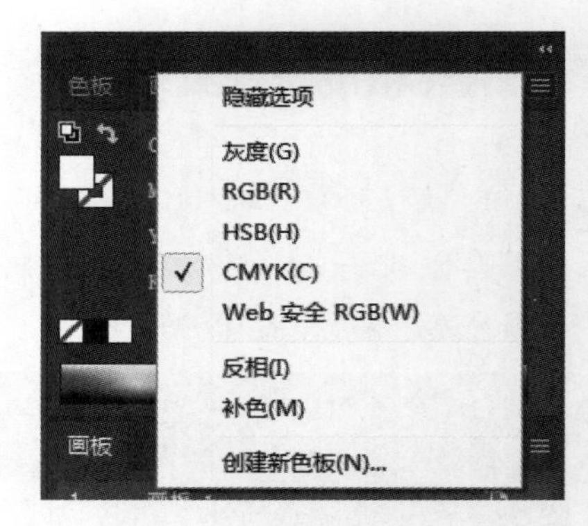

图10-2-6　打开CMYK

5. 用【直接选择】工具（快捷键【A】），选中脸部轮廓，执行【色板/色板库菜单/肤色】命令，调出【肤色】面板，选中其中的颜色，进行填充（图10-2-7）。

6. 用【直接选择】工具选中脖子部分，然后单击工具箱中的【吸管】工具（快捷键【I】），此时鼠标变成【吸管】图标，在脸部上单击，肤色被复制到选中的脖子对象上。重复上面的操作，可以填充所有的肤色（图10-2-8）

7. 执行菜单【窗口/图层】命令（快捷键【F7】），打开【图层】面板，点击【图层】面板下方的【创建新图层】按钮，新建一个图层。选择工具箱【椭圆】工具在脸颊位置绘制一个椭圆，并进行渐变填充。打开【透明度】面板，选择【变暗】混合模式，然后点击工具箱【渐变】工具，通过拖动渐变条上的滑块调整【渐变方向】（图10-2-9）。

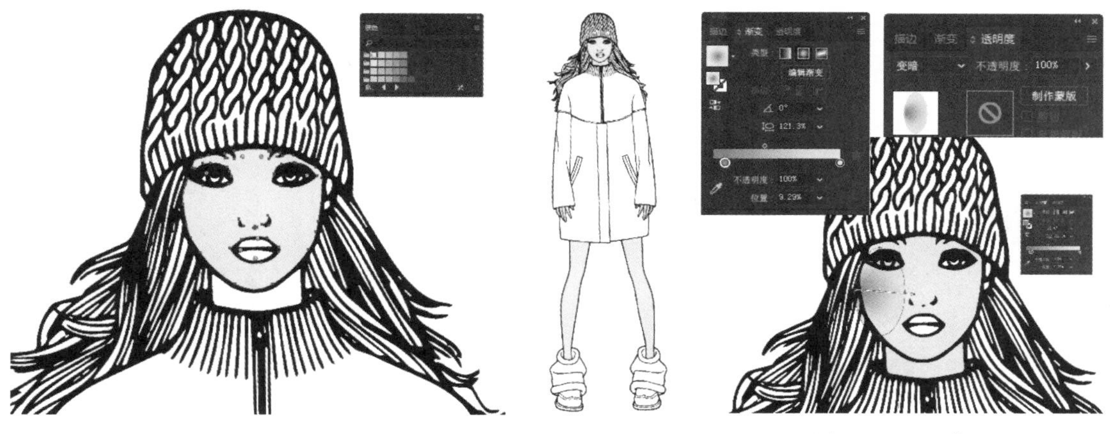

图10-2-7　填充肤色　　图10-2-8　填充肤色　　图10-2-9　添加腮红

8. 绘制针织毛衫效果。用工具箱【椭圆】工具绘制一个椭圆，选中椭圆执行菜单【效果/扭曲和变换/扭转】命令，弹出对话框，输入角度“90°”点击【确定】按钮。接着执行菜单【对象/扩展外观】命令，渐变填充颜色并适当旋转对象（图10-2-10）。

9. 选中对象，按住【Shift+Alt】键，垂直移动复制一个对象，然后点击组合键【Ctrl+D】再制一个对象。全选对象，双击工具箱的【镜像】工具，弹出镜像对话框，选择【垂直】镜像，点击【复制】按钮。用【矩形】工具绘制一个矩形定界框，定界框内是一个完整的循环单元，去掉定界框矩形的轮廓色和填充色，鼠标右键单击执行【顺序/置于底层】命令，点击组合键【Shift+Ctrl+[】，框选住对象，将其拖放至【色板】面板中，创建成一个新的图案色板（图10-2-11）。

图10-2-10　绘制单元图形　　图10-2-11　复制并绘制定界框

10. 用【直接选择】工具（快捷键【A】）选中上衣局部，渐变填充颜色后[图10-2-12（1）]，点击组合键【Ctrl+C】，接着点击组合键【Ctrl+F】，将其贴在前面。然后点击【色板】面板中的新图案色板，将纹理填充在所选对象中[图10-2-12（2）]。选中图形（2）对象，执行菜单【对象/变换/缩放】命令，将纹理缩小[图10-2-12（3）]。

图10-2-12　填充纹理并缩放

11.绘制格子纹理效果。用【矩形】工具绘制几个矩形，填充不同的颜色，并设置不同的【透明度】，透明度数值的设置根据设计效果而定（图10-2-13）。

12.全选格子对象，执行【水平】镜像和【垂直】镜像命令，得到效果（图10-2-14）。然后将其拖放至【色板】面板中，新建格子色板。

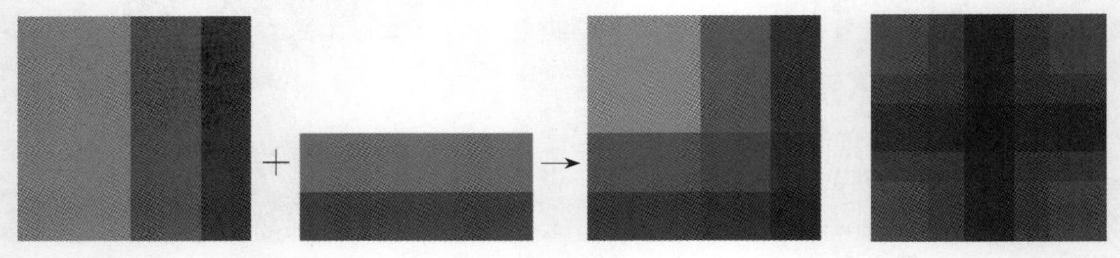

图10-2-13 矩形组合成格子

图10-2-14 镜像复制

13. 用【直接选择】工具（快捷键【A】）选中衣身部分，进行填充，如果填充的大小不合适，可以通过执行菜单【对象/变换/缩放】命令进行调整（图10-2-15）。

14.蕾丝纹理效果。打开Photoshop软件，执行菜单【文件/打开】命令，打开一张蕾丝位图（图10-2-16）。选中工具箱中的【裁剪】工具，将图片进行裁剪。然后执行菜单【文件/另存为/. png格式】命令。

图10-2-15 调整填充尺寸

图10-2-16 PS中打开位图

15.回到Illustrator软件，执行菜单【文件/打开】命令，打开刚刚PS中保存的. png格式文件，然后用【矩形】工具绘制一个矩形定界框，去掉定界框的填充色和轮廓色，并将定界框置于对象的底层，然后将其拖放至【色板】面板中，创建成新的蕾丝色板（图10-2-17）。

16.选中腿部对象，点击【色板】面板中的蕾丝色板，进行填充，通过执行菜单【对象/变换/缩放】命令，可以缩放、旋转和移动填充的蕾丝图案（图10-2-18）。

17.完成细节的色彩填充，见最后效果（图10-2-19）。

图10-2-17 创建成蕾丝色板

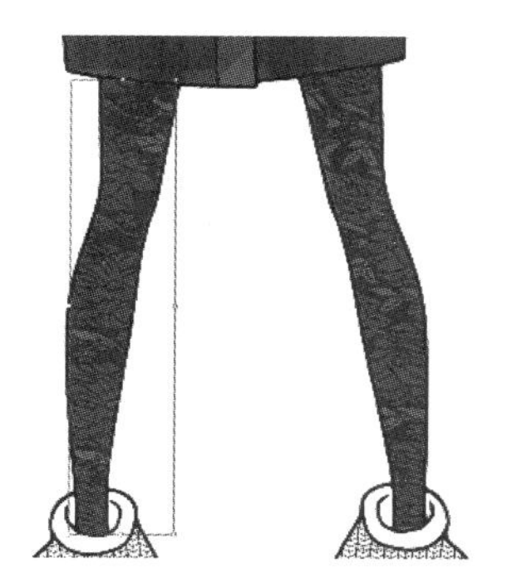

图10-2-18 应用色板

图10-2-19 最后效果

第三节 电脑绘制服装效果图

一、电脑绘制效果图（图10-3-1）

图10-3-1 电脑绘制效果图

二、效果图绘画步骤

（一）人体绘制操作步骤

1. 用工具箱的【钢笔】工具、【直接选择】工具、【基本图形】工具、【路径查找器】等工具完成人体绘制。根据视觉的审美习惯，服装效果图的人体动态比例较为夸张，可以是9～12个头长。

2. 用【直线段】工具配合【Shift】键绘制水平参考线和中心线（图10-3-2）。用【钢笔】工具或者【画笔】工具绘制人体外轮廓造型线（图10-3-3），本案例中用的是【画笔】工具。

3. 用【对称】工具复制对称脸部轮廓，用【直接选择】工具调整细节。设置【填色】R为“246”、G为“231”、B为“223”，填充对象（图10-3-4）。

4. 用【画笔】工具绘制高光，设置轮廓色为白色，在属性栏中设置不透明度为“60%”，配合不同画笔类型和大小，添加亮色和高光部分，反复操作，调整至满意状态（10-3-5）。

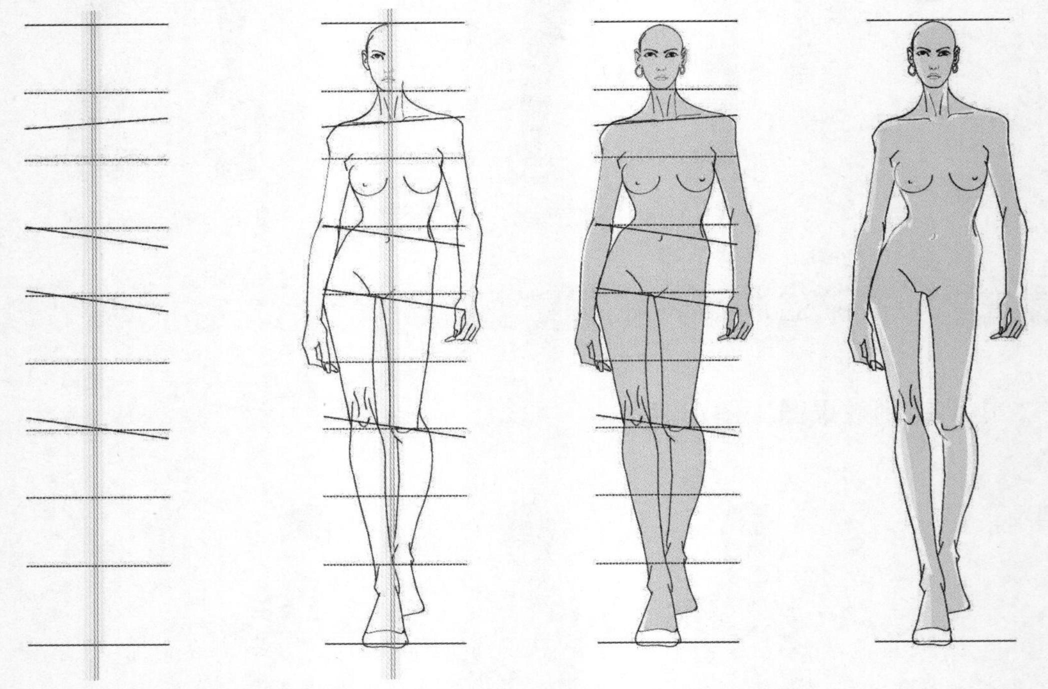

图10-3-2 绘制参考线　图10-3-3 绘制人体外轮廓　图10-3-4 填充肤色　图10-3-5 添加高光

（二）头部上色步骤

1. 眉毛上色。用【直接选择】工具调整脸型后，用【选择】工具选中眉毛对象，执行菜单【对象/扩展外观】命令，用【直接选择】工具按照眉毛造型调整锚点。选择眉毛，进行渐变填充（图10-3-6）。

2. 眼睛上色。用【直接选择】工具调整锚点，用【铅笔】工具绘制睫毛弧线，在属性栏设置铅笔类型以符合睫毛造型。调整鼻子的造型并填充颜色（图10-3-7）。

3. 嘴唇处理。用【钢笔】工具沿着嘴唇轮廓描摹一个新的对象，去掉轮廓色，进行单色填充（图10-3-8）。继续用【钢笔】工具绘制暗部和亮部轮廓，填充颜色，去掉轮廓线，调整后效果

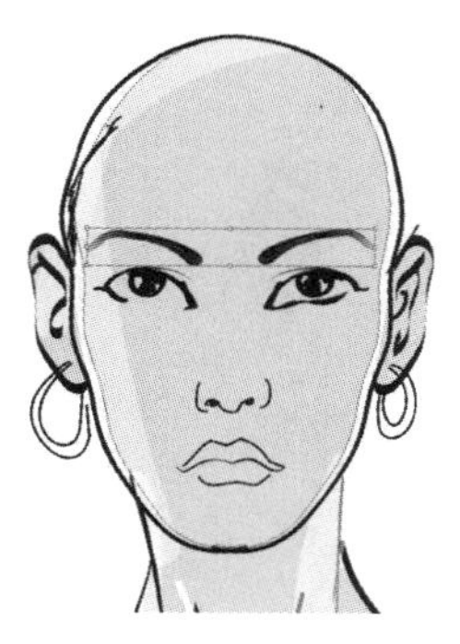

图10-3-6 眉毛渐变填充

（图10-3-9）。

4. 绘制眼影。用【钢笔】工具绘制眼影轮廓，填充颜色R“155”、G“119”、B“96”，然后执行菜单【效果/风格化/羽化】命令，将其羽化（图10-3-10）。腮红的绘制方法同眼影方法。

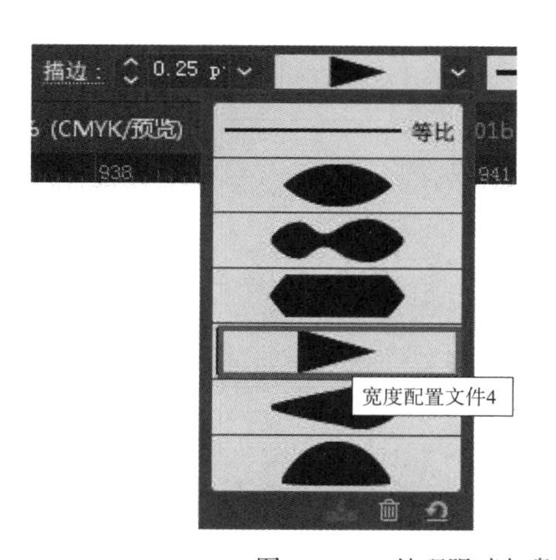

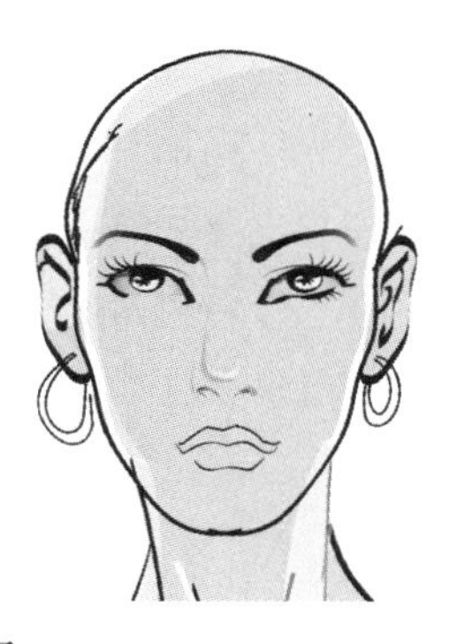

图10-3-7 处理眼睛与鼻子

图10-3-8 嘴唇单色填充

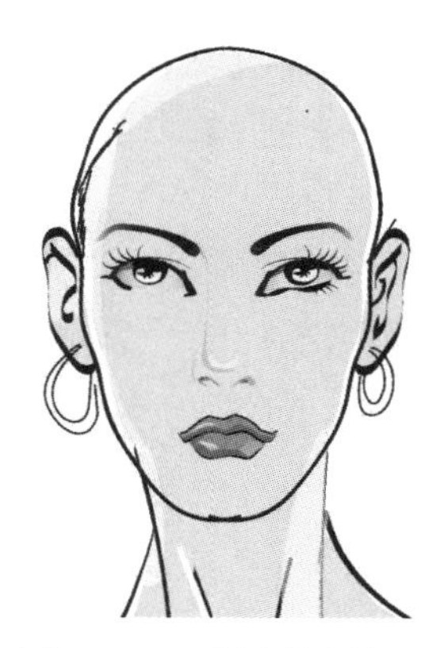

图10-3-9 嘴唇明暗处理

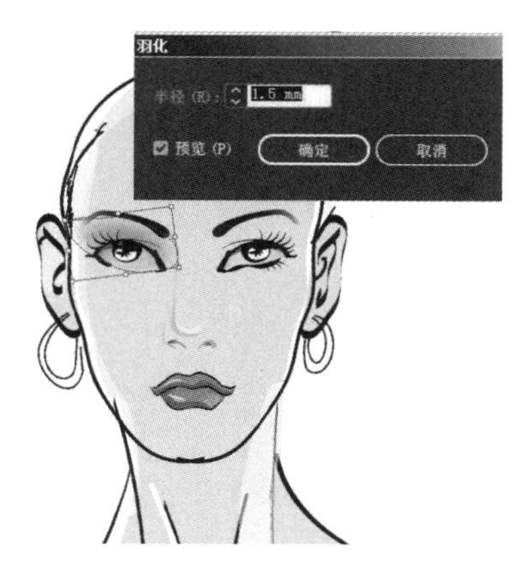

图10-3-10 绘制眼影

（三）绘制头发

1. 用【钢笔】工具绘制头发外轮廓并填充单色后，单击工具箱【网格】工具添加网格，进行网格填充（图10-3-11）。

2. 用【直接选择】工具选中网格中的锚点，按照头发走向填充深浅颜色（图10-3-12）。

3. 单击工具箱【画笔】工具，选择【艺术效果/粉笔炭笔铅笔/炭笔—平滑】画笔，根据设计需要设置不同“描边粗细”，绘制头发丝（图10-3-13）。

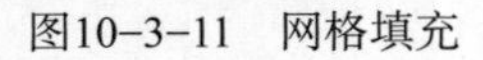

图10-3-11　网格填充　　图10-3-12　填充锚点颜色　　图10-3-13　绘制头发丝

（四）绘制服装

1. 全选人体对象，点击组合键【Ctrl+2】将对象锁定。选择【画笔】工具，绘制服装轮廓线，全选服装轮廓线，点击组合键【Ctrl+2】将轮廓线锁定（图10-3-14）。

2. 选择工具箱【钢笔】工具，沿着服装轮廓线条描摹上衣、腰带和下裙的轮廓，填充任意颜色，点击组合键【Alt+Ctrl+2】解锁对象，将填充色置于轮廓线下面（图10-3-15）。

3. 添加暗部效果。用【钢笔】工具绘制服装暗部轮廓对象，填充较深颜色，重复操作，得到效果（图10-3-16）。

4. 添加波点纹样。选中上衣填充色，点击组合键【Ctrl+C】复制对象，接着点击组合键【Ctrl+F】贴在前面。执行菜单【窗口/色板/图案/基本图形/点/】命令，选中任意波点，回到【色板】面板中，点击刚刚挑选的“波点”图形，即可填充。

5. 调整波点大小。选中上衣波点，执行菜单【对象/变换/缩放】命令，弹出对话框，勾选“预览”和“变换图案”，通过预览对象，在对话框“等比缩放”中输入数值即可（图10-3-17）。

图10-3-14　锁定对象　　图10-3-15　服装填色　　图10-3-16　添加暗部　　图10-3-17　调整波点

6. 完善细节的操作。用【铅笔】工具绘制服装高光线段，设置轮廓色为白色，配合属性栏中的“描边”大小和“画笔类型”调整高光至合适状态（图10-3-18）。

7. 填充腰带和鞋子，得到最后效果（图10-3-19）。

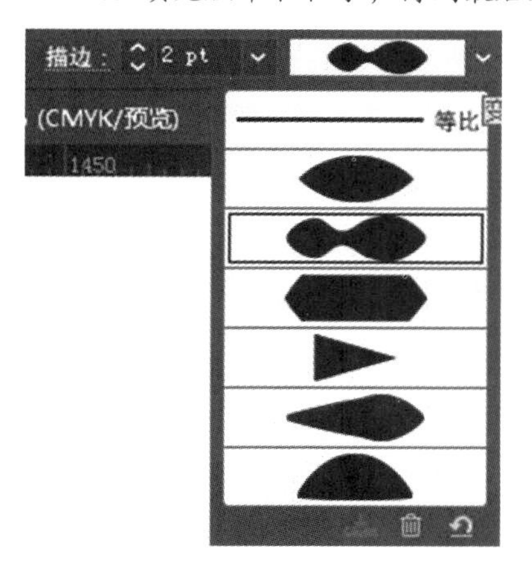

图10-3-18 添加服装高光部分

图10-3-19 鞋子填充

8. 位图面料填充。在AI中打开一副位图面料，然后复制到款式文件中（图10-3-20）。

9. 选择位图面料，将其拖放至【色板】面板中，选中上衣轮廓，点击【色板】面板中置入的位图面料，上衣即被填充，如果填充的大小不合适，则通过菜单【对象/变换/缩放】命令进行调整，得到效果（图10-3-21）。

图10-3-20 复制位图面料到文件中

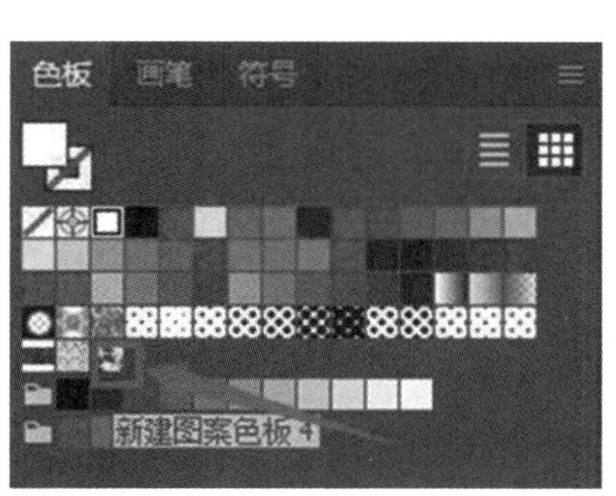

图10-3-21 色板填充

10. 矢量面料填充。打开之前绘制的手绘印花图案，将其复制到文件中，选中矢量面料图案，直接拖放至【色板】面板中，然后进行填充，得到最后效果（图10-3-22）。

图10-3-22　矢量图案色板填充

本章小结

※ 手绘线稿图通过扫描仪或高像素的相机转换成.jpeg格式的图片文件，图片质量一定要好，像素要高。

※ 图像执行【图像描摹/建立/建立并扩展】命令，可以将位图对象转换成矢量对象。

※ 选择【正片叠底】颜色模式可以显示底层对象的轮廓线条。

※ 执行菜单【效果/风格化/羽化】命令，可以绘制服装高光。

思考练习题

1. 如何处理JPEG格式的手稿图？
2. 如何用Illustrator绘制一个系列的服装效果图？
3. 运用本章所学的内容，完成以下款式矢量图的绘制。

第十一章 Adobe Photoshop CC基本操作

课题名称： Adobe Photoshop CC基本操作

课题内容： 基础知识及服装常用工具操作

关于颜色（颜色面板、颜色模式之间的转换及渐变填充）

关于绘图（画笔、铅笔、图案图章工具）

关于滤镜

课题时间： 8课时

教学目的： 使学生了解Adobe Photoshop CC软件的功能及应用范围，掌握该软件的基本绘图和编辑命令的操作方法与步骤。为服装的设计及效果图处理打下坚实的基础。

教学方式： 教师演示及课堂训练。

教学要求： 1. 认识Adobe Photoshop CC软件的功能及其应用范围。

2. 掌握Adobe Photoshop CC软件的基本操作方法和技巧。

3. Adobe Photoshop CC软件在服装专业上的具体应用。

课前准备： 软件的安装与正常运行。要求学生具备一定的服装绘图与设计能力。

Photoshop是Adobe公司开发的一款位图处理与编辑软件。其卓越的工具性能可以快速地选择图形对象及色彩，并能对其进行编辑、复制、剪切与粘贴等工作，方便服装设计师对服装款式及面料、色彩、配饰等图像进行修改、调整、更换与再设计。利用Photoshop的图层、路径、滤镜、通道等工具，可以对任何服装效果图进行加工处理，从而产生意想不到、逼真而又个性化的视觉效果。

第一节　基础知识

一、工作区介绍

可以使用各种元素（如面板、栏以及窗口）来创建和处理文档和文件。这些元素的任何排列方式称为工作区（图11-1-1）。

A—选项卡式【文档】窗口　B—应用程序栏　C—工作区切换器　D—面板标题栏

E—【控制】面板　F—【工具】面板　G—【折叠为图标】按钮　H—垂直停放的四个面板组

图11-1-1　工作区

二、图像像素大小和分辨率

（一）关于图像像素大小和分辨率

位图图像的像素大小是指沿图像的宽度和高度测量出的像素数目。分辨率是指位图图像中的细节精细度，测量单位是像素/英寸（ppi）。每英寸的像素越多，分辨率越高，得到的印刷图像的质量就越好。

（二）更改图像的像素大小

说明：更改图像的像素大小不仅会影响图像在屏幕上的大小，还会影响图像的质量及其打印特性（图像的打印尺寸或分辨率）。

步骤：

1. 执行菜单【图像/图像大小】命令。

2. 在弹出的对话框（图11-1-2）中更改文档的宽度或高度，或者更改分辨率。一旦更改某一个值，其他两个值会发生相应的变化。

3. 要保持当前的像素宽度和像素高度的比例，请选择【约束比例】选项。更改高度时，该选项将自动更新宽度，反之亦然。

4. 完成选项设置后，单击【确定】按钮。

三、使用工具箱

说明：工具箱包含了Adobe Photoshop的各种工具（图11-1-3）

步骤：

1. 单击【工具箱】中的任意工具。（如果工具的右下角有小三角形，请按住鼠标按钮来查看隐藏的工具，然后单击要选择的工具）

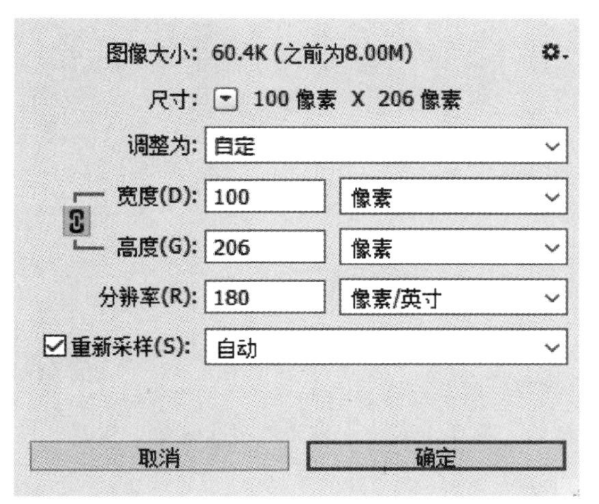

图11-1-2 【图像大小】对话框

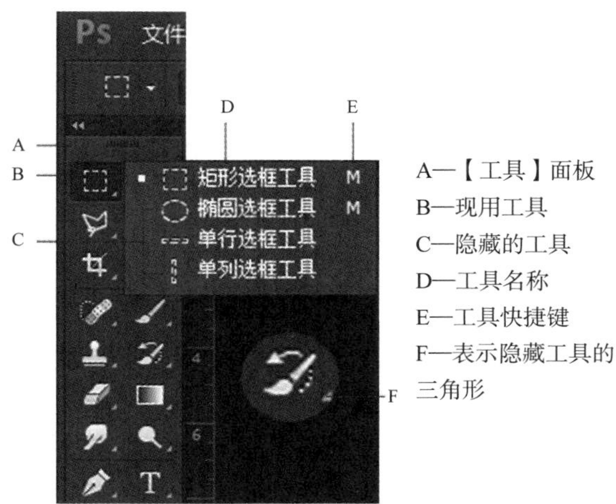

图11-1-3 工具箱

2. 或者单击工具的快捷键。

3. 单击键盘快捷键可临时切换到工具。释放快捷键后，Photoshop 会返回到临时切换前所使用的工具。

四、【还原】操作和【历史记录】面板

（一）使用还原或重做命令

说明：【还原】和【重做】命令允许还原或重新操作。

步骤：

1. 执行菜单【编辑/还原】命令。

2. 或者执行菜单【编辑/前进一步】、【编辑/后退一步】命令。

（二）历史记录面板

说明：【历史记录】面板也可以用来还原或重新操作。

步骤：

1. 执行菜单【窗口/历史记录】命令显示面板。

2. 或者单击【历史记录】面板选项卡。

五、标尺、网格和参考线

（一）标尺

说明：标尺可以有助于精确定位图像或元素。

步骤：

1. 执行菜单【视图/标尺】命令。

2. 执行菜单【编辑/首选项/单位与标尺】命令，可以更改单位。

3. 或者右键单击标尺，然后从下拉菜单中选择一个新单位。

（二）网格和参考线

说明：参考线和网格可以有助于精确定位图像或元素。

步骤：

1. 执行菜单【视图/显示/网格】命令。

2. 执行菜单【视图/显示/参考线】命令。

3. 执行菜单【视图/显示/智能参考线】命令。

4. 执行菜单【视图/新建参考线】命令。弹出对话框，选择【水平】或【垂直】方向，并输入位置，然后点击【确定】按钮，可以置入参考线。

5. 或者从标尺上出发，按住鼠标左键不松手拖移以创建水平或垂直参考线。

6. 用【移动】工具可以移动参考线。

六、首选项

说明：首选项可以设置常规显示选项、文件处理选项、性能选项、光标选项、透明度选项、单位与标尺、参考线和网格、文字选项以及增效工具等。

步骤：

1. 执行【编辑/首选项】命令，打开首选项，从子菜单中选择所需的首选项组。
2. 对应不同的选项组可以进行相关的设置。

七、图层（图11-1-4）

说明：图层就如同堆叠在一起的透明纸，透过图层的透明区域看到下面的图层，可以移动图层来定位图层上的内容。

步骤：

1. 双击【图层】面板中的【背景】，或者执行【图层/新建/图层背景】命令，将背景转换为图层。
2. 单击【图层】面板中的【创建新图层】按钮可以创建新图层；或单击【新建组】按钮，可以创建组。
3. 将图层或组拖动到【创建新图层】按钮，可以复制图层或组。
4. 单击图层、组或图层效果旁的眼睛图标，可以显示或隐藏图层、组或样式。
5. 执行菜单【图层/合并图层】命令，可以合并图层。

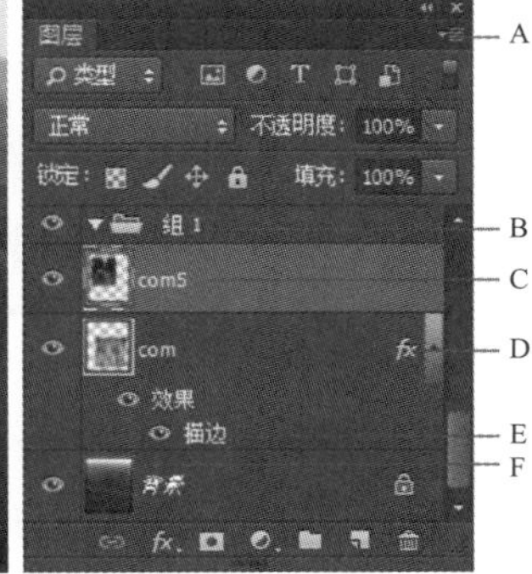

A—图层面板菜单　B—图层组　C—图层　D—展开/折叠图层效果　E—图层效果　F—图层缩览图

图11-1-4　图层及【图层】面板

第二节 服装绘图常用工具介绍

一、工具箱介绍（图11-2-1）

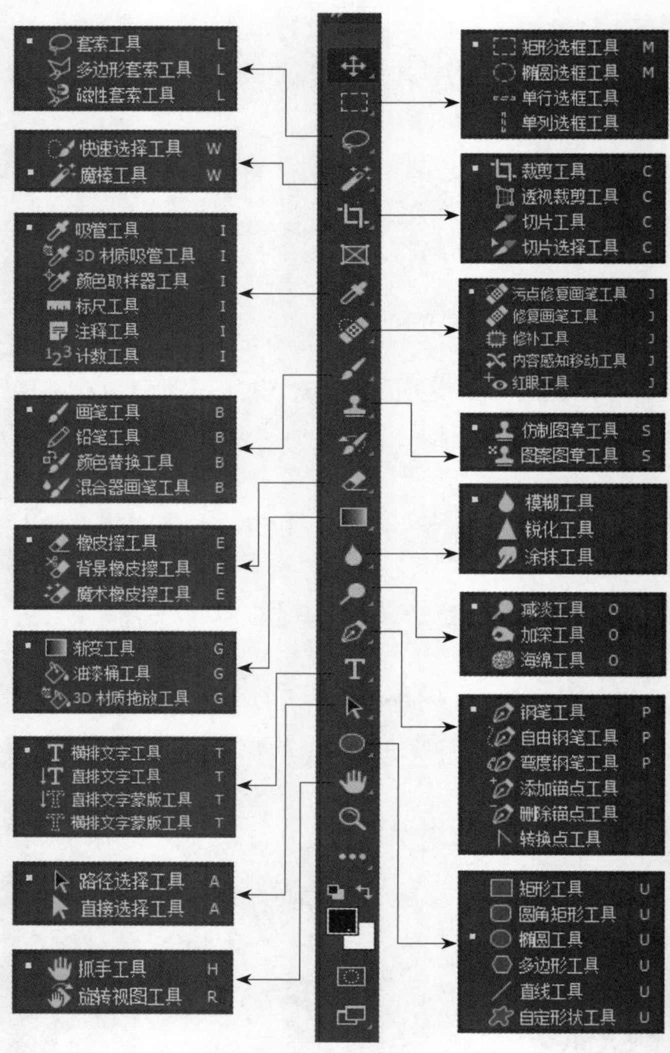

图11-2-1 工具箱介绍

二、【选择】工具

【选择】工具可以建立选区，包括选框、套索、多边形套索、磁性套索，配合【Shift】键加选或【Alt】键减选。

（一）【选框】工具

说明：【选框】工具可以选择矩形、椭圆形和宽度为1个像素的行和列。

步骤：

1. 使用【矩形选框】工具或【椭圆选框】工具，在要选择的区域上拖移（图11-2-2）。

2. 按住【Shift】键时拖动可将选框限制为方形或圆形（要使选区形状受到约束，请先释放鼠标按钮再释放【Shift】键）。

3. 要从选框中心拖动它，在开始拖动之后按住【Alt】键（Windows）或【Option】键（Mac OS）。

（1）矩形选框

（2）椭圆选框

（3）移动工具

图11-2-2 选框

（二）【套索】工具（图11-2-3）

说明：【套索】工具对于绘制选区边框的手绘线段十分有用。

步骤：

1. 选择【套索】工具。

2. 在属性栏选择相应的选项。

3.（可选）在选项栏中设置【羽化】和【消除锯齿】。

4. 拖动鼠标绘制手绘的选区边界。

（三）【多边形套索】工具

说明：【多边形套索】工具对于绘制选区边框的直边线段十分有用。

步骤：

1. 选择【多边形套索】工具。

2. 在属性栏选择相应的选项。

3.（可选）在选项栏中设置【羽化】和【消除锯齿】。

4. 在图像中单击以设置起点，连续单击，双击结束选择。

（四）【磁性套索】工具

说明：使用【磁性套索】工具时，边界会对齐图像中定义区域的边缘。

步骤：

1. 选择【磁性套索】工具。

2. 在属性栏选择相应的选项。

3.（可选）在选项栏中设置【羽化】和【消除锯齿】。

4. 在图像中单击，设置第一个紧固点，然后沿着想要跟踪的边缘移动指针。

（1）【套索】工具

（2）【多边形套索】工具

（3）【磁性套索】工具

图11-2-3 【选择】工具

（五）【快速选择】工具

说明：使用【快速选择】工具，利用可调整的圆形画笔笔尖快速“绘制”选区，拖动时，选区会向外扩展并自动查找和跟随图像中定义的边缘。

步骤：

1. 选择【快速选择】工具。

2. 在属性栏中，单击任一选择项：【新建】、【添加到】或【相减】按钮。

3. 在要选择的图像部分中绘画。

4. 在建立选区时，按右方括号键【]】可增大【快速选择】工具画笔笔尖的大小；按左方括号键【[】可减小【快速选择】工具画笔笔尖的大小（图11-2-4）。

（六）【魔棒】工具

说明：【魔棒】工具可以选择颜色一致的区域，而不必跟踪其轮廓。设置容差的大小可以改变颜色范围的大小。

步骤：

1. 选择【魔棒】工具。

2. 在属性栏中指定一个选区选项，【魔棒】工具的指针会随选中的选项而变化。

3. 设置【容差】的范围。如果勾选【连续】，则容差范围内的所有相邻像素都被选中。否则，将选中容差范围内的所有像素（图11-2-5）。

4. 点击对象，完成操作。

（七）选择【色彩范围】

说明：【色彩范围】命令可以选择整个图像内指定的颜色或色彩范围。

步骤：

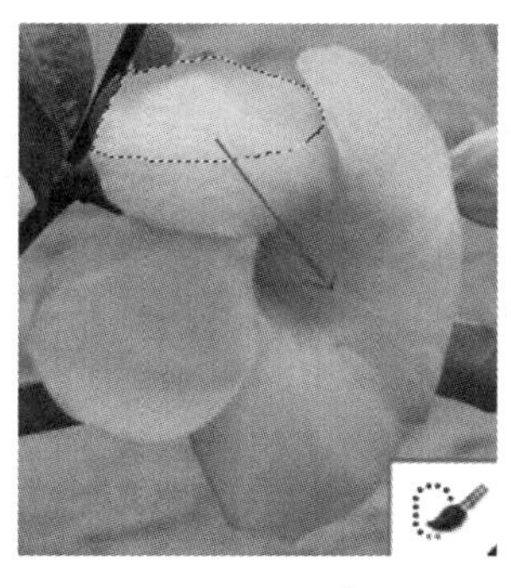

图11-2-4　使用【快速选择】工具进行绘画以扩展选区

图11-2-5　魔术棒选择对象

1. 执行菜单【选择/色彩范围】命令，弹出对话框（图11-2-6）。

2. 从【选择】菜单中选取【取样颜色】工具，颜色容差：设置较低的【颜色容差】值可以限制色彩范围，设置较高的【颜色容差】值可以增大色彩范围。

3. 根据【选区预览】，调整容差数值以改变选区（图11-2-7）。

图11-2-6　【色彩范围】对话框

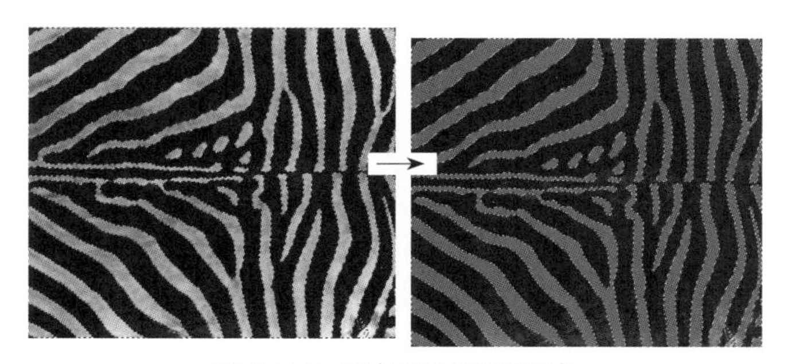

图11-2-7　颜色选区后替换颜色

三、【修饰】工具

（一）【裁剪】工具

说明：裁剪是移去部分图像以形成突出或加强构图效果的过程。可以使用【裁剪】工具和【裁剪】命令。

步骤：

1. 打开图片，执行菜单【图像/裁剪】命令，弹出面板。

2. 或者单击工具箱中的【裁剪】图标。

3. 在图像中要保留的部分上按住鼠标左键不松手拖动，创建一个选框。

4. 调整选框，满意后双击鼠标或者按下【Enter】键，结束操作（图11-2-8）。

（二）【仿制图章】工具

说明：【仿制图章】工具将图像的一部分绘制到同一图像的另一部分或绘制到具有相同颜

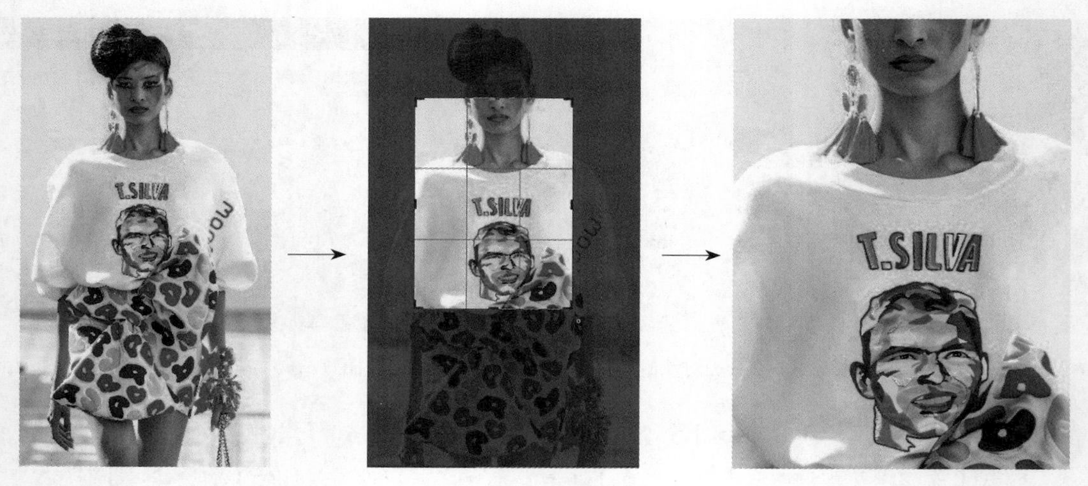

图11-2-8 裁剪图像

色模式的任何打开文档的另一部分。也可以将一个图层的一部分绘制到另一个图层。【仿制图章】工具对于复制对象或移去图像中的缺陷很有用。

步骤：

1. 打开一幅图片，选中【仿制图章】工具。

2. 在属性栏中，对【画笔笔尖】、【模式】、【不透明度】和【流量】进行设置。

3. 在图像任意位置按住【Alt】键并单击，设置取样点。

4.（可选）在【仿制源】面板中，单击【仿制源】按钮，并设置其他取样点。

5. 在要校正的图像部分上拖移（图11-2-9）。

（三）【污点修复画笔】工具

说明：【污点修复画笔】工具可以快速移去照片中的污点和其他不理想部分。

步骤：

1. 选择工具箱中的【污点修复画笔】工具。

2. 在属性栏中选取画笔大小。比要修复的区域稍大一点的画笔最为适合，这样，只需单击一次即可覆盖整个区域。

3.（可选）在从属性栏的【模式】菜单中选择【替换】，可以根据不同需要在属性栏【近似匹配】、【创建匹配】、【内容识别】中选取一种【类型】选项。

4. 如果在属性栏中选择【对所有图层取样】，可从所有可见图层中对数据进行取样。如果取消选择【对所有图层取样】，则只从现用图层中取样。

5. 单击要修复的区域，或单击并拖动以修复较大区域中的不理想部分（图11-2-10）。

（四）【修复画笔】工具

说明：【修复画笔】工具可用于校正瑕疵，使它们消失在周围的图像中。与【仿制】工具一样，使用【修复画笔】工具可以利用图像或图案中的样本像素来绘画。【修复画笔】工具还

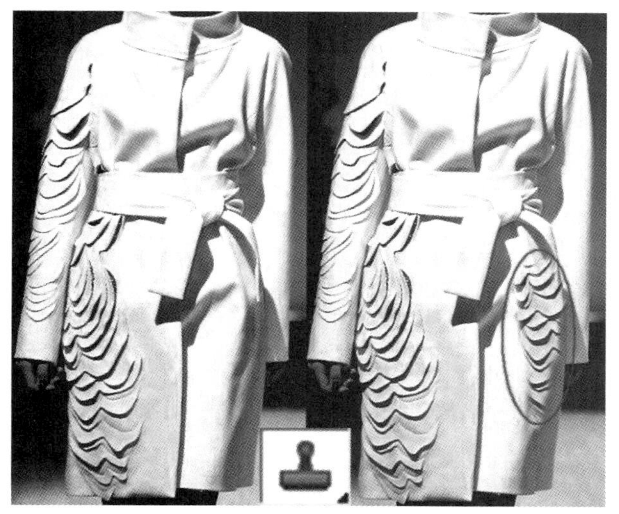

图11-2-9　仿制图章效果

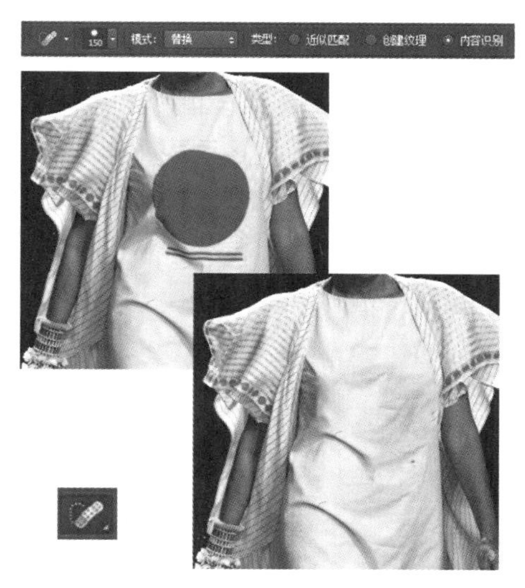

图11-2-10　污点修复画笔效果（内容识别）

可将样本像素的纹理、光照、透明度和阴影与所修复的像素进行匹配。从而使修复后的像素不留痕迹地融入图像的其余部分。

步骤：

1. 选择【修复画笔】工具。
2. 单击属性栏中的画笔样本，并在弹出面板中设置【画笔】选项。

※ 源——指定用于修复像素的源。【取样】可以使用当前图像的像素，而【图案】可以使用某个图案的像素。如果选择【图案】，可从【图案】弹出面板中选择一个图案。

※ 对齐——连续对像素进行取样，即使释放鼠标按钮，也不会丢失当前取样点。如果取消选择【对齐】，则会在每次停止并重新开始绘制时使用初始取样点中的样本像素。

※ 样本——从指定的图层中进行数据取样。若从现用图层及其下方的可见图层中取样，请选择【当前和下方图层】。若仅从现用图层中取样，请选择【当前图层】。若从所有可见图层中取样，请选择【所有图层】。若从调整图层以外的所有可见图层中取样，请选择【所有图层】。

3. 然后按住【Alt】键单击，设置取样点。
4. 在图像中拖移（图11-2-11）。

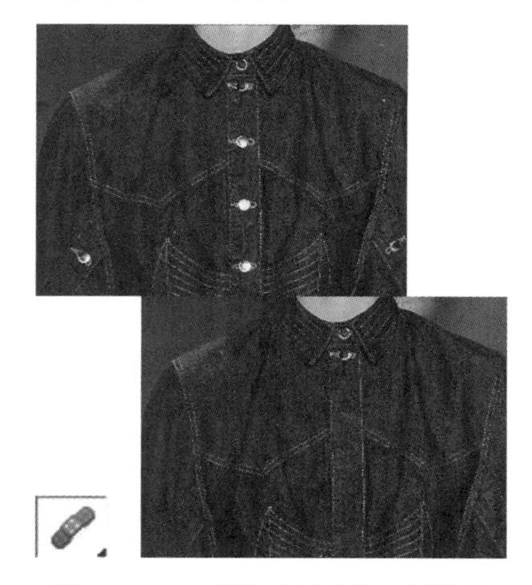

图11-2-11　【修复画笔】工具效果

（五）【修补】工具

说明：使用【修补】工具，可以用其他区域或图案中的像素来修复选中的区域。

步骤：

1. 选择【修补】工具。

2. 在图像中拖动以选择想要修复的区域，并在选项栏中选择【源】。

3. 或者在图像中拖动，选择要从中取样的区域，并在选项栏中选择【目标】。

4. 在图像中绘制选区，配合【Shift】键，可添加到现有选区。配合【Alt】键可从现有选区中减去一部分。

5. 将指针定位在选区内，如果在属性栏中选择了【源】，请将选区边框拖动到想要从中进行取样的区域。松开鼠标按钮时，原来选中的区域被使用样本像素进行修补。如果在属性栏中选定了【目标】，将选区边界拖动到要修补的区域。释放鼠标按钮时，将使用样本像素修补新选定的区域。【修补】如选择【内容识别】，将选区拖动到要取样的区域，释放鼠标按钮时则会识别修补区域（图11-2-12）。

11-2-12 【修补】工具效果

（六）【颜色替换】工具

说明：【颜色替换】工具能够简化图像中特定颜色的替换，可以使用校正颜色在目标颜色上绘画。

步骤：

1. 打开图片，在图像中选中需要替换颜色的部分，选择【颜色替换】工具。

2. 在属性栏中（图11-2-13）设置画笔笔尖。通常应保持将混合模式设置为【颜色】。

图11-2-13 【颜色替换】工具属性设置

3. 要为所校正的区域定义平滑的边缘，选择【消除锯齿】。

4. 设置前景色为【替换色】。

5. 在图像中拖动可替换目标颜色（图11-2-14）。

（七）【减淡】和【加深】工具

说明：【减淡】和【加深】工具用于调节图片特定区域的曝光度，可使图像区域变亮或变暗。

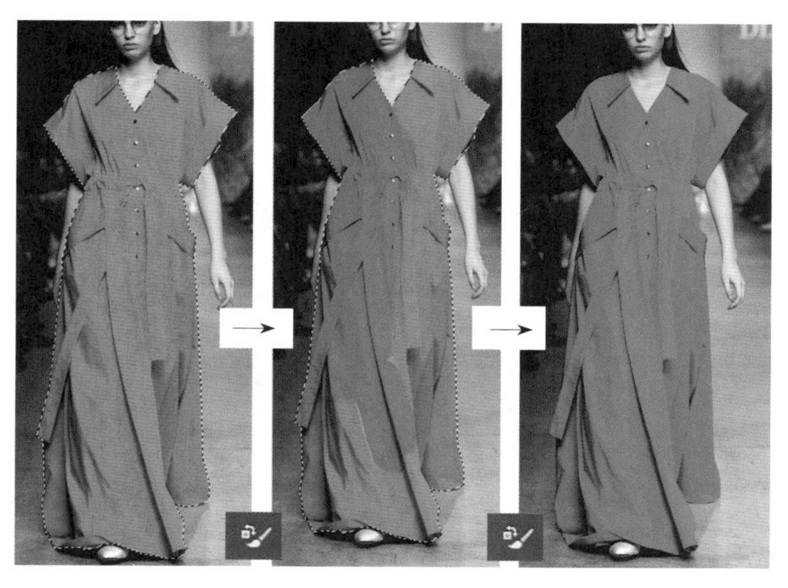

图11-2-14 颜色替换效果

步骤：

1. 选择【减淡】工具或【加深】工具。

2. 在选项栏中选取画笔笔尖并设置画笔选项。

3. 在选项栏中，从【范围】菜单下可以选择【中间调】更改灰色的中间范围、【阴影】更改暗区域、【高光】更改亮区域。

4. 在要变亮或变暗的图像部分上拖动（图 11-2-15）。

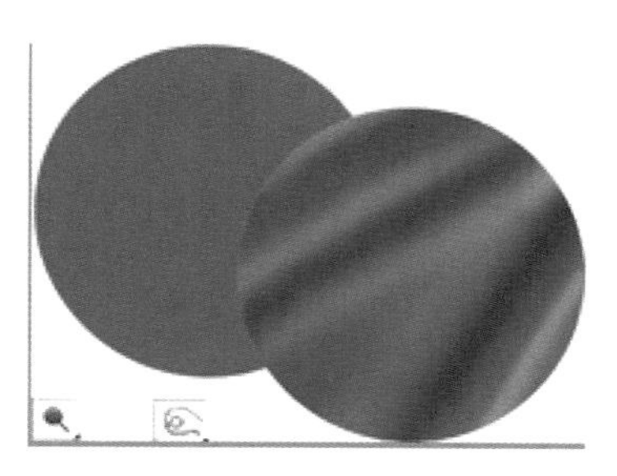

图11-2-15 颜色减淡和加深效果

四、【变换】工具

说明：【变换】主要是对图像进行比例、旋转、斜切、伸展或变形的处理。可以对选区、整个图层、多个图层或图层蒙版应用变换。还可以对路径、矢量形状、矢量蒙版、选区边界或 Alpha 通道应用变换。

步骤：

1. 选择要变换的对象。

2. 执行菜单【编辑/变换/缩放、旋转、斜切、扭曲、透视或变形】命令。

※ 选取【缩放】，拖动外框上的手柄，拖动角手柄时按住【Shift】键可按比例缩放。

※ 选取【旋转】，将指针移到外框之外（指针变为弯曲的双向箭头），然后拖动。按【Shift】键可将旋转限制为按 15° 增量进行。

※ 选取【斜切】，则拖动边手柄可倾斜外框。

※ 选取【扭曲】，则拖动角手柄可伸展外框。

※ 选取【透视】，则拖动角手柄可向外框应用透视。

※ 选取【变形】，请从选项栏中的【变形样式】弹出式菜单中选取一种变形，或者要执行自定

变形，请拖动网格内的控制点、线条或区域，以更改外框和网格的形状。

3. 完成后，按【Enter】键或者在变换选框内双击，结束操作（图11-2-16）。

4. 点击组合键【Ctrl+T】，执行【自由变换】命令，按住【Shift】键可以成比例缩放。

图11-2-16　变换后的效果（变形）

第三节　关于颜色

一、【颜色】面板概述

【颜色】面板【窗口/颜色】显示当前前景色和背景色的颜色值。使用【颜色】面板中的滑块，可以利用几种不同的颜色模式编辑前景色和背景色。也可以从显示在面板底部的四色曲线图中的色谱中选取前景色或背景色（图11-3-1、图11-3-2）。

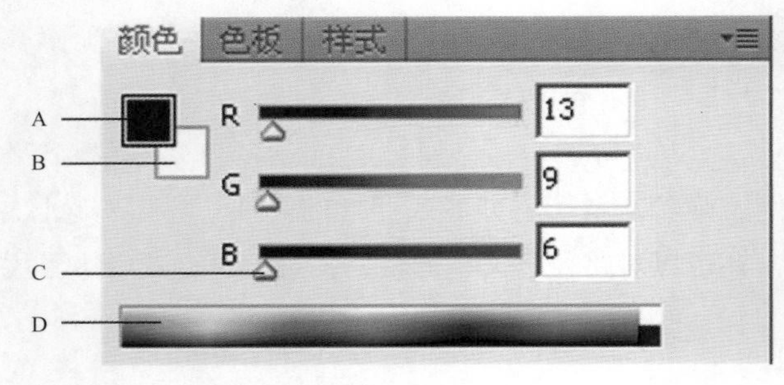

A—前景色　B—背景色　C—滑块　D—色谱

图11-3-1　【颜色】面板

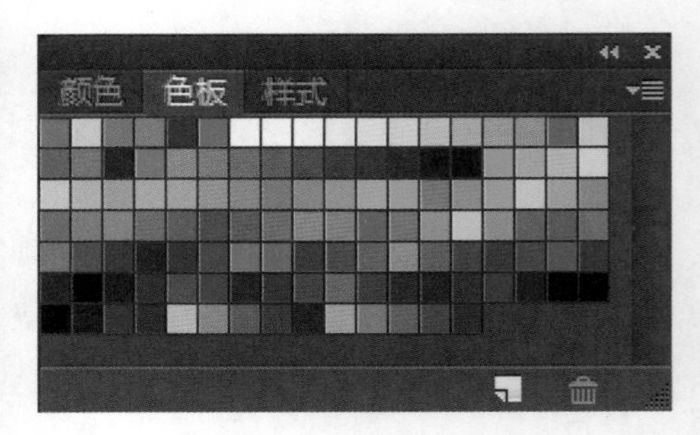

图11-3-2　【色板】面板

二、选取颜色

（一）关于前景色和背景色

Photoshop CC 使用前景色来绘画、填充和描边选区，使用背景色来生成渐变填充和在图像已抹除的区域中填充。一些特殊效果滤镜也使用前景色和背景色。

可以使用【吸管】工具、【颜色】面板、【色板】面板或Adobe【拾色器】指定新的前景色或背景色。默认前景色是黑色，默认背景色是白色。

（二）在工具箱中选取颜色（图 11-3-3）

说明：当前的前景色显示在工具箱上面的颜色选择框中，当前的背景色显示在工具箱下面的框中。

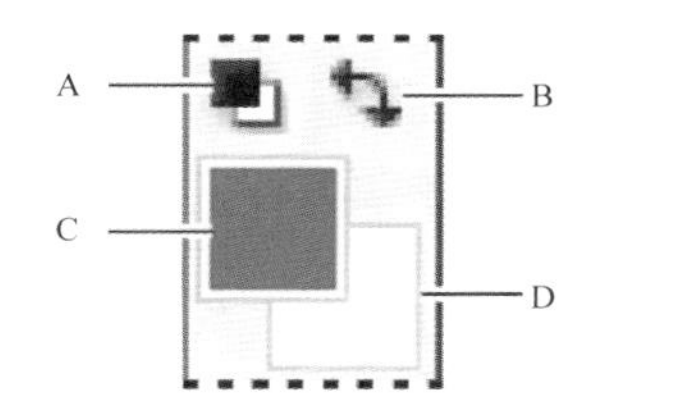

A—【默认颜色】图标
B—【切换颜色】图标
C—【前景色】框
D—【背景色】框

图11-3-3　工具箱中的【前景色】框和【背景色】框

步骤：

1. 更改前景色，单击工具箱中【前景色】框，然后在【拾色器】中选取一种颜色。
2. 更改背景色，单击工具箱中【背景色】框，然后在【拾色器】中选取一种颜色。
3. 反转前景色和背景色，请单击工具箱中的【切换颜色】图标。
4. 恢复默认前景色和背景色，单击工具箱中的【默认颜色】图标。
5. 单击【前景色】框和【背景色】框，可以在弹出的【拾色器】面板上设定。

（三）使用【吸管】工具选取颜色

说明：【吸管】工具采集颜色以指定新的前景色或背景色。可以从现用图像或屏幕上的任何位置采集颜色。

步骤：

1. 选择【吸管】工具。
2. 更改【吸管】的取样大小，从【取样大小】菜单中选取一个选项。
3. 从【样本】菜单选择一个选项，【所有图层】是指从文档中的所有图层中采集颜色，【当前图层】从当前现用图层中采集颜色。
4. 将鼠标在要拾取的颜色上单击，即可拾取新颜色。

三、颜色模式之间的转换

（一）将图像转换为另一种颜色模式（图 11-3-4）

说明：可以将图像从原来的模式（源模式）转换为另一种模式（目标模式）。例如将 RGB 图像转换为 CMYK 模式。

步骤：

1. 打开图片。
2. 执行菜单【图像/模式】命令，从子菜单中选取所需的模式。

图11-3-4　【模式】菜单

3. 图像在转换为多通道、位图或索引颜色模式时应进行拼合，因为这些模式不支持图层。

（二）将彩色照片转换为灰度模式（图 11-3-5）

说明：将彩色照片转换为灰度模式会使文件变小，但是扔掉颜色信息会导致两个相邻的灰度级转换成完全相同的灰度级。

步骤：

1. 打开图片，执行菜单【图像/模式/灰度】命令。

2. 在弹出的对话框中，单击【扔掉】。Photoshop CC 会将图像中的颜色转换为黑色、白色和不同灰度级别。

图11-3-5 转换为灰度模式

四、调整图像颜色和色调（图11-3-6）

（一）【色阶】

说明：【色阶】是通过调整图像的阴影、中间调和高光的强度级别，从而校正图像的色调范围和色彩平衡。【色阶】直方图可以是调整图像基本色调的最直观参考。

步骤：

1. 执行菜单【调整/色阶】命令，弹出【色阶】面板。

2. 或者执行菜单【图层/新建调整图层/色阶】命令；再或者单击【调整】面板中【色阶】图标。

3.（可选）要调整特定颜色通道的色调，请从【通道】菜单中选取选项。

4. 手动调整阴影和高光，将黑色和白色【输入色阶】滑块拖至直方图的任意一端。

5. 也可以直接在第一个和第三个【输入色阶】文本框中输入值。

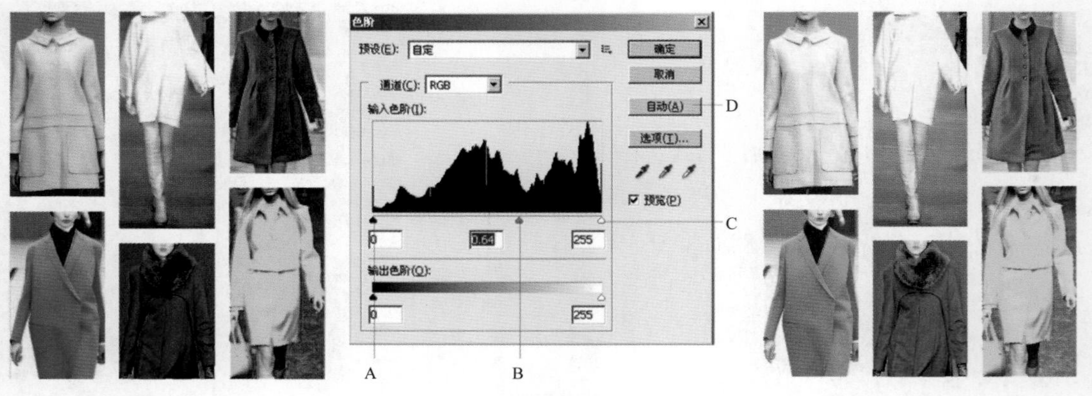

调整前　　【色阶】对话框　　调整后

A—阴影　B—中间调　C—高光　D—应用自动颜色校正

图11-3-6 【色阶】调整

（二）【曲线】（图 11-3-7）

说明：使用【曲线】或【色阶】调整图像的整个色调范围。【曲线】可以调整图像的整个色调范围内的点（从阴影到高光）。【色阶】只有三个调整（白场、黑场、灰度系数）。也可以使用【曲线】对图像中的个别颜色通道进行精确调整。

步骤：

1. 执行菜单【图像/调整/曲线】命令，弹出【曲线】面板。

2. 或者执行菜单【图层/新建调整图层/曲线】命令。再或者单击【调整】面板中的【曲线】图标。

3. 要调整图像的色彩平衡，可从【通道】菜单中选取要调整的一个或多个通道。

4. 直接在曲线上单击可以添加点；若移去控点，将其从图形中拖出或者选中该控点后单击【Delete】键。

5. 单击某个点并拖动曲线直到色调和颜色满意为止。按住【Shift】键单击可选择多个点并一起将其移动。

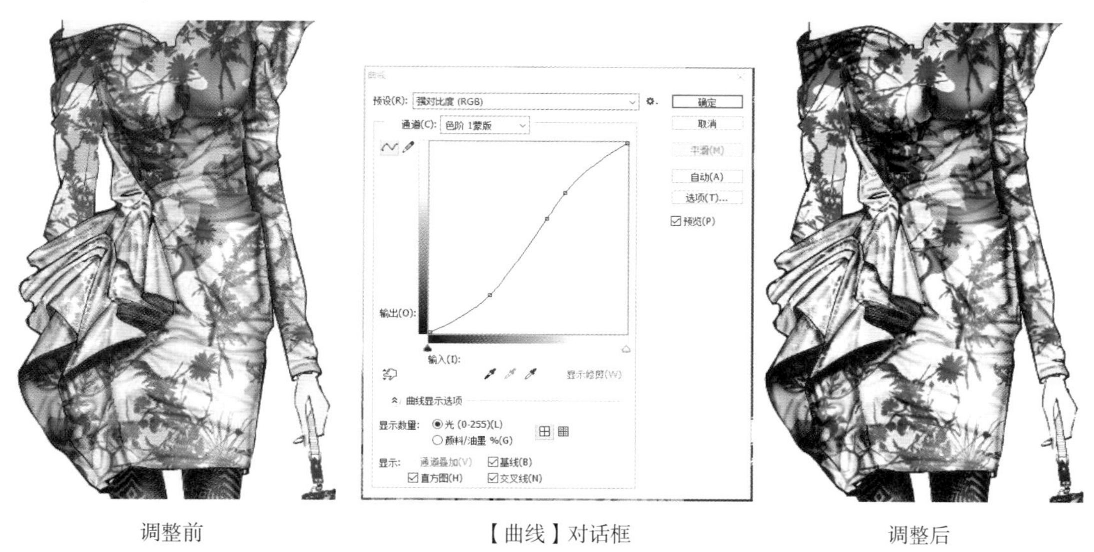

调整前　　【曲线】对话框　　调整后

图11-3-7　曲线调整

（三）【色相/饱和度】（图 11-3-8）

说明：【色相/饱和度】，可以调整图像中特定颜色范围的色相、饱和度和亮度，或者同时调整图像中的所有颜色。此调整尤其适用于微调CMYK 图像中的颜色，以便它们处在输出设备的色域内。

步骤：

1. 选中对象，执行菜单【图像/调整/色相饱和度】命令，弹出【色相/饱和度】面板。

2. 或者执行菜单【图层/新建调整图层/色相饱和度】命令；再或者单击【调整】面板中的【色相/饱和度】图标。

3. 在【调整】面板中拖动【色相】、【饱和度】、【明度】的滑块，直到效果满意为止。

调整前

调整后效果1

调整后效果2

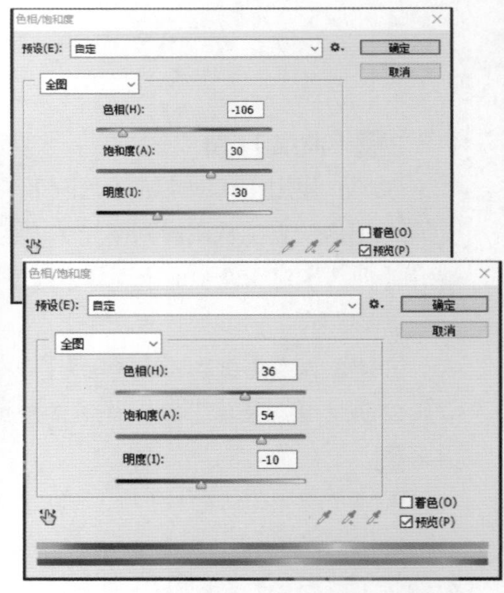

【色相/饱和度】对话框

图11-3-8 【色相/饱和度】调整

（四）【阴影/高光】（图 11-3-9）

说明：【阴影/高光】命令适用于校正由强逆光而形成剪影的照片，或者校正由于太接近相机闪光灯而有些发白的焦点。【阴影/高光】命令还有用于调整图像的整体对比度的【中间调对比度】滑块、【修剪黑色】选项和【修剪白色】选项，以及用于调整饱和度的【颜色校正】滑块。

步骤：

1. 执行菜单【图像/调整/阴影/高光】命令，弹出面板。
2. 移动【数量】滑块或在【阴影】或【高光】的百分比框中输入数值调整光照校正量。
3. 为了更精细地进行控制，请勾选【显示其他选项】进行其他调整。
4. 完成后点击【确定】按钮。

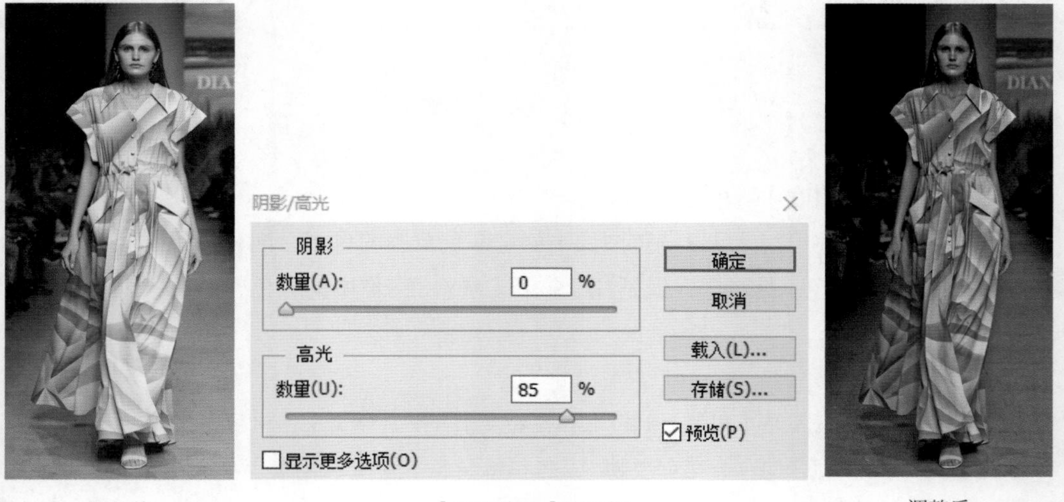

调整前　　【阴影/高光】对话框　　调整后

图11-3-9 阴影和高光调整

（五）【替换颜色】（图 11-3-10）

说明：【替换颜色】命令，可以创建蒙版，以选择图像中的特定颜色，然后替换这些颜色。可以设置选定区域的色相、饱和度和亮度，或者使用【拾色器】选择替换颜色。

步骤：

1. 选中对象，执行【图像/调整/替换颜色】命令，弹出对话框。

2.（可选）如果要在图像中选择多个颜色范围，则选择【本地化颜色簇】来构建更加精确的蒙版。

3. 拖移【颜色容差】滑块或输入一个数值来调整蒙版的【颜色容差】。

4. 拖移【色相】、【饱和度】和【明度】滑块（或者在文本框中输入值）。

5. 双击【结果】色板并使用【拾色器】选择替换颜色。

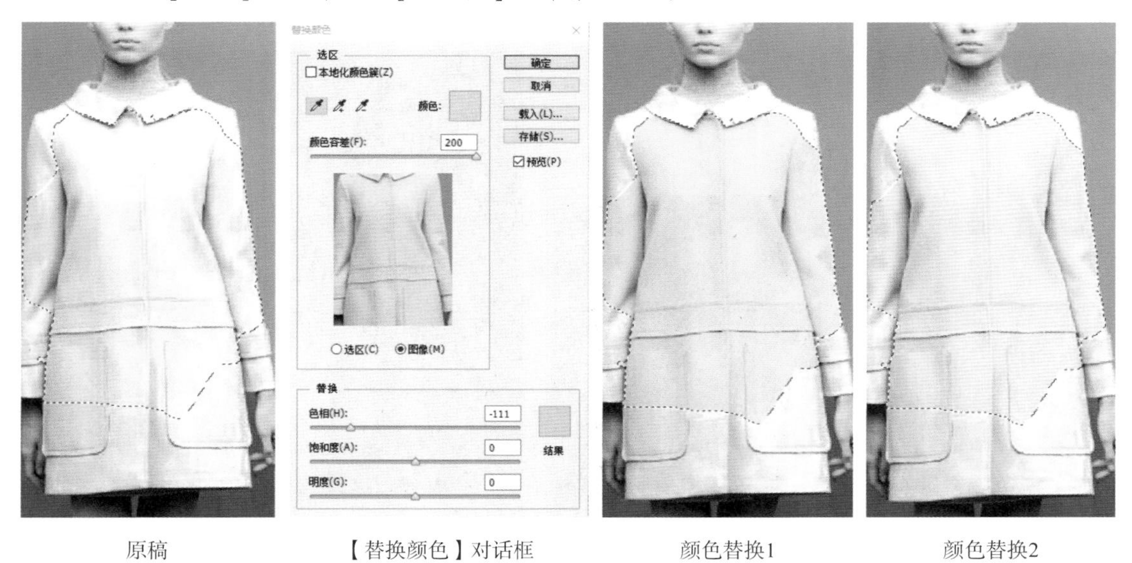

原稿　【替换颜色】对话框　颜色替换1　颜色替换2

图11-3-10　替换颜色

（六）【亮度/对比度】（图 11-3-11）

说明：【亮度/对比度】可以对图像的色调范围进行简单的调整。将亮度滑块向右移动会增加色调值并扩展图像高光，而将亮度滑块向左移动会减少值并扩展图像阴影。

步骤：

1. 执行菜单【图像/亮度/对比度】命令，弹出面板。

2. 或者执行菜单【图层/新建调整图层/亮度/对比度】命令；再或者单击【调整】面板中的【亮度/对比度】图标。

3. 在【调整】面板中，拖动滑块以调整亮度和对比度，直到满意为止。

（七）【变化】（图 11-3-12）

说明：【变化】命令通过显示替代物的缩览图，可以调整图像的色彩平衡、对比度和饱和度。

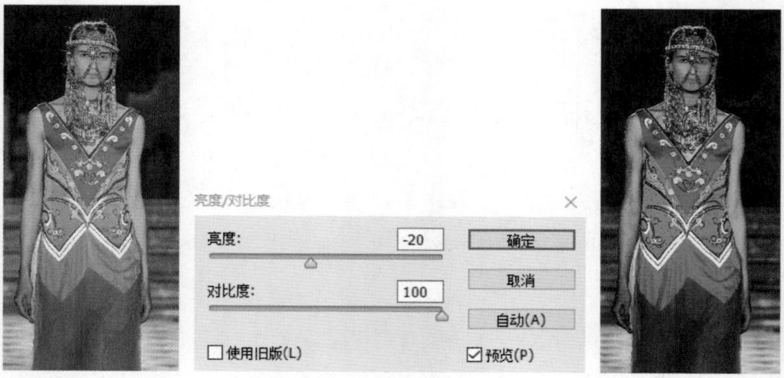

调整前　　【亮度/对比度】对话框　　调整后

图11-3-11　【亮度/对比度】调整

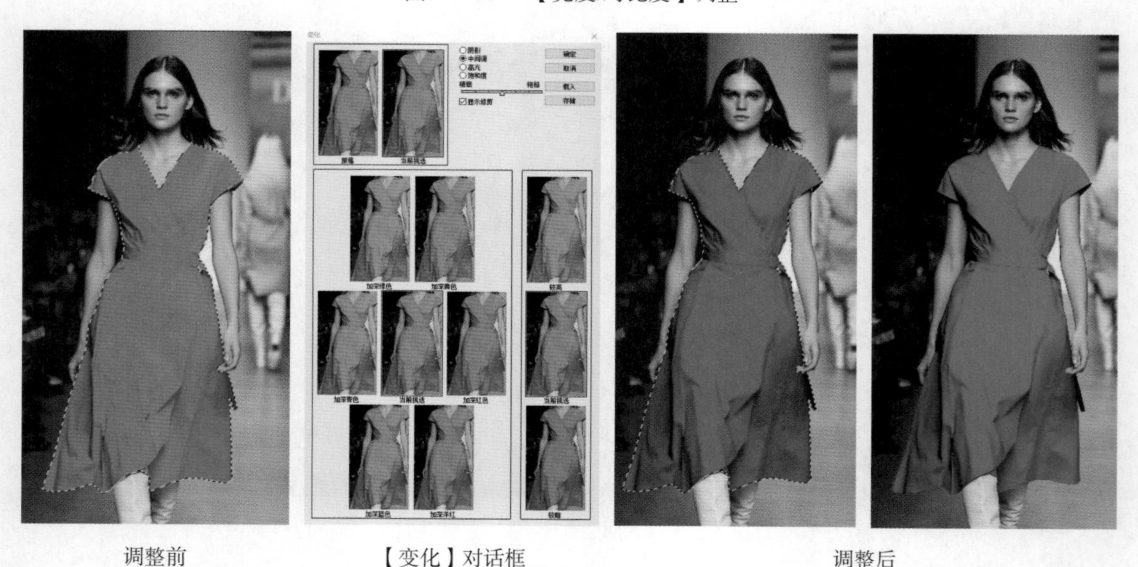

调整前　　【变化】对话框　　调整后

图11-3-12　【变化】调整

步骤：

1. 打开图片，选中需要变化的区域。

2. 执行菜单【图像/调整/变化】命令，弹出面板。

3. 阴影、中间色调或高光调整较暗区域、中间区域或较亮区域；饱和度更改图像中的色相强度。

4. 拖移【精细/粗糙】滑块确定每次调整的量。

5. 单击相应的颜色缩览图，调整颜色和亮度。

五、【渐变】填充

说明：【渐变】工具可以创建多种颜色间的逐渐混合。

步骤：

1. 选择要填充的区域，否则，渐变填充将应用于整个现用图层。

2. 选择【渐变】工具。

3. 在属性栏中单击【渐变样本】旁边的三角形可以挑选预设渐变填充（图11-3-13）。

4. 在属性栏中选择应用渐变填充的选项。

※ 线性渐变——以直线从起点渐变到终点。

※ 径向渐变——以圆形图案从起点渐变到终点。

※ 角度渐变——围绕起点以逆时针扫描方式渐变。

※ 对称渐变——使用均衡的线性渐变在起点的任一侧渐变。

※ 菱形渐变——以菱形方式从起点向外渐变。

5. 在属性栏中对【混合模式】、【不透明度】、【反向】、【仿色】、【透明区域】等进行设置。

6. 双击【渐变样本】可以打开【渐变编辑器】面板（图11-3-14）。

7. 将指针定位在图像中要设置为渐变起点的位置，然后拖动以定义终点。

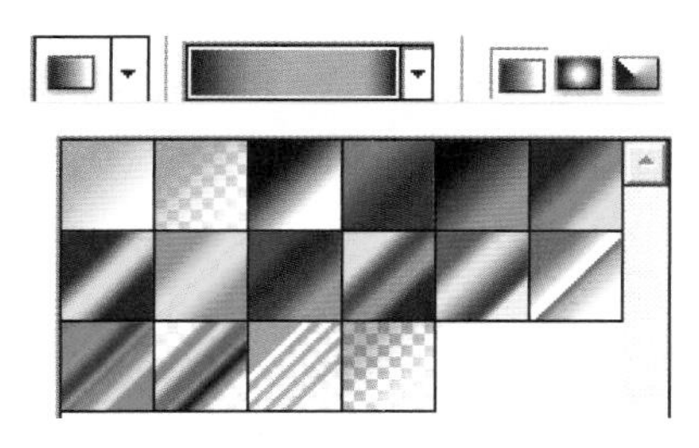

图11-3-13　预设渐变填充

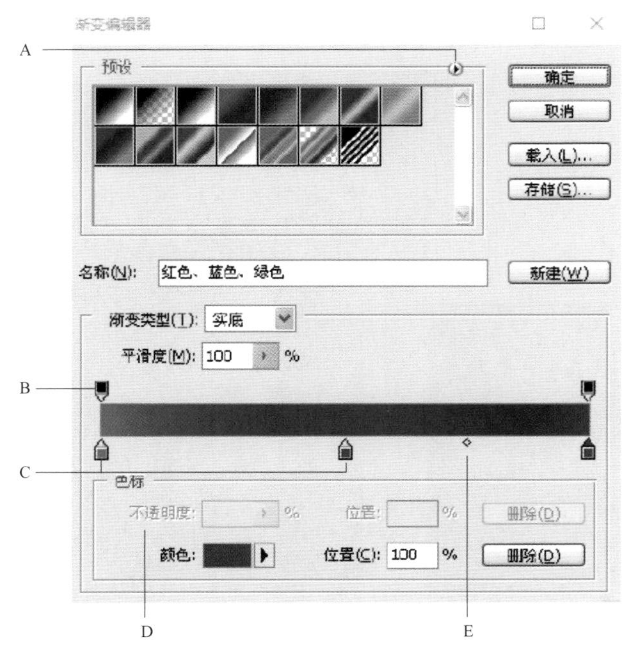

A—面板菜单　B—不透明性色标　C—色标

D—调整值或删除选中的不透明度或色标　E—中点

图11-3-14　【渐变编辑器】对话框

第四节　关于绘图

一、【画笔】和【铅笔】工具

说明：【画笔】和【铅笔】工具可以在图像上绘制当前的前景色。【画笔】工具可以创建有颜色的柔描边，而【铅笔】工具则可以创建硬边直线。

步骤：

1. 设置前景色。

2. 选择【画笔】工具或【铅笔】工具。

3. 在【画笔预设】选取器中选取画笔。

4. 在属性栏中设置模式、不透明度等。

5. 在图像中单击并拖动绘画。若绘制直线，在图像中单击起点，然后按住【Shift】键并单击终点即可。

二、【画笔预设】

说明：预设画笔是一种存储的画笔，可以从笔的大小、形状和硬度等定义它的特性。

步骤：

1. 选择一种绘画工具，然后单击属性栏中的【画笔】弹出式菜单。选择一种画笔，或者从【画笔】面板中直接选择画笔（图11-4-1）。

2. 单击属性栏【切换画笔面板】按钮。弹出【预设画笔】面板，更改画笔【大小】、【硬度】和【间距】等（图11-4-2）。

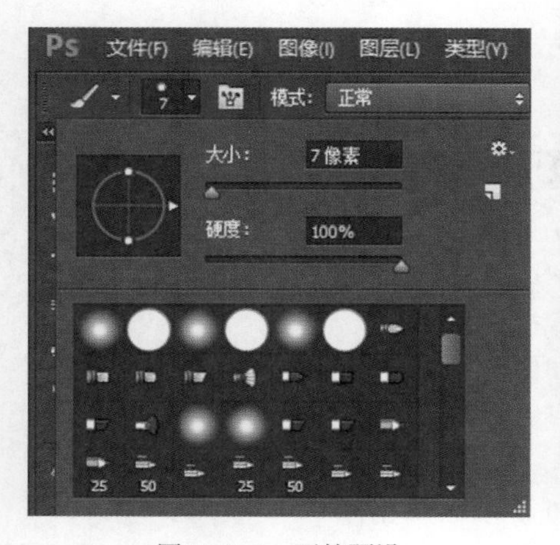

图11-4-1　画笔预设

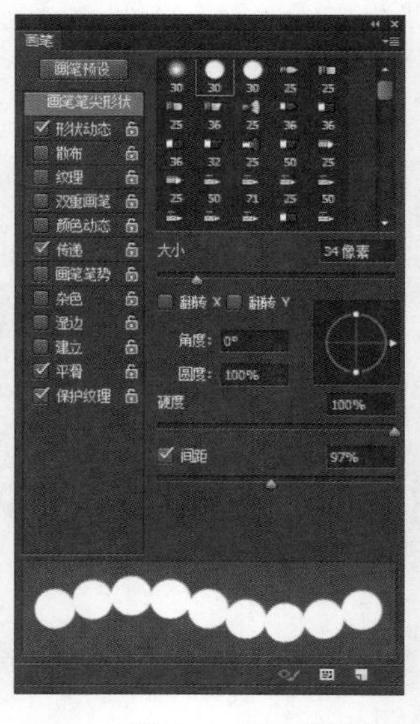

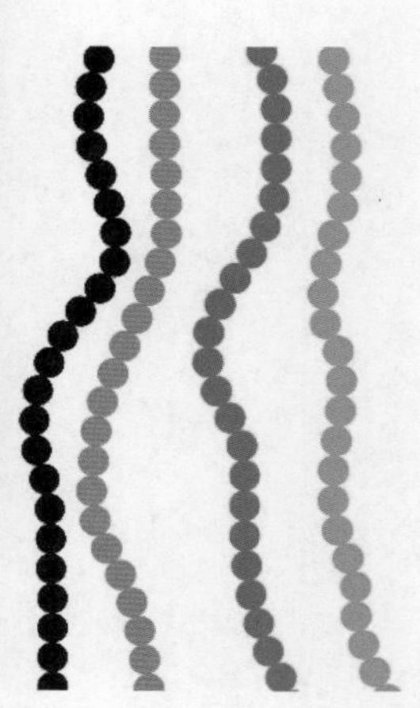

图11-4-2　画笔设置面板及效果

3. 在图像中单击并拖动绘画。

三、【图案图章】工具

说明:【图案图章】工具可使用图案进行绘画。从图案库中选择图案或者自己创建图案。

步骤:

1. 选择【图案图章】工具。
2. 从【画笔预设】选取器中选取画笔。
3. 在属性栏中设置【模式】、【不透明度】等工具选项。
4. 在属性栏中选择【对齐】以保持图案与原始起点的连续性,即使释放鼠标按钮并继续绘画也不例外。取消选择【对齐】可在每次停止并开始绘画时重新启动图案。
5. 在属性栏中,从【图案】弹出式面板中选择一个图案。
6.(可选)如果希望应用具有印象派效果的图案,选择【印象派效果】。
7. 在图像中拖动以使用选定图案进行绘画(图11-4-3)。

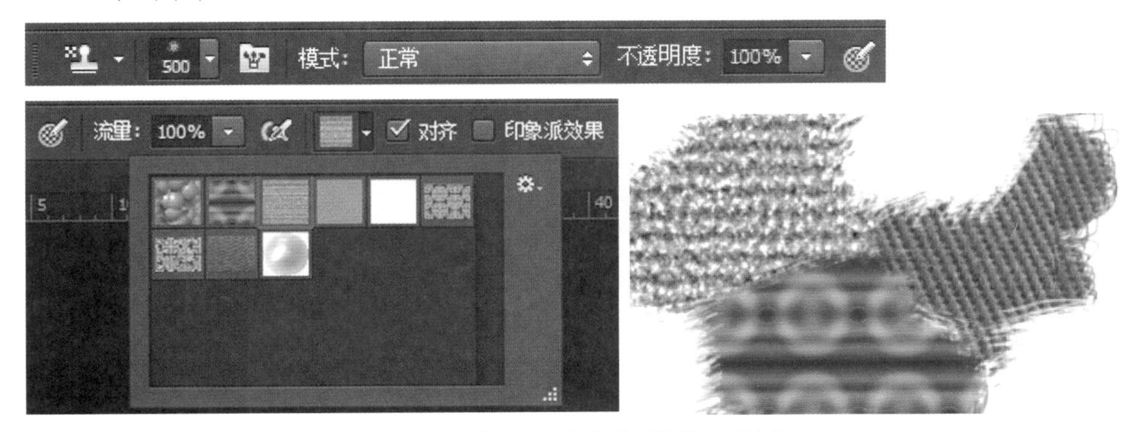

图11-4-3 【图案图章】的属性设置及效果

四、预设图案

说明:预设图案显示在【油漆桶】、【图案图章】、【修复画笔】和【修补】工具属性栏的弹出式面板中,以及【图层样式】对话框中。

步骤:

1. 在任何打开的图像上使用【矩形选框】工具,选择要用作图案的区域。必须将【羽化】设置为“0”像素。
2. 执行菜单【编辑/定义图案】命令,弹出对话框,输入图案的名称。
3. 打开工具箱中的【油漆桶】、【图案图章】、【修复画笔】或【修补工具】,在其属性栏的弹出式面板中出现定义的图案(图11-4-4)。

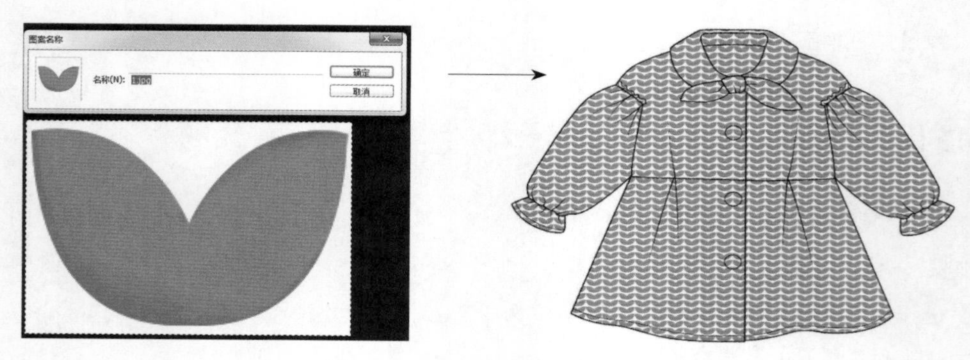

图11-4-4 定义图案及填充效果

五、【形状】工具

说明：【形状】工具组可以在图层中绘制各种形状。

步骤：

1. 点击工具箱【形状】工具，在属性栏中可以选择【形状】、【路径】、【像素】。
2. 要选取形状的颜色，在属性栏中单击色板，然后从【拾色器】中选取一种颜色。
3. 配合【Shift】键可以绘制正方形或正圆。在页面中拖动以绘制形状（图11-4-5）。

图11-4-5 【形状】工具属性栏设置

六、【钢笔】工具

说明：【钢笔】工具可用于绘制图像和路径，可以创建复杂的形状。

步骤：

（一）形状绘制

1. 点击工具箱【钢笔】工具，在属性栏选择【形状】，选择一个【填充颜色】。

2. 在页面中单击以确定第一个锚点，再次单击结束的位置，绘制直线，多次单击可以绘制连续的折线。

3. 在页面中单击以确定第一个锚点（*A*），在第二个锚点位置（*B*）按下鼠标左键不松手，拖动随之出现的手柄，绘制任意的曲线（图11-4-6）。

4. 选择【钢笔】工具，在属性栏选择【形状】，去掉【填充】颜色，选择【描边】颜色和大小，设置形状描边类型，切换到【路径】面板，取消形状路径的选择，可以绘制直线或者虚线（图11-4-7）。

5. 按住【Alt】键，在任意锚点上单击，可以在平滑点和角点之间进行转换。

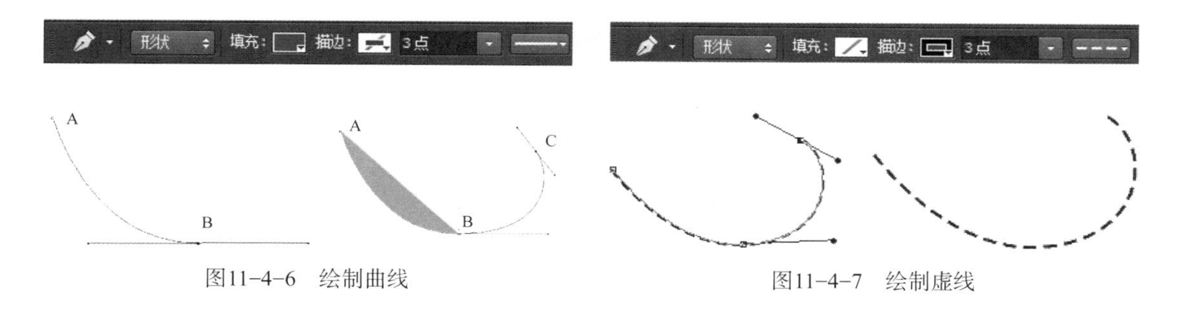

图11-4-6　绘制曲线　　图11-4-7　绘制虚线

6. 运用【钢笔】工具、【添加锚点】工具和【删除锚点】工具，可以在需要的位置添加和删除任意锚点。

（二）路径绘制

1. 选择【钢笔】工具，在属性栏上选择【路径】，切换至【路径】面板。
2. 在页面中根据需求绘制任意路径，操作方法与绘制形状相同。
3.【路径选择】工具，可以选择路径；【直接选择】工具，可以编辑路径。
4. 选中路径后，点击面板中【将路径作为选区载入】按钮，将路径转换为选区。
5. 选中路径后，点击面板下方的【用画笔描边路径】按钮，对路径进行描边。
6. 单击【路径面板菜单】按钮，执行【存储路径】命令，可以保存路径。

第五节　关于滤镜

Adobe Photoshop CC滤镜库提供了许多特殊效果的滤镜，利用这些滤镜可以对图像进行各种效果的修饰。

一、艺术效果滤镜（图11-5-1）

说明：【艺术效果】子菜单中的滤镜，都是模仿自然或传统介质的效果。包括【壁画】、【彩色铅笔】、【粗糙蜡笔】、【底纹效果】、【干画笔】、【海报边缘】、【海绵】、【绘画涂抹】、【胶片颗粒】、【木刻】、【霓虹灯光】、【水彩】、【塑料包装】和【涂抹棒】。

步骤：

1. 在要应用【艺术效果】的图像上建立选区。
2. 执行菜单【滤镜/艺术效果/任意效果】命令，弹出面板。
3. 在面板中，设置相关属性，通过【预览】观察其效果，完成后点击【确定】。

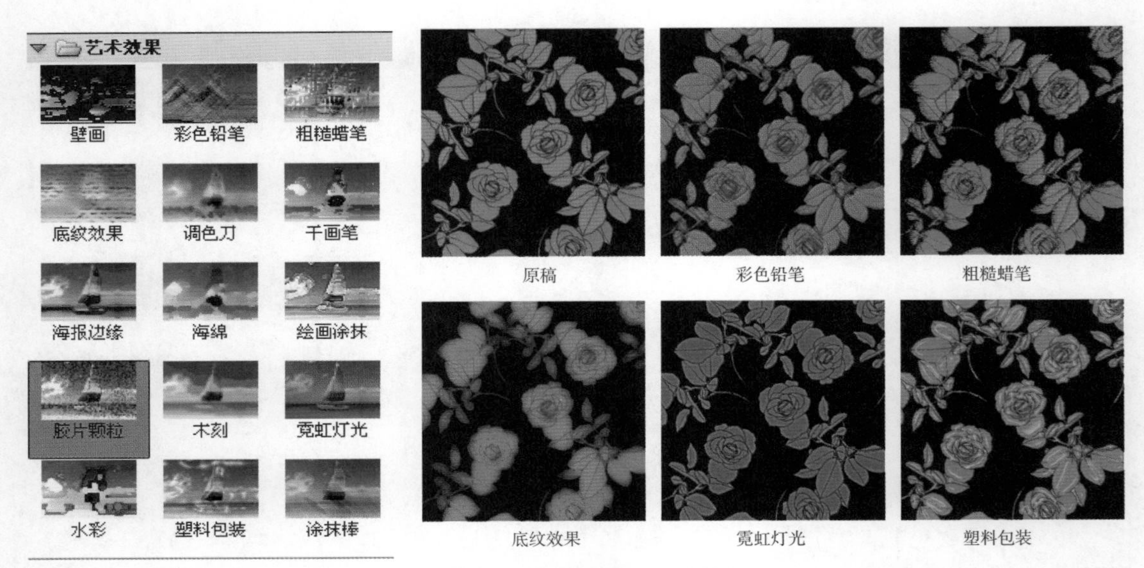

图11-5-1 各种艺术效果滤镜

二、模糊滤镜（图11-5-2）

说明：【模糊】滤镜柔化选区或整个图像，对于修饰非常有用。它是通过平衡图像中已定义的线条和遮蔽区域的清晰边缘旁边的像素，使变化显得柔和。包括【表面模糊】、【动感模糊】、【方框模糊】、【高斯模糊】、【镜头模糊】、【动感模糊】、【径向模糊】、【形状模糊】、【特殊模糊】等效果。

步骤：

1. 建立选区或者选中整个图像。
2. 执行菜单【滤镜/模糊/任意效果】命令，弹出面板。
3. 在面板中，设置相关属性，通过【预览】观察其效果。
4. 完成后单击面板中【确定】按钮。

图11-5-2 各种模糊滤镜

三、画笔描边滤镜

说明：与【艺术效果】滤镜一样，【画笔描边】滤镜使用不同的画笔和油墨描边效果创造出绘画效果的外观。有些滤镜还添加颗粒、绘画、杂色、边缘细节或纹理。包括【成角的线条】、【墨水轮廓】、【喷溅】、【喷色描边】、【强化的边缘】、【深色线条】、【烟灰墨】、【阴影线】等（图11-5-3）。

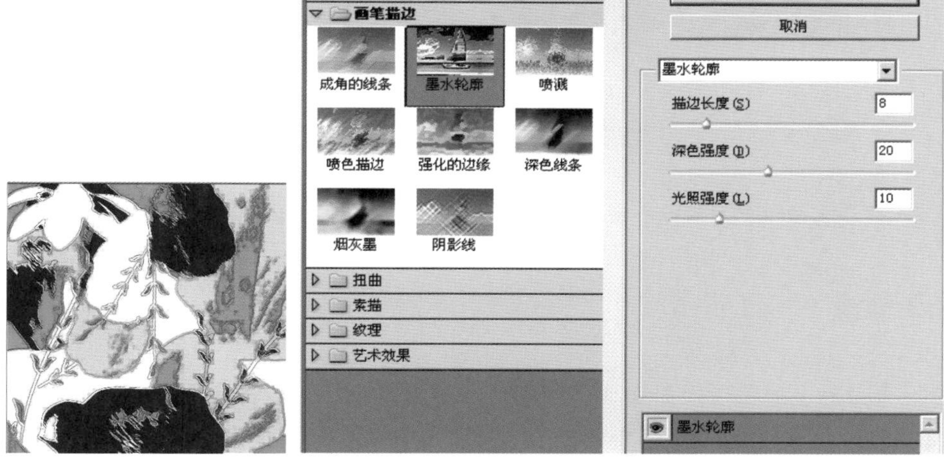

图11-5-3　【画笔描边滤镜】设置

步骤：

1. 建立选区或者选中整个图像。
2. 执行菜单【滤镜/画笔描边/任意效果】命令，弹出面板。
3. 在面板中，设置相关属性，通过【预览】观察其效果。
4. 完成后点击面板中【确定】按钮（图11-5-4）。

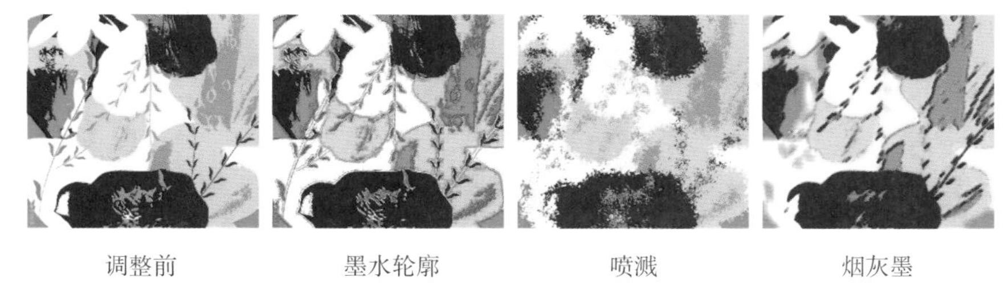

图11-5-4　各种画笔描边滤镜效果

四、扭曲滤镜（图11-5-5）

说明：【扭曲】滤镜将图像进行几何扭曲。包括【波浪】、【波纹】、【玻璃】、【海洋波纹】、【挤压】、【扩散亮光】、【切变】、【球面化】、【水波】、【旋转扭曲】和【置换】等效果。

步骤：

1. 建立选区或者选中整个图像。
2. 执行菜单【滤镜/扭曲/任意效果】命令，弹出面板。
3. 在面板中，设置相关属性，通过【预览】观察其效果。

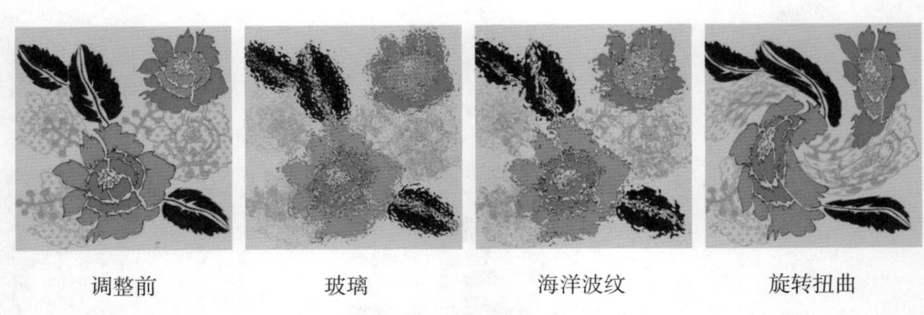

调整前　　玻璃　　海洋波纹　　旋转扭曲

图11-5-5　各种扭曲滤镜效果

4. 完成后单击面板中【确定】按钮。

五、杂色滤镜（图11-5-6）

说明:【杂色】滤镜可以添加或移去杂色，也可以创建与众不同的纹理或移去有问题的区域，如灰尘和划痕。包括【较少杂色】、【蒙尘与划痕】、【去斑】、【添加杂色】、【中间值】等效果。

步骤:

1. 建立选区或者选中整个图像。
2. 执行菜单【滤镜/杂色/任意效果】命令，弹出面板。
3. 在面板中，设置相关属性，通过【预览】观察其效果，完成后点击【确定】按钮。

调整前　　添加杂色　　蒙尘与划痕

图11-5-6　各种杂色滤镜效果

六、像素化滤镜（图11-5-7）

说明:【像素化】滤镜是通过使单元格中颜色值相近的像素结成块来清晰地定义一个选区。包括【彩块化】、【彩色半调】、【点状化】、【晶格化】、【马赛克】、【碎片】和【铜板雕刻】等效果。

步骤:

1. 建立选区或者选中整个图像。
2. 执行菜单【滤镜/像素化/任意效果】命令，弹出面板。

3. 在面板中，设置相关属性，通过【预览】观察其效果，完成后点击【确定】按钮。

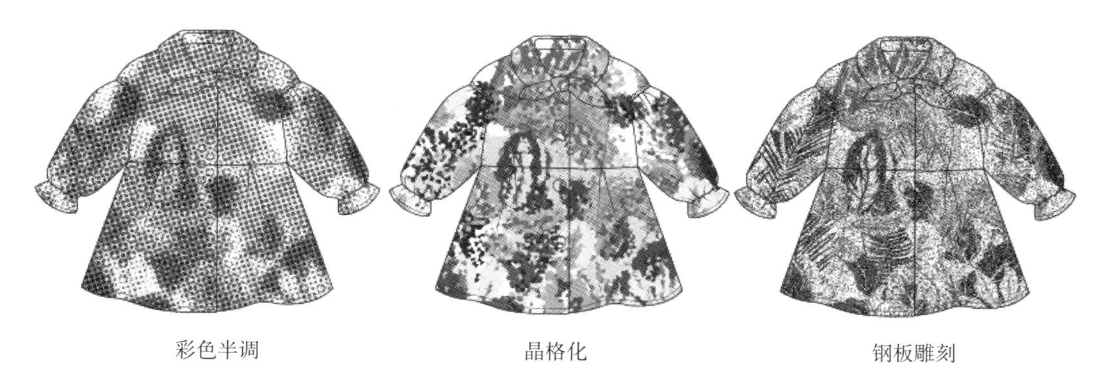

彩色半调　　晶格化　　钢板雕刻

图11-5-7　各种像素化滤镜效果

七、渲染滤镜（图11-5-8）

说明：【渲染】滤镜在图像中创建3D形状、云彩图案、折射图案和模拟的光反射。包括【分层云彩】、【光照效果】、【镜头光晕】、【纤维】、【云彩】等效果。

步骤：

1. 建立选区或者选中整个图像。
2. 执行菜单【滤镜/渲染/任意效果】命令，弹出面板。
3. 在面板中，设置相关属性，通过【预览】观察其效果。
4. 完成后单击面板中【确定】按钮。

分层云彩　　光照效果　　纤维

图11-5-8　各种渲染滤镜效果

八、素描滤镜（图11-5-9）

说明：【素描】滤镜可以在图像上添加各种纹理，包括【半调图案】、【便条纸】、【粉笔和炭笔】、【铬黄渐变】、【绘图笔】、【基底凸现】、【石膏效果】、【水彩画纸】、【撕边】、【炭笔】、【炭精笔】、【图章】、【网状】、【影印】等效果。

步骤：

1. 建立选区或者选中整个图像。
2. 执行菜单【滤镜/素描/任意效果】命令，弹出面板。
3. 在面板中，设置相关属性，通过【预览】观察其效果。
4. 完成后单击面板中【确定】按钮。

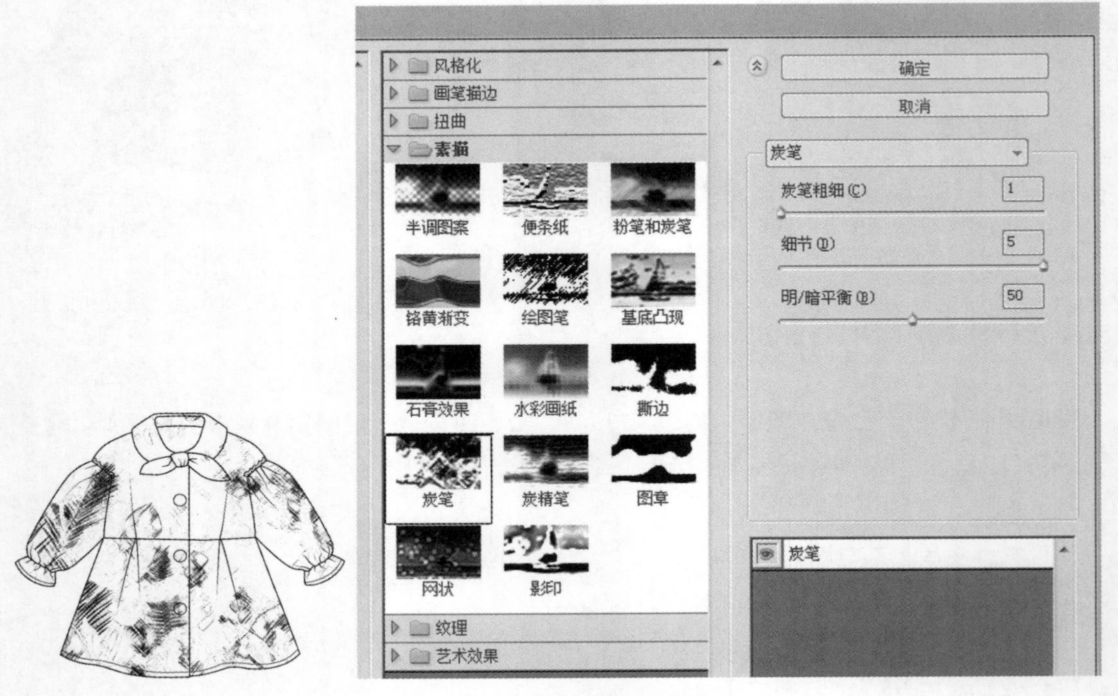

图11-5-9　【素描滤镜效果】设置

九、风格化滤镜（图11-5-10）

说明：【风格化】滤镜通过置换像素和通过查找并增加图像的对比度，在选区中生成绘画或印象派的效果。包括【查找边缘】、【等高线】、【风】、【浮雕效果】、【扩散】、【拼贴】、【曝光过度】、【凸出】、【照亮边缘】等效果。

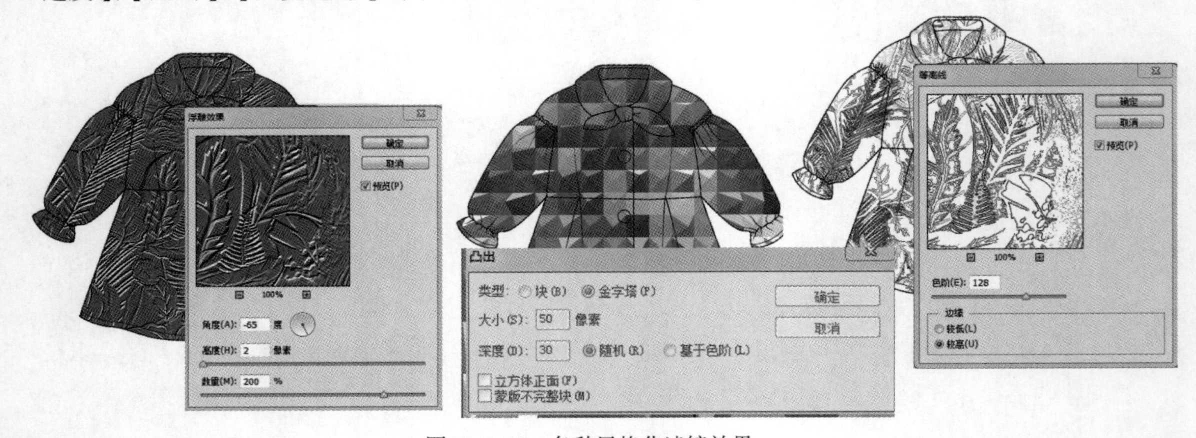

图11-5-10　各种风格化滤镜效果

步骤：

1. 建立选区或者选中整个图像。
2. 执行菜单【滤镜/素描/任意效果】命令，弹出面板。
3. 在面板中，设置相关属性，通过【预览】观察其效果。
4. 完成后单击面板中【确定】按钮。

十、纹理滤镜（图11-5-11）

说明：可以使用【纹理】滤镜模拟具有深度感或物质感的外观，或者添加一种器质外观。包括【龟裂缝】、【颗粒】、【马赛克拼贴】、【拼缀图】、【染色玻璃】、【纹理化】等效果。

步骤：

1. 建立选区或者选中整个图像。
2. 执行菜单【滤镜/纹理/任意效果】命令，弹出面板。
3. 在面板中，设置相关属性，通过【预览】观察其效果。
4. 完成后单击面板中【确定】按钮。

龟裂纹　　染色玻璃　　纹理化

图11-5-11　各种纹理滤镜效果

本章小结

※ 图像像素越多，分辨率越高，得到的印刷质量就越好。

※ 首选项可以设置常规显示选项、文件存储选项、性能选项、光标选项、透明度选项、单位与标尺、参考线和网格、文字选项以及增效工具等。

※【色彩范围】命令可以选择整个图像内指定的颜色或色彩范围。

※【减淡】和【加深】工具用于制作服装面料的阴影、质感，非常方便。

※【滤镜】可以对图像进行各种效果的修饰。

思考练习题

1. 如何更改图像的像素大小？
2. 如何使用【仿制图章】、【污点修复画笔】、【修补】工具修改图像上的瑕疵？
3. 如何进行图像颜色的调整？
4. 找一些服装图片，利用所学工具将其进行颜色替换。

第十二章 Adobe Photoshop 服饰配件设计绘画表现

课题名称： Adobe Photoshop 服饰配件设计绘画表现

课题内容： 钢笔工具

路径修改及保存

对象的填充与变换

各种滤镜效果

添加图层样式

课题时间： 6课时

教学目的： 通过案例的演示与操作步骤，让学生掌握服饰品的设计与绘制，具备利用所学工具绘制任意服饰品的能力。

教学方式： 教师演示及课堂训练，手绘板的演示。

教学要求： 1. 用Adobe Photoshop 软件绘制并处理各种配饰。

2. 用Adobe Photoshop 软件绘制并处理手袋。

3. 用Adobe Photoshop 软件绘制并处理各种鞋子。

课前准备： 熟悉并掌握Adobe Photoshop各种工具的操作方法和技巧。

服饰配件的种类很多，主要包括头饰、颈饰、胸饰、腰饰、腕饰、包袋、鞋子等。每种配件的造型又有着完全不同的外观效果，这就要求设计者在绘制的时候必须准确把握各自的外形特征。Photoshop软件，尤其是【钢笔】【路径选择】工具可以精确地绘制任意简单或复杂的图像，同时配合【手绘板】【自由变换】【图案填充】工具以及【滤镜效果】【添加图层样式】等工具可以完成不同首饰、包袋、鞋子等配件的设计与绘制。

第一节　首饰绘画表现

一、实例效果（图12-1-1）

图12-1-1　首饰效果图

二、首饰绘制步骤

1. 点击组合键【Ctrl+N】，新建文件（图12-1-2）。

2. 切换至【图层】面板，点击【图层】面板中的【创建新图层】按钮，创建新图层并命名为“线稿”。

3. 选择工具箱中的【钢笔】工具，绘制“首饰”路径（图12-1-3）。切换至【路径】面板，双击【工作路径】储存路径，弹出对话框，命名为“首饰”，点击【确定】按钮。

4. 选择工具箱中的【路径选择】工具 ，框选路径，点击组合键【Ctrl+C】复制路径，点击组合键【Ctrl+N】粘贴路径（图12-1-4）。

5. 鼠标右键单击执行【水平翻转】命令，移动复制“首饰路径”至合适位置（图12-1-5），点击【确定】按钮，得到效果（图12-1-6）。

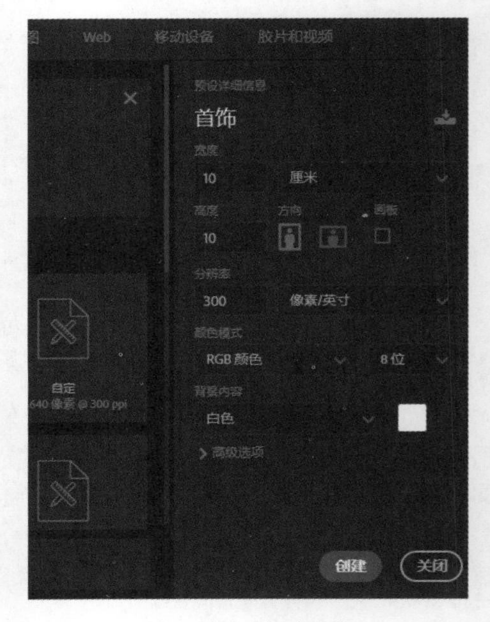

图12-1-2　新建文件

图12-1-3　绘制路径

图12-1-4　复制路径

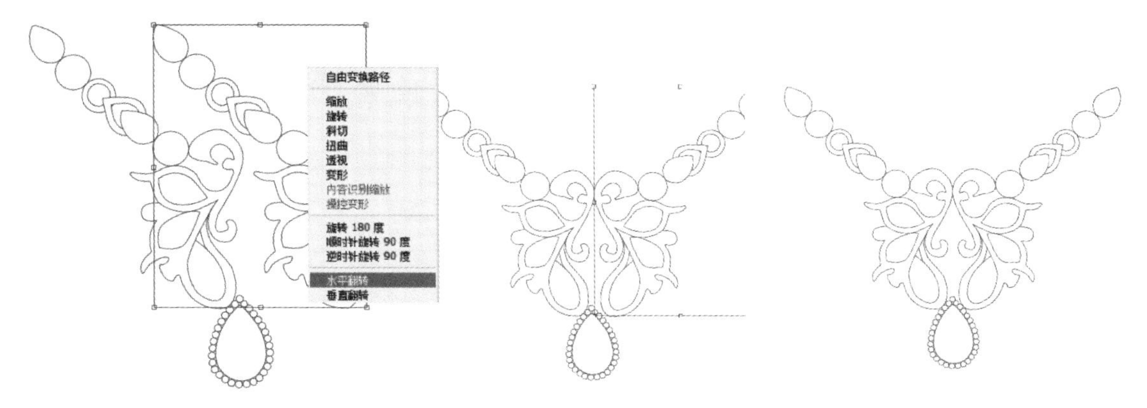

图12-1-5　【水平翻转】路径

图12-1-6　得到效果

6. 点击【默认前景色和背景色】，设置前景色为"黑色"。切换至【图层】面板，点击【线稿】图层。选择工具箱中的【画笔】工具，选择画笔并设置画笔参数，【硬边缘画笔】大小为"1"，【硬度】为"100%"。

7. 选择工具箱中【路径选择】工具，在画板空白处鼠标右键单击，执行【描边路径】命令，弹出对话框（图12-1-7），点击【确定】按钮，描边路径。切换至【路径】面板，点击【路径】面板空白处，取消【首饰】路径的选择，得到效果（图12-1-8）。

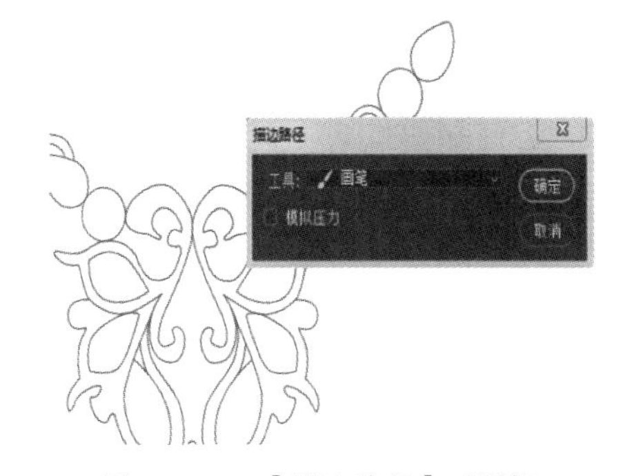

图12-1-7　【描边路径】对话框

8. 切换至【图层】面板，点击【图层】面板中的【创建新图层】按钮四次，创建四个新图层并命名为【钻石】、【珍珠】、【玉石】、【黄金】，调整【线稿】图层置于最顶层。

9. 选择工具箱中【魔棒】工具，按住【Shift】键，建立"玉石"选区（图12-1-9）。

10. 执行菜单【选择/修改/扩展选区】命令，弹出对话框，设置【扩展量】为"1"，点击【确定】按钮（图12-1-10）。

11. 双击【前景色】按钮，弹出【拾色器】面板，设置颜色（图12-1-11）。点击【玉石】图层，点击组合键【Alt+Delete】键，将前景色填充到【玉石】图层，点击组合键【Ctrl+D】取消选区，得到效果（图12−1−12）。

12. 再次选择工具箱中的【魔棒】工具，按住【Shift】键，建立“珍珠”选区（图12−1−13）。

13. 执行菜单【选择/修改/扩展选区】命令，弹出对话框设置【扩展量】为“1”，点击【确定】按钮。

14. 双击【前景色】按钮，弹出【拾色器】面板，设置颜色（图12−1−14）。

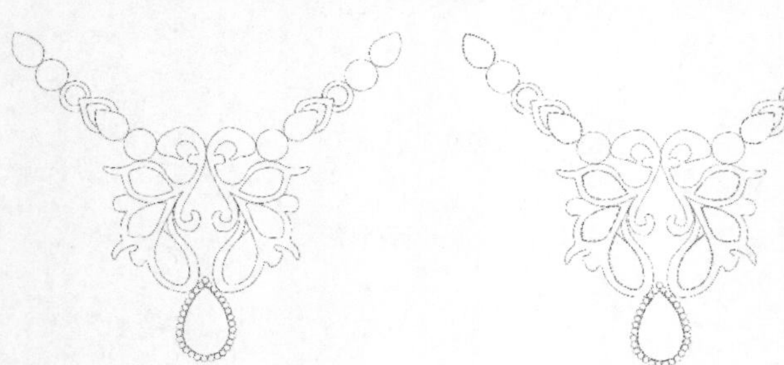

图12−1−8　描边路径　　图12−1−9　建立选区

图12−1−10　【扩展选区】对话框

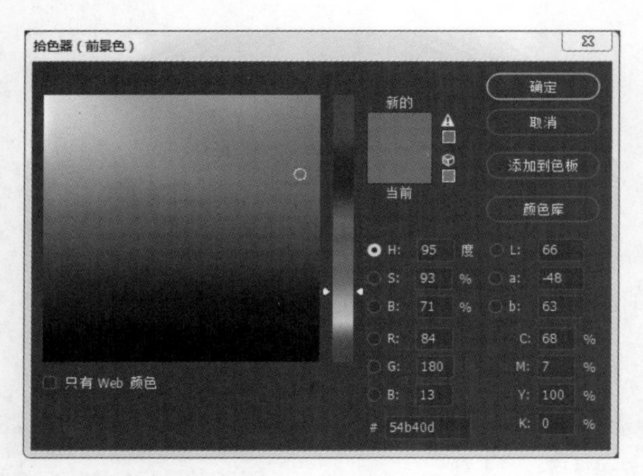

图12−1−11　【拾色器】对话框

图12−1−12　填充颜色

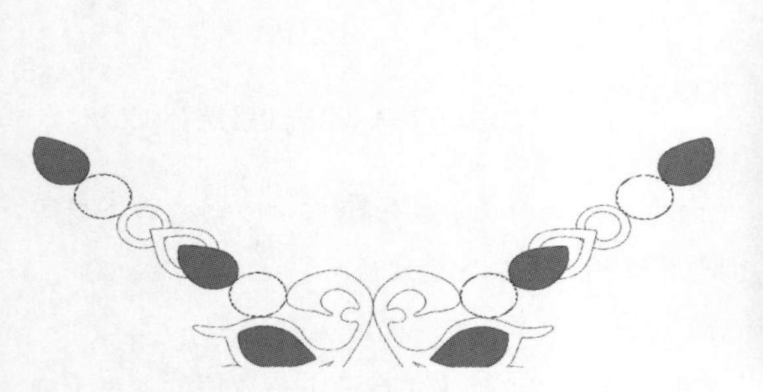

图12−1−13　建立选区

图12−1−14　【拾色器】对话框

15. 点击【珍珠】图层，点击组合键【Alt+Delete】，将前景色填充到【珍珠】图层，点击组合键【Ctrl+D】取消选区，得到效果（图12−1−15）。

16. 双击【前景色】按钮，弹出【拾色器】面板，设置颜色（图12-1-16）。

17. 重复操作，得到【黄金】、【钻石】图层的填充效果（图12-1-17）。

图12-1-15　填充颜色

图12-1-16　【拾色器】对话框

18. 切换至【图层】面板，点击【钻石】图层，点击【图层】面板下面的【增加图层样式】按钮，分别设置【内阴影】、【内发光】、【图案叠加】参数（图12-1-18），得到效果（图12-1-19）。

图12-1-17　填充【黄金】、【钻石】图层效果

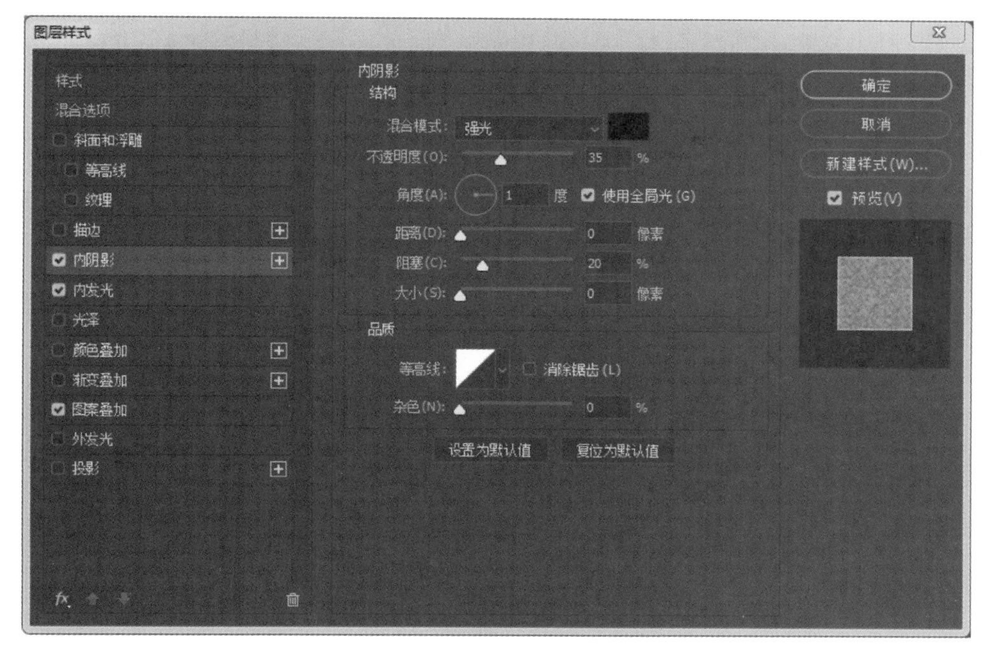

图12-1-18

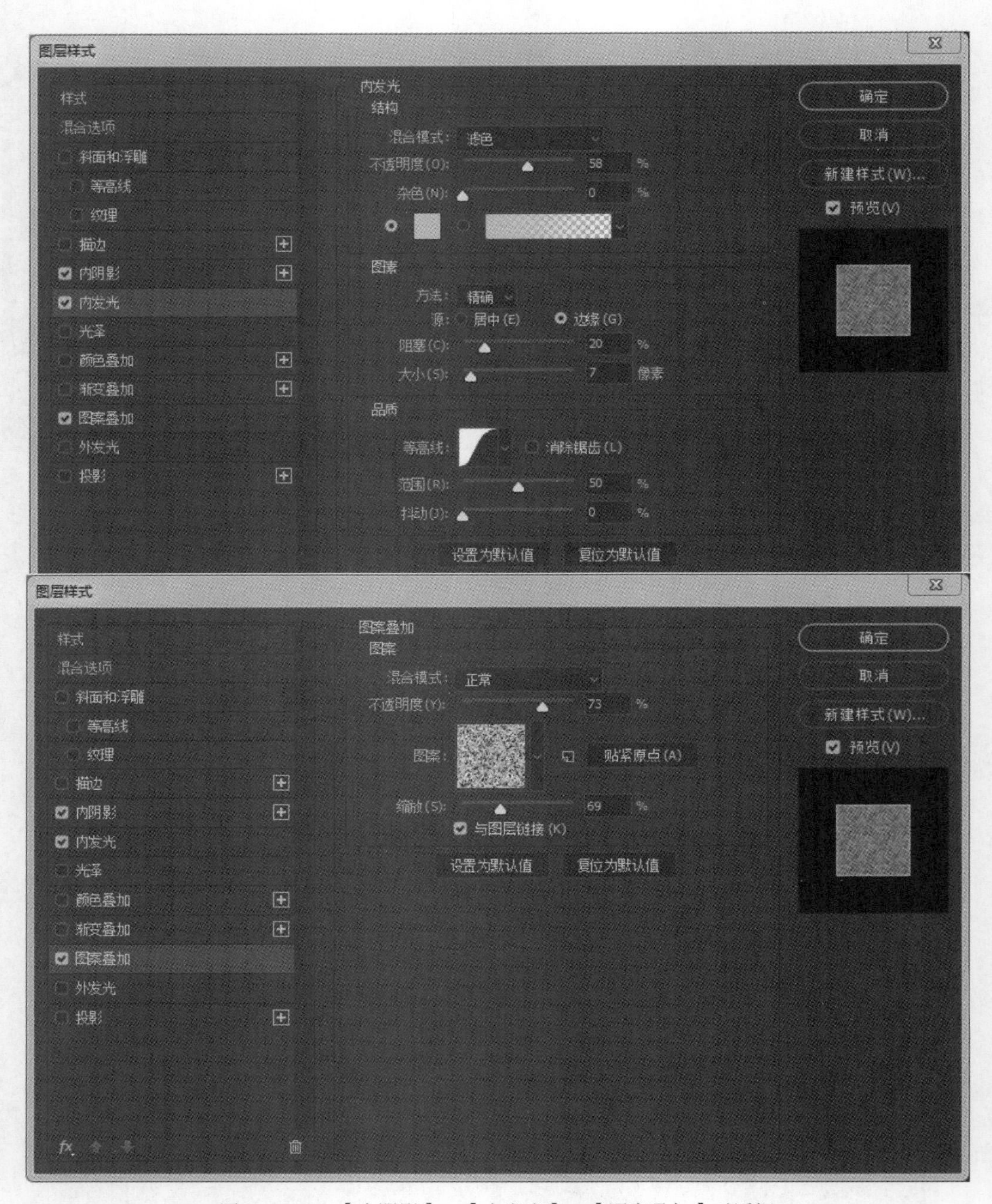

图12-1-18 【内阴影】、【内发光】、【图案叠加】对话框

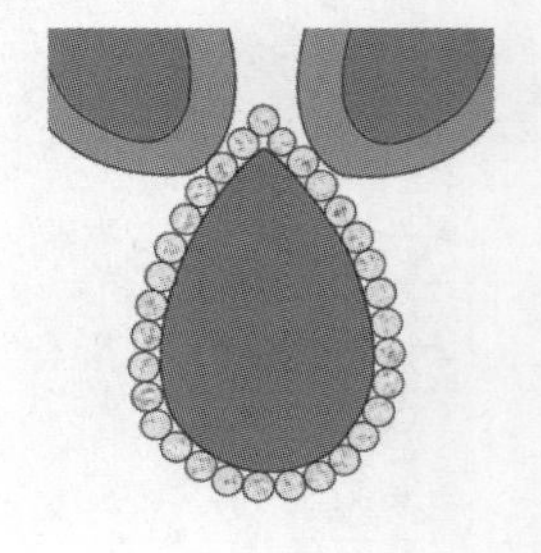

图12-1-19 图层样式效果

19. 切换至【图层】面板，点击【珍珠】图层，点击【图层】面板下面的【增加图层样式】按钮fx，分别设置【斜面和浮雕】、【等高线】、【内发光】参数（图12–1–20），得到效果（图12–1–21）。

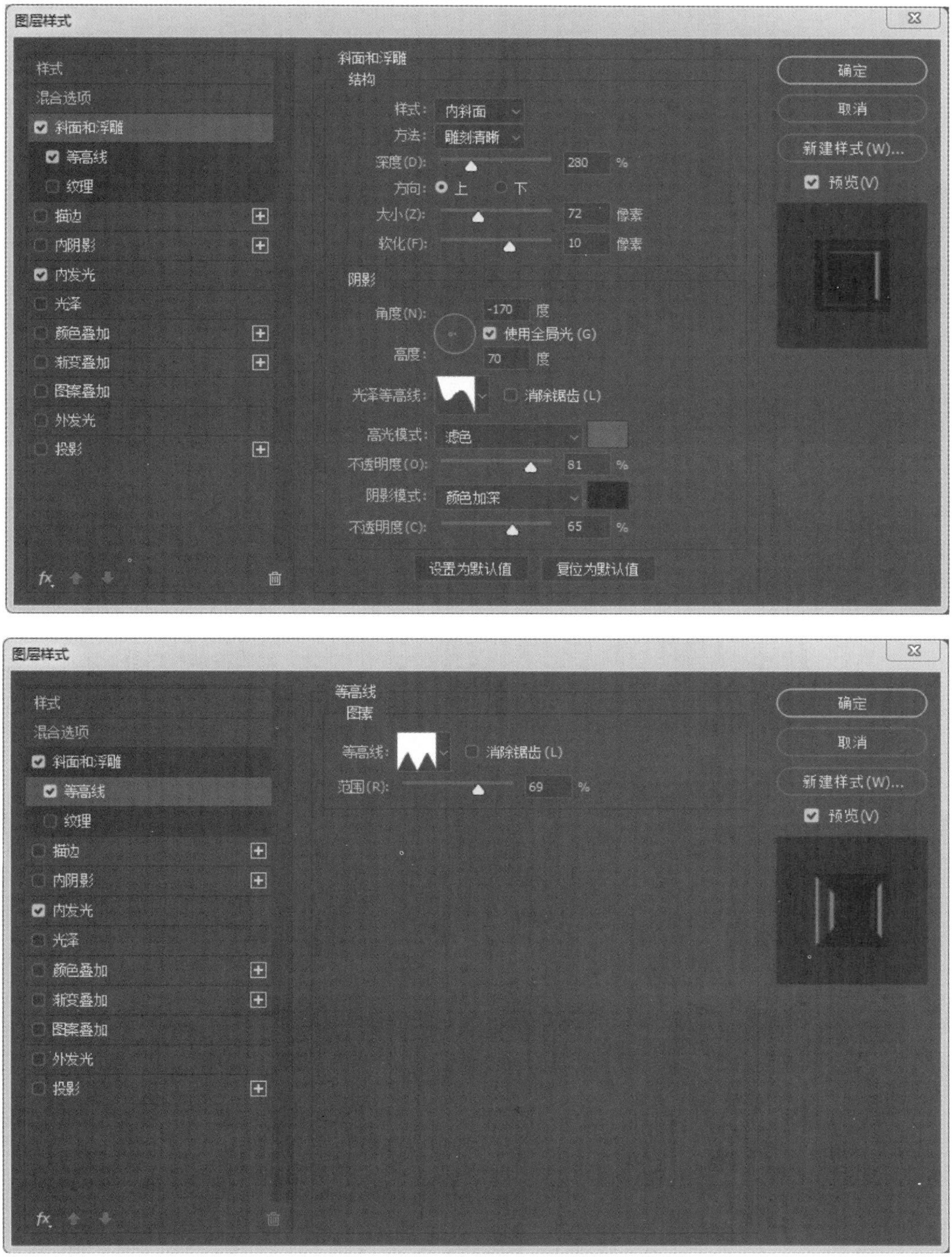

图12–1–20

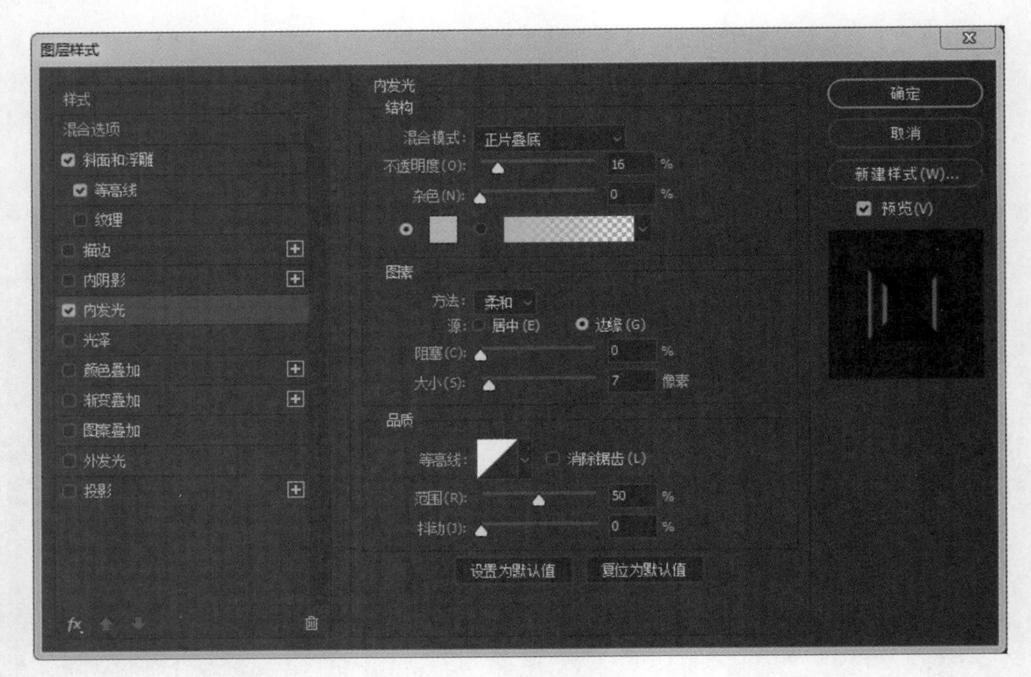

图12-1-20 【斜面和浮雕】、【等高线】、【内发光】对话框

20. 切换至【图层】面板，点击【黄金】图层，点击【图层】面板下面的【增加图层样式】按钮 fx，分别设置【斜面和浮雕】、【内阴影】参数（图12-1-22），得到效果（图12-1-23）。

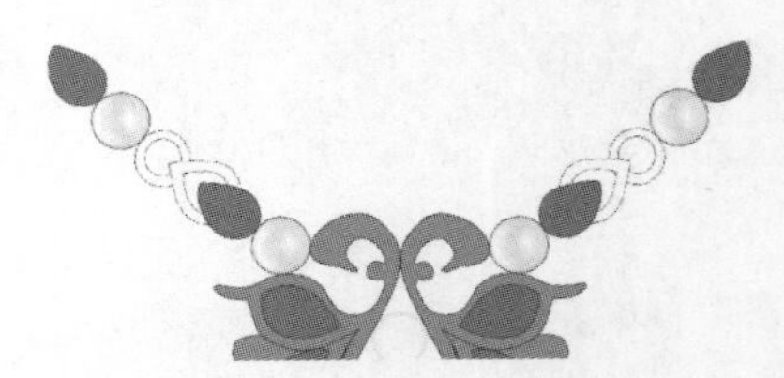

图12-1-21 图层样式效果

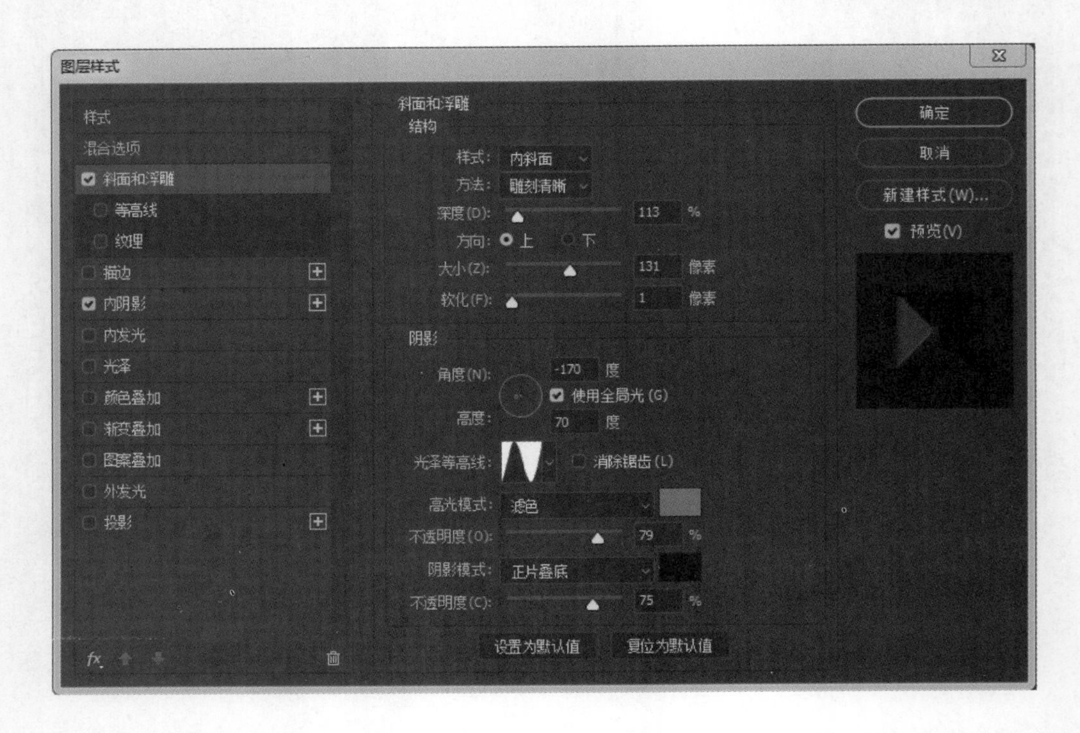

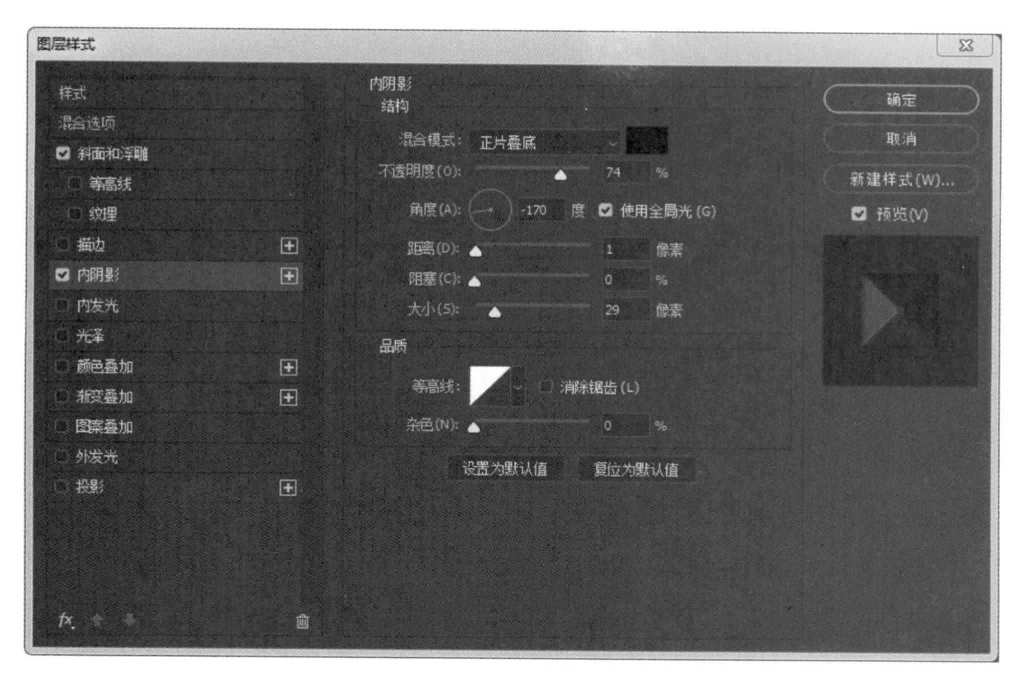

图12-1-22 【斜面和浮雕】、【内阴影】对话框

21. 切换至【图层】面板，点击【玉石】图层，点击【图层】面板中的【创建新图层】按钮 ，建立新图层，并命名为【纹理】图层。

22. 双击【前景色】按钮 ，弹出【拾色器】面板，设置颜色（图12-1-24），背景色设置为“白色”。

23. 执行菜单【滤镜/渲染/云彩】命令，得到效果（图12-1-25）。

24. 点击【纹理】图层，点击组合键【Ctrl+Alt+G】创建剪切蒙版，得到效果（图12-1-26）。

图12-1-23 图层样式效果

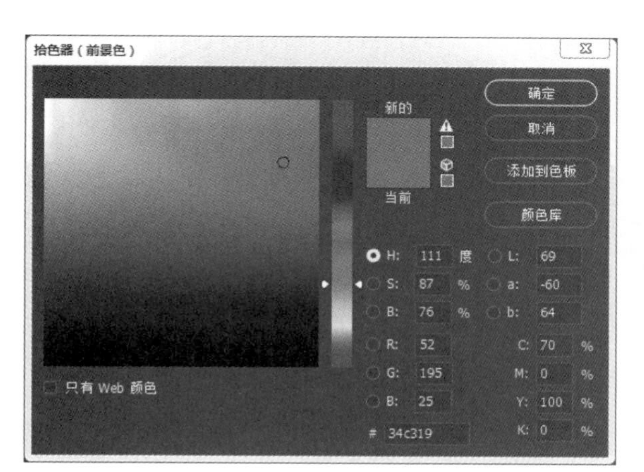

图12-1-24 【拾色器】对话框

图12-1-25 “云彩”效果

25. 双击【前景色】按钮，弹出【拾色器】面板，设置颜色（图12-1-27）。

26. 切换至【图层】面板，点击【背景】图层，选择【渐变】工具，设置渐变参数（图12-1-28），选择【径向渐变】，鼠标从中心向外拉，填充渐变颜色，得到效果（图12-1-29）。

图12-1-26 【剪切蒙版】效果

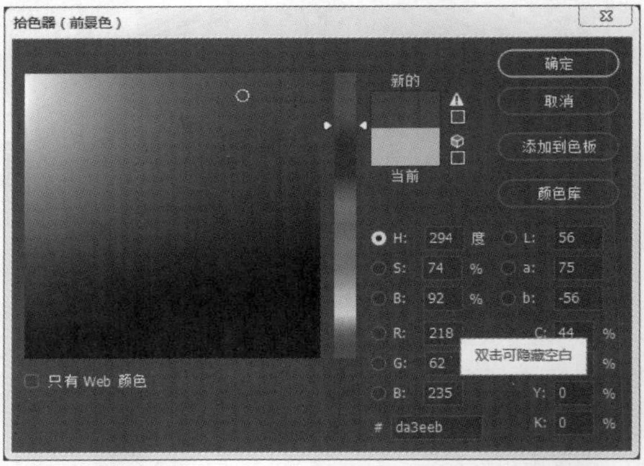

图12-1-27 【拾色器】对话框

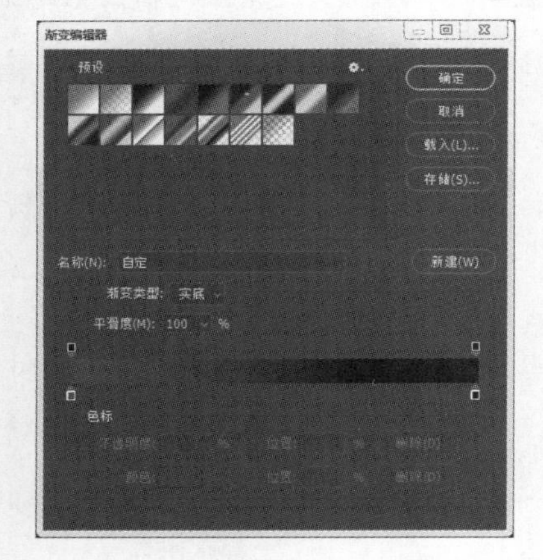

图12-1-28 【渐变编辑器】对话框

图12-1-29 渐变效果

27. 双击【前景色】按钮，设置前景色为“浅灰色”。选择工具箱中的【画笔】工具，选择画笔并设置画笔参数，硬边缘画笔，大小为“70”，硬度为“100%”。切换至【图层】面板，点击【珍珠】图层，点击绘制“两颗珍珠”，得到效果（图12-1-30）。

图12-1-30 绘制效果

28. 重复操作：选择工具箱中的【画笔】工具，选择画笔并设置画笔参数，硬边缘画笔大小为“15”，硬度为“100%”。切换至【图层】面板，点击【钻石】图层，绘制钻石，得到效果（图

12-1-31）。

29. 调整画笔不同的大小，可以“添补”大小不一的“钻石”，丰富画面效果，得到效果（图12-1-32）。

图12-1-31 绘制效果

图12-1-32 绘制效果

30. 关闭【线稿】图层前面的“眼睛”图标，隐藏【线稿】图层（图12-1-33）。

31. 切换至【图层】面板，点击【黄金】图层，点击【图层】面板中的【创建新图层】按钮，建立新图层，并命名为【高光】图层，点击组合键【Ctrl+Alt+G】创建图层的剪切蒙版。

32. 点击【默认前景色和背景色】按钮，点击【切换前景色和背景色】按钮，前景色转换为“白色”。

33. 选择工具箱中的【画笔】工具，选择画笔并设置画笔参数，硬边缘压力画笔大小为“5”，在【高光】图层绘制“黄金”的高光，得到效果（图12-1-34）。

34. 切换至【图层】面板，点击【图层】面板中的【创建新图层】按钮，建立新图层，并命名为【闪光】图层，调整【闪光】图层至最顶层。

35. 选择工具箱中的【画笔】工具，选择“闪光”画笔并设置画笔参数（根据需要设置不同的画笔大小），在【闪光】图层绘制闪光，得到效果（图12-1-35）。

图12-1-33 隐藏线稿

图12-1-34 绘制效果

图12-1-35 最终效果图

第二节　包袋绘画表现

一、包袋实例效果（图12-2-1）

图12-2-1　手袋效果图

二、包袋绘制步骤

第一阶段：绘制肌理皮革。

1. 启动Photoshop软件，新建一个文件（设置文件【宽度】与【高度】为“500”像素，【分辨率】为“72”像素），并改名为“皮革面料”。

2. 分别双击【前景色】及【背景色】按钮 ，弹出【拾色器】面板，分别设置【前景色】和【背景色】颜色（图12-2-2）。

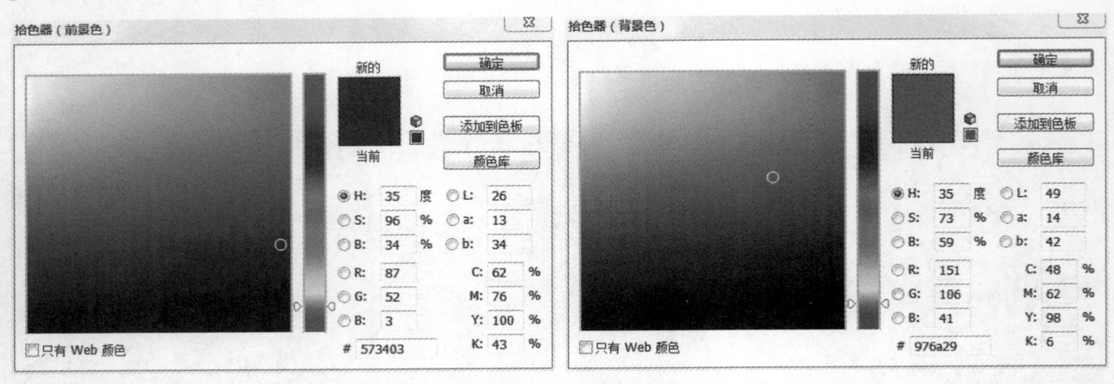

图12-2-2　前景色和背景色的【拾色器】面板

3. 执行菜单【滤镜/渲染/云彩】命令，得到效果（图12-2-3）。点击【图层】面板下方的【新建】按钮，新建一个图层并命名为“肌理”。

4. 双击【前景色】按钮 ，弹出【拾色器】面板，设置颜色（图12-2-4）。点击组合键【Alt+Delete】填充前景色。

5. 执行菜单【滤镜/滤镜库/纹理/染色玻璃】命令，在弹出的对话框中，设置单元格【大小】

为“2”、【边框粗细】为“2”、【光照强度】为“2”，点击【确定】按钮，得到效果（图12-2-5）。

图12-2-3 【渲染】效果

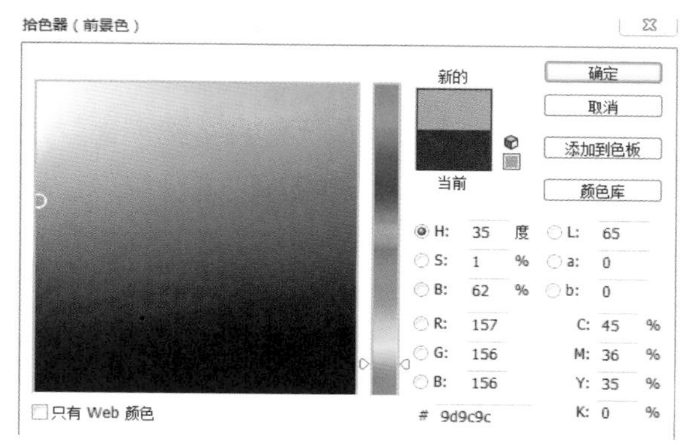

图12-2-4 【拾色器】面板

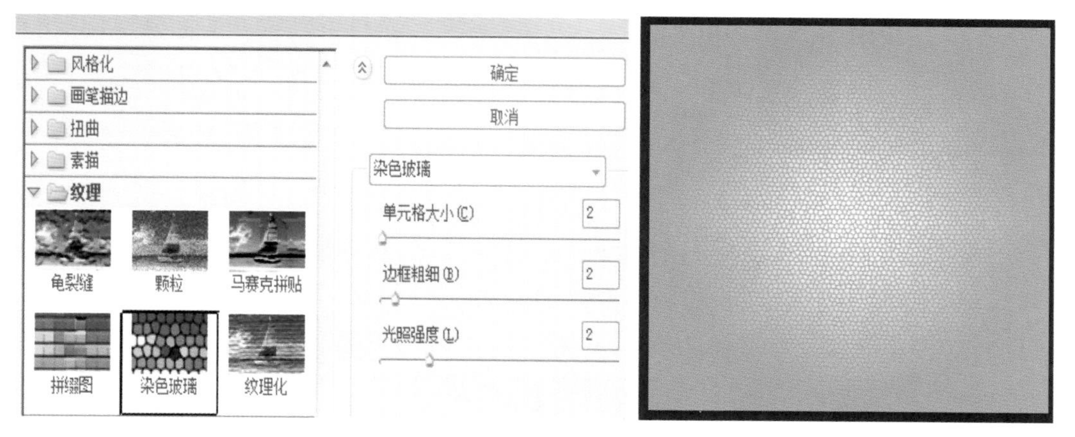

图12-2-5 【滤镜】设置及运用【滤镜】后的效果

6. 执行菜单【滤镜/风格化/浮雕效果】命令,【角度】为“-65”度,【高度】为“2”像素,【数量】为“200%”（图12-2-6）。

7. 执行菜单【编辑/自由变换】命令，调整画布大小，使纹理突起的部分大小适中，单击【Enter】键执行操作（图12-2-7）。

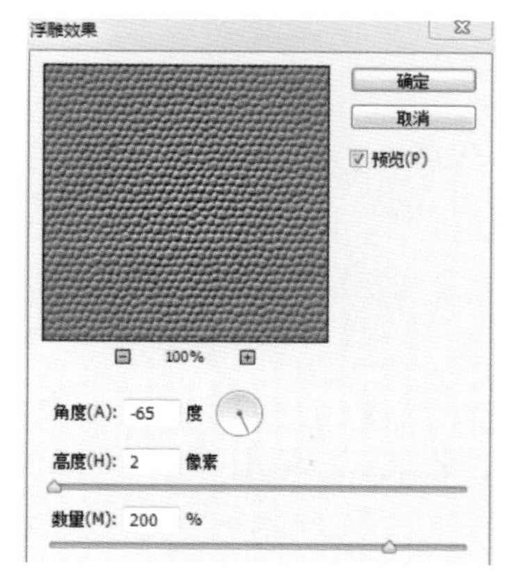

图12-2-6 【滤镜】设置

图12-2-7 【自由变换】效果

8. 切换至【图层】面板，点击【图层】面板下方的【新建】按钮，新建一个图层。

9. 单击工具箱中的【默认前景色与背景色】按钮，执行菜单【滤镜/渲染/云彩】命令（图12-2-8），执行【菜单文件/储存为】命令，将此时的文件储存为PSD格式。关闭图层前面的【眼睛】图标。

10.点击【肌理】图层，执行菜单【滤镜/扭曲/置换】命令，弹出【置换】对话框（图12-2-9），单击【确定】按钮，弹出【选择一个置换图】对话框，选取刚刚储存的PSD格式文件，执行【置换】任务，使皮革纹理有些自然的扭曲（图12-2-10）。

图12-2-8 运用【滤镜】后的效果

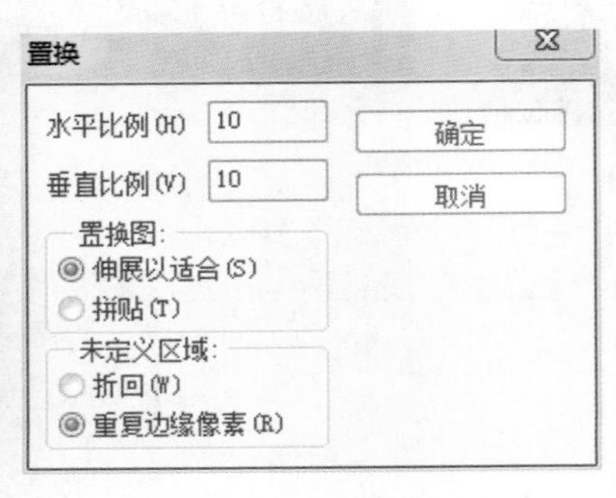

图12-2-9 【置换】设置

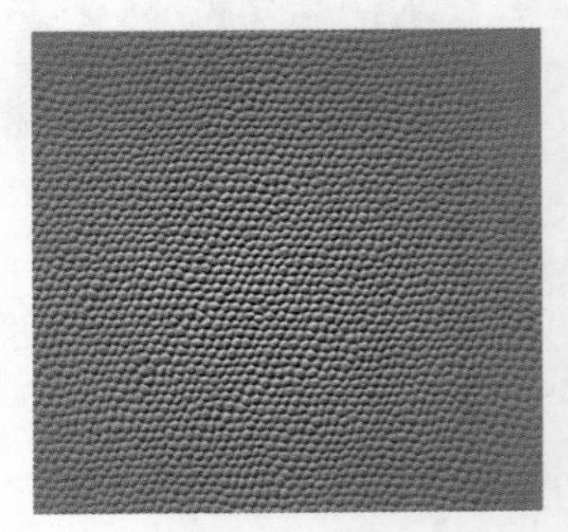

图12-2-10 运用【滤镜】后的效果

11. 执行菜单【编辑/变换/旋转90°（顺时针）】命令，将画布旋转（图12-2-11）。

12. 继续执行菜单【滤镜/置换】命令（重复上次同参数滤镜操作），或点击组合键【Ctrl+F】，重复执行滤镜任务（图12-2-12）。重复执行【旋转画布】、【置换】任务，得到效果（图12-2-13）。

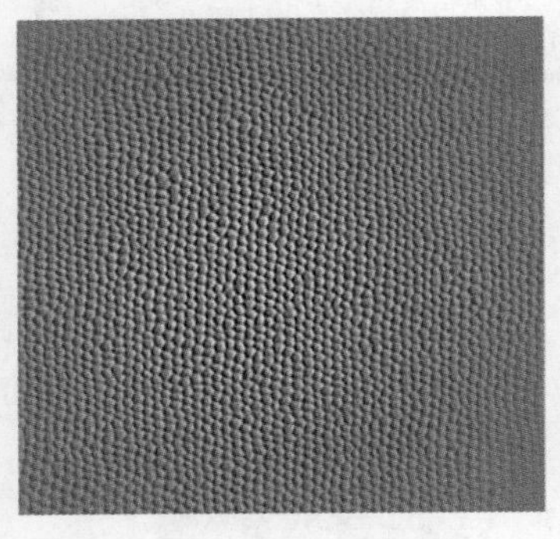

图12-2-11 【旋转画布】效果

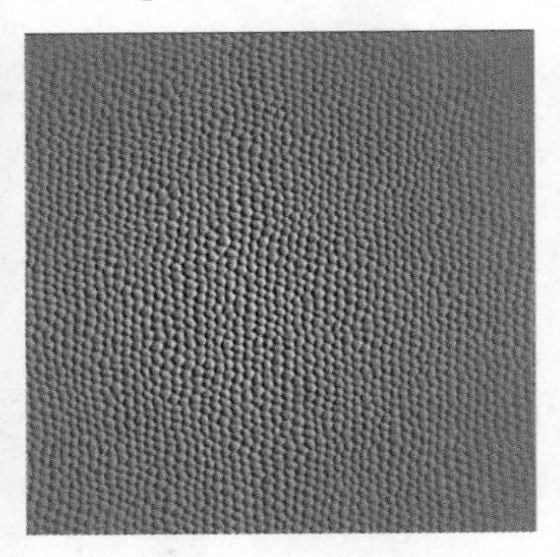

图12-2-12 再次【置换】效果

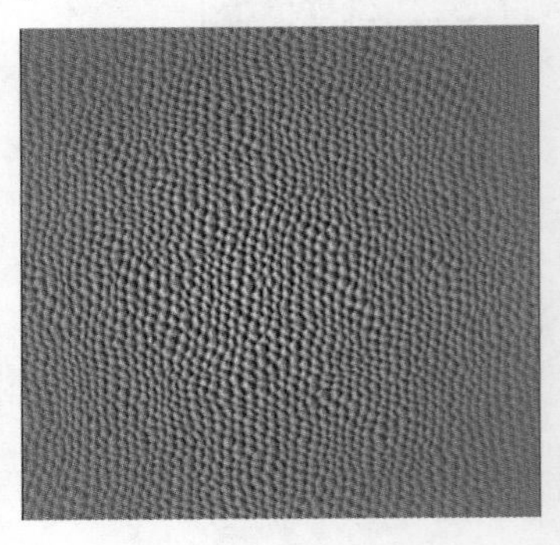

图12-2-13 重复操作效果

13. 执行菜单【选择/色彩范围】命令（图12-2-14），吸取部分颜色范围选区，单击【确定】按钮。

14. 点击【背景】图层，执行【图层/新建/通过拷贝的图层】命令，拷贝得到新图层，并命名为【效果】图层。

15. 点击【肌理】图层，设置图层混合模式【叠加】（图12-2-15）。点击【效果】图层，单击【图层】面板下方的【添加图层样式】，分别添加【斜面和浮雕】（图12-2-16）和【投影】（图12-2-17），设置参数，得到效果（图12-2-18）。

16. 点击组合键【Shift+Ctrl+S】储存文件，将“肌理皮革”面料另存为JPG格式文件。

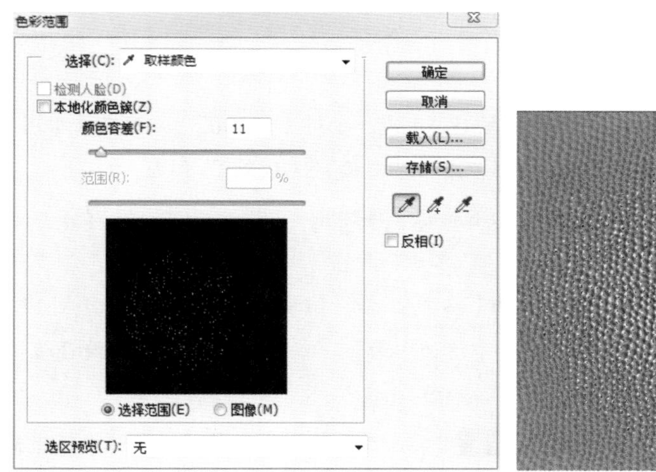

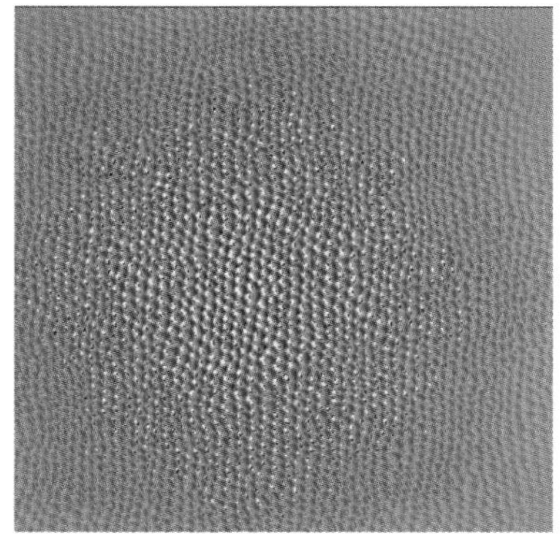

图12-2-14 【色彩范围】对话框及效果

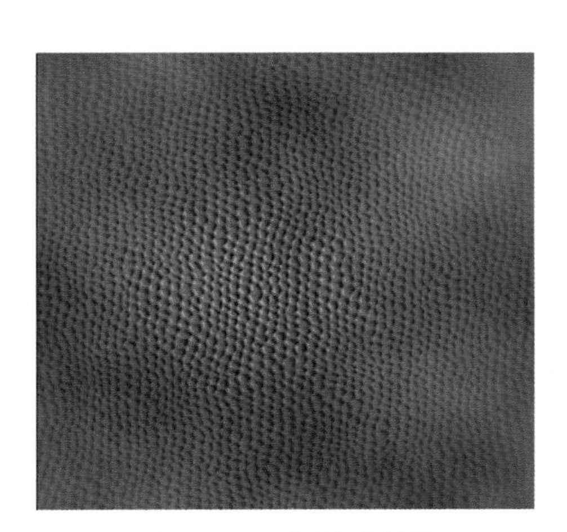

图12-2-15 【叠加】效果

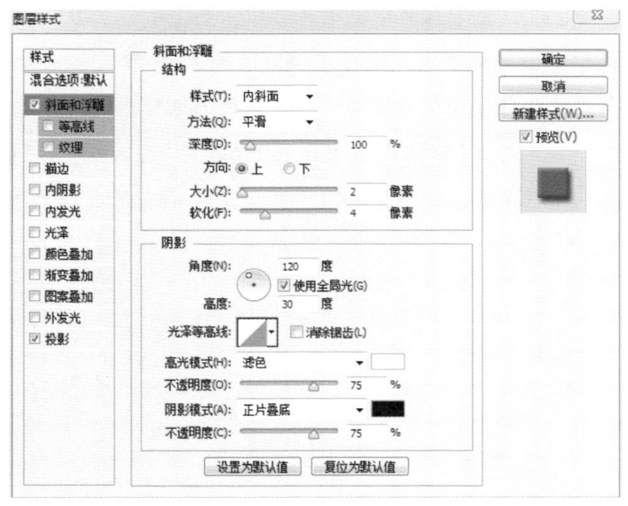

图12-2-16 【斜面和浮雕】对话框

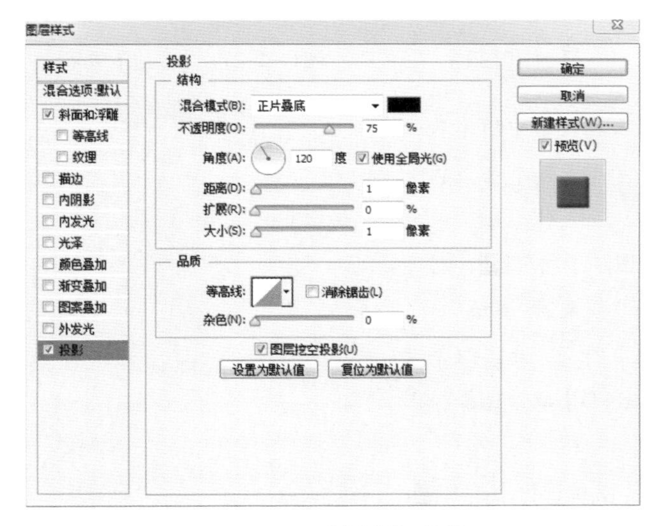

图12-2-17 【投影】对话框

图12-2-18 【添加图层样式】后效果

第二阶段：绘制手袋。

17. 点击组合键【Ctrl+N】新建文件（大小“A4”，分辨率“300”）。切换至【图层】面板，点击【新建图层】按钮，新建两个图层，分别命名为“线稿1”“线稿2”图层。

18. 选择工具箱【画笔】工具，设置画笔属性，选择【硬边缘压力大小】画笔，画笔大小为“2”，不透明度设置为“100%”。

19. 选择【钢笔】工具，在属性栏中选择【路径】，沿着线描稿绘制手袋路径（图12-2-19）。

20. 执行菜单【窗口/路径】命令，打开【路径】面板。双击【工作路径】储存路径，弹出对话框，命名为“手袋”。

21. 点击【线稿1】图层，选择【钢笔】工具，在面板中点击鼠标右键，选择【描边路径】，弹出对话框，选择【画笔】，勾选【模拟压力】，点击【确定】按钮，点击【路径】面板的空白处取消路径的选择，得到效果（图12-2-20）。

22. 设置【画笔】大小为“1”，点击【线稿2】图层，选择工具箱中的【钢笔】工具，在面板中单击鼠标右键，选择【描边路径】，弹出对话框，取消勾选【模拟压力】，点击【确定】按钮，点击【路径】面板的空白处取消路径的选择，得到效果（图12-2-21）。

23. 点击【线稿2】图层，选择工具箱【魔术棒】工具，在线迹外空白处点击，执行菜单【选择/反向】命令（组合键【Shift+Ctrl+I】），图像轮廓被选中（图12-2-22）。

图12-2-19 【路径】绘制

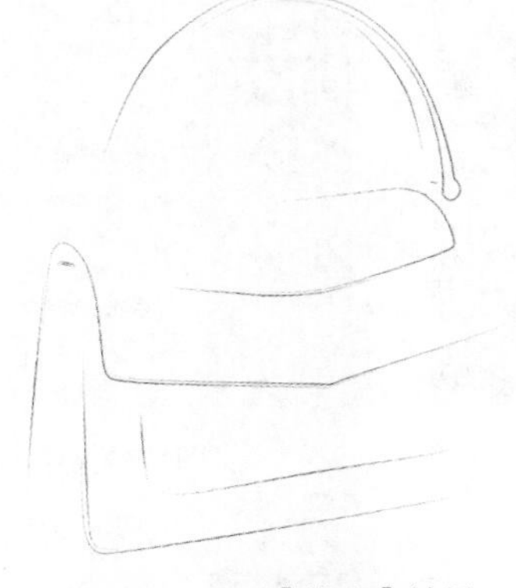
图12-2-20 【描边】效果

图12-2-21 【描边】效果

24. 选择工具箱中【魔术棒】工具，点击属性栏中的【从选区减去】按钮，点击提手内部分，建立整个手袋的选区（图12-2-23）。

25. 切换至【图层】面板，点击【新建图层】按钮，新建三个图层，分别命名为“手袋”“袋盖1”和“袋盖2”图层。

26. 设置任意一个前景色，点击【手袋】图层，点击组合键【Alt+Delete】填充前景色，点击组合键【Ctrl+D】取消选择，得到效果（图12-2-24）。

27. 切换至【路径】面板，选择工具箱【路径选择】工具，选择袋盖的“子路径”（图12-2-25）。点击【路径】面板下面的【将

图12-2-22 建立选区

路径转化为选区】（路径需闭合），建立顶层袋盖的选区（图12–2–26）。

28. 设置任意一个前景色，点击【袋盖1】图层，点击组合键【Alt+Delete】填充前景色，点击组合键【Ctrl+D】取消选择，得到效果（图12–2–27）。

29. 点击【线稿2】图层，选择工具箱【魔术棒】工具，建立第二层袋盖的选区，设置任意一个前景色，点击【袋盖2】图层，点击组合键【Alt+Delete】填充前景色，点击组合键【Ctrl+D】取消选择，得到效果（图12–2–28）。

30. 锁定【手袋】、【袋盖1】和【袋盖2】三个图层的【锁定透明像素】，点击【袋盖1】图层，点击【图层】面板下方的【新建】按钮，新建一个图层，命名为“蛇纹”图层。

31. 执行菜单【文件/置入】命令，置入绘制的【肌理皮革】图片（图12–2–29）。点击组合键【Ctrl+Alt+G】创建剪切蒙版（图12–2–30）。

图12–2–23 建立选区

图12–2–24 【填充】绘制

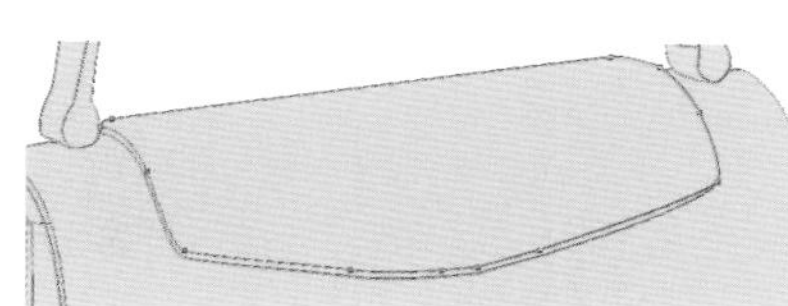
图12–2–25 选择路径

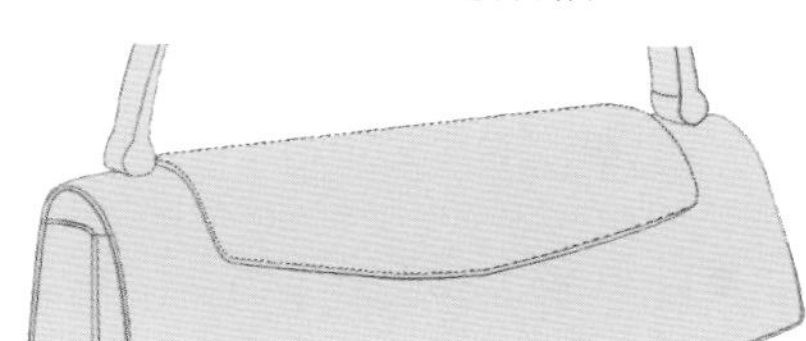
图12–2–26 建立选区

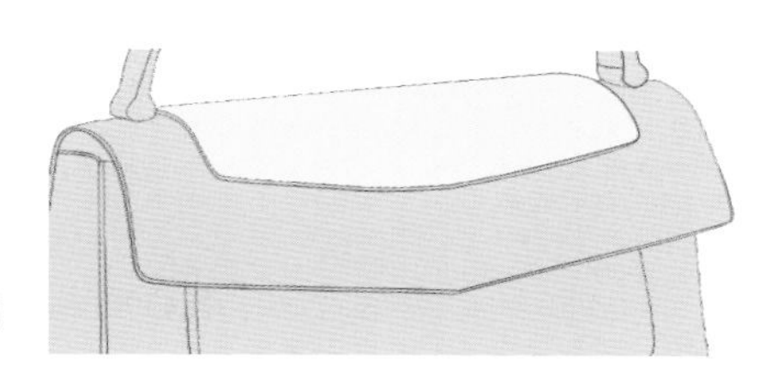
图12–2–27 填充选区

图12–2–28 填充选区

图12–2–29 【置入】图片

图12–2–30 【剪切蒙版】效果

32. 点击组合键【Ctrl+T】自由变换，调整图案的大小和方向（图12–2–31），单击【Enter】键确定。复制一个【蛇纹】图层，调整图层顺序至【袋盖2】上面，点击组合键【Ctrl+Alt+G】创建剪切蒙版（图12–2–32）。

33. 点击组合键【Ctrl+U】改变图层的【色相/饱和度】，单击【Enter】键确定，得到效果（图12–2–33）。

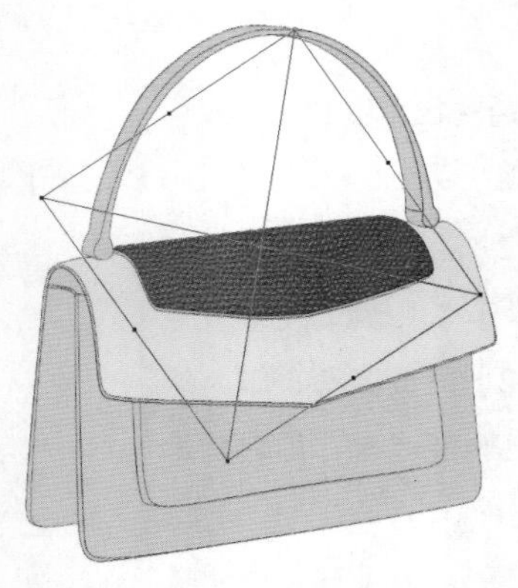

图12-2-31 【自由变换】效果

图12-2-32 【剪切蒙版】效果

图12-2-33 【色相/饱和度】对话框及效果

34. 鼠标左键双击【前景色】按钮 ，弹出【拾色器】面板，设置颜色（图12-2-34）。点击【手袋】图层，点击组合键【Alt+Delete】填充前景色（图12-1-35）。

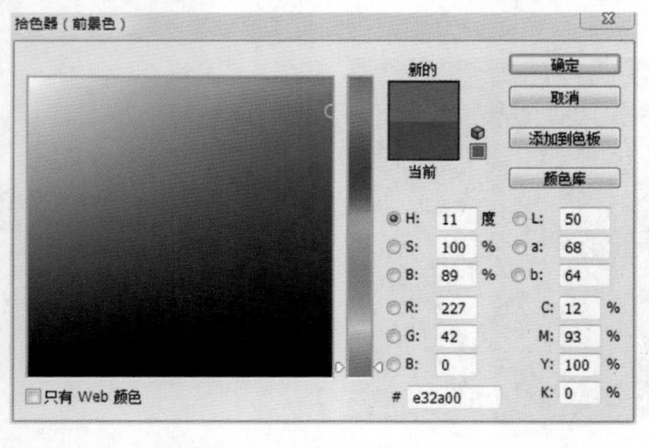

图12-2-34 【拾色器】对话框

图12-2-35 【填充】效果

35. 鼠标左键双击【前景色】按钮，弹出【拾色器】面板，设置颜色（图12-2-36）。点击【手袋】图层，点击【图层】面板下方【新建】按钮，新建图层，命名为“明暗”图层。

36. 选择工具箱【画笔】工具 ，设置画笔属性，选择【硬边缘压力大小】画笔，不透明度设置为“100%”。

37. 在【明暗】图层上绘制（图12-2-37），调整【明暗】图层的属性为【正片叠底】，不透明度为“50%”（图 12-2-38）。

38. 选择【橡皮擦】工具，不透明度设置为“25%”，擦出渐变阴影效果（图 12-2-39）。

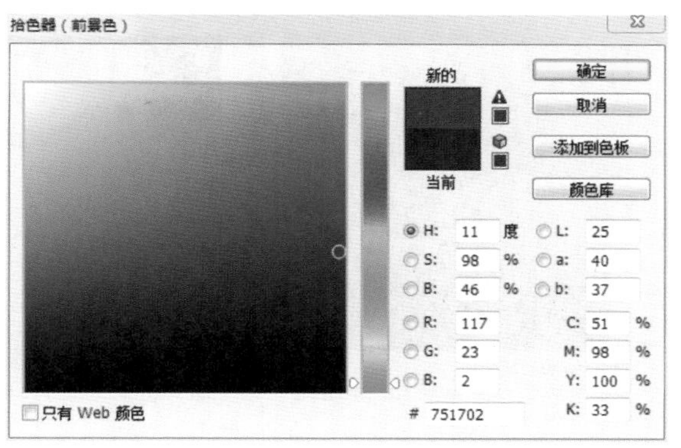

图12-2-36 【拾色器】对话框

图12-2-37 【绘制】效果

图12-2-38 【正片叠底】效果

图12-2-39 【擦除】效果

39. 鼠标左键双击【前景色】按钮，弹出【拾色器】面板，设置颜色（图 12-2-40）。

40. 单击【线稿2】图层，选择工具箱中的【魔棒】工具，按下【Shift】键，建立“皮革厚度”选区（图 12-2-41）。新建一个图层，命名为“厚度”图层。执行菜单【选择/修改/扩展选区】命令，弹出对话框，设置【扩展量】为“1”，点击【确定】按钮。点击组合键【Alt+Delete】填充前景色到选区，点击组合键【Ctrl+D】取消选择，得到效果（图 12-2-42）。

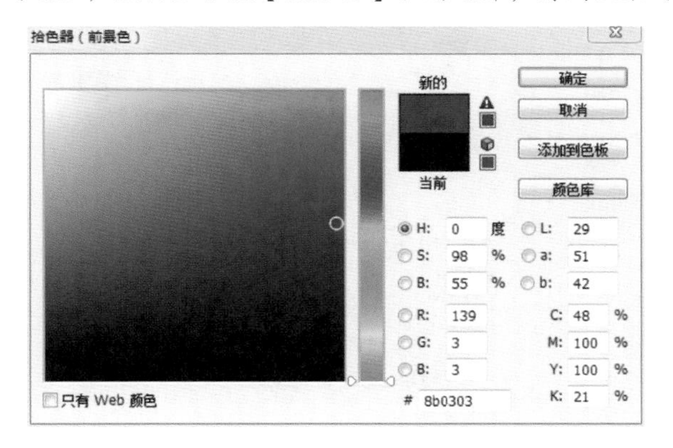

图12-2-40 【拾色器】对话框

图12-2-41 建立选区

41. 鼠标左键双击【前景色】按钮■，弹出【拾色器】面板，设置颜色（图12-2-43）。

图12-2-42 填充选区

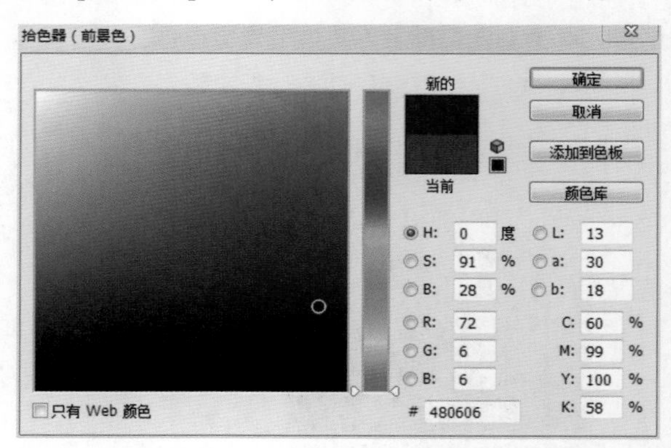

图12-2-43 【拾色器】对话框

42. 点击【厚度】图层，新建一个图层，命名为“阴影”图层，点击组合键【Ctrl+Alt+G】创建剪切蒙版。选择工具箱【画笔】工具，缩小画笔的大小，绘制皮革厚度的阴影效果（图12-2-44）。

43. 选择工具箱中的【钢笔】工具，设置钢笔属性及颜色（图12-2-45）。绘制“车缝线”，生成【形状1】图层，鼠标右键单击执行【栅格化图层】命令，设置【形状1】图层的【图层样式】对话框（图12-2-46），点击【确定】按钮，建立“车缝线”的立体效果（图12-2-47）。

44. 继续用【钢笔】工具绘制其他“车缝线”（图12-2-48），鼠标右键单击执行【栅格化图层】命令。按住【Shift】键选择除了【形状1】图层的所有【形状】图层，点击组合键【Ctrl+E】合并图层。

45. 点击【形状1】图层，鼠标右键单击执行【拷贝图层样式】命令，点击合并的其他【形状】图层，鼠标右键单击执行【粘贴图层样式】命令，所有“车缝线”显示立体效果（图12-2-49）。

图12-2-44 【绘制】效果

图12-2-45 设置“钢笔”属性

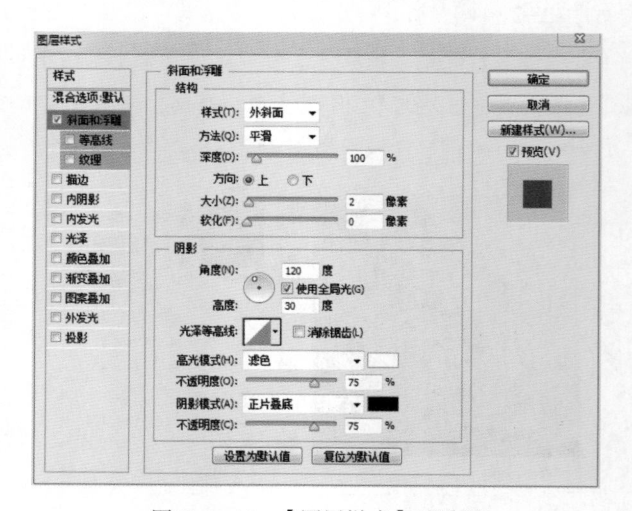

图12-2-46 【图层样式】对话框

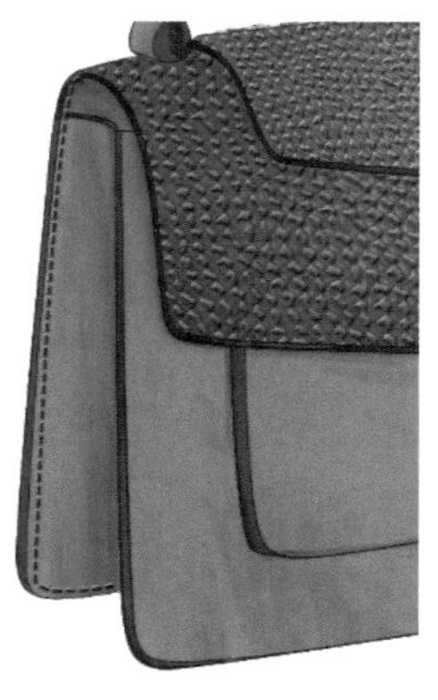

图12-2-47 【绘制】效果

图12-2-48 【绘制】效果

图12-2-49 【图层样式】效果（细节放大图）

46. 切换至【图层】面板，点击【新建图层】按钮，新建一个图层，命名为“配件”图层，该图层位于所有图层的上面。选择工具箱中的【钢笔】工具，绘制一个“配件”（图12-2-50）。

47. 点击组合键【Ctrl+Enter】建立选区，鼠标左键双击【前景色】按钮■，选择一个深灰色，点击组合键【Alt+Delete】填充前景色至【配件】图层，点击组合键【Ctrl+D】取消选择（图12-2-51）。

48. 执行菜单【滤镜/滤镜库/纹理/染色玻璃】命令，在弹出的对话框中设置单元格大小“18”、边框粗细“2”、光照强度“3”，点击【确定】按钮（图12-2-52）。

49. 执行菜单【滤镜/风格化/查找边缘】命令（图12-2-53）。

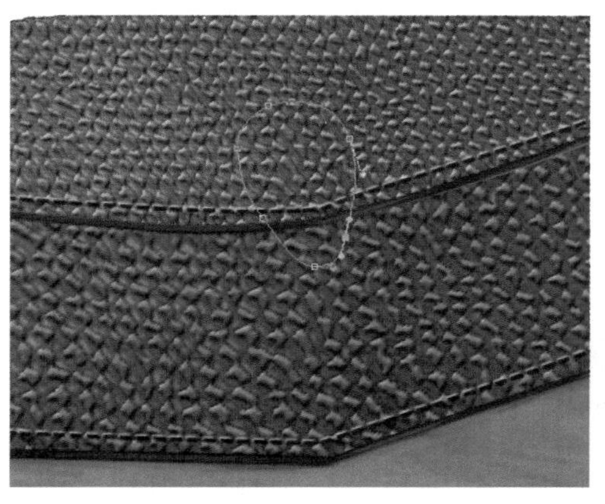

图12-2-50 【绘制】路径

图12-2-51 【填充】效果

图12-2-52 【浅色玻璃】图片

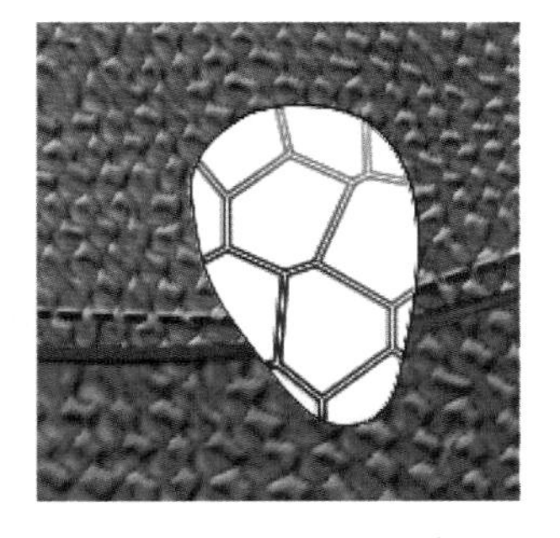

图12-2-53 【查找边缘】效果

50. 切换至【图层】面板，点击【新建图层】按钮，命名为【配件色块】图层。

51. 双击【前景色】按钮■，弹出【拾色器】面板，分别设置颜色（图12-2-54）。选择工具箱【魔术棒】工具，结合【Shift】键在【配件】图层分别建立各色块的选区，并分别扩展选区的【扩展量】为“1”，然后分别在【配件色块】图层，点击组合键【Alt+Delete】填充色块，点击组合键【Ctrl+D】取消选择（图12-2-55）。

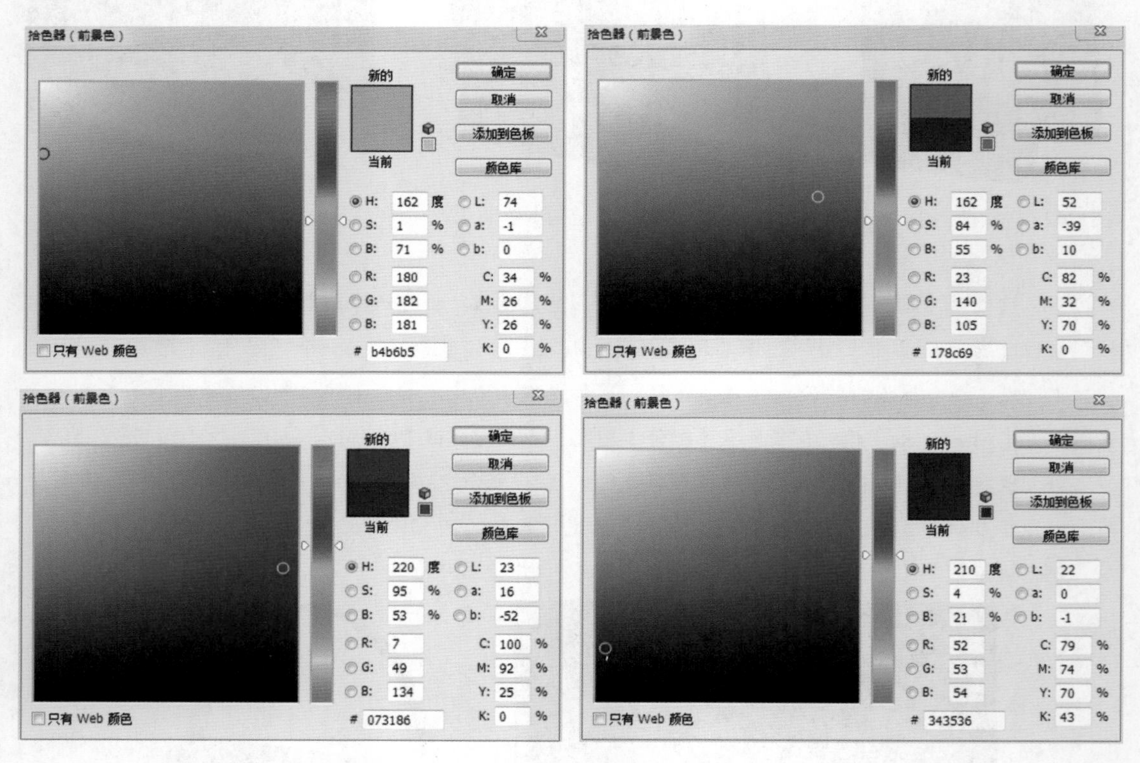

图12-2-54 【拾色器】对话框

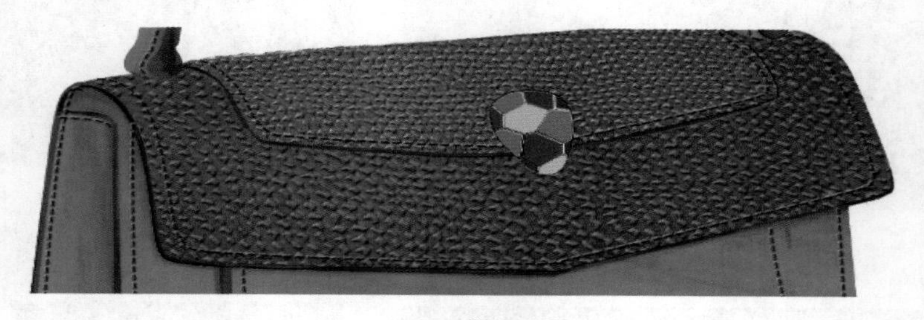

图12-2-55 【填充】效果

52. 点击【配件色块】图层，新建一个图层，命名为“配件明暗”图层（位于图层最上层），点击组合键【Ctrl+Alt+G】创建剪切蒙版。

53. 鼠标左键双击【前景色】按钮■，弹出【拾色器】面板，分别设置颜色（图12-2-56）。选择工具箱【画笔】工具，绘制各个色块的明暗效果（图12-2-57）。

54. 设置前景色为“白色”，选择工具箱【画笔】工具，画笔不透明度设置为“25%”。用【画笔】工具绘制“配件”的亮部效果（图12-2-58）。

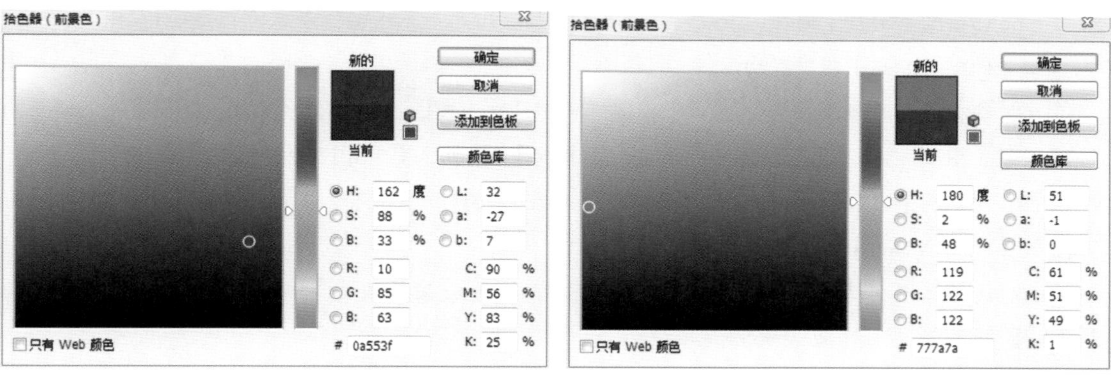

图12-2-56 【拾色器】对话框

图12-2-57 【绘制】效果

图12-2-58 【绘制】效果

55. 按住【Shift】键选择【配件】、【配件色块】、【配件明暗】图层（选择"配件的所有图层"），点击组合键【Ctrl+E】合并图层。

56. 点击合并后的【配件】图层，单击【图层】面板下方的【添加图层样式】按钮，分别添加【斜面和浮雕】和【投影】，设置参数（图12-2-59），得到效果（图12-2-60），移动至合适位置（图12-2-61）。

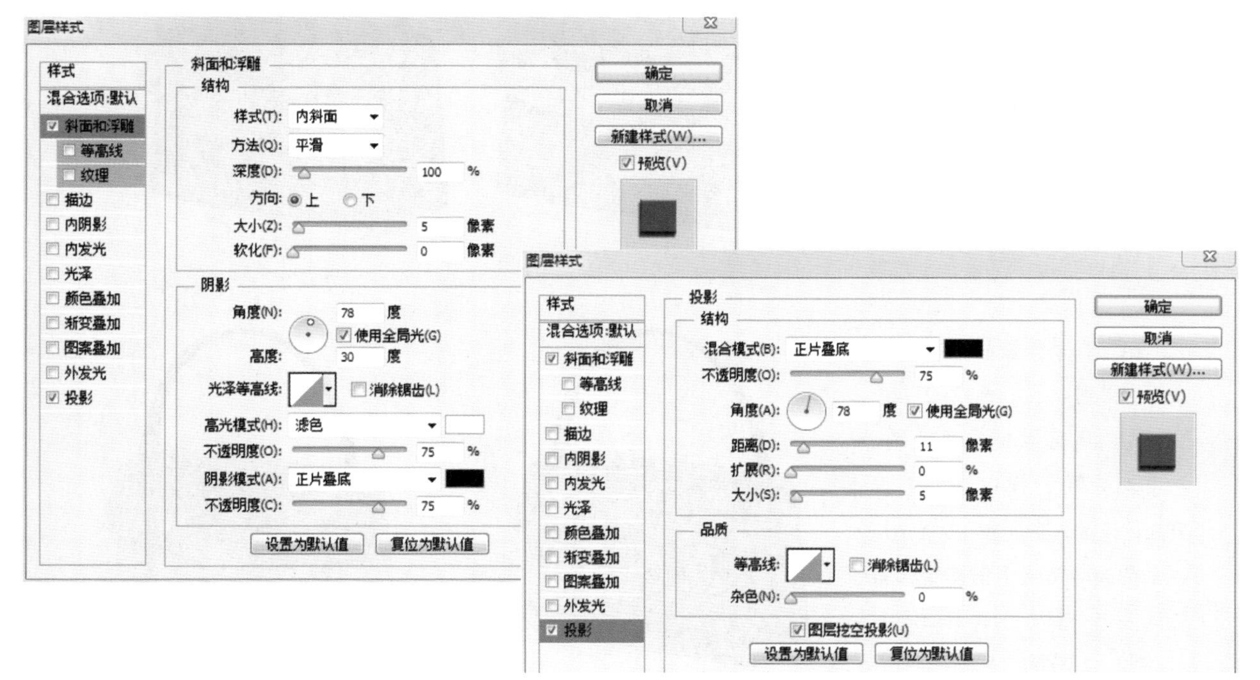

图12-2-59 【图层样式】对话框

57. 切换至【图层】面板，点击【袋盖1】图层，新建一个图层，命名为“高光1”图层，点击组合键【Ctrl+Alt+G】创建剪切蒙版。

58. 设置前景色为“白色”，选择工具箱【画笔】工具，调整画笔的大小，绘制最上层袋盖的高光效果（图12-2-62）。设置图层的属性为【叠加】，得到效果（图12-2-63）。

59. 切换至【图层】面板，点击【袋盖2】图层，新建一个图层，命名为“高光2”图层，点击组合键【Ctrl+Alt+G】创建剪切蒙版。

60. 选择工具箱【画笔】工具，绘制袋盖的高光效果（图12-2-64）。设置图层的属性为【叠加】，得到效果（图12-2-65）。

图12-2-60 【图层样式】效果

图12-2-61 【移动】效果

图12-2-62 【绘制】高光效果

图12-2-63 【叠加】效果

图12-2-64 【绘制】高光效果

图12-2-65 【叠加】效果

61. 在【手袋】图层上重复操作，得到效果（图12-2-66）。

62. 鼠标左键双击【前景色】按钮，弹出【拾色器】面板，设置颜色（图12-2-67）。

63. 切换至【图层】面板，新建一个图层。选择工具箱【画笔】工具，点击一个“圆

图12-2-66 重复操作效果

点”，得到效果（图12-2-68）。

64. 单击【图层】面板下方的【添加图层样式】按钮，分别添加【斜面和浮雕】、【内发光】和【投影】，分别设置参数（图12-2-69），选择工具箱【画笔】工具，绘制其他细节，得到效果（图12-2-70）。

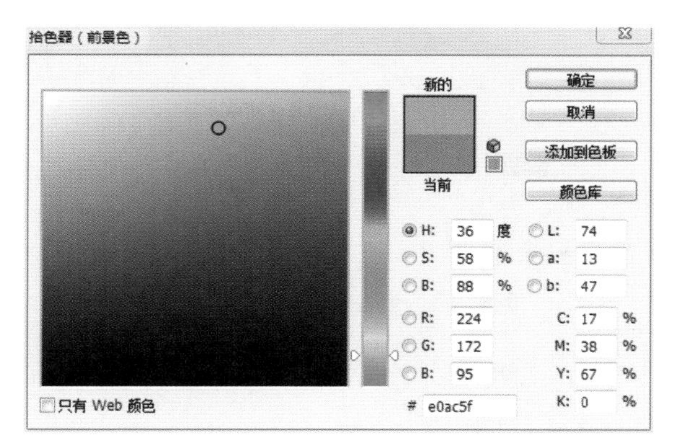

图12-2-67　【拾色器】面板

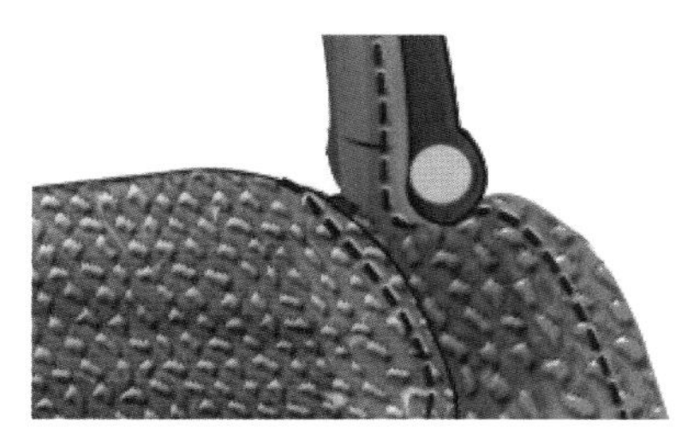

图12-2-68　【绘制】效果

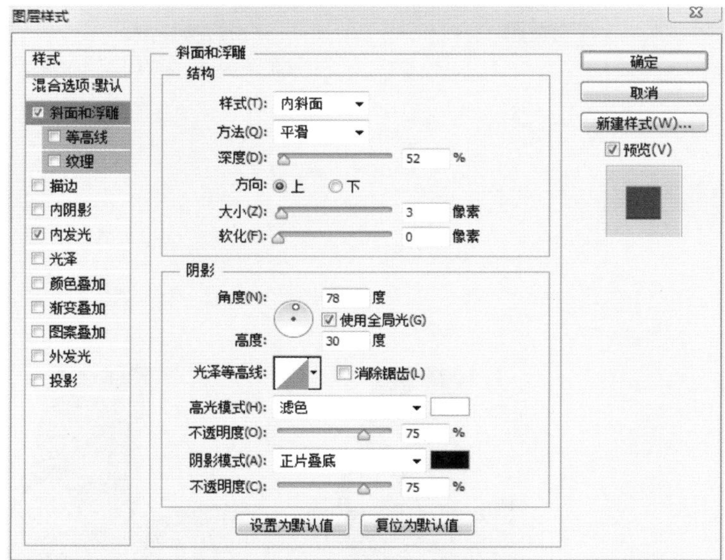

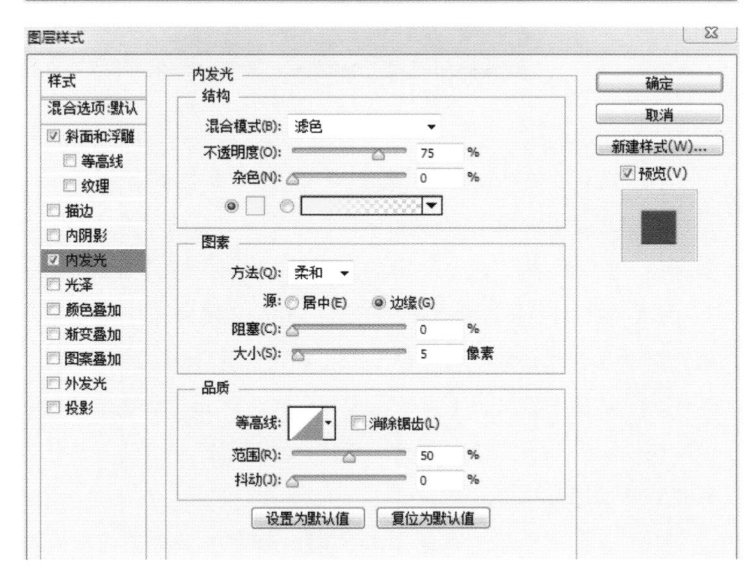

图12-2-69

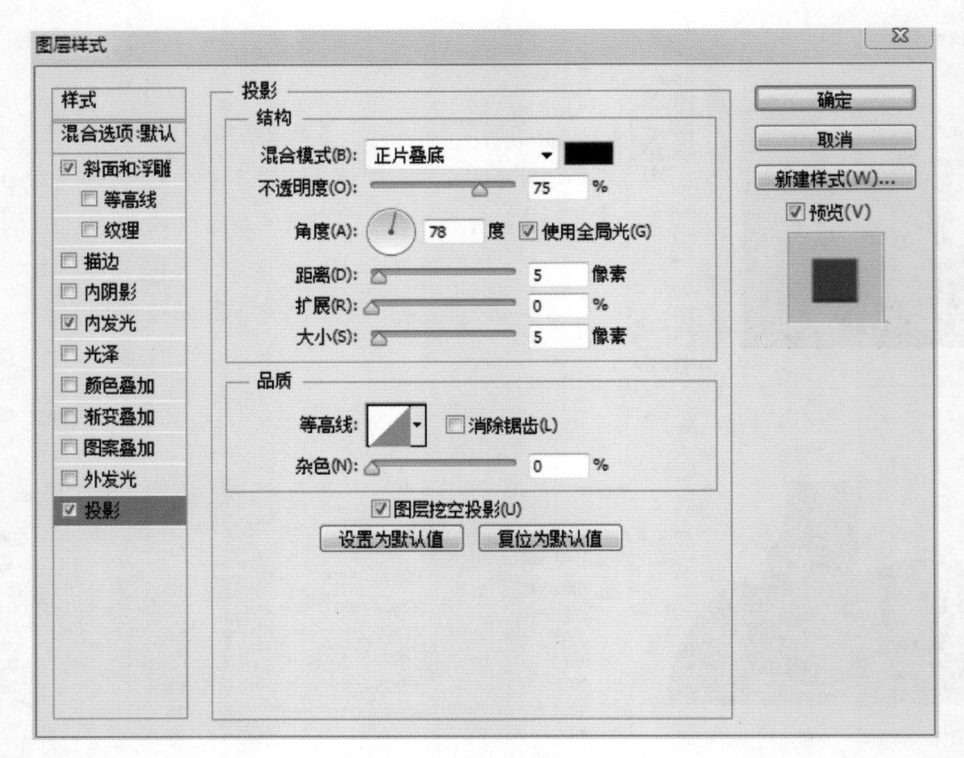

图12-2-69 【图层样式】参数

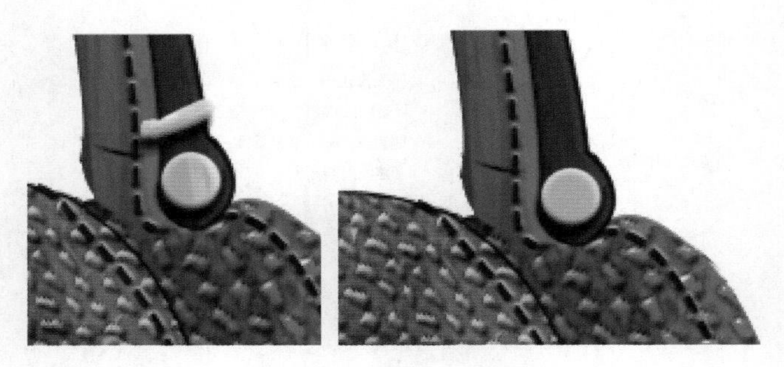

图12-2-70 绘制效果

65. 鼠标左键双击【前景色】按钮，弹出【拾色器】面板，设置颜色（图12-2-71）。

66. 结合【Shift】键选择除了【背景】图层的所有图层，复制所有图层，点击组合键【Ctrl+E】合并图层，命名为“阴影”图层，调整图层顺序于【背景】图层上面。

67. 按住【Alt】键点击“阴影”图层，建立【阴影】图层的选区，点击组合键【Alt+Delete】填充前景色，点击组合键【Ctrl+D】取消选择（图12-2-72）。

68. 鼠标左键双击【前景色】按钮，弹出【拾色器】面板，设置颜色（图12-2-73）。

69. 切换至【图层】面板，新建一个图层，位于【阴影】图层上面，点击组合键【Ctrl+Alt+G】创建剪切蒙版。

70. 选择工具箱【画笔】工具，绘制阴影细节。选择工具箱中【橡皮擦】工具，不透明度设置为“25%”，擦出渐变阴影效果（图12-2-74）。

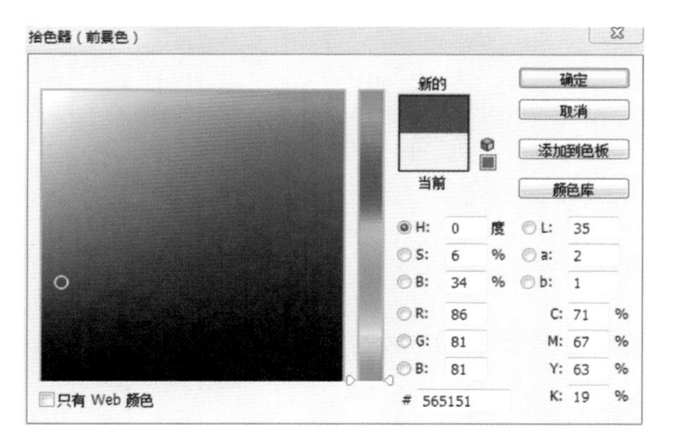

图12-2-71 【拾色器】面板

图12-2-72 【填充】效果

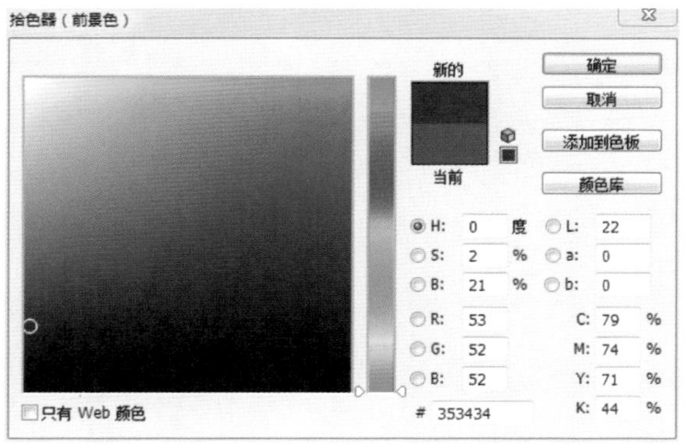

图12-2-73 【拾色器】面板

图12-2-74 【擦除】效果

71. 设置前景色为“白色”。切换至【图层】面板，新建一个图层位于所有图层最上层。

72. 选择工具箱【画笔】工具，缩小画笔大小，不透明度为“100%”，绘制【高光】，得到效果（图12-2-75）。

图12-2-75 完成效果

本章小结

※ 路径的绘制、移动、修改与复制。

※【图层样式】可以丰富服装效果图。

※ 图像的缩放、旋转、斜切、扭曲、透视与变形。

※ 渐变填充的编辑。

思考练习题

1. 利用【钢笔】工具绘制复杂的图像轮廓?
2. 如何制作不同肌理的服装面料图?
3. 利用所学工具处理服饰品配件帽子、鞋子和手袋各一幅。

第十三章 Adobe Photoshop 服装款式图处理及服装模特绘画

课题名称： Adobe Photoshop 服装款式图处理及服装模特绘画

课题内容： 选择工具

钢笔工具绘制路径与修改、画笔工具

图层面板

对象变形

对象的填充与变换

各种滤镜效果

课题时间： 6课时

教学目的： 通过案例的演示与操作步骤，让学生掌握服装效果图的处理，并能根据自己的设计需要完成各种不同的效果。

教学方式： 教师演示及课堂训练。

教学要求： 1. 用Adobe Photoshop 软件绘制款式图及人体模特。

2. 用Adobe Photoshop 软件绘制裙子款式图。

3. 用Adobe Photoshop 软件处理印花材质的服装效果图。

课前准备： 熟悉并掌握Adobe Photoshop各种工具的操作方法和技巧。

服装效果图也称作服装画，是服装设计师根据设计构思，借助绘画手段直观表现的人体着装效果，包括服装整体美感、服装色彩及面料特征等因素，是服装设计的表达方式之一。服装效果图虽然是以绘画为手段，但绝非像绘画那样随心所欲，任意挥洒，它必须服从服装的造型特征和表现形式。Photoshop的【图像调整】、【图层属性】以及各种预设【画笔】等工具，为服装款式图的处理和服装效果图的绘画带来极大的方便。

第一节　服装上衣款式图绘画表现

一、实例效果（图13-1-1）

图13-1-1　实例效果

二、操作步骤

1. 启动Illustrator软件，点击组合键【Ctrl+N】，新建一个文件。绘制一个上衣款式图（图13-1-2），绘制方法见第十章。【选择】工具全选对象，点击组合键【Ctrl+C】复制对象。

2. 启动Photoshop软件，新建一个文件（图13-1-3）。点击组合键【Ctrl+V】粘贴对象，选择【智能对象】选项（图13-1-4），点击【确定】按钮，得到效果（图13-1-5）。鼠标右击选择执行【格式化图层】命令，并命名为“线稿”图层。

3. 切换至【图层】面板，点击【线稿】图层，用【魔术棒】工具点击服装外面部分，点击组合键【Ctrl+Shift+I】反选对象（图13-1-6）。点击【图层】面板下方的【新建】按钮，新建一个图层，并改名为【服装色块】图层，调整图层顺序于【背景】图层上面。点击组合键【Alt+Delete】填充颜色，点击组合键【Ctrl+D】取消选择（图13-1-7）。

4. 切换至【图层】面板，点击【图层】面板下方的【新建】按钮，新建四个图层，并分别命名为“A色块”“B色块”“C色块”“D色块”图层。

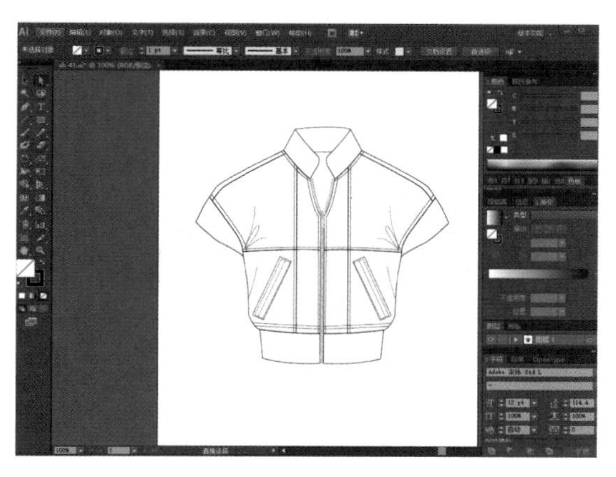

图13-1-2 绘制款式图

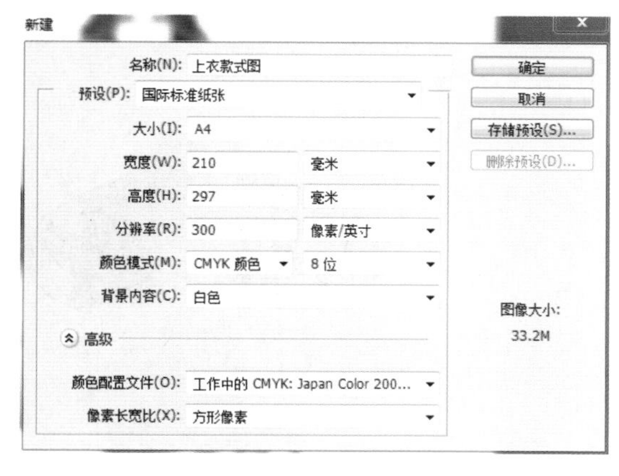

图13-1-3 新建文件

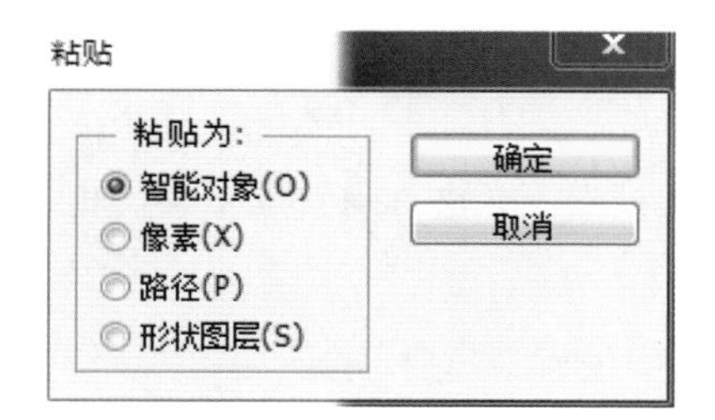

图13-1-4 粘贴对象

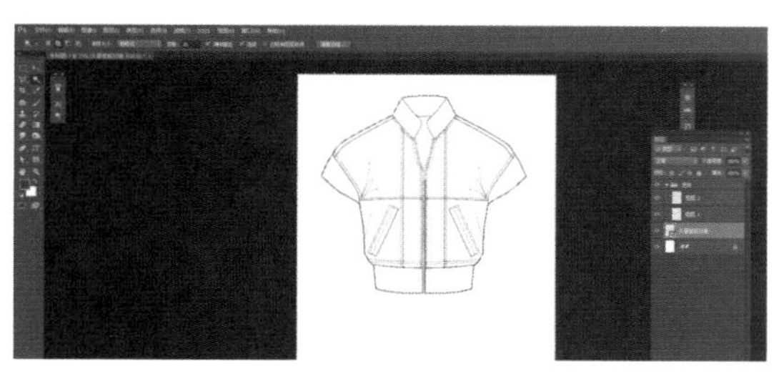

图13-1-5 粘贴效果

图13-1-6 建立选区

图13-1-7 【填充】效果

图13-1-8 建立选区

图13-1-9 填充效果

5. 切换至【图层】面板，点击【线稿】图层，用【魔术棒】工具点击“A色块”部分（图13-1-8），选择【A色块】图层，点击组合键【Alt+Delete】填充颜色，按组合键【Ctrl+D】取消选择（图13-1-9）。重复操作，分别在【A色块】、【B色块】、【C色块】、【D色块】图层上填充不同颜色（图13-1-10），并锁定所有色块图层的【锁定透明像素】。

6. 切换至【图层】面板，点击【图层】面板下方的【新建】按钮，新建一个图层，并命名为“螺纹”图层。

7. 选择工具箱【画笔】工具，设置属性。按住【Shift】键绘制两条直线（图13-1-11）。

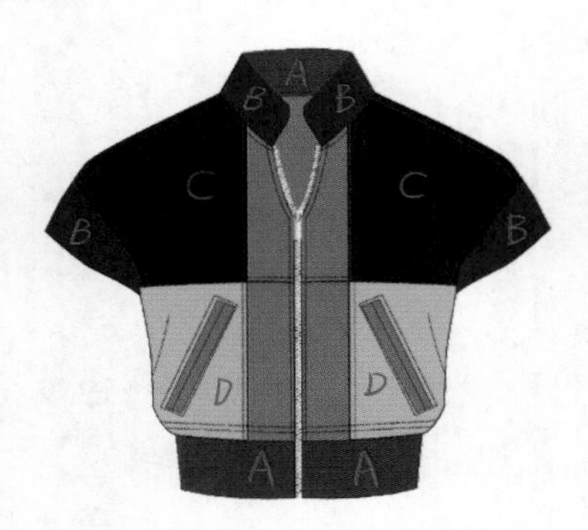

图13-1-10 填充色块效果

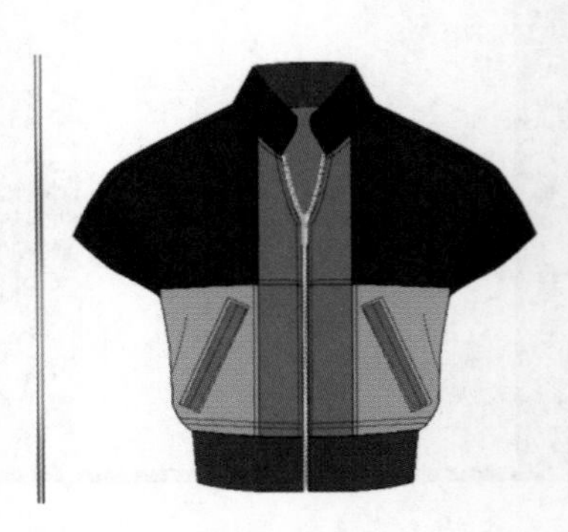
图13-1-11 绘制效果

8. 复制【螺纹】图层。点击组合键【Ctrl+T】，并将复制的【螺纹】移动至合适位置，单击【Enter】键确定（图13-1-12）。

9. 连续点击组合键【Ctrl+Alt+Shift+T】再制，得到效果（图13-1-13）。按住【Shift】键选择所有【螺纹】图层，点击组合键【Ctrl+E】合并图层。

10. 调整图层顺序，将【螺纹】图层调整至【A色块】图层的上面，点击组合键【Ctrl+Alt+G】创建剪切蒙版（图13-1-14）。点击组合键【Ctrl+T】，按住【Shift】键调整螺纹大小（图13-1-15）。

11. 复制【螺纹】图层，将【螺纹】图层调整至【B色块】图层的上面，重复操作，得到效果

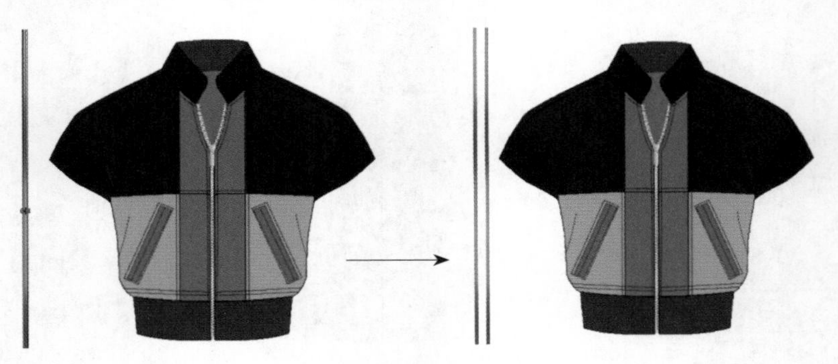
图13-1-12 【复制移动】效果

图13-1-13 【再制】效果

图13-1-14 【剪切蒙版】效果

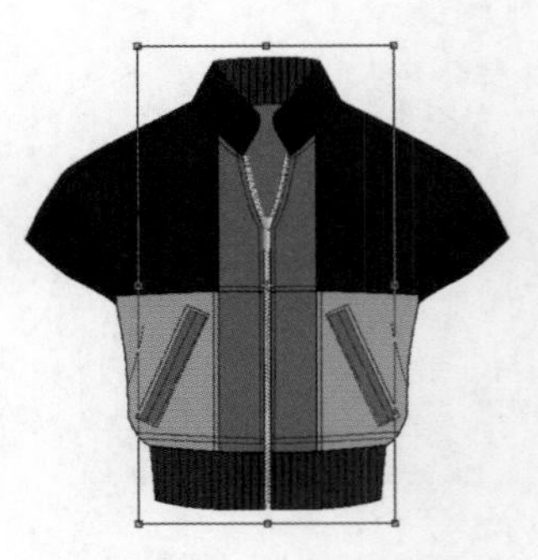
图13-1-15 调整大小

（图 13–1–16）。点击【B 色块】图层，点击组合键【Alt+Delete】换一个“浅灰色”（图 13–1–17）。

12. 再次复制一个【螺纹】图层，点击组合键【Ctrl+T】转换角度（图 13–1–18），单击【Enter】键确定。再复制一个【螺纹】图层，点击组合键【Ctrl+T】，鼠标右键单击执行【水平翻转】命令，合并两个【螺纹】图层，并命名为“网格”图层。

13. 调整图层顺序，将【螺纹】图层调整至【D 色块】图层的上面，点击组合键【Ctrl+Alt+G】创建剪切蒙版（图 13–1–19）。重复操作，得到效果（图 13–1–20）。

图13–1–16　【重复操作】效果

图13–1–17　【填充】效果

图13–1–18　【自由变换】效果

图13–1–19【剪切蒙版】效果

图13–1–20　重复操作效果

14. 切换至【图层】面板，点击【C 色块】图层，点击【图层】面板下方的【新建】按钮，新建一个图层，执行菜单【文件/置入】命令，置入印花图片（图 13–1–21）。

15. 点击组合键【Ctrl+Alt+G】创建剪切蒙版（图 13–1–22）。点击组合键【Ctrl+T】，调整图案的大小和方向（图 13–1–23）。

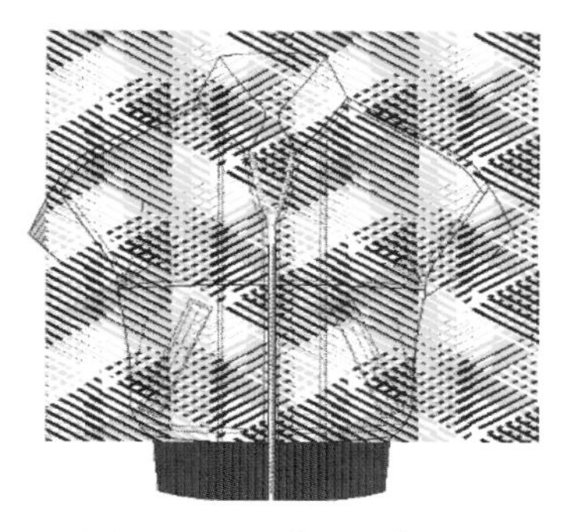

图13–1–21　【置入】图片

图13–1–22　【剪切蒙版】效果

16. 重复操作，得到效果（图13–1–24），点击【A色块】图层，点击组合键【Alt+Delete】换一个“浅灰色”。为了操作方便，可以临时隐藏D色块上的【网格】图层（图13–1–25）。

17. 点击【A色块】图层，新建一个图层，命名为“阴影”，点击组合键【Ctrl+Alt+G】创建剪切蒙版，位于【A色块】所有剪切蒙版的最上层。

18. 设置前景色（图13–1–26），选择工具箱中【画笔】工具，在【阴影】图层绘制阴影（图13–1–27）。

19. 调整【阴影】图层的图层属性为【正片叠底】，不透明度为“50%”（图13–1–28），选择工具箱中【橡皮擦】工具，不透明度设置为“25%”，擦出渐变阴影效果（图13–1–29）。

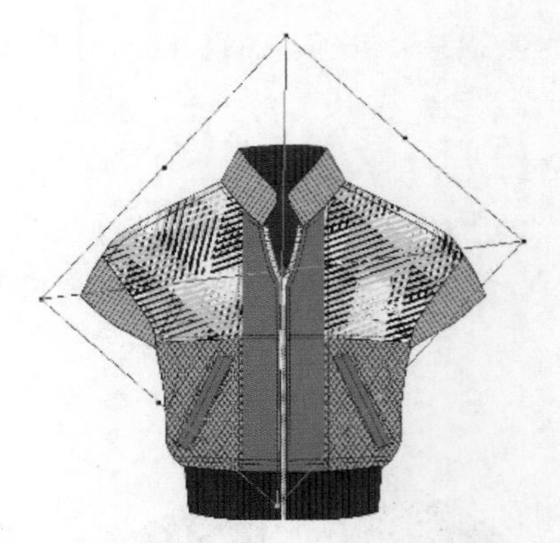

图13–1–23 【自由变换】效果

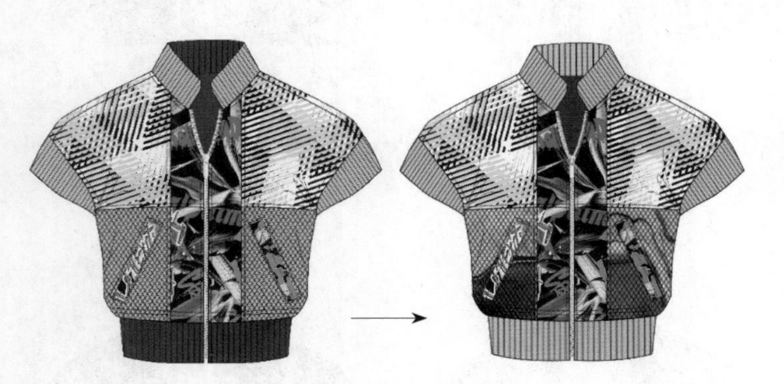

图13–1–24 重复操作效果

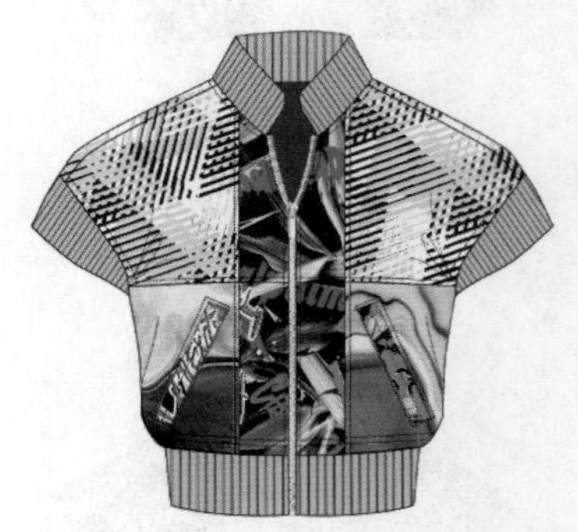

图13–1–25 【隐藏】效果

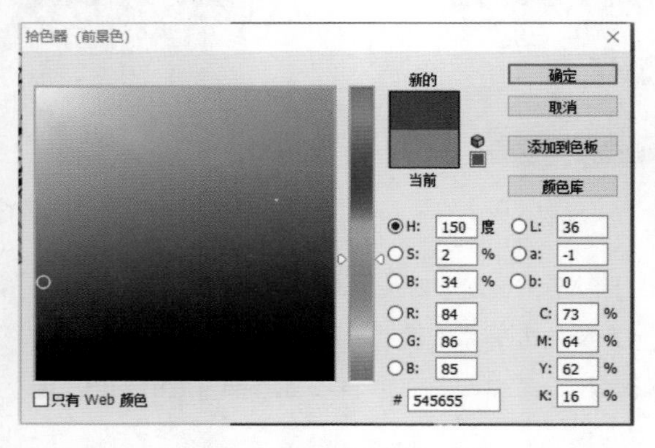

图13–1–26 【拾色器】面板

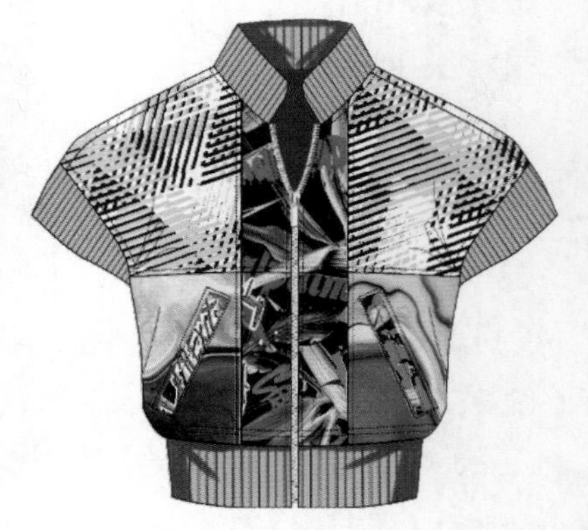

图13–1–27 【绘制】效果

20. 设置前景色，比前一个阴影色略深（图13–1–30），重复操作，得到效果（图13–1–31）。

21. 在【B / C / D色块】图层上分别重复操作，绘制各色块的阴影效果（图13–1–32）绘制好全部色块阴影，得到效果（图13–1–33）。

22. 新建一个图层，命名为“高光”，调整图层顺序至【线稿】图层的下面，选择工具箱【画笔】工具，设置属性大小为“25”，前景色设置为“白色”，绘制领子、肩部高光（图13–1–34）。

图13-1-28　【正片叠底】效果

图13-1-29　【擦除】效果

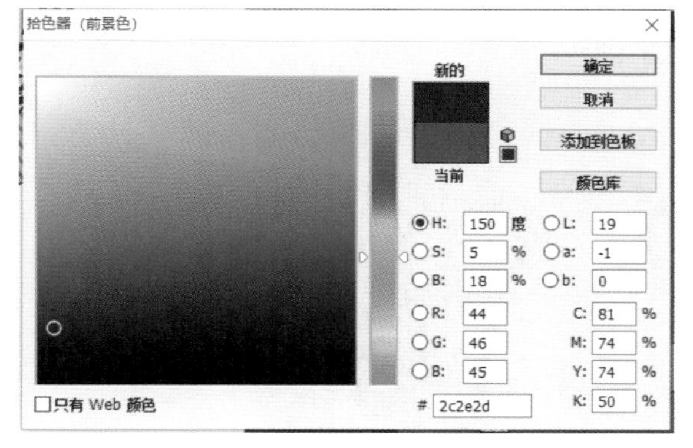

图13-1-30　【拾色器】面板

图13-1-31　【重复操作】效果

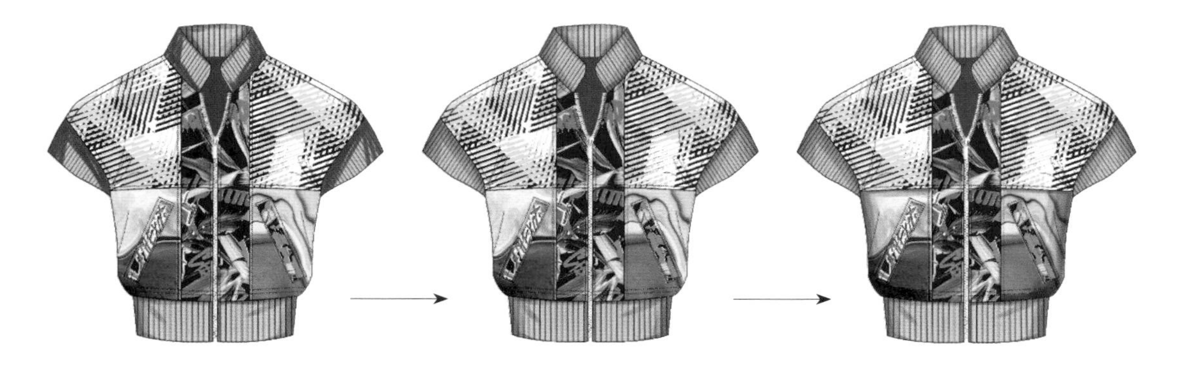

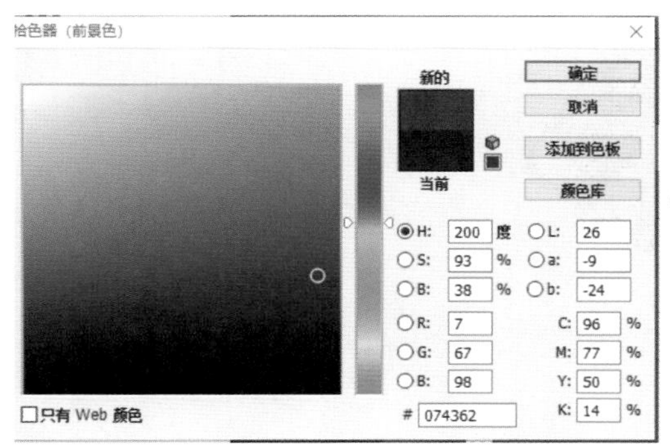

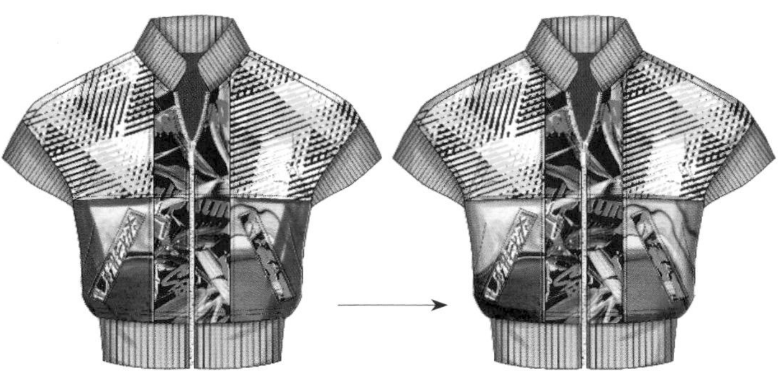

图13-1-32　【B色块】、【D色块】图层阴影效果绘制步骤图

23. 切换至【图层】面板，打开D色块上的【网格】图层前面的【眼睛】图标，得到效果（图13-1-35）。

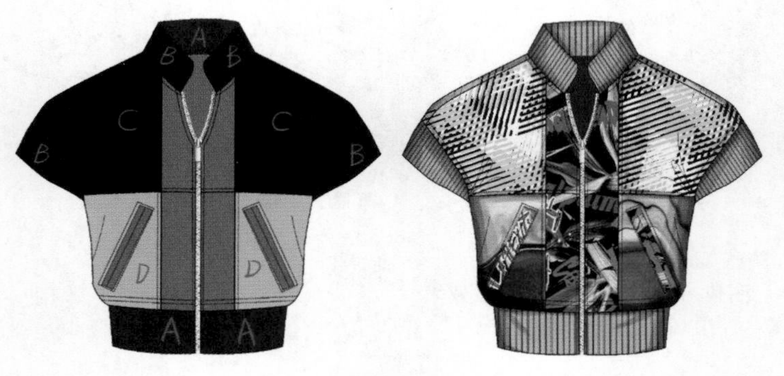

图13-1-33　色块分布图（参考）及所有色块阴影效果绘制完成图

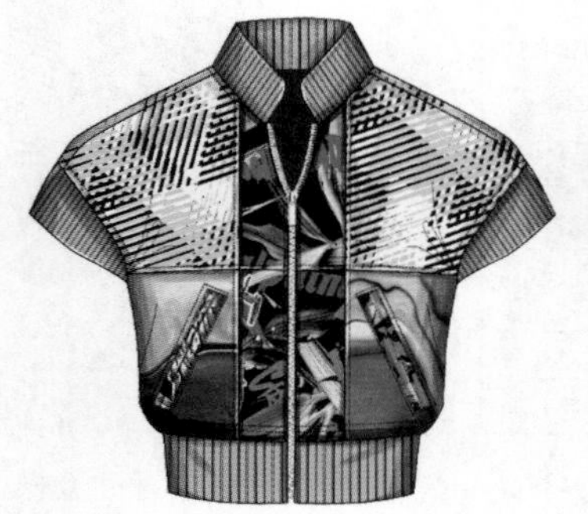

图13-1-34　【高光】效果

图13-1-35　完成效果图

第二节　裙装款式图绘画表现

一、实例效果（图13-2-1）

图13-2-1　实例效果

二、操作步骤

1. 点击组合键【Ctrl+N】新建一个文件，命名为“格子印花裙”（图13-2-2）。

2. 切换至【图层】面板，单击【图层】面板中的【新建】按钮，新建一个图层并命名为“格子”。

3. 设置前景色（图13–2–3），选择工具箱【画笔】工具，设置属性（图13–2–4）。按住【Shift】键绘制一条对角线（图13–2–5）。

4. 复制【格子】图层。按组合键【Ctrl+T】，并将复制的【螺纹】移动至合适位置，单击【Enter】键确定（图13–2–6）。

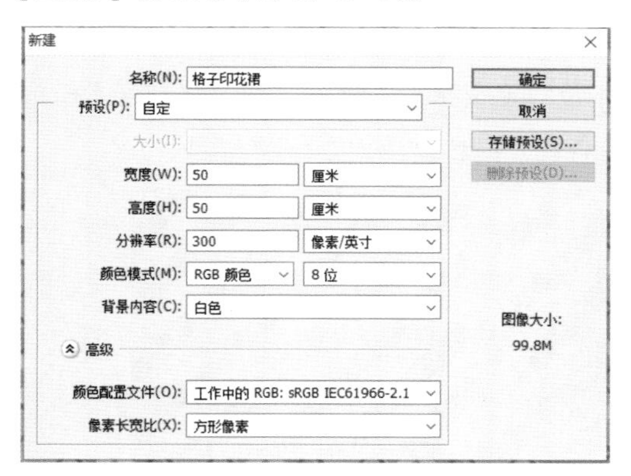

图13–2–2　【新建文件】对话框

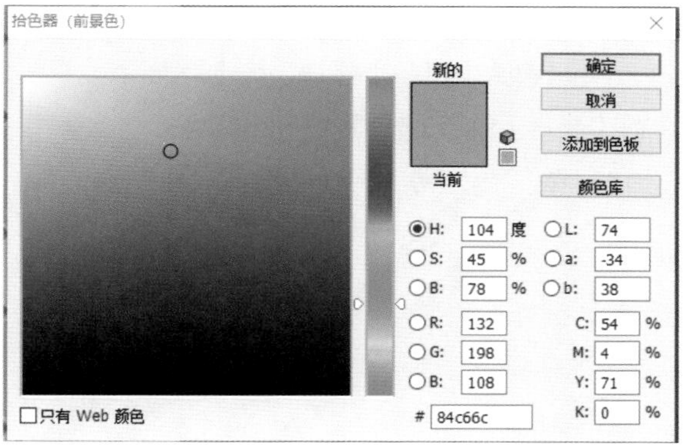

图13–2–3　【拾色器】对话框

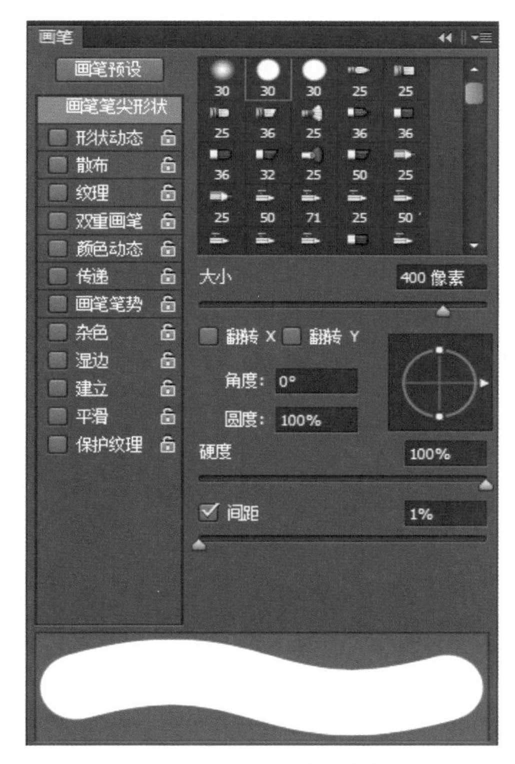

图13–2–4　设置【画笔】

图13–2–5　绘制效果

图13–2–6　【复制】效果

5. 连续点击组合键【Ctrl+Alt+Shift+T】再制对角线，得到效果（图13–2–7）。按住【Shift】键选择所有【格子】图层，点击组合键【Ctrl+E】合并图层，复制合并的【格子】图层，并将复制的【格子】图层移动至合适位置（图13-2-8）。

6. 切换至【图层】面板，单击【图层】面板中的【新建】按钮，新建一个图层并命名“白对角线”图层。

7. 将前景色设置为“白色”，选择工具箱【画笔】工具，画笔大小设置为“100”。按住【Shift】键绘制一条白色对角线（图13-2-9）。

8. 多次再制及移动白色对角线（图13-2-10）（方法同“绿色对角线”再制移动）。按住【Shift】键选择所有【白对角线】图层，点击组合键【Ctrl+E】合并图层。

9. 切换至【图层】面板，将【白对角线】图层的不透明度调整为“60%”，单击【图层】面板中的【新建】按钮，新建一个图层并命名为“绿双对角线”图层。

图13-2-7 【再制】效果

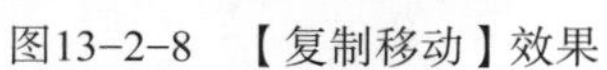

图13-2-8 【复制移动】效果

图13-2-9 绘制效果

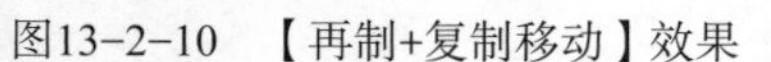

图13-2-10 【再制+复制移动】效果

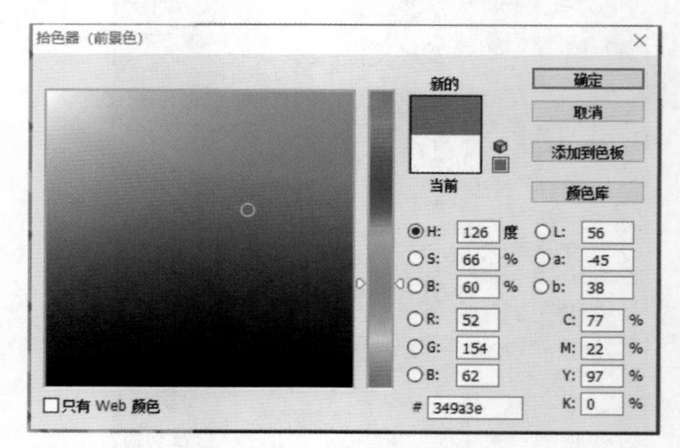

图13-2-11 【拾色器】对话框

10. 设置前景色（图13-2-11），选择工具箱【画笔】工具，画笔大小设置为“40”。按住【Shift】键绘制两条绿色细对角线（图13-2-12）。

11. 重复操作，多次再制及移动“绿双对角线”，得到效果（图13-2-13）。

12. 按住【Ctrl】键选择除了【背景】和【格子】之外的所有图层，点击组合键【Ctrl+E】合并图层，并命名为“斜线复制”图层。

13. 复制一个【斜线复制】图层，点击组合键【Ctrl+T】自由变换，鼠标右键单击执行【水平翻转】命令，单击【Enter】键确定（图13-2-14）。

14. 切换至【图层】面板，点击【图层】面板下方的【新建】按钮，新建一个图层，并命名为“格子背景”图层，该图层位于【背景】图层上面。

图13-2-12　绘制效果　　图13-2-13　【再制+复制移动】效果　　图13-1-14　【水平翻转】效果

15. 设置前景色（图13-2-15），点击组合键【Alt+Delete】填充前景色，得到效果（图13-2-16）。按住【Shift】键选择除了【背景】图层的所有图层，点击组合键【Ctrl+E】合并图层，并命名为“绿格子”图层。

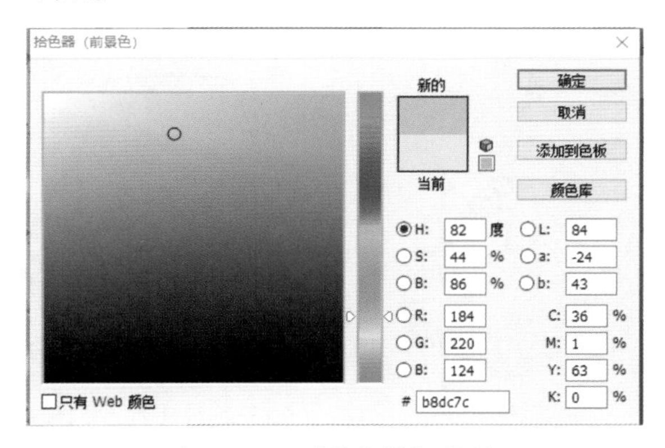

图13-2-15　【拾色器】对话框

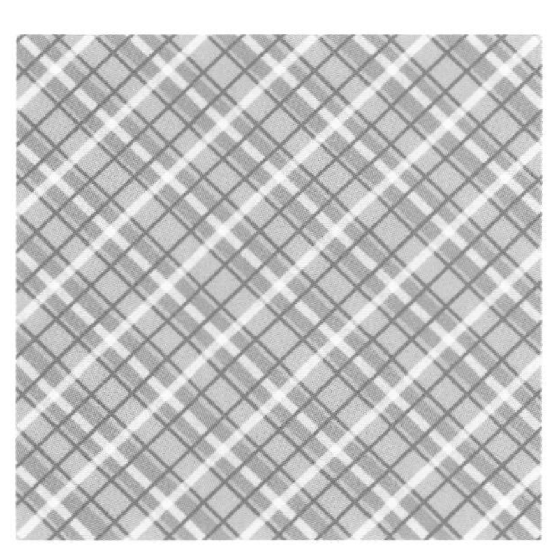

图13-2-16　【填充】效果

16. 点击【绿格子】图层前面的眼睛，可以临时隐藏【绿格子】图层。

17. 启动Illustrator软件，点击组合键【Ctrl+N】，新建一个文件，绘制一个裙子款式图（图13-2-17）。选择工具箱的【选择】工具，全选对象，点击组合键【Ctrl+C】复制对象。

18. 打开Photoshop软件，点击组合键【Ctrl+V】粘贴对象，选择【智能对象】，点击【确定】按钮。鼠标右键单击执行【格式化图层】命令，并命名为“线稿”图层。

图13-2-17　【粘贴对象】效果

19. 点击【图层】面板，点击【背景】图层，点击【图层】面板下方的【新建】按钮，新建三个图层，并分别命名为“A色块”“B色块”“C色块”图层。

20. 点击【线稿】图层，选择工具箱【魔术棒】工具，结合【Shift】键分别在【A色块】、【B色块】、【C色块】图层上建立选区，选区分别扩充1像素分别填充颜色，分别点击组合键【Ctrl+D】取消选择，为了方便区分各色块可分别填充不同的颜色（图13-2-18）。

21. 点击【A色块】图层，点击【图层】面板下方的【新建】按钮，新建一个图层，命名为

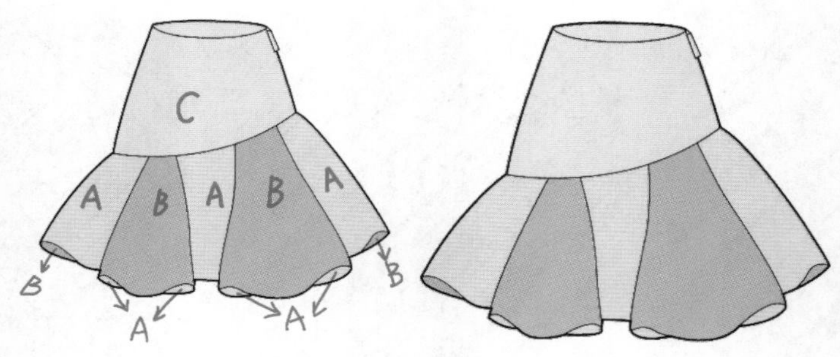

图13-2-18 【色块】参考图

“印花”图层。执行菜单【文件/置入】命令，置入印花图片（图13-2-19）。

22. 点击组合键【Ctrl+Alt+G】创建剪切蒙版（图13-2-20）。点击组合键【Ctrl+T】自由变换，调整图案的大小和方向，单击【Enter】键确定。

23. 复制一个【印花】图层，调整图层顺序，置于【B色块】图层的上面，单击快捷键【Ctrl+Alt+G】创建剪切蒙版（图13-2-21）。

图13-2-19 【置入】图片

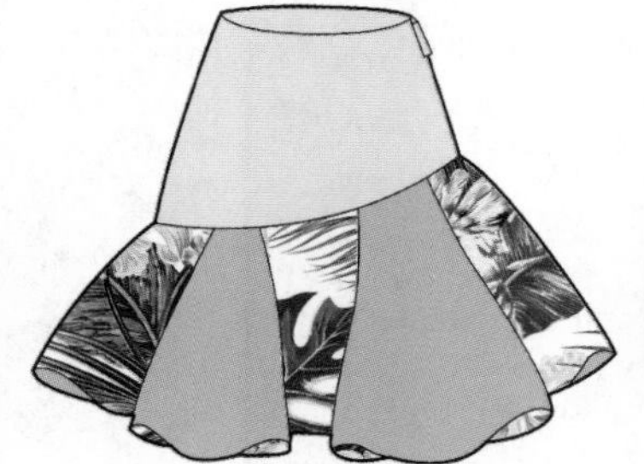

图13-1-20 【剪切蒙版】效果

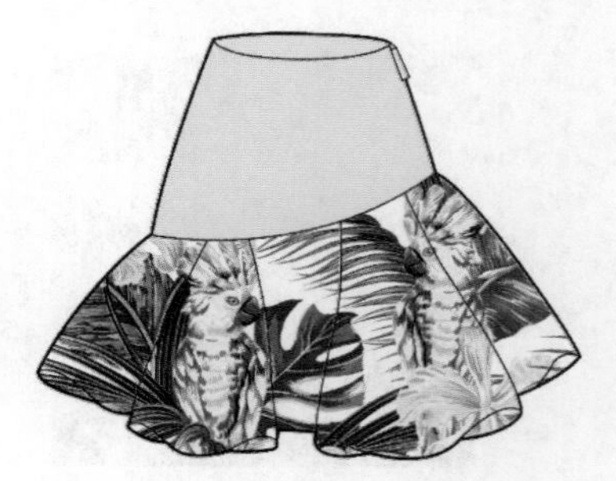

图13-2-21 【置入】图片

24. 点击组合键【Ctrl+T】自由变换，调整图案的大小和方向，单击【Enter】键确定，得到效果（图13-2-22）。

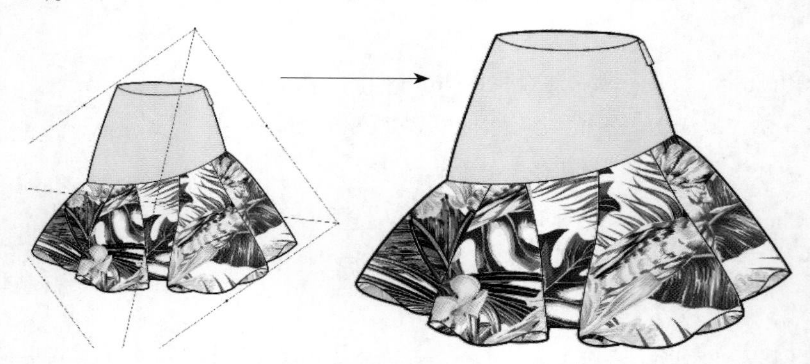

图13-2-22 【剪切蒙版】效果

25. 同一块面料通过不同色块填色可以绘制出波浪裙的效果，也可以置入其他类似图片增强裙摆波纹感的视觉效果（图13-2-23）。

26. 切换至【图层】面板，打开【绿格子】图层前面的【眼睛】图标。调整图层顺序，将【绿格子】图层移动至【C色块】图层的上面（图13-2-24）。

27. 点击组合键【Ctrl+Alt+G】创建剪切蒙版（图13–2–25）。点击组合键【Ctrl+T】自由变换，调整【绿格子】图案的大小，单击【Enter】键确定（图13–2–26）。

图13–2–23　绘制效果

图13–2–24　显示图层效果

图13–2–25　【剪切蒙版】效果

图13–2–26　【自由变换】效果

28. 执行菜单【编辑/变换/变形】命令，点击【确定】按钮，得到效果（图13–2–27）。

29. 点击【C色块】图层，新建一个图层，命名为“阴影”，点击组合键【Ctrl+Alt+G】创建剪切蒙版，位于【C色块】所有剪切蒙版的最上层。

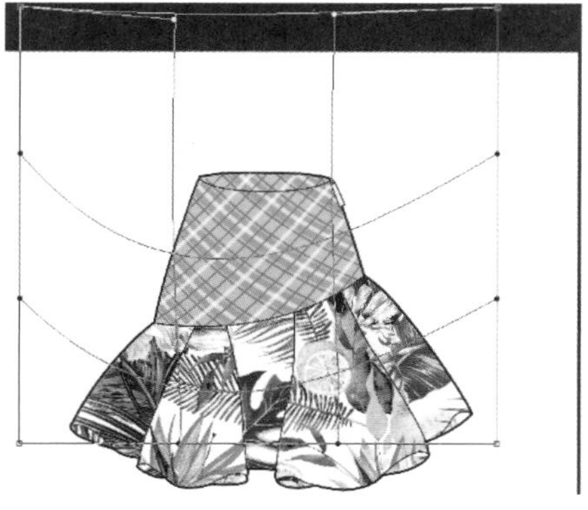

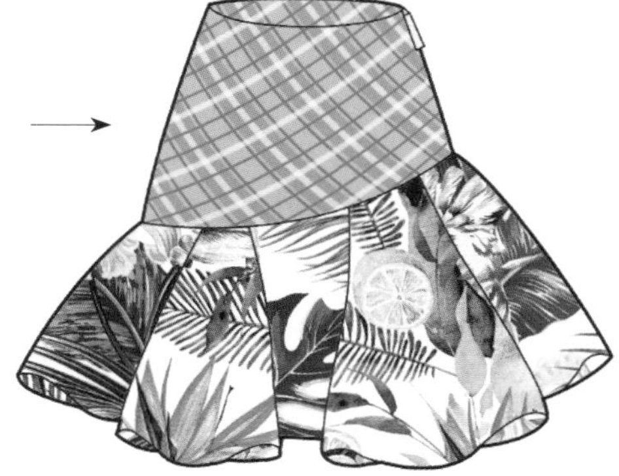

图13–2–27　【变形】效果

30. 设置前景色（图13–2–28），选择工具箱中【画笔】工具，设置画笔属性（图13–2–29），在【阴影】图层绘制阴影（图13–2–30）。

31. 调整【阴影】图层的图层属性为【正片叠底】，不透明度为“50%”（图13-2-31），选择工具箱中【橡皮擦】工具，【不透明度】设置为“25%”，擦出渐变阴影效果（图13-2-32）。

32. 重复操作，设置较深前景色（图13-2-33），选择工具箱中【画笔】工具，在【阴影】图层绘制较深的阴影（图13-2-34）。

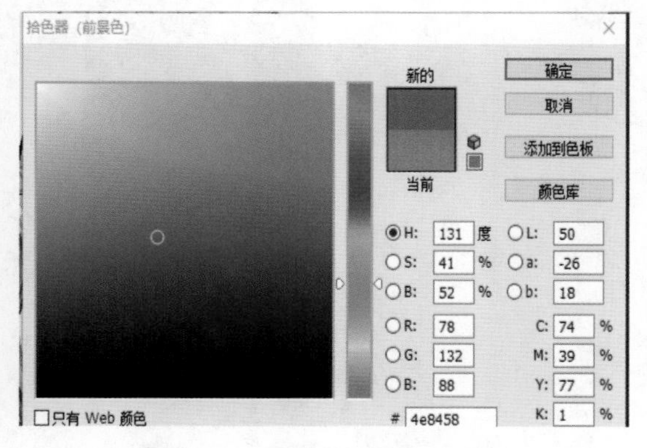

图13-2-28 【前景色】对话框

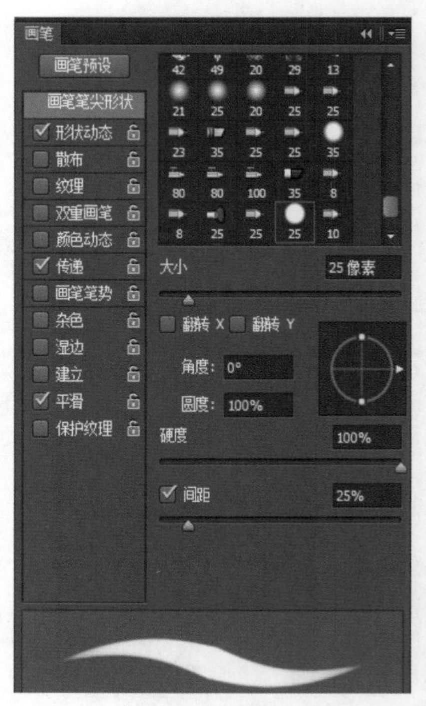

图13-2-29 【画笔】属性

图13-2-30 绘制阴影效果

图13-2-31 【正片叠底】效果

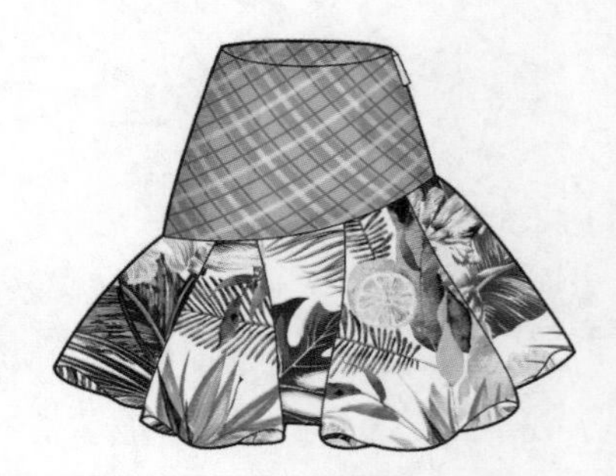

图13-2-32 【擦除】渐变阴影效果

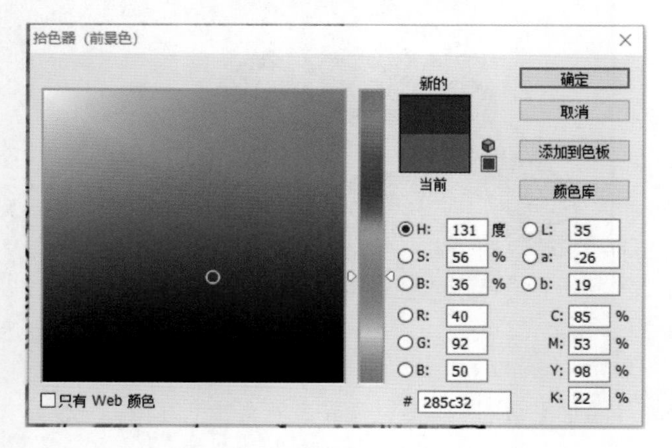

图13-2-33 【前景色】对话框

图13-2-34 绘制较深阴影效果

33. 以同样的方法绘制【A色块】图层（图13-2-35）和【B色块】图层（图13-2-36）的明暗。

34. 新建一个图层，命名为【高光】，调整图层顺序至所有图层上面，【线稿】图层的下面，选择工具箱【画笔】工具，设置属性大小为“25”，前景色设置为“白色”，绘制裙子的“高光”（图13-2-37）。

35. 调整裙子的细节，用【画笔】工具给拉链绘制灰色，用白色绘制拉链的【高光】，得到效果（图13-2-38）。

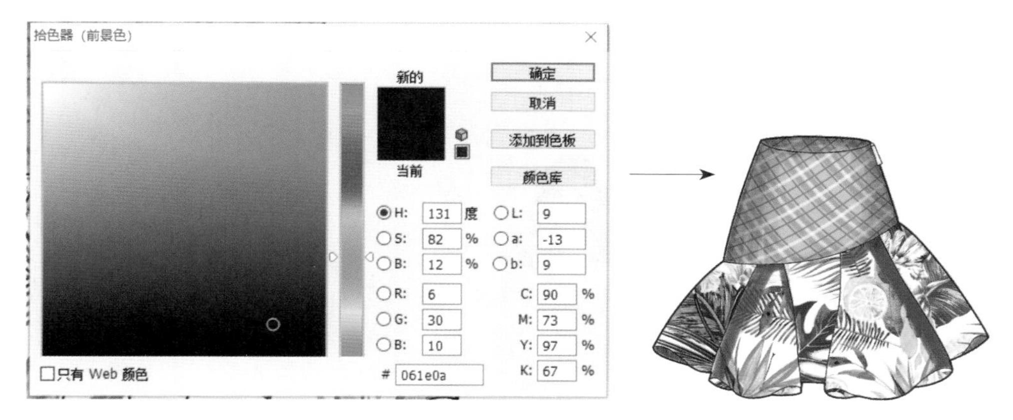

图13-2-35　【A色块】图层的明暗效果绘制步骤

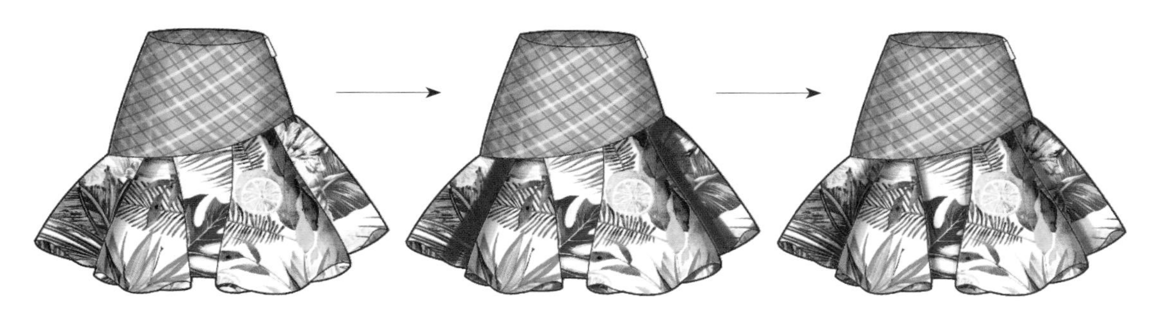

图13-2-36　【B色块】图层的明暗效果绘制步骤

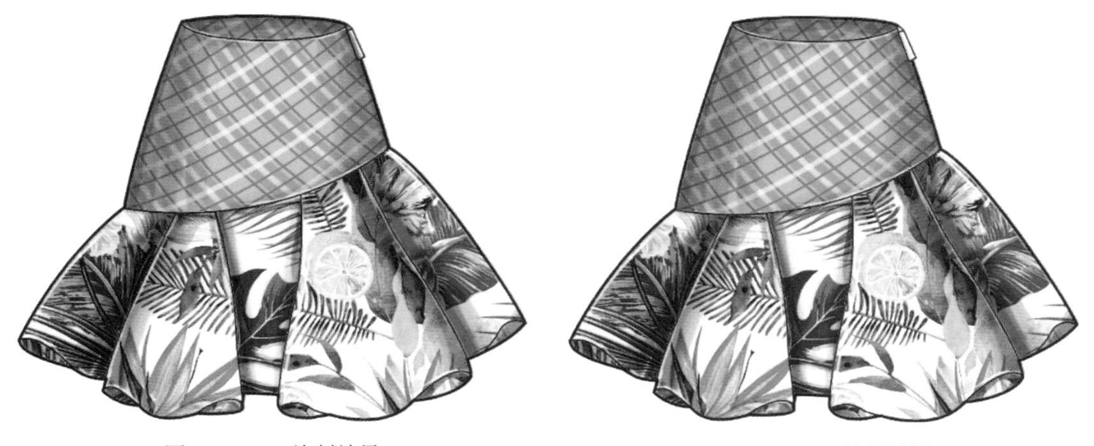

图13-2-37　绘制效果　　图13-2-38　绘制效果

第三节　服装人体模特绘画表现

服装效果图是以人体动态为载体，是人体与服装结合的一种形态美表现形式，人体是服装效果图设计中不可忽视的重要因素，是画好服装效果图的基础。借助Photoshop绘图软件快速完成人体的绘画和处理，为服装效果图的绘制提供人体模板，人体模板的建立能大大地提高服装效果图绘图的效率。

一、实例效果（图13-3-1）

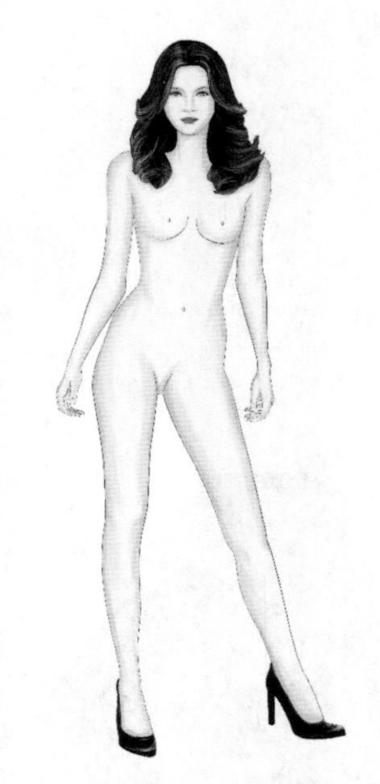

图13-3-1　绘制效果及完成图

二、操作步骤

1. 执行菜单【文件/新建】命令或者点击组合键【Ctrl+N】新建一个文件（图13-3-2），设置名称为“女人体”，点击【确定】按钮。

2. 选择工具箱中的【钢笔】工具，绘制人体线条，可以结合【添加锚点】和【转换点】工具，在需要调整的地方增加锚点并移动至合适位置，得到效果（图13-3-3）。

3. 切换至【路径】面板，双击【工作路径】储存路径，弹出对话框，命名为“人体”，点击【确定】按钮，储存【人体】路径。

4. 切换至【图层】面板，新建一个组，点击【图层】面板中的【创建新图层】按钮五次，创建五个新图层并分别命名为“线稿1”“线稿2”“鞋子”“发色”“肤色”（图13-3-4）。

5. 选择工具箱中的【画笔】工具，选择画笔并设置画笔参数，【尖角】为“3”像素，【不透明度】为“100%”。

6. 切换至【图层】面板，单击【线稿1】图层。点击【默认前景色和背景色】，设置前景色为“黑色”。

7. 选择工具箱中的【路径选择】工具，在画板空白处鼠标右键单击，执行【描边路径】，弹出对话框，选择【画笔】，勾选【模拟压力】，点击【确定】，描边人体路径，得到效果（图13-3-5）。切换至【路径】面板，点击【路径】面板空白处，取消【人体】路径的选择。

8. 切换至【图层】面板，单击【线稿2】图层。重复操作【描边路径】，弹出对话框，选择【画笔】，设置为“1”像素，取消勾选【模拟压力】，点击【确定】，再次描边人体路径，得到效果（图13-3-6）。切换至【路径】面板，点击【路径】面板空白处，取消【人体】路径的选择。

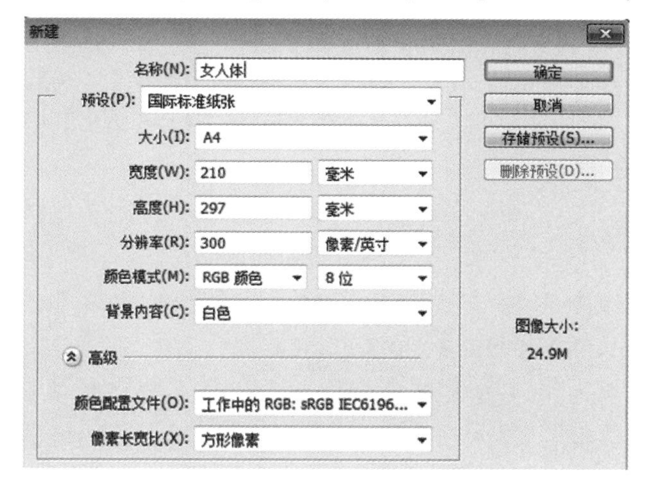

图13-3-2 新建文件

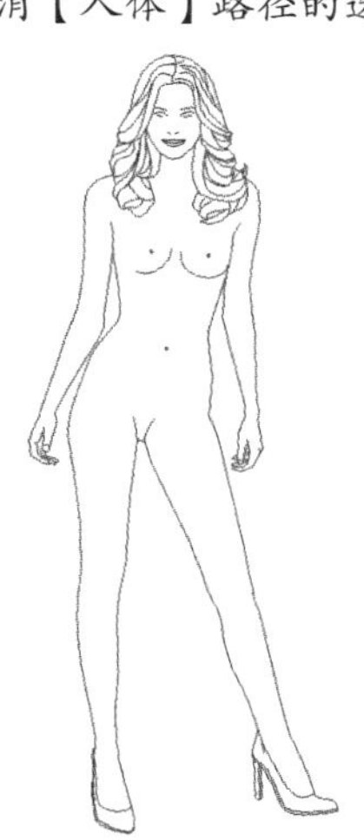

图13-3-3 绘制效果

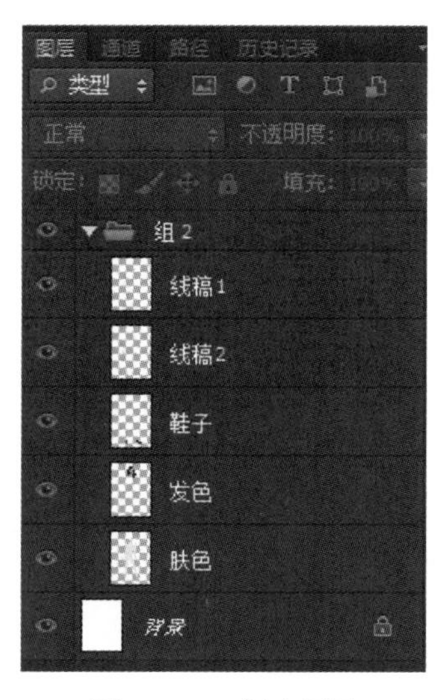

图13-3-4 新建图层

图13-3-5 【描边】效果 图13-3-6 【描边】路径

9. 鼠标左键双击【前景色】按钮，弹出【拾色器】面板，设置颜色（图13-3-7），点击【确定】按钮。

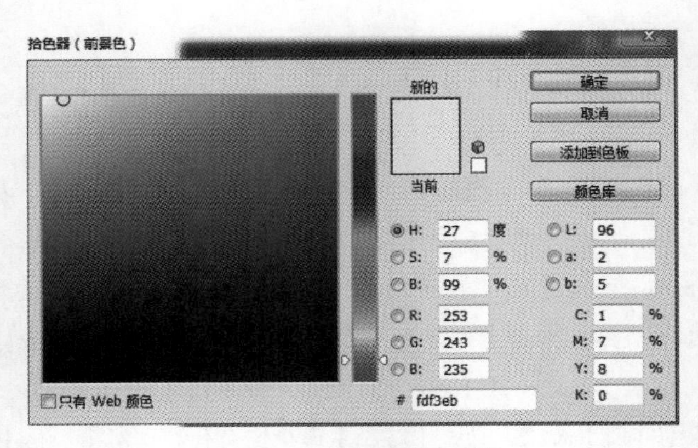

图13-3-7 【拾色器】面板

10. 切换至【图层】面板，单击【线稿2】图层。选择工具箱中的【魔棒】工具，按住【Shift】键，建立“人体”选区（图13-3-8）。然后执行菜单【选择/修改/扩展选区】命令，弹出对话框，设置【扩展量】为“1”，点击【确定】按钮。

11. 点击【肤色】图层，点击组合键【Alt+Delete】，填充前景色，点击组合键【Ctrl+D】取消选区，得到效果（图13-3-9）。

12. 以同样的方法分别建立“头发”和“鞋子”的选区（图13-3-10），并分别在【发色】、【鞋子】图层填充相应的色块（图13-3-11），完整图效果完成（图13-3-12）。

13. 双击【前景色】按钮，弹出【拾色器】面板，设置颜色（图13-3-13），点击【确定】按钮。

图13-3-8 建立选区　　图13-3-9 【填充】选区

图13-3-10 建立【头发】和【鞋子】的选区

图13-3-11 填充【头发】和【鞋子】的选区

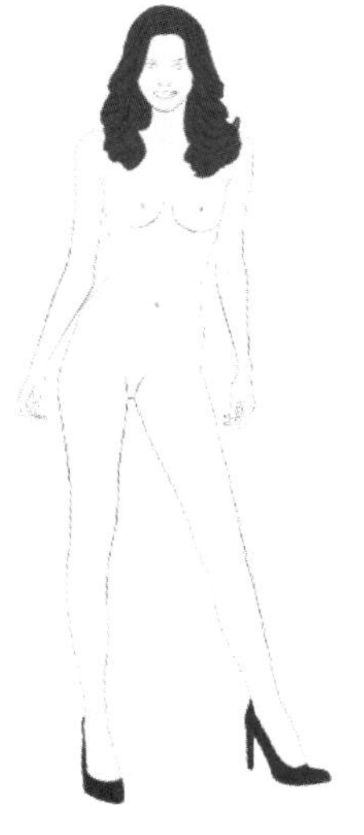

图13-3-12 完整图

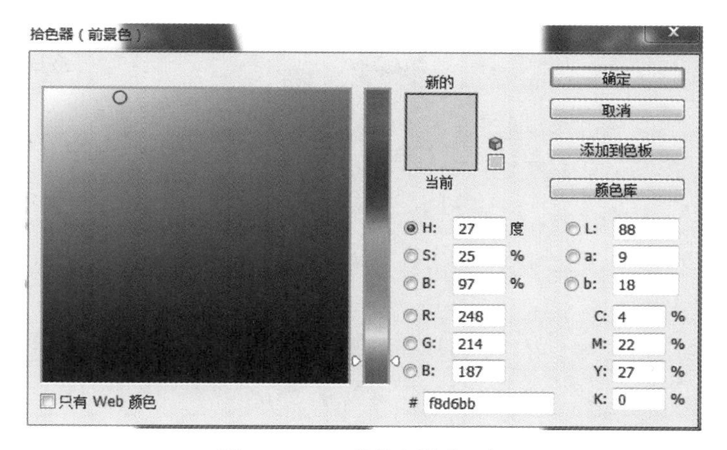

图13-3-13 【拾色器】面板

模式：正常 不透明度：55% 流量：100%

图13-3-14 设置画笔

14. 切换至【图层】面板，单击【肤色】图层，新建一个图层，命名为“肤色明暗”图层，鼠标右键单击，点击组合键【Ctrl+Alt+G】创建剪切蒙版。

15. 选择工具箱中的【画笔】工具，选择画笔并设置画笔参数（图13-3-14），点击【肤色明暗】图层，绘制肤色暗部，得到效果（图13-3-15）。

16. 再次鼠标左键双击【前景色】按钮，弹出【拾色器】面板，设置颜色（略浅于上一个颜色，图13-3-16），点击【确定】按钮。选择工具箱中的【画笔】工具，绘制肤色，得到效果（图13-3-17）。

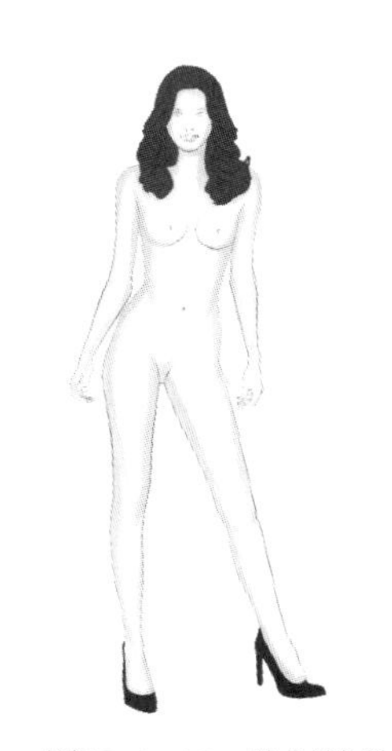

图13-3-15 绘制效果

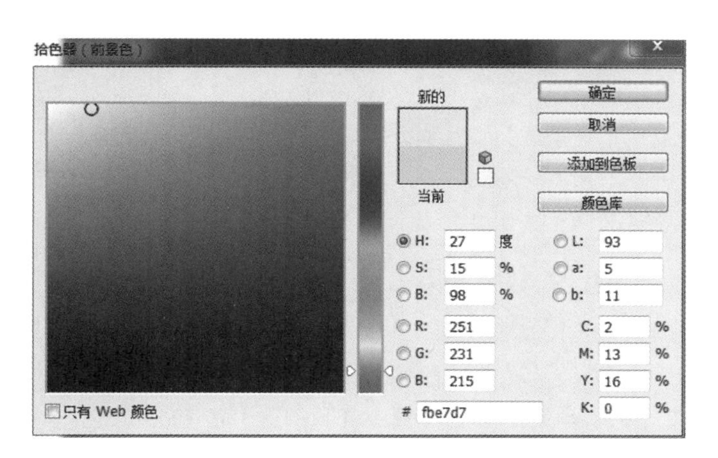

图13-3-16 【拾色器】面板

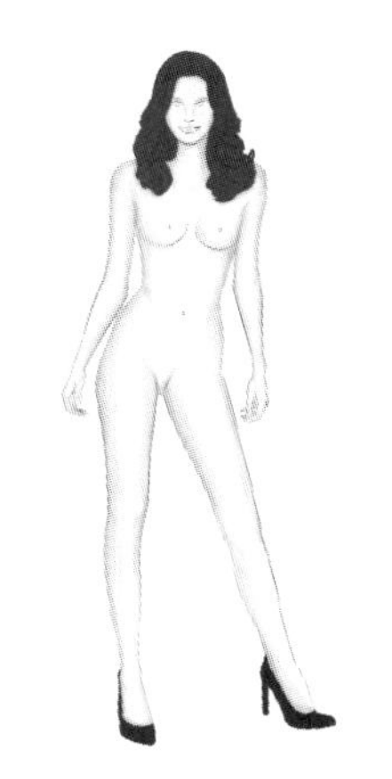

图13-3-17 绘制效果

17. 切换至【图层】面板，点击【肤色明暗】图层。以同样的方法刻画脸部的明暗效果（图13-3-18）。

18. 选择工具箱中的【画笔】工具，设置画笔参数为“1”像素，【不透明度】为“100%”，点击【默认前景色和背景色】按钮，设置前景色为“黑色”。

19. 切换至【图层】面板，单击【线稿2】图层。刻画眉毛、眼睛、嘴唇等五官，期间可以切换【橡皮擦】工具，擦去多余的线条（图13-3-19）。

20. 鼠标左键双击【前景色】按钮，弹出【拾色器】面板，设置颜色（图13-3-20），点击【确定】按钮。

21. 切换至【图层】面板，新建一个图层，并命名为“五官”。选择工具箱中的【画笔】工具，选择画笔并设置画笔参数（硬边缘“10”像素，绘制期间可切换不同的不透明度），绘制“瞳孔色”（图13-3-21）。

图13-3-18　绘制效果

图13-3-19　绘制效果

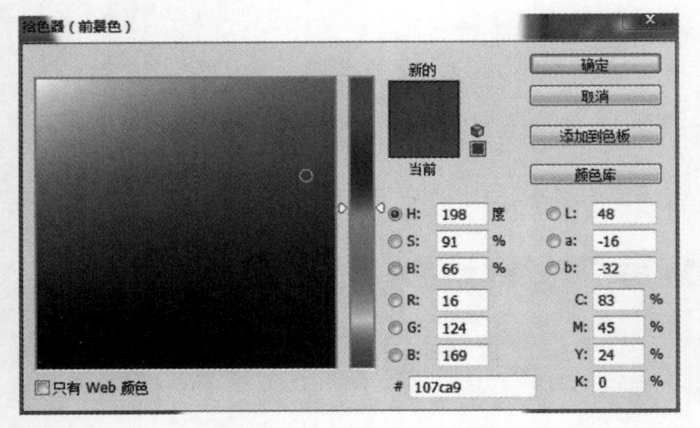

图13-3-20　【拾色器】面板

图13-3-21　绘制效果

22. 选择工具箱中的【画笔】工具，设置画笔参数为“1”像素，【不透明度】为“100%”，点击【默认前景色和背景色】，设置前景色为“黑色”。切换至【图层】面板，单击【五官】图层，绘制“眼睫毛”。

23. 点击【默认前景色和背景色】，单击快捷键【X】将【前景色】置换为“白色”。切换至【图层】面板，单击【五官】图层，绘制“瞳孔高光”，得到效果（图13-3-22）。

24. 鼠标左键双击【前景色】按钮，弹出【拾色器】面板，设置颜色（图13-3-23），点击【确定】按钮。

图13-3-22 绘制效果

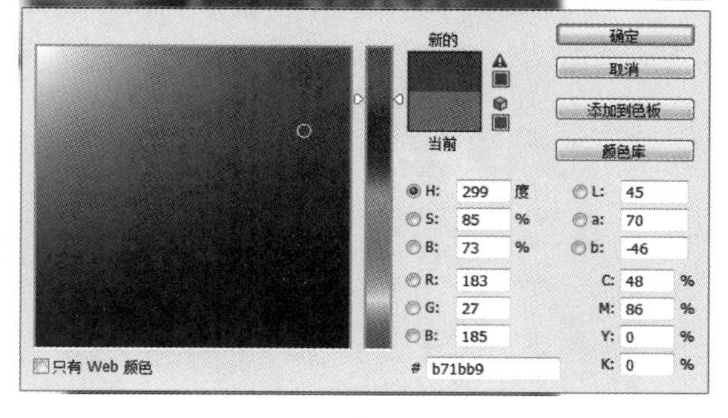

图13-3-23 【拾色器】面板

25. 选择工具箱中的【画笔】工具，设置画笔参数，大小为“10”像素，【不透明度】100%。

26. 切换至【图层】面板，新建一个图层，并命名为“眼影”（位于【五官】图层下面），绘制“眼影”，得到效果（图13-3-24）。

27. 选择工具箱中的【涂抹】工具，涂抹“眼影”，制造晕染的效果，得到效果（图13-3-25）。

图13-3-24 绘制效果

图13-3-25 【涂抹】效果

28. 双击【前景色】按钮，弹出【拾色器】面板，选择一个红色，点击【确定】按钮。

29. 选择工具箱中的【画笔】工具，设置画笔参数，大小为“10”像素，【不透明度】“100%”。切换至【图层】面板，点击【五官】图层，绘制“嘴唇”颜色，得到效果（图13-3-26）。

30. 点击【默认前景色和背景色】，单击快捷键【X】将前景色置换为“白色”。选择工具箱中的【画笔】工具，设置画笔参数，“4”像素，【不透明度】为100%，绘制嘴唇高光（图13-3-27）。

31. 点击【默认前景色和背景色】，设置前景色为“黑色”。

32. 选择工具箱中的【画笔】工具，选择画笔并设置画笔参数，大小为“1”像素，【不透明度】为“100%”。绘制“眼线”，点击【五官】图层，刻画眼部，得到效果（图13-3-28）。

33. 鼠标左键双击【前景色】按钮，弹出【拾色器】面板，设置颜色（图13-3-29），点击【确定】按钮。

34. 切换至【图层】面板，点击【发色】图层，新建一个图层，点击组合键【Ctrl+Alt+G】创建剪切蒙版，选择工具箱中的【画笔】工具，根据需要不断调整画笔大小和透明度，在【发色】的剪贴蒙版上绘制发色的明暗，得到效果（图13–3–30）。

35. 再次新建一个图层，点击组合键【Ctrl+Alt+G】创建剪切蒙版，选择工具箱中的【画笔】工具，设置画笔参数，大小为“2”像素，【不透明度】为100%，在剪贴蒙版上绘制“发丝”，得到效果（图13–3–31）。

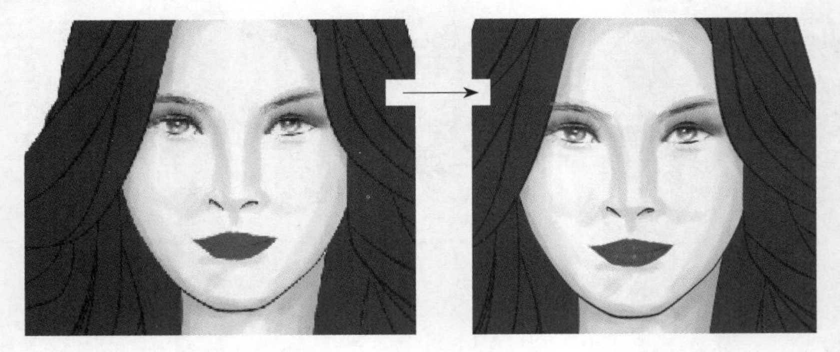

图13–3–26　绘制效果　　图13–3–27　绘制效果

图13–3–28　绘制效果

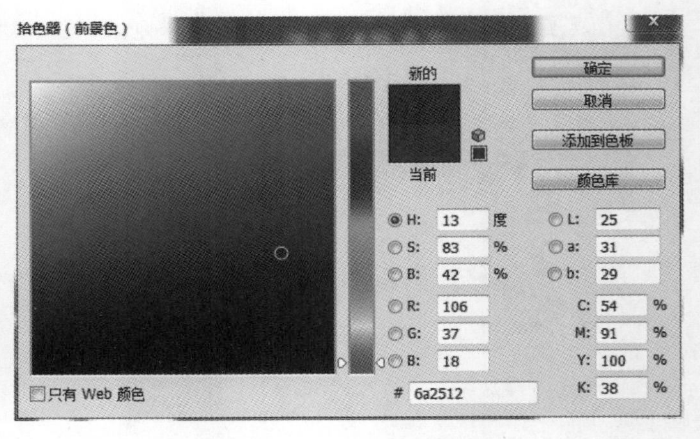

图13–3–29　【拾色器】面板

图13–3–30　绘制效果

图13–3–31　绘制效果

36. 点击【默认前景色和背景色】按钮，按快捷键【X】将前景色置换为“白色”。

37. 选择工具箱中的【画笔】工具，选择画笔并设置画笔参数，大小为“4”，【不透明度】为“100%”，绘制发丝高光，得到效果（图13-3-32）。

图13-3-32 绘制发丝【高光】效果

38. 鼠标左键双击【前景色】按钮，弹出【拾色器】面板，设置颜色（图13-3-33），点击【确定】按钮。

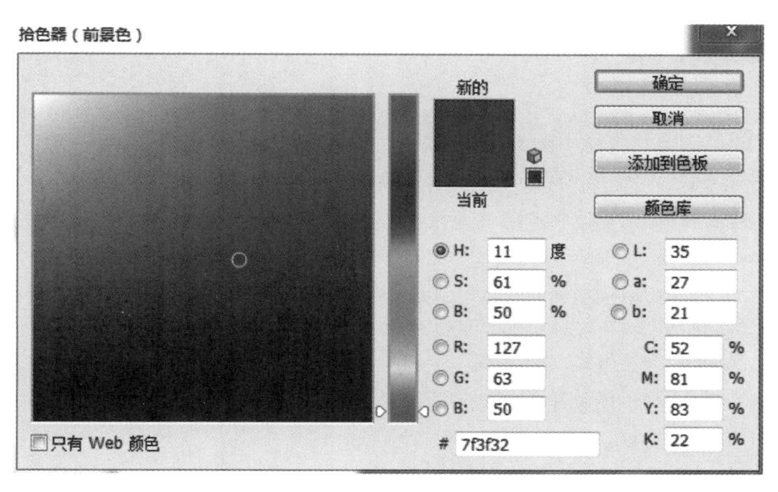

图13-3-33 【拾色器】面板

39. 切换至【图层】面板，点击【鞋子】图层，新建一个图层，点击组合键【Ctrl+Alt+G】创建剪切蒙版，选择工具箱中的【画笔】工具，根据需要不断调整画笔大小和透明度，在剪切蒙版图层上绘制鞋子的明暗，得到效果（图13-3-34）。

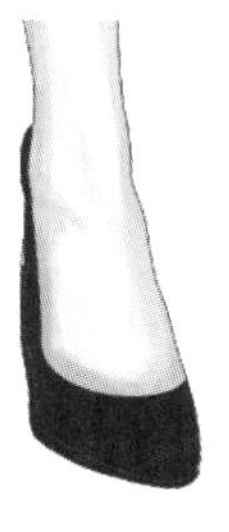

图13-3-34 绘制效果

40. 点击【默认前景色和背景色】按钮，

单击快捷键【X】将前景色置换为“白色”。选择工具箱中的【画笔】工具，绘制鞋子高光（图13-3-35），得到整体效果（图13-3-36）。

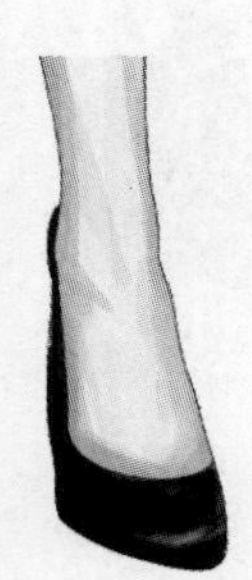

图13-3-35　绘制效果

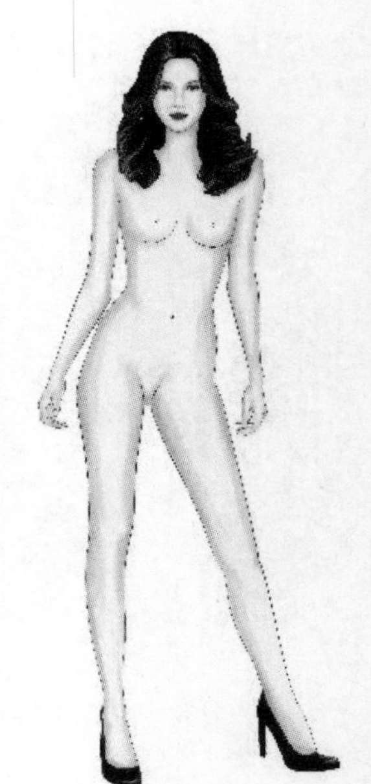

图13-3-36　完成图及整体效果

本章小结

※ 保存路径是为了方便后面操作，可以随时调用并修改。

※【画笔】工具设置不同可以创造出不同的明暗效果。

※ 各种滤镜的编辑可以达到丰富的视觉效果，尤其对于服装面料的处理非常适合。

思考练习题

1. 如何快速准确地处理手稿图片的背景色及杂色？
2. 如何复制、修改、移动路径？
3. 如何利用滤镜效果绘制不同质感的面料？
4. 利用所学工具处理服装手稿画效果图两幅。

第十四章

面料质感综合表现效果图应用实例

课题名称：面料质感综合表现效果图应用实例

课题内容：Photoshop各种工具操作

Photoshop各类面料绘画

Photoshop各类面料效果图体现

课题时间：6课时

教学目的：通过案例的演示与操作步骤，让学生综合应用Adobe Photoshop软件绘制各类面料的服装效果图。

教学方式：教师演示及课堂训练。

教学要求：1. Photoshop 软件绘制各类面料。

2. Photoshop软件绘制服装效果图。

课前准备：熟悉并掌握Adobe Photoshop各种工具的操作方法和技巧。

根据设计目的与生产需求的不同，服装电脑绘画所表现的内容也会随之变化。有时候，需要强调的是服装平面款式图，而完全不需要考虑服装的人体着装效果；有时候，需要强调是人体着装效果，而全然不考虑平面款式图；有时候，平面款式图和人体着装效果图都要强调，例如用于各类服装设计大赛的参赛图。因此，到底选择哪种软件工具来完成设计图的绘制，是根据设计的内容来确定的。实践表明，Photoshop对于表现服装效果图的各种面料质感具有绝对的优势。

第一节　针织、皮革面料的服装效果图绘画表现

一、实例效果（图14-1-1）

图14-1-1　针织皮革面料效果图

二、操作步骤

1. 启动Photoshop软件，新建一个文件（图14-1-2）。并命名为“针织+皮裙”。点击【图层】

面板，点击【图层】面板下方的【新建】按钮，新建一个图层，并命名为“针织”。

2. 选择工具箱中的【钢笔】工具，在属性栏中选择【路径】按钮，绘制图形路径（图14-1-3）。然后执行菜单【窗口/路径】命令，打开【路径】面板，点击【路径】面板下方的【将路径作为选区载入】按钮（图14-1-4）。

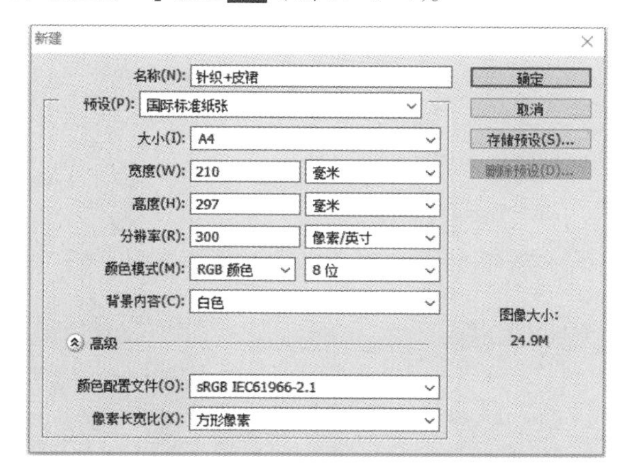

图14-1-2　新建文件

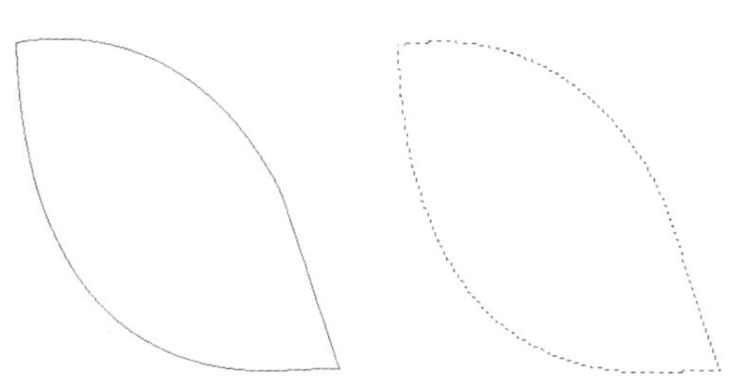

图14-1-3　绘制路径　　图14-1-4　选区载入

3. 鼠标左键双击【前景色】按钮，弹出【拾色器】面板，设置颜色（图14-1-5）。点击组合键【Alt+Delete】填充前景色。点击组合键【Ctrl+D】取消选择（图14-1-6）。

4. 复制一个【针织】图层，点击组合键【Ctrl+T】自由变换，按住【Alt】键将中心点移动至翻转中心轴上（图14-1-7），鼠标右击点击【水平翻转】按钮（图14-1-8），单击【Enter】键确定。

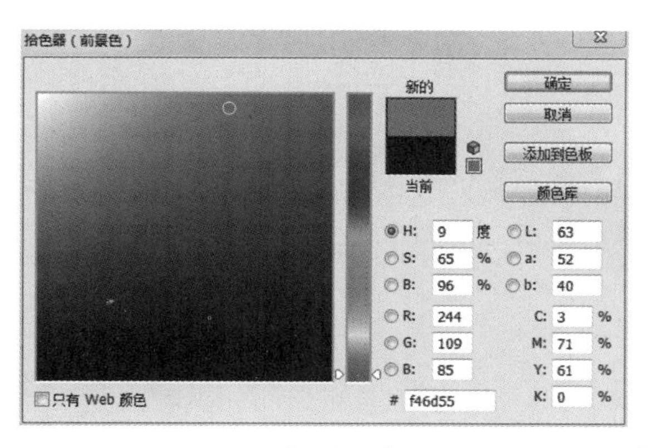

图14-1-5　【拾色器】对话框

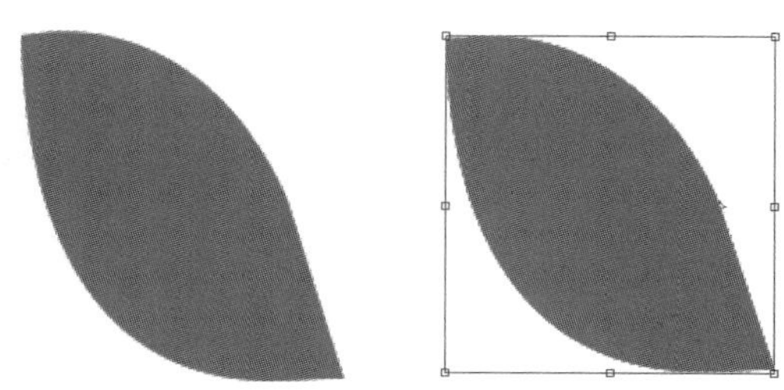

图14-1-6　【填充】效果　图14-1-7　移动【中心】

5. 按住【Shift】键选择两个【针织】图层，点击组合键【Ctrl+E】合并图层。新建一个图层，命名为“阴影”，位于【针织】图层上面，点击组合键【Ctrl+Alt+G】创建剪切蒙版。

6. 鼠标左键双击【前景色】按钮，弹出【拾色器】面板，设置颜色（图14-1-9）。选择工具箱中【画笔】工具，在【阴影】图层绘制阴影（图14-1-10）。

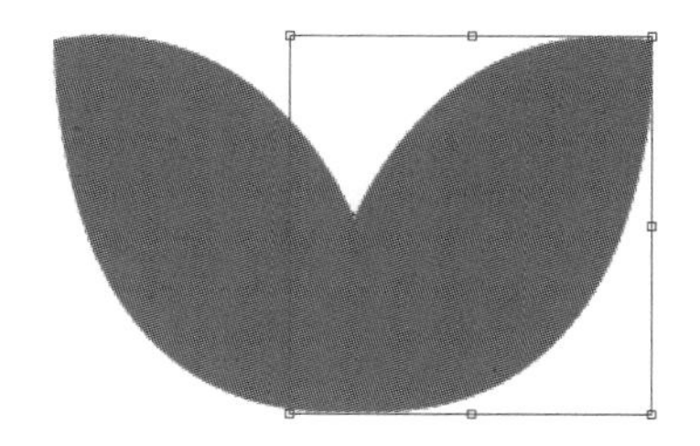

图14-1-8　【翻转】效果

7. 调整【阴影】图层的属性为【正片叠底】，不透明度为“50%”，选择工具箱中【橡皮擦】工具，不透明度设置为“25%”，擦出渐变阴影效果（图14-1-11）。

8. 执行菜单【滤镜/杂色/增加杂色】命令，弹出对话框，设置参数（图14-1-12），点击【确定】按钮。按住【Shift】键选择除了【背景】外所有图层，点击组合键【Ctrl+E】合并图层，并命名为“针织”图层。

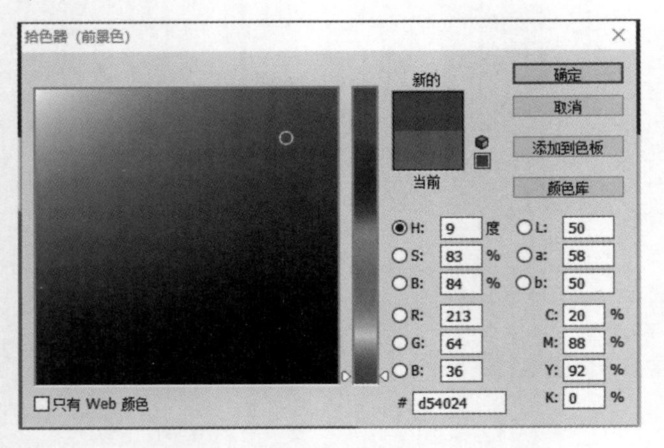

图14-1-9 【拾色器】对话框

图14-1-10 绘制效果

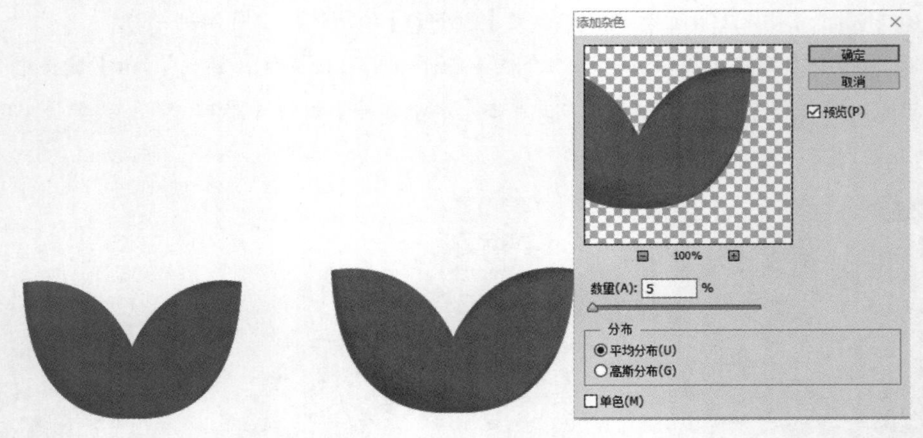

图14-1-11 【擦除】效果　　图14-1-12 【添加杂色】对话框

9. 关闭【背景】图层前面的【眼睛】图标，选择工具箱的【矩形选框】工具，建立单个“针织”图案的选区（图14-1-13）。

10. 执行菜单【编辑/定义图案】命令，弹出对话框，命名为“针织”，点击【确定】按钮（图14-1-14）。点击组合键【Ctrl+D】取消选择。

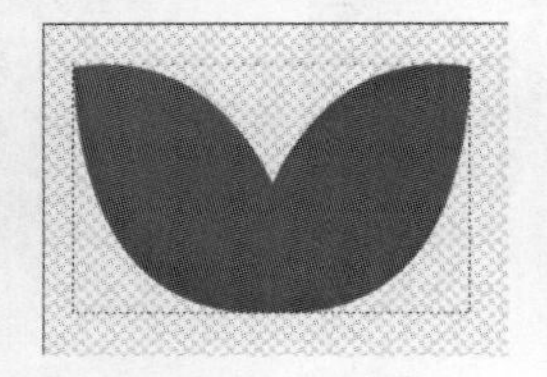

图14-1-13 建立选区

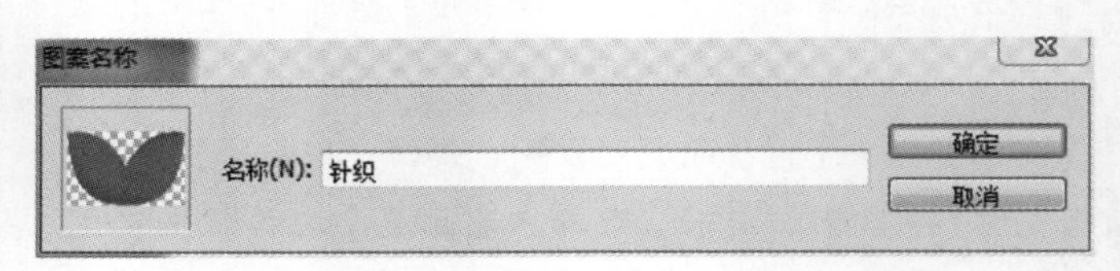

图14-1-14 【定义图案】对话框

11. 切换至【图层】面板，删除【针织】图层，新建一个图层，命名为“针织纹”，执行【编辑/填充】命令，弹出对话框（图14-1-15），【自定图案】选择刚刚定义的“针织”单元纹样，点击【确定】按钮，得到效果（图14-1-16）。

12. 打开【背景】图层前面的【眼睛】图标。点击【图层】面板下方的【新建】按钮，新建一个图层，并命名为“底色”。

13. 鼠标左键双击【前景色】按钮，弹出【拾色器】面板，设置颜色参数（图14-1-17），点击组合键【Alt+Delete】将前景色填充至【底色】图层中（图14-1-18）。

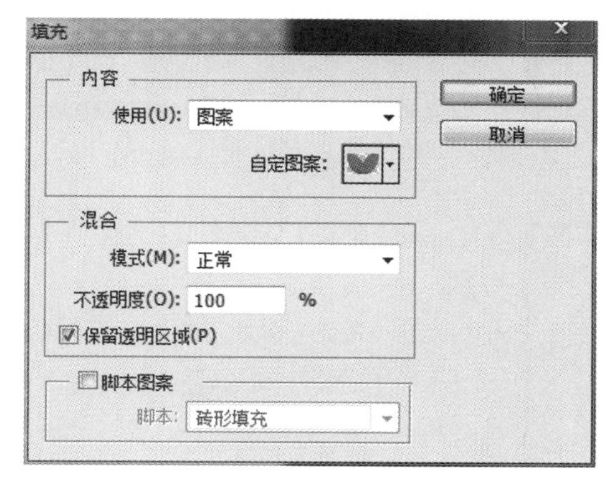

图14-1-15 【图案填充】对话框

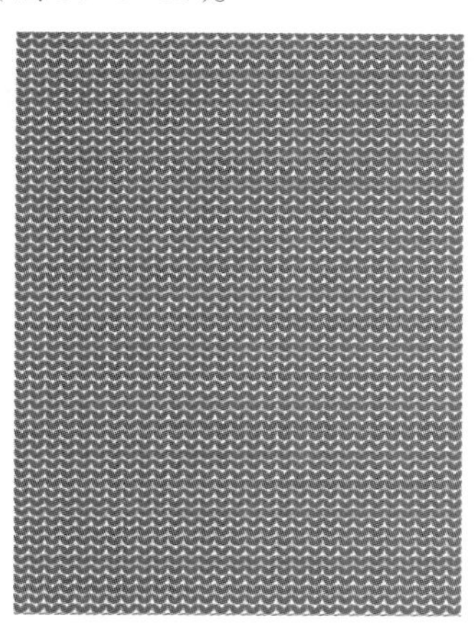

图14-1-16 【填充】效果

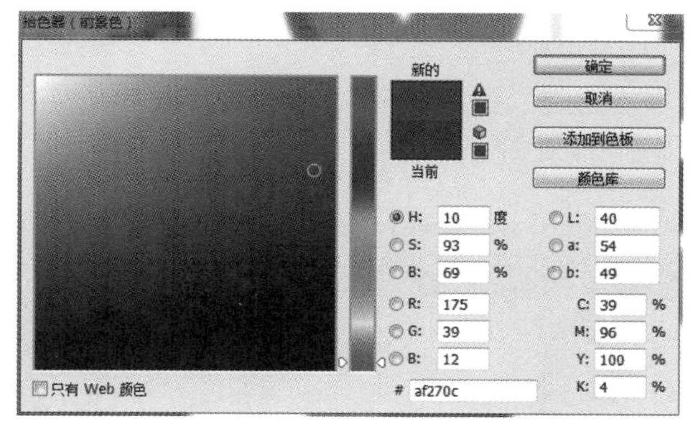

图14-1-17 【拾色器】对话框

图14-1-18 【填充】效果

14. 按住【Shift】键选择除了【背景】图层的所有图层，点击组合键【Ctrl+E】合并图层，修改图层名称为“针织”图层。

15. 执行菜单【滤镜/杂色/增加杂色】命令，弹出对话框，设置参数（图14-1-19），点击【确定】按钮。

16. 执行菜单【滤镜/模糊/动感模糊】命令，弹出对话框，设置参数（图14-1-20），点击【确定】按钮。

17. 再次执行菜单【滤镜/杂色/增加杂色】命令，弹出对话框，设置参数（图14-1-21），点击【确定】按钮。

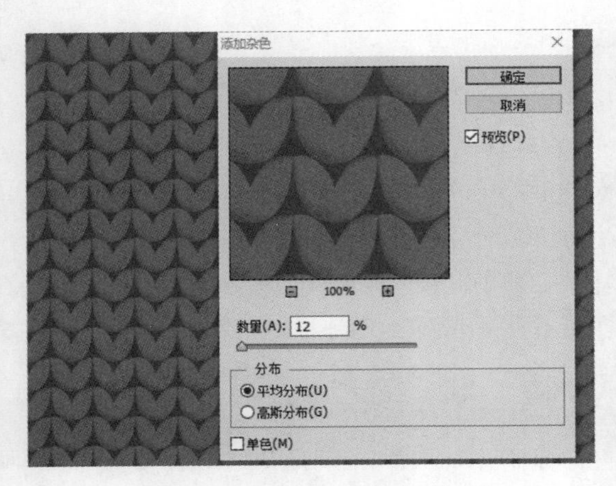

图14-1-19 【添加杂色】对话框

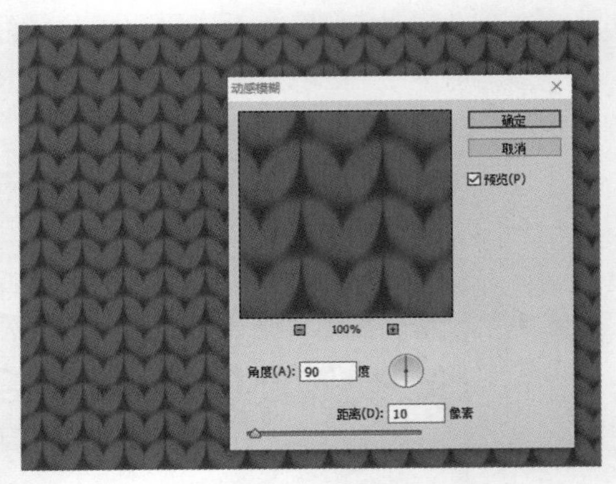

图14-1-20 【动感模糊】对话框

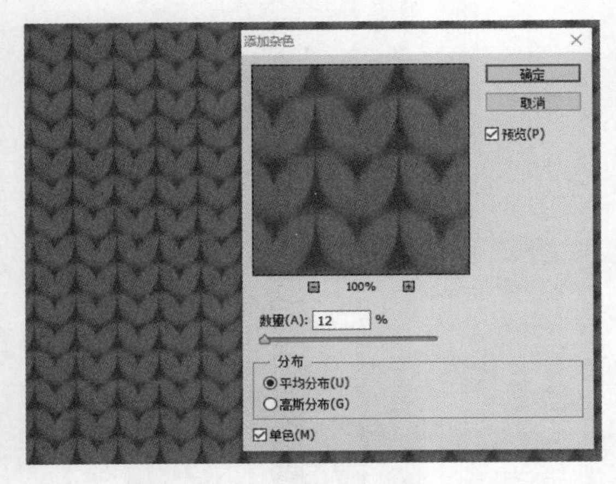

图14-1-21 【添加杂色】对话框

18. 关闭【针织】图层前面的【眼睛】图标，临时隐藏【针织】图层。

19. 点击【图层】面板，点击【图层】面板下方的【新建】按钮，新建一个图层，执行菜单【文件/置入】命令，置入“女人体”图片（图14-1-22）。

图14-1-22 【置入】效果

20. 切换至【图层】面板，点击【新建图层】按钮，新建两个图层，分别命名为“线稿1”和“线稿2”图层（图层顺序位于最上层）。

21. 选择工具箱【画笔】工具，设置画笔属性，选择【硬边缘压力大小】画笔，画笔大小为“2”，不透明度设置为“100%”。

22. 选择工具箱中的【钢笔】工具，在属性栏中选择【路径】，跟着“人体”绘制“服装”路径（图14-1-23）。

23. 执行菜单【窗口/路径】命令，打开【路径】面板。双击【工作路径】储存路径，弹出对话框，命名为“衣服”，点击【确定】按钮。

24. 点击【线稿1】图层，选择工具箱中的【钢笔】工具，在面板中鼠标右键单击执行【描边路径】命令，弹出对话框，选择【画笔】工具，勾选【模拟压力】，点击【确定】按钮，点击【路径】面板的空白处取消路径的选择，得到效果（图14-1-24）。

25. 设置画笔大小为“1”，点击【线稿2】图层，选择工具箱中的【钢笔】工具，在面板中鼠标右键单击执行【描边路径】命令，弹出对话框，取消勾选【模拟压力】，点击【确定】按钮，点击【路径】面板的空白处取消路径的选择，得到效果（图14-1-25）。

图14-1-23 绘制效果　　图14-1-24 【描边】效果　　图14-1-25 【描边】效果

26. 切换至【图层】面板，点击【新建图层】按钮，新建一个图层，命名为“配色”图层。

27. 双击【前景色】按钮，弹出【拾色器】面板，分别设置颜色参数，结合【矩形选框】工具分别建立“配色”选区，点击组合键【Alt+Delete】将前景色分别填充至色块中，并分别点击组合键【Ctrl+D】取消选择，完成配色设计（图14-1-26）。

28. 切换至【图层】面板，点击【背景】图层，点击【新建图层】按钮，新建四个图层，分别命名为“针织上衣”“皮裙”“围巾蓝色块”“围巾白色块”图层，按住【Shift】键选择四个新

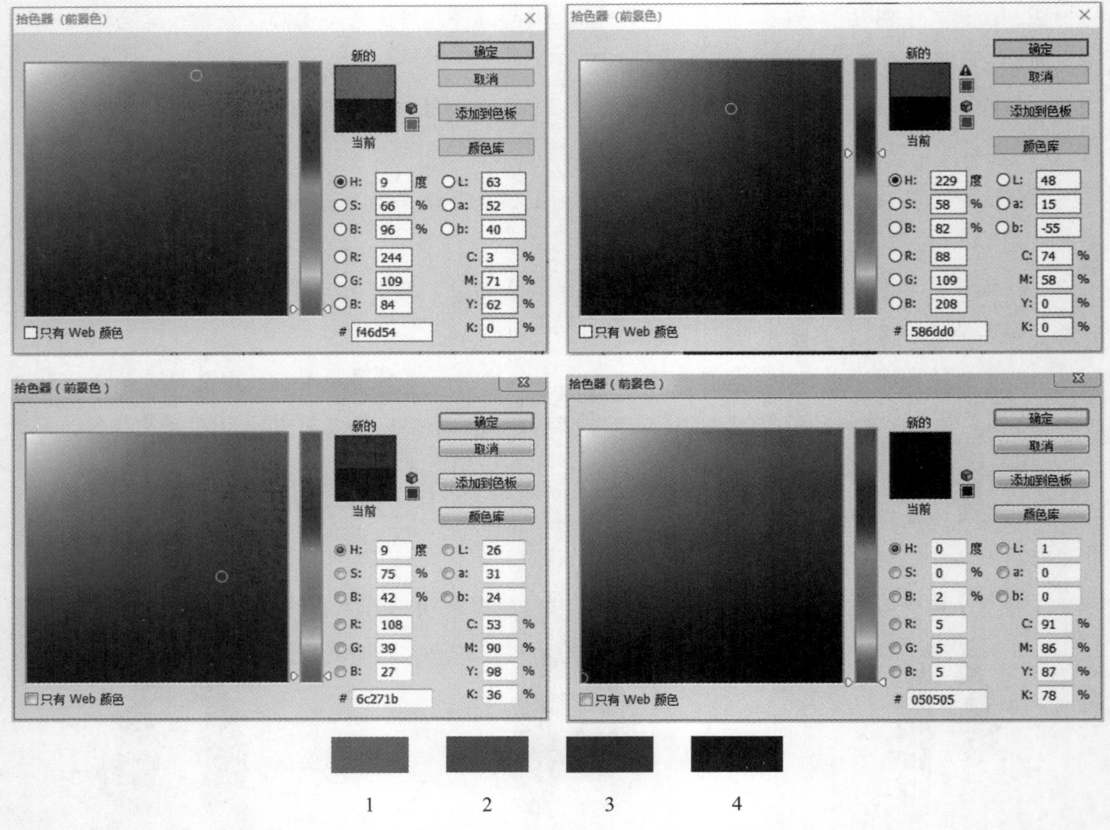

图14-1-26　【拾色器】对话框及完成配色效果

建图层，点击组合键【Ctrl+G】建立分组，并命名为“服装”组。

29. 单击【线稿2】图层，选择工具箱中的【魔棒】工具 ，按住【Shift】键，建立“上衣”选区（图14-1-27）。然后执行菜单【选择/修改/扩展选区】命令，弹出对话框，设置【扩展量】为“1”，点击【确定】按钮。

30. 双击前景色，吸取1号色（橙红色）（图14-1-28），单击【针织上衣】图层，点击组合键【Alt+Delete】填充前景色到选区，点击组合键【Ctrl+D】取消选择，得到效果（图14-1-29）。

31. 重复操作，分别在【皮裙】、【围巾蓝色块】图层上填充“4号色”和“2号色”，如图所示（图14-1-30）。

图14-1-27　建立选区　　　图14-1-28　色号参考

32. 点击【默认前景色和背景色】按钮，点击【切换前景色和背景色】按钮，前景色转换为“白色”。

33. 单击【线稿2】图层，选择工具箱中的【魔棒】工具，按住【Shift】键，建立围巾白色块的选区，设置选区【扩展量】为“1”，点击【围巾白色块】图层，点击组合键【Alt+Delete】填充前景色到选区，点击组合键【Ctrl+D】取消选择（图14-1-31）。

图14-1-29　【填充】效果

图14-1-30　【填充】效果

图14-1-31　【填充】效果

34. 锁定【皮裙】、【围巾蓝色块】、【围巾白色块】几个色块图层的【透明像素】。

35. 切换至【图层】面板，打开【针织】图层前面的【眼睛】图标，调整图层顺序至【针织上衣】图层的上面（图14-1-32）。

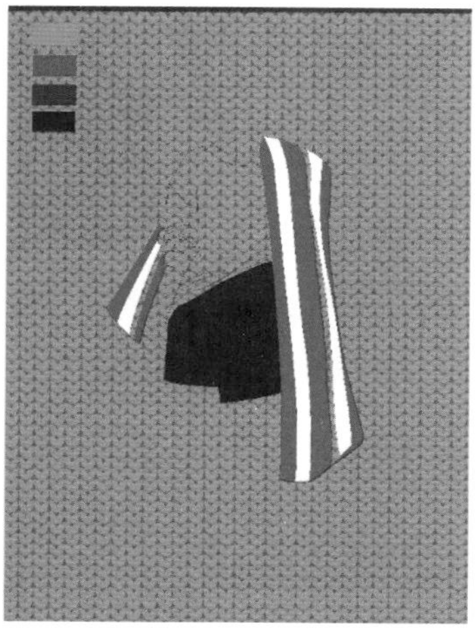

36. 点击组合键【Ctrl+Alt+G】创建剪切蒙版（图14-1-33），点击组合键【Ctrl+T】，按住【Shift】键调整针织图层的大小和方向（图14-1-34），单击【Enter】键确定。

37. 执行菜单【编辑/变换/变形】命令，根据服装变形效果来变形（图14-1-35），点击【Enter】键确定。

38. 复制一个【针织】图层，重复操作，填充针织袖子，点击【Enter】键确定（图14-1-36）。

图14-1-32　显示图层

39. 选择工具箱中【橡皮擦】工具，不透明度设置为“100%”，擦掉袖子多余的地方（图14-1-37）。按住【Shift】键选择两个【针织】图层，点击组合键【Ctrl+E】合并图层，将图层的不透明度调整为“50%”。

40. 执行菜单【滤镜/液化】命令，弹出对话框，选择【皱褶】工具在“皱褶”的位置点击，选择【膨胀】工具在“膨胀”区域点击，点击【确定】按钮（根据服装的凹凸关系来操作）。

图14-1-33 【剪切蒙版】效果

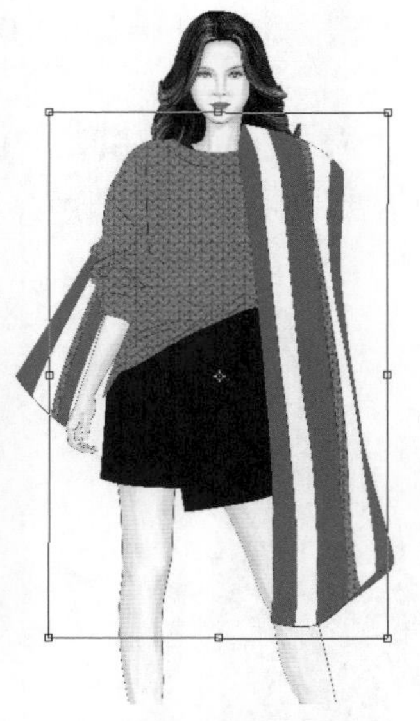

图14-1-34 【自由变换】效果

图14-1-35 【变形】效果

图14-1-36 【重复操作】效果

图14-1-37 【擦除】效果

41. 切换至【图层】面板，点击【围巾蓝色块】图层，执行菜单【滤镜/杂色/添加杂色】命令，弹出对话框，设置参数（图14-1-38），点击【确定】按钮。

42. 执行菜单【滤镜/模糊/动感模糊】命令，弹出对话框，设置参数（图14-1-39），点击【确定】按钮。

43. 点击【图层】面板下方的【创建新图层】按钮，创建新图层并命名为“文字”图层，位于【围巾蓝色块】图层上面，点击组合键【Ctrl+Alt+G】创建剪切蒙版。

44. 选择工具箱的【直排文字】工具 IT，输入文字“PHOTOSHOP”（图14-1-40），在【文字】图层上鼠标右键单击执行【栅格化文字】命令。

45. 执行菜单【编辑/变换/变形】命令，根据围巾着装情况来变形文字（图14-1-41），点击【Enter】键确定。复制两个【文字】图层，移动至合适位置，得到效果（图14-1-42）。

46. 重复操作，建立“ILLUSTRATOR”“CORELDRAW”文字（图14-1-43）。

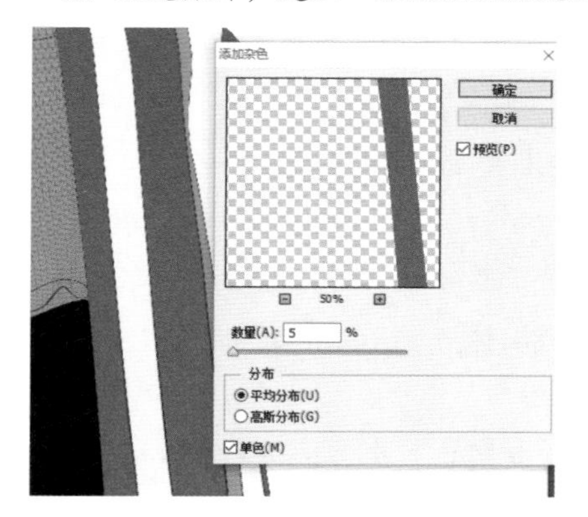

图14-1-38　【添加杂色】对话框

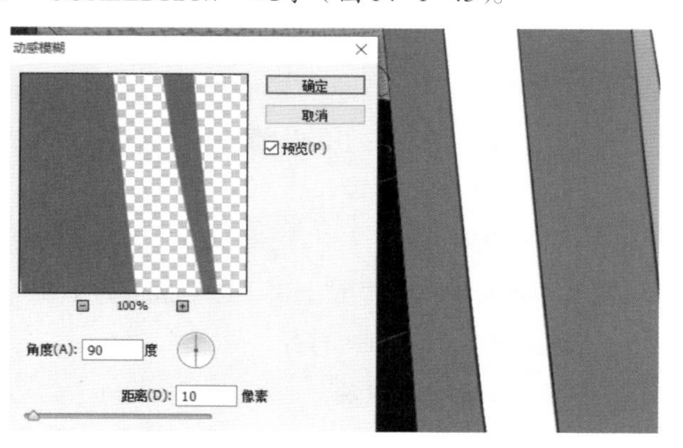

图14-1-39　【动感模糊】对话框

图14-1-40　编写文字

图14-1-41　【变形】效果

图14-1-42　【复制移动】效果

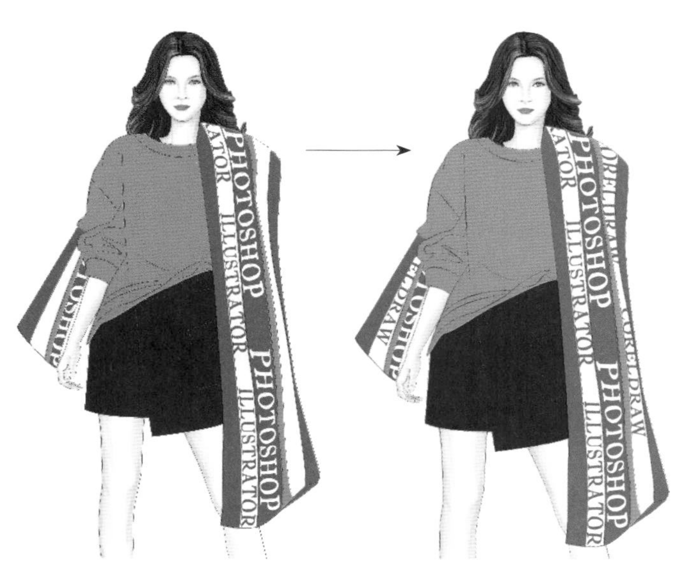

图14-1-43　重复操作效果

47. 点击【图层】面板，点击【图层】面板下方的【新建】按钮，新建三个图层，并分别命名为“图案红色”“图案白色”“图案黑色”图层。按住【Shift】键选择三个新建图层，点击组合键【Ctrl+G】建立分组，并命名为“图案”组。“图案”组位于“服装”组上面。

48. 选择工具箱【画笔】工具，设置画笔属性，选择【硬边缘压力大小】画笔，画笔大小为“2”，不透明度设置为“100%”。

49. 选择工具箱中的【钢笔】工具，在属性栏中选择“路径”，绘制“图案”路径，为了清楚显示，可以临时关闭【针织上衣】图层前面的【眼睛】图标（图14–1–44）。切换至【路径】面板，双击【工作路径】储存路径，弹出对话框，命名为“图案”。

50. 点击【线稿1】图层，选择工具箱中的【钢笔】工具，在面板中鼠标右键单击执行【描边路径】命令，弹出对话框，选择【画笔】，勾选【模拟压力】，点击【确定】按钮，点击【路径】面板的空白处取消路径的选择，得到效果（图14–1–45）。

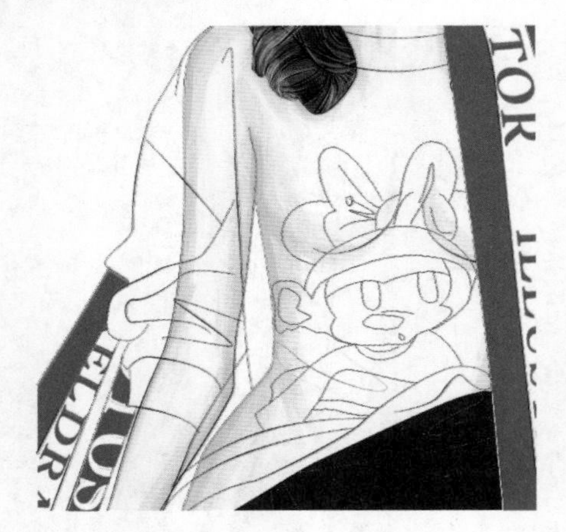

图14–1–44　绘制图案（隐藏图层效果）

图14–1–45　【描边】效果

51. 设置画笔大小为“1”，点击【线稿2】图层，选择工具箱中的【钢笔】工具，在面板中鼠标右键单击执行【描边路径】命令，弹出对话框，取消勾选【模拟压力】，点击【确定】按钮，点击【路径】面板的空白处取消【路径】的选择，得到效果（图14–1–46）。

52. 分别在【图案红色】、【图案白色】、【图案黑色】图层上填充红色、白色和黑色，得到效果（图14–1–47）。

53. 设置画笔大小和参数（图14–1–48），在【图案黑色】图层上绘制图案的细节，得到效果（图14–1–49）。

54. 切换至【图层】面板，点击【图层】面板下方的【新建】按钮，新建一个图层，并命名“豹纹”图层，调整图层顺序至【针织】图层的上面，点击组合键【Ctrl+Alt+G】创建剪切蒙版。

55. 双击【前景色】按钮，分别吸取“4号色”和“3号色”，选择工具箱【画笔】工具，在【豹纹】图层上分别绘制“豹纹”图案（图14–1–50）。

56. 调整【豹纹】图层的图层属性为【正片叠底】，不透明度调整为“75%”（图14–1–51）。

57. 切换至【图层】面板，点击【图案】组里面的【图案黑色】图层，点击【图层】面板下方

图14-1-46　【描边】效果

图14-1-47　【填充】效果

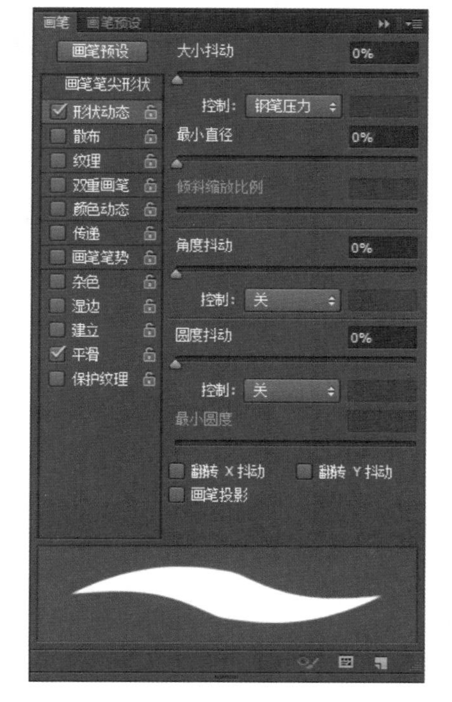

图14-1-48　设置画笔

图14-1-49　绘制效果

图14-1-50　绘制效果

的【新建】按钮，新建一个图层。

58. 执行菜单【文件/置入】命令，置入一张“针织肌理”的JPG图片（图14-1-52），点击组合键【Ctrl+Alt+G】创建剪切蒙版（图14-1-53）。调整该图层的属性为【正片叠底】。

59. 点击【图案】组里面的【图案白色】图层，点击【图层】面板下方的【新建】按钮，新建一个图层。

60. 执行菜单【文件/置入】命令，再次置入“针织肌理”的JPG图片（图14-1-54），按组合键【Ctrl+I】反相，得到效果（图14-1-55）。

图14-1-51　【正片叠底】效果

图14-1-52　【置入】图片

图14-1-53　【剪切蒙版】效果

图14-1-54　【置入】图片

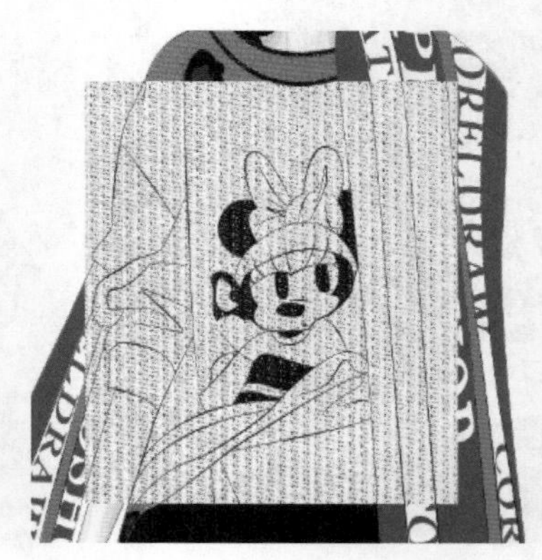
图14-1-55　【反相】效果

61. 点击组合键【Ctrl+Alt+G】创建剪切蒙版，调整该图层的属性为【正片叠底】，得到效果（图14-1-56）。

62. 重复操作，创建【图案红色】图层的“针织肌理”效果（图14-1-57）。

63. 双击【前景色】按钮，弹出【拾色器】面板，设置颜色（图14-1-58）。点击【皮裙】图层，点击组合键【Alt+Delete】填充前景色（图14-1-59）。

64. 点击【图层】面板下方的【新建】按钮，新建三个图层。并分别命名为“明暗1”“明暗2”和“高光”图层，分别点击组合键【Ctrl+Alt+G】创建【皮裙】图层的剪切蒙版。

65. 鼠标左键双击【前景色】按钮，弹出【拾色器】面板，设置颜色（图14-1-60）。

66. 选择工具箱【画笔】工具，设置画笔属性（图14-1-61），画笔【不透明度】设置为“60%”。

图14-1-56　【正片叠底】效果

图14-1-57　【重复操作】效果

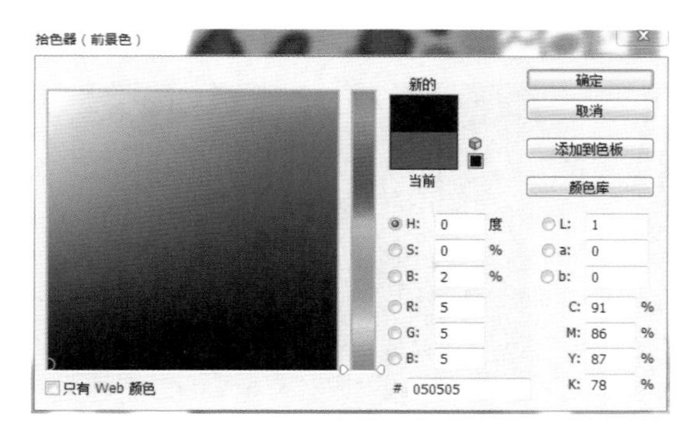

图14-1-58　【拾色器】对话框

图14-1-59　【填充】效果

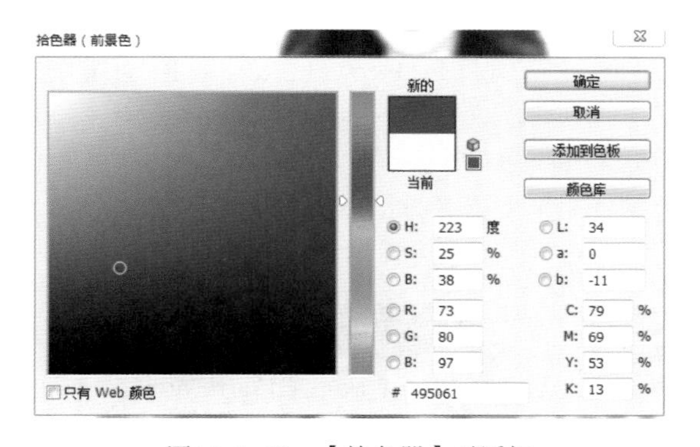

图14-1-60　【拾色器】对话框

67. 点击【明暗1】图层，用【画笔】工具绘制“皮裙”的明暗效果（图14-1-62）。

68. 鼠标左键双击【前景色】按钮，弹出【拾色器】面板，设置颜色（图14-1-63）。

69. 选择工具箱【画笔】工具，设置画笔预设参数，取消“传递”，其他参数不变，画笔【不透明度】设置为“100%”。

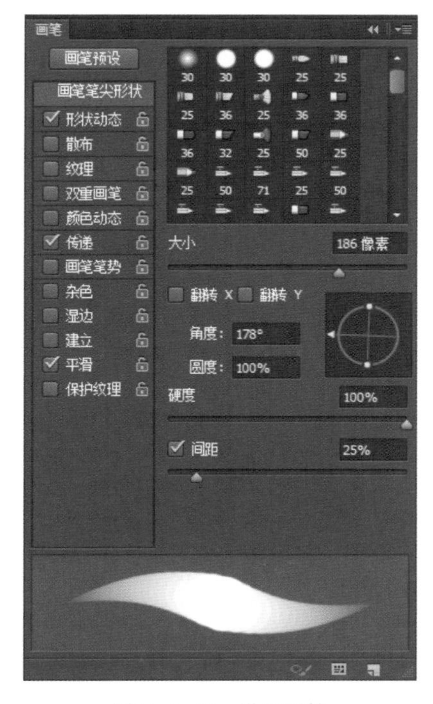

图14-1-61　设置画笔

图14-1-62 绘制效果

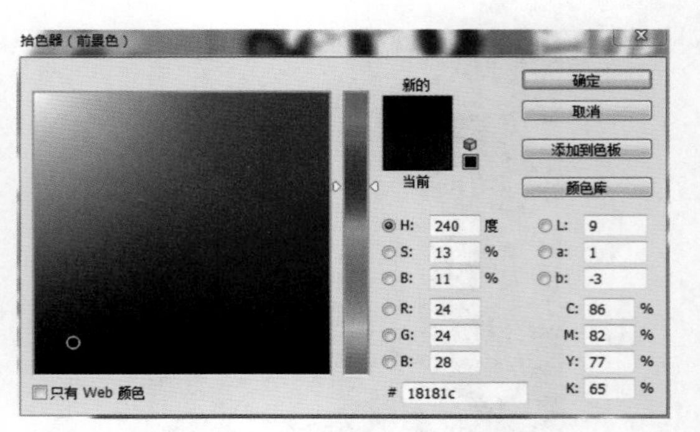

图14-1-63 【拾色器】对话框

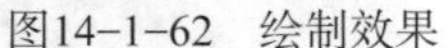

70. 点击【明暗2】图层，用【画笔】工具绘制“皮裙”的暗部效果（图14-1-64）。

71. 调整【明暗2】图层的图层属性为【正片叠底】，【不透明度】为“50%”，选择工具箱中【橡皮擦】工具，【不透明度】设置为“25%”，擦出渐变阴影效果（图14-1-65）。

图14-1-64 绘制效果

图14-1-65 【擦除】效果

72. 鼠标左键双击【前景色】按钮，弹出【拾色器】面板，设置颜色（图14-1-66）。

73. 选择工具箱【画笔】工具，画笔【不透明度】设置为“12%”。点击【高光】图层，用【画笔】工具绘制“皮裙”的亮部效果（图14-1-67）。

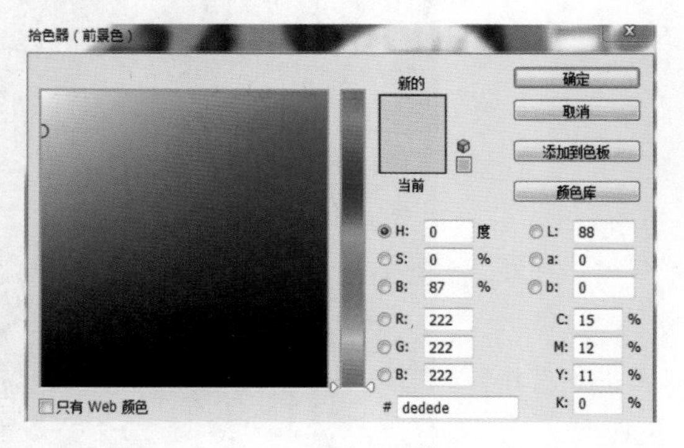

图14-1-66 【拾色器】对话框

图14-1-67 绘制效果

74. 选择工具箱中【橡皮擦】工具，【不透明度】设置为25%，根据效果可以不断地调整画笔及【橡皮擦】工具的透明度和大小来绘制，绘制及擦出渐变高光效果（图14-1-68）。

75. 选择工具箱中的【钢笔】工具，选择【形状】，设置钢笔属性及描边颜色。绘制“车缝线”（图14-1-69），分别生成【形状】图层，鼠标右击选择【栅格化图层】。

76. 按住【Shift】键选择所有【形状】图层，点击组合键【Ctrl+E】合并图层。

77. 鼠标左键双击【前景色】按钮，弹出【拾色器】面板，设置颜色（图14-1-70）。

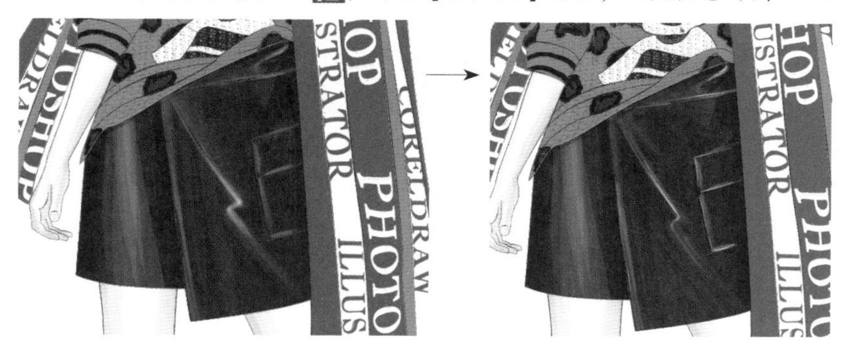

图14-1-68　绘制效果及调整细节效果

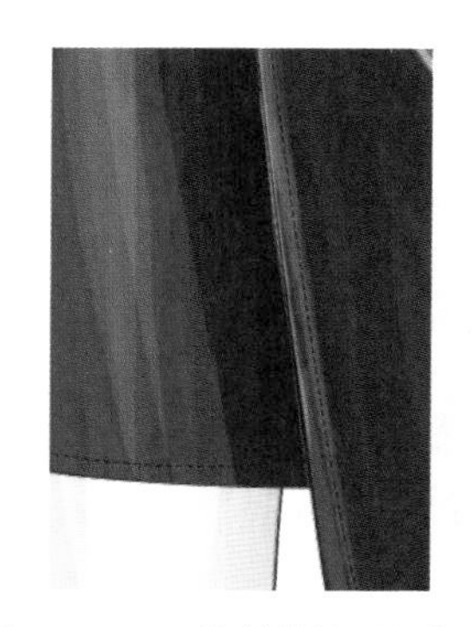

图14-1-69　绘制效果（局部）

图14-1-70　【拾色器】对话框

78. 切换至【图层】面板，点击【针织上衣】图层，点击【图层】面板下方的【新建】按钮，新建两个图层，并命名为“上衣明暗1”“上衣明暗2”图层，分别点击组合键【Ctrl+Alt+G】创建剪切蒙版。

79. 选择工具箱【画笔】工具，画笔【不透明度】设置为“100%”。点击【上衣明暗1】图层，用【画笔】工具绘制“针织上衣”的暗部效果（图14-1-71）。

80. 调整【上衣明暗1】图层的属性为【正片叠底】，【不透明度】为“50%”。

图14-1-71　绘制效果

81. 选择工具箱中【橡皮擦】工具，【不透明度】设置为“25%”，擦出渐变阴影效果（图14-1-72）。

82. 鼠标左键双击【前景色】按钮，弹出【拾色器】面板，设置颜色（图14-1-73）。

83. 选择工具箱【画笔】工具，点击【上衣明暗2】图层，再次用【画笔】工具绘制“针织

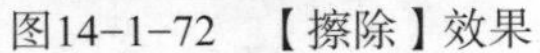

图14-1-72 【擦除】效果

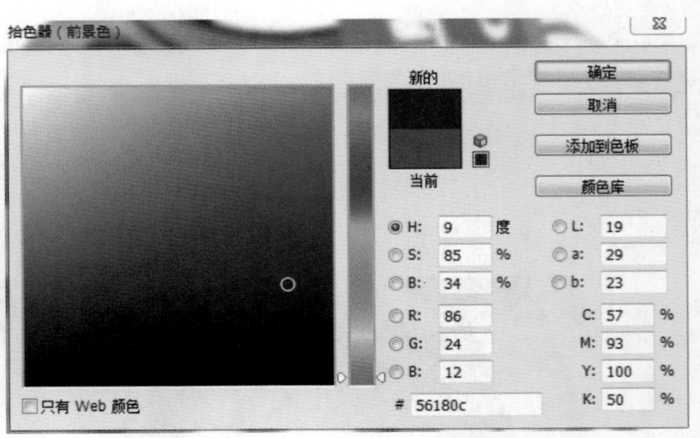

图14-1-73 【拾色器】对话框

上衣”的暗部效果（图14-1-74）。

84. 调整【上衣明暗2】图层的属性为【正片叠底】,【不透明度】为“50%”。

85. 选择工具箱中【橡皮擦】工具，【不透明度】设置为“25%”，擦出渐变阴影效果（图14-1-75）。

86. 重复操作，同样方法继续绘制“围巾”的明暗效果（图14-1-76）。

图14-1-74 绘制效果

图14-1-75 【擦除】效果

图14-1-76 绘制“围巾”明暗步骤

87. 继续重复操作，同样方法绘制“图案”的明暗效果（图14–1–77）。

88. 得到最终效果（图14–1–78）。

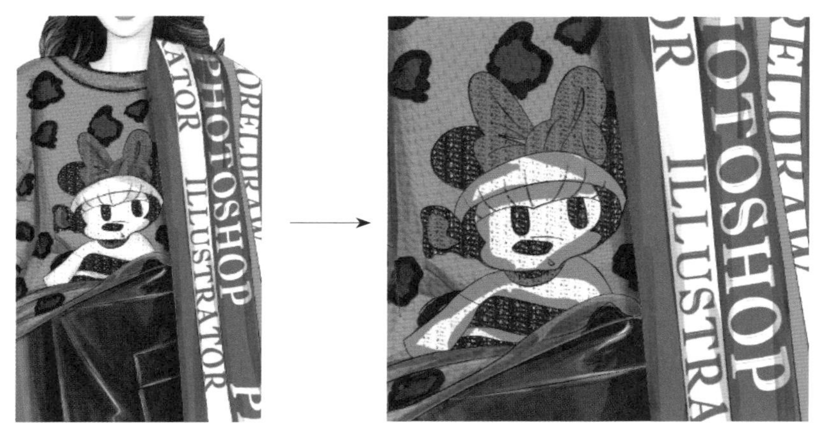

图14–1–77　绘制“图案”明暗效果

图14–1–78　完成图

第二节　衬衫、牛仔面料的服装效果图绘画表现

一、实例效果（图14-2-1）

图14-2-1　实例效果

二、　操作步骤

1. 启动Photoshop软件，点击组合键【Ctrl+N】，新建文件（A4大小，300分辨率）。

2. 切换至【图层】面板，点击【新建图层】按钮，新建两个图层，分别命名为“线稿1”和“线稿2”图层。

3. 选择工具箱中的【钢笔】工具，在属性栏中选择“路径”，绘制路径（图14-2-2）。

4. 执行菜单【窗口/路径】命令，打开【路径】面板。双击【工作路径】储存路径，弹出对话框，命名为“衣服”，点击【确定】按钮。

5. 选择工具箱【画笔】工具，设置画笔属性，选择【硬边缘压力大小】画笔，画笔【大小】为“3”，【不透明度】设置为“100%”。

6. 点击【线稿1】图层，选择工具箱中的【钢笔】工具，在面板中鼠标右键单击执行【描边路径】命令，弹出对话框，选择【画笔】，勾选【模拟压力】，点击【确定】按钮，点击【路径】面板的空白处取消路径的选择，得到效果（图14-2-3）。

7. 设置画笔【大小】为“1”，点击【线稿2】图层，选择工具箱中的【钢笔】工具，在面板中鼠标右键单击执行【描边路径】命令，弹出对话框，取消勾选【模拟压力】，点击【确定】按钮，点击【路径】面板的空白处取消路径的选择，得到效果（图14-2-4）。

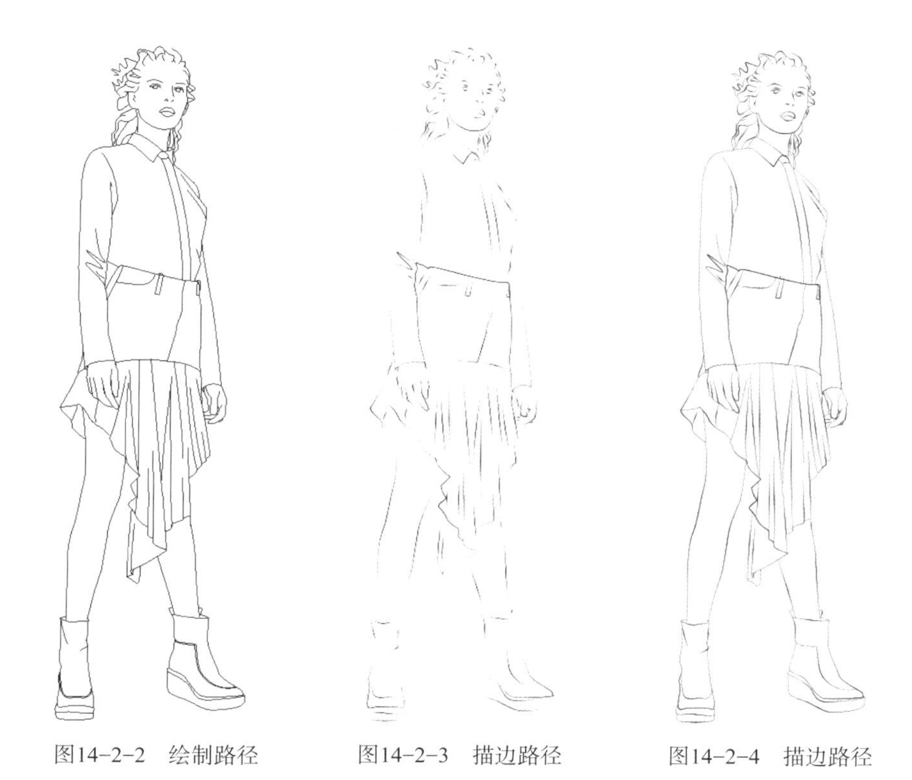

图14-2-2　绘制路径　　图14-2-3　描边路径　　图14-2-4　描边路径

8. 切换至【图层】面板，点击【新建图层】按钮，新建四个图层，分别命名为“牛仔裙”“长衬衣”“鞋子”“模特”图层，结合【Shift】键选择四个新建图层，点击组合键【Ctrl+G】建立分组，并命名为“服装”组。

9. 双击【前景色】按钮，弹出【拾色器】面板，分别设置颜色参数（图14-2-5）。

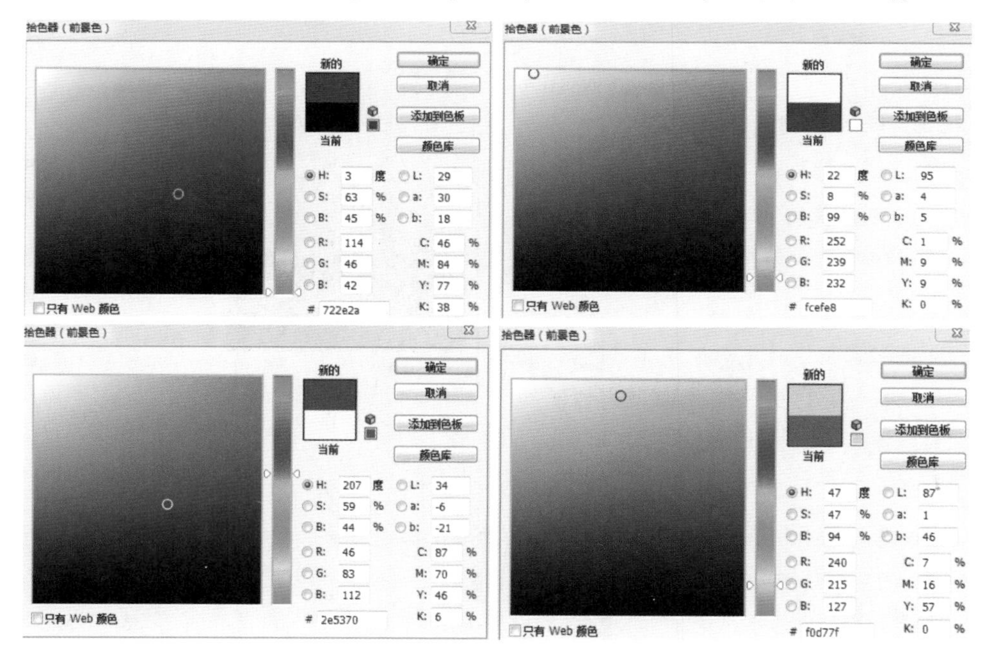

图14-2-5　【拾色器】对话框

10. 单击【线稿2】图层，选择工具箱中的【魔棒】工具，按住【Shift】键分别建立每个服饰色块的选区，每个选区分别扩展“1”像素，点击组合键【Alt+Delete】将前景色分别填充至相应的【牛仔裙】、【长衬衣】、【鞋子】、【模特】图层中，并分别点击组合键【Ctrl+D】取消选择，完成色块的填色（图14-2-6）。

11. 选择工具箱中的【画笔】工具，在【模特】图层绘制肤色明暗及五官头发（详细操作步骤见第十三章第三节：服装人体模特绘画表现，此处详细步骤略），得到效果（图14-2-7）。

图14-2-6 填充色块步骤

图14-2-7 绘制效果

12. 点击【长衬衣】图层，点击【图层】面板下方的【新建】按钮，新建一个图层。并命名为“明暗”图层，点击组合键【Ctrl+Alt+G】创建剪切蒙版。

13. 鼠标左键双击【前景色】按钮，弹出【拾色器】对话框，设置颜色（图14-2-8）。

14. 选择工具箱中的【画笔】工具，设置画笔属性，【大小】为“25”，勾选“传递”，画笔【不透明度】设置为“100%”。

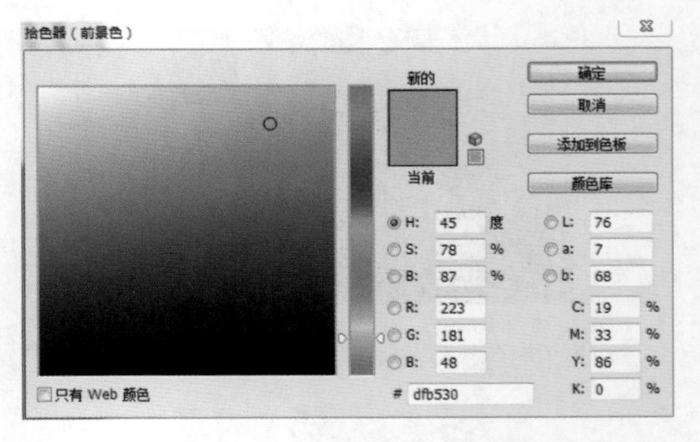

图14-2-8 【拾色器】对话框

15. 点击【明暗】图层，用【画笔】工具绘制“长衬衣”的明暗效果（图14-2-9）。

16. 点击【默认前景色和背景色】按钮，点击【切换前景色和背景色】按钮，前景色转换为“白色”。

17. 选择工具箱中的【画笔】工具，设置画笔预设，【大小】为“45”，勾选“传递”，画笔【不透明度】设置为12%。绘制“长衬衣”的亮部，衬衫面料的高光不能太亮（图14-2-10）。

图14-2-9　绘制效果

图14-2-10　绘制效果

18. 鼠标左键双击【前景色】按钮，弹出【拾色器】对话框，设置颜色（图14-2-11）。

19. 点击【鞋子】图层，点击【图层】面板下方的【新建】按钮，新建一个图层，并命名为“明暗”图层，点击组合键【Ctrl+Alt+G】创建剪切蒙版。

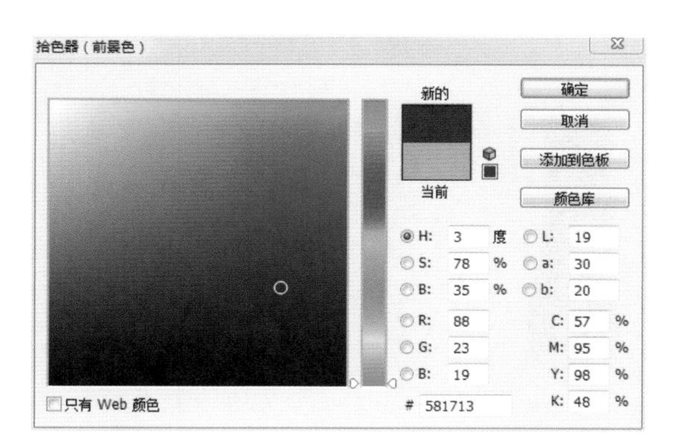

图14-2-11　【拾色器】对话框

20. 选择工具箱中的【画笔】工具，绘制“鞋子”暗部（图14-2-12）。

21. 鼠标左键双击【前景色】按钮，弹出【拾色器】面板，选择一个更深的颜色（图14-2-13）。继续绘制“鞋子”暗部（图14-2-14）。

22. 选择工具箱中【橡皮擦】工具，【不透明度】设置为“25%”，擦出渐变阴影效果（图14-2-15）。

图14-2-12　绘制效果

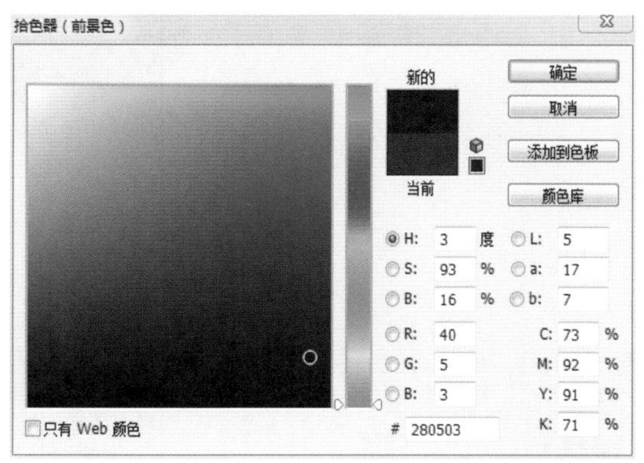

图14-2-13　【拾色器】对话框

图14-2-14　绘制效果

图14-2-15　【擦除】效果

23. 点击【默认前景色和背景色】按钮，点击【切换前景色和背景色】按钮，前景色转换为“白色”。

24. 选择工具箱中的【画笔】工具，设置画笔预设，【大小】为“80”，【不透明度】设置为“50%”，绘制“鞋子”的亮部（图14-2-16）。

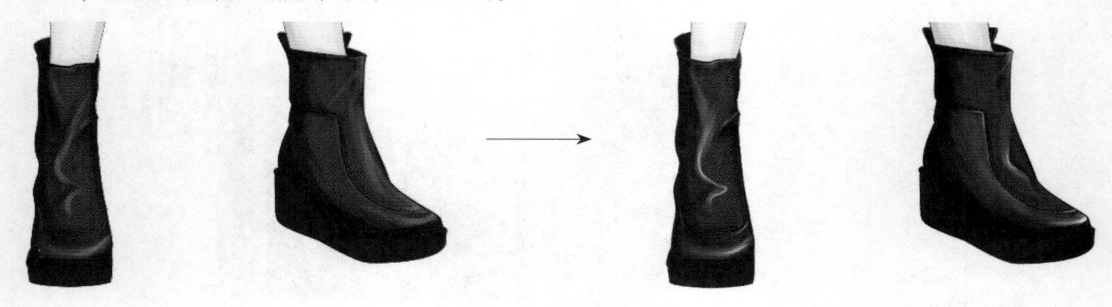

图14-2-16　绘制效果

25. 选择工具箱中的【钢笔】工具，选择【形状】，设置钢笔属性及描边颜色，绘制“车缝线”（图14-2-17），生成【形状1】图层。

26. 点击【形状1】图层，点击面板下方【添加图层样式】按钮，执行【斜面和浮雕】和【投影】命令，弹出对话框，设置参数（图14-2-18），点击【确定】按钮，得到效果（图14-2-19）。

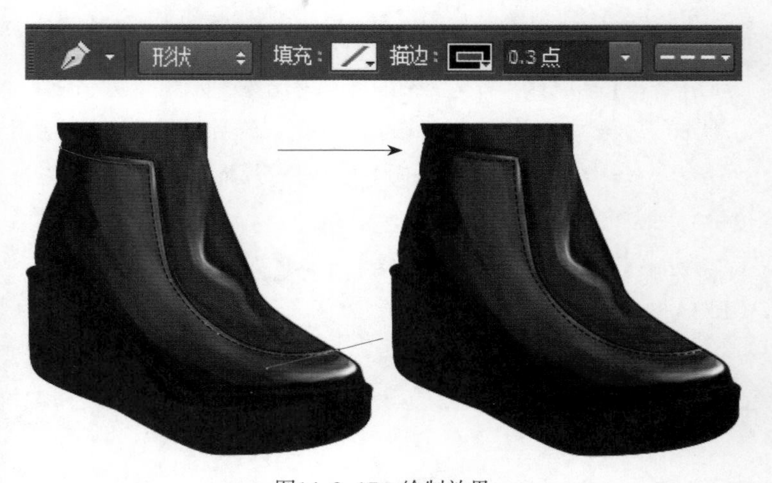

图14-2-17　绘制效果

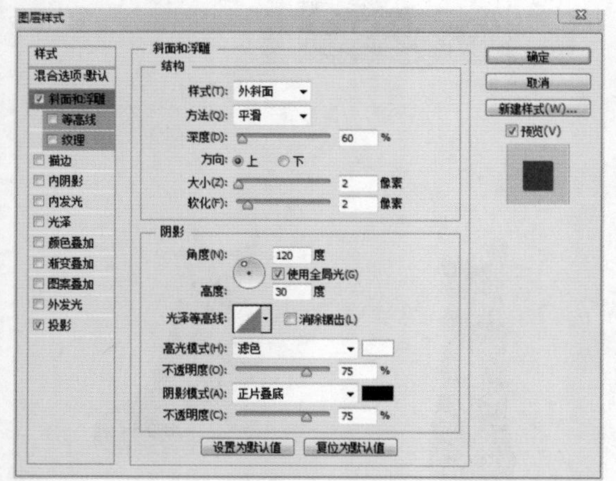

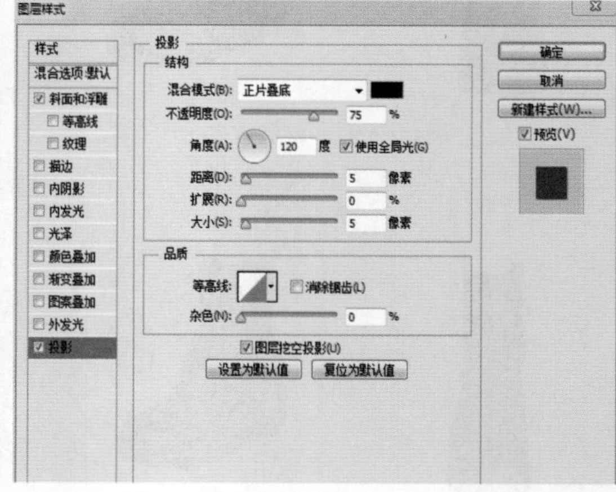

图14-2-18　【斜面和浮雕】和【投影】对话框

27. 以同样的方法绘制另一只鞋子的“车缝线”，得到效果（图14-2-20）。

28. 切换至【图层】面板，点击【图层】面板下方的【新建】按钮 ，新建一个图层，并命名为“牛仔面料”图层，图层位于【牛仔裙】图层上面。

29. 鼠标左键双击【前景色】按钮 ，弹出【拾色器】面板，设置颜色（图14-2-21），点击组合键【Alt+Delete】填充前景色（图14-2-22）。

30. 执行菜单【滤镜/滤镜库/纹理/纹理化】命令，弹出对话框，设置参数（图14-2-23），点击【确定】按钮，点击组合键【Ctrl+F】再次执行纹理化，得到效果（图14-2-24）。

图14-2-19　【图层样式】效果

图14-2-20　绘制效果

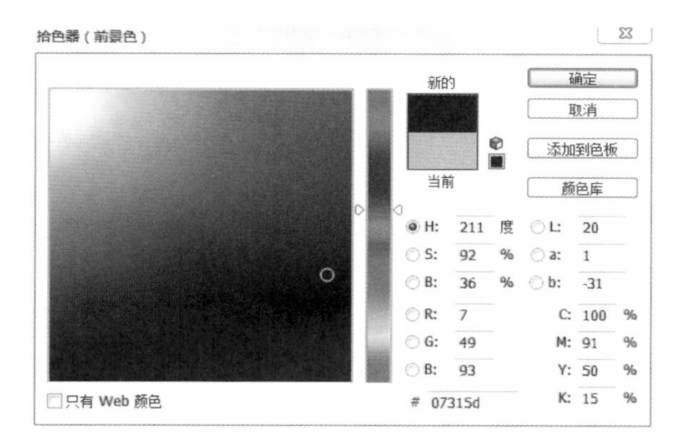

图14-2-21　【拾色器】对话框

图14-2-22　【填充】效果

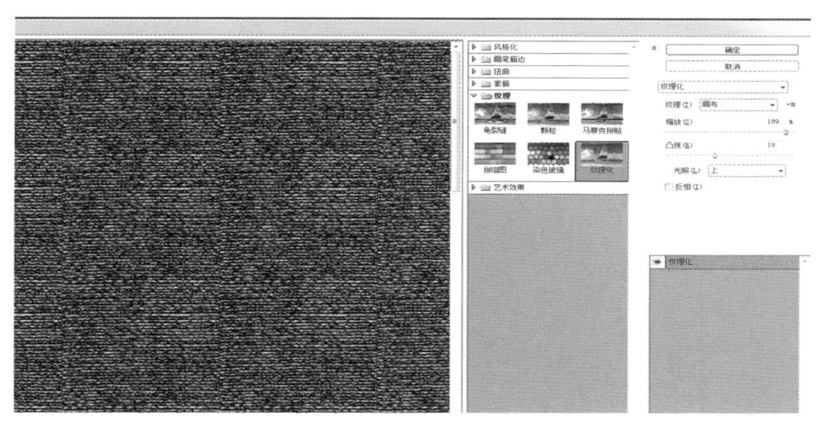

图14-2-23　【纹理化】对话框

图14-2-24　【纹理化】效果

31. 切换至【图层】面板，点击【图层】面板下方的【新建】按钮，新建一个图层，并命名为“斜纹”图层，图层位于【牛仔面料】图层上面。

32. 执行【编辑/填充】命令，弹出对话框（图14-2-25），使用【图案】,【自定图案】选择自定义的“斜线”纹样，“自定义图案”步骤参考第十四章第一节，参照图14-2-26斜纹定义图案），点击【确定】按钮，得到效果（图14-2-27）。

33. 按住【Shift】键选择【牛仔面料】和【斜纹】图层，点击组合键【Ctrl+E】合并图层。点击组合键【Ctrl+Alt+G】创建剪切蒙版。

34. 点击组合键【Ctrl+T】自由变换，缩小牛仔面料的大小（图14-2-28）。

35. 执行菜单【编辑/变换/变形】命令，根据服装变形效果来变形（图14-2-29），单击【Enter】键确定。

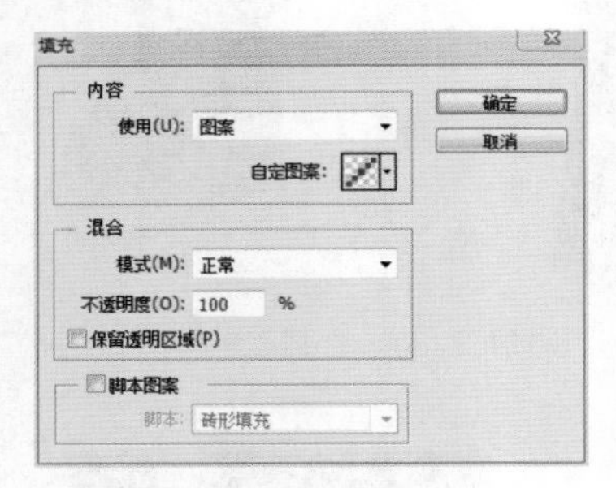

图14-2-25 【填充】对话框

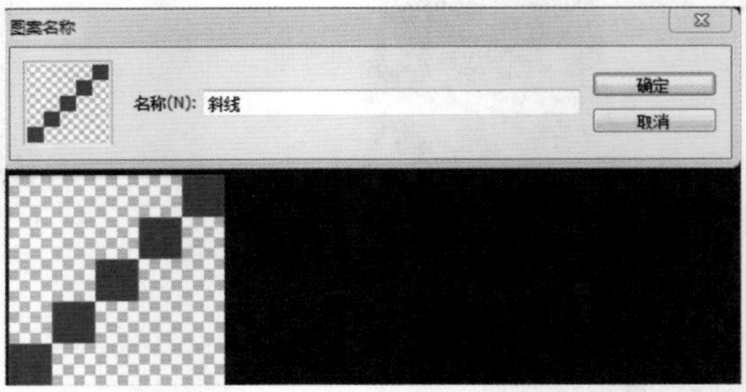

图14-2-26 【定义图案】参照

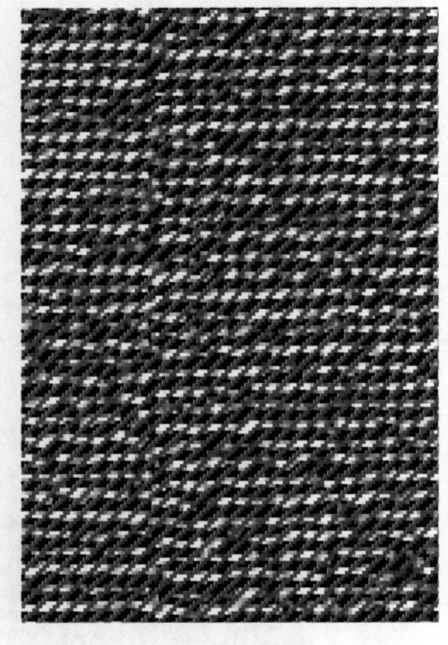

图14-2-27 【填充】效果（放大）

图14-2-28 【自由变换】效果

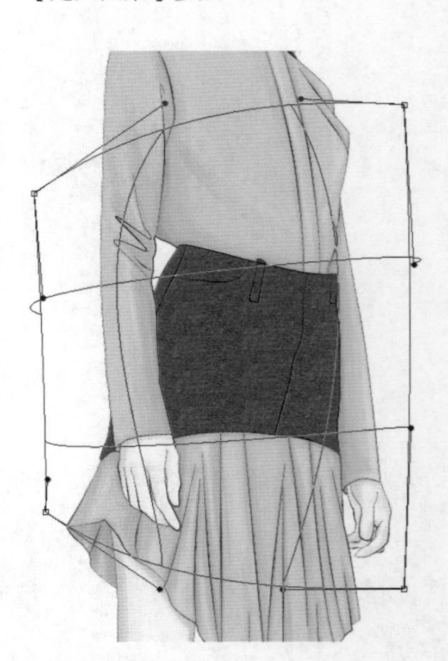

图14-2-29 【变形】效果

36. 切换至【图层】面板，点击【图层】面板下方的【新建】按钮，新建一个图层，并命名为“明暗”图层，点击组合键【Ctrl+Alt+G】创建剪切蒙版。

37. 鼠标左键双击【前景色】按钮，弹出【拾色器】面板，分别设置颜色（图14-2-30）。

38. 选择工具箱中【画笔】工具，在【明暗】图层分别绘制不同深浅的阴影（图14-2-31）。

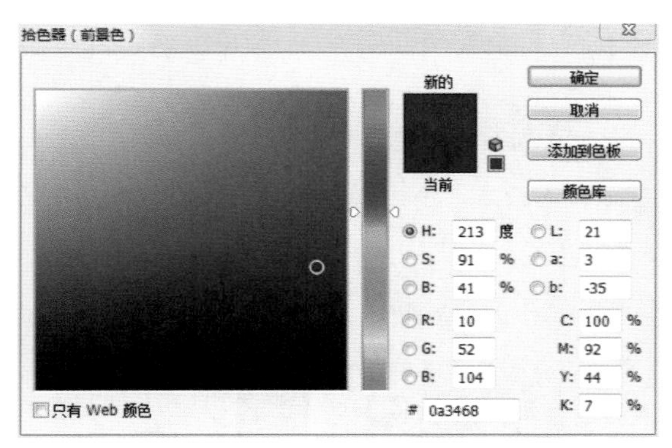

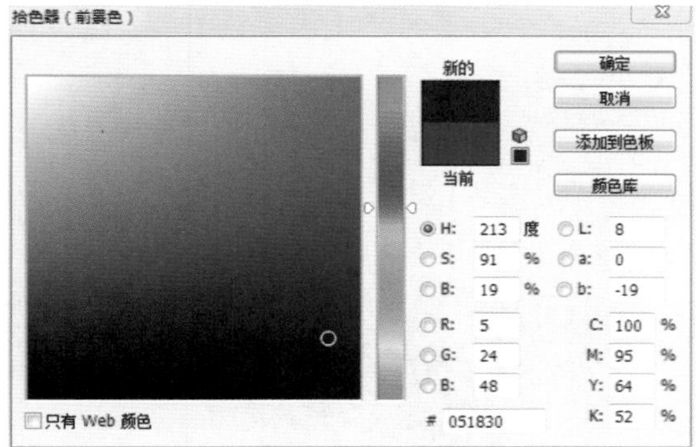

图14-2-30　【拾色器】对话框

39. 切换至【图层】面板，设置【明暗】图层的图层模式为【叠加】,【不透明度】设置为“60%”，得到效果（图14-2-32）。

40. 鼠标左键双击【前景色】按钮，弹出【拾色器】面板，设置颜色（图14-2-33）。

41. 切换至【图层】面板，点击【图层】面板下方的【新建】按钮，新建一个图层，并命名为“明暗2”图层，点击组合键【Ctrl+Alt+G】创建剪切蒙版。

42. 选择工具箱中【画笔】工具，在【明暗2】图层绘制更深的暗部，设置【明暗2】图层的图层模式为【正片叠底】,【不透明度】设置为“100%”（图14-2-34）。

图14-2-31　绘制效果

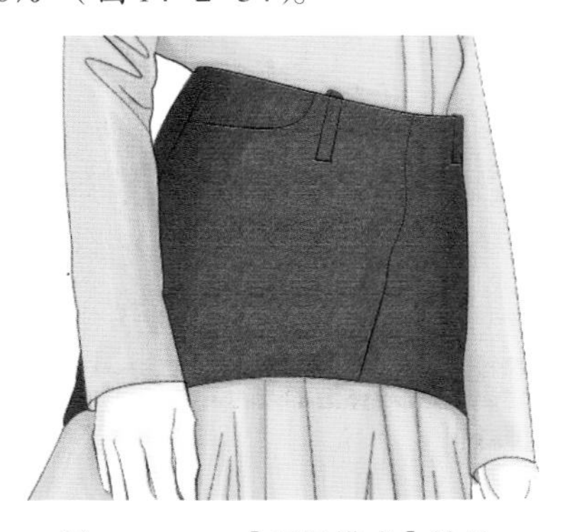

图14-2-32　【图层模式】效果

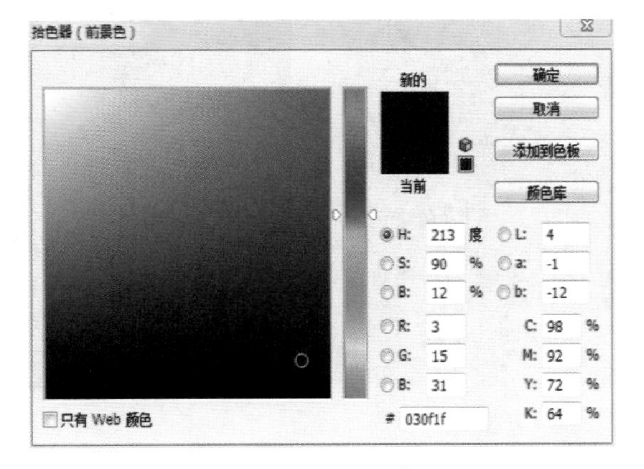

图14-2-33　【拾色器】对话框

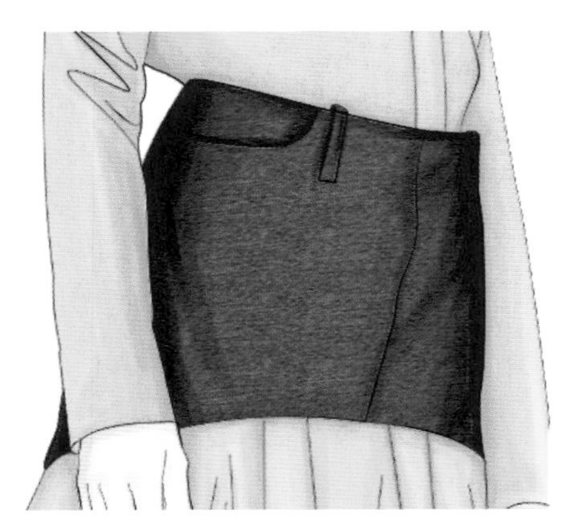

图14-2-34　【图片叠底】效果

43. 选择工具箱中【橡皮擦】工具，【不透明度】设置为“25%”，擦出渐变阴影效果（图14-2-35）。

44. 鼠标左键双击【前景色】按钮，弹出【拾色器】面板，设置颜色（图14-2-36）。

45. 切换至【图层】面板，点击【图层】面板下方的【新建】按钮，新建一个图层，并命名为“肌理”图层，点击组合键【Ctrl+Alt+G】创建剪切蒙版。

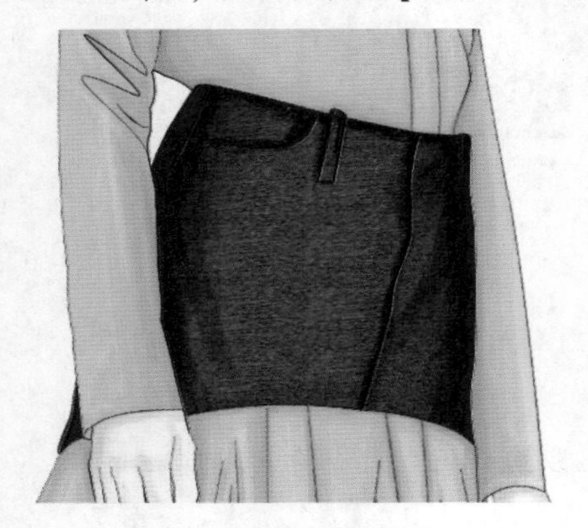

图14-2-35 擦除效果

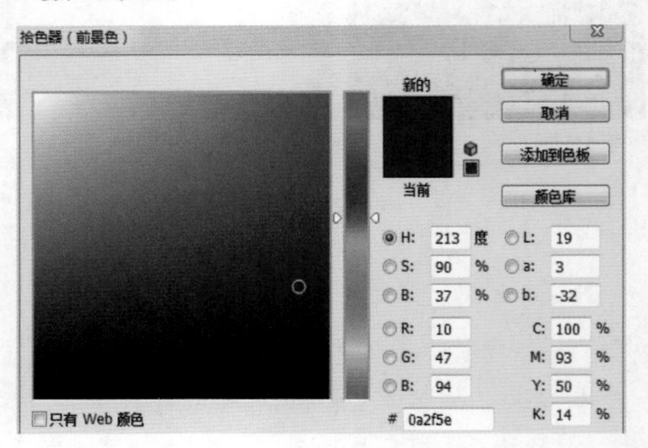

图14-2-36 【拾色器】对话框

46. 选择工具箱中【画笔】工具，设置画笔属性，【大小】为“9”，取消【传递】，【不透明度】为“100%”，在【肌理】图层绘制牛仔的“深色肌理”效果（图14-2-37）。

47. 点击【默认前景色和背景色】按钮，点击【切换前景色和背景色】按钮，前景色转换为“白色”。

48. 选择工具箱中【画笔】工具，设置画笔属性，【不透明度】为“20%”，在【肌理】图层绘制牛仔的“浅色肌理”效果（图14-2-38）。

49. 选择工具箱中的【钢笔】工具，选择【形状】，设置钢笔属性及描边颜色，绘制牛仔裙的“车缝线”（图14-2-39），生成【形状1】图层，鼠标右击选择【栅格化图层】。

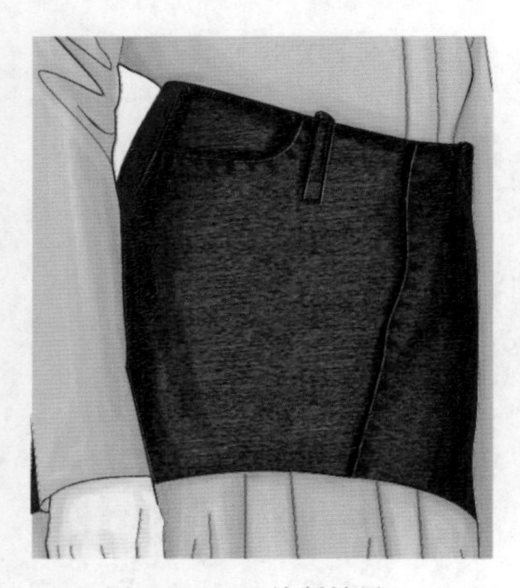

图14-2-37 绘制效果

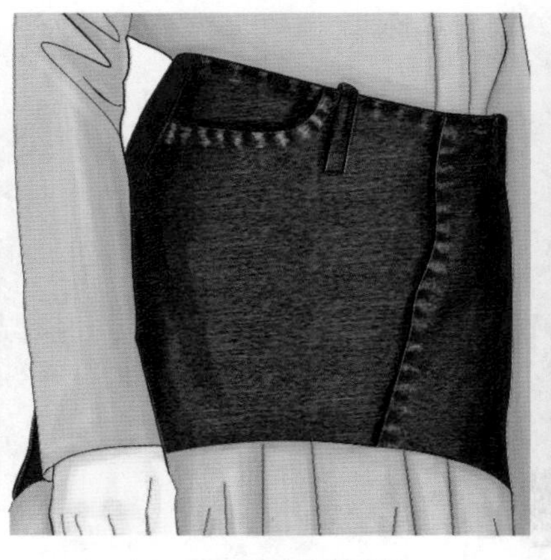

图14-2-38 绘制效果

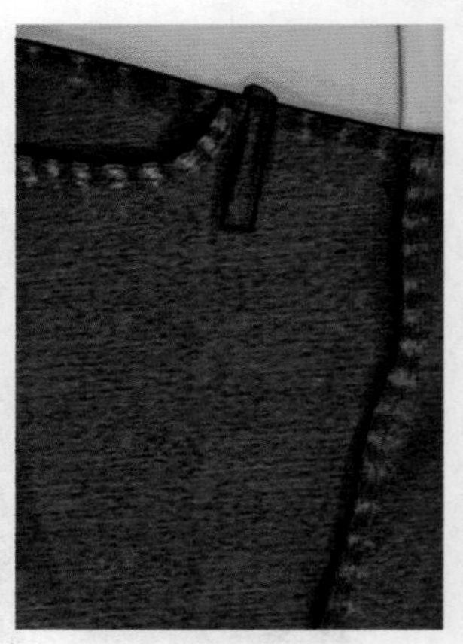

图14-2-39 绘制效果

50. 继续绘制“车缝线”及分别【栅格化图层】，按住【Shift】键选择所有【形状】图层，点击组合键【Ctrl+E】合并图层。

51. 点击【形状】图层，点击面板下方【添加图层样式】按钮，执行【斜面和浮雕】和【投影】命令，弹出对话框，设置参数（图14–2–40），点击【确定】按钮，得到效果（图14–2–41）。

52. 切换至【图层】面板，点击【图层】面板下方的【新建】按钮，新建一个图层，并命名为“破洞”图层，点击组合键【Ctrl+Alt+G】创建剪切蒙版（图层顺序位于“牛仔裙”所有相关图层的上面）。

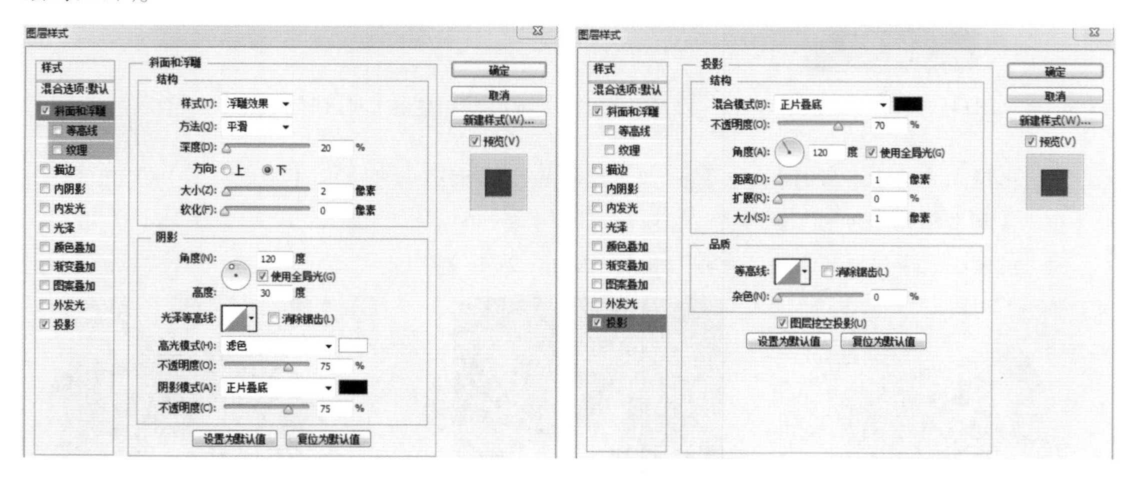

图14–2–40　【斜面和浮雕】和【投影】对话框

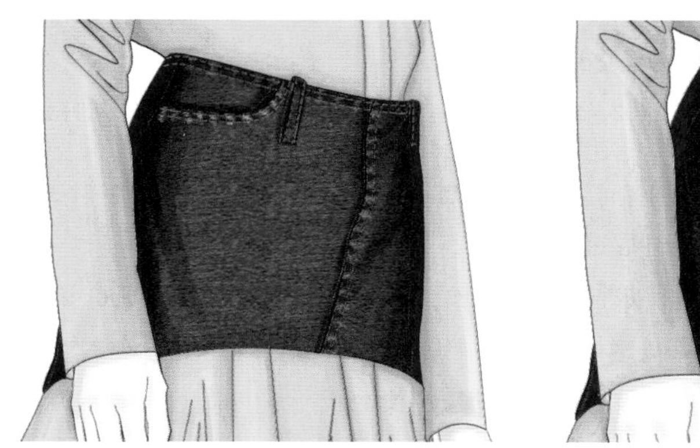
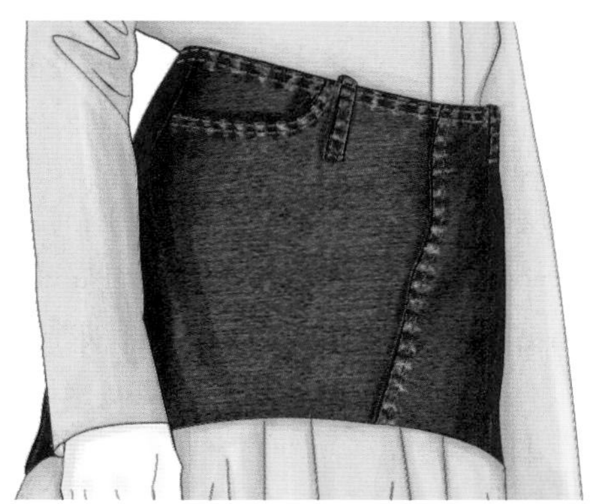

图14–2–41　【斜面和浮雕】和【投影】效果

53. 点击【默认前景色和背景色】按钮，点击【切换前景色和背景色】按钮，前景色转换为“白色”。

54. 选择工具箱中【画笔】工具，设置画笔属性，【大小】为“3”，【不透明度】为“100%”，在【破洞】图层绘制牛仔的“破洞”效果（图14–2–42）。

55. 鼠标左键双击【前景色】按钮，弹出【拾色器】对话框，设置颜色（图14–2–43）。

56. 选择工具箱中【画笔】工具，设置画笔属性，【大小】为“8”，【不透明度】为“100%”，在【破洞】图层绘制牛仔“破洞露出的底色–黄色”的效果（图14–2–44）。

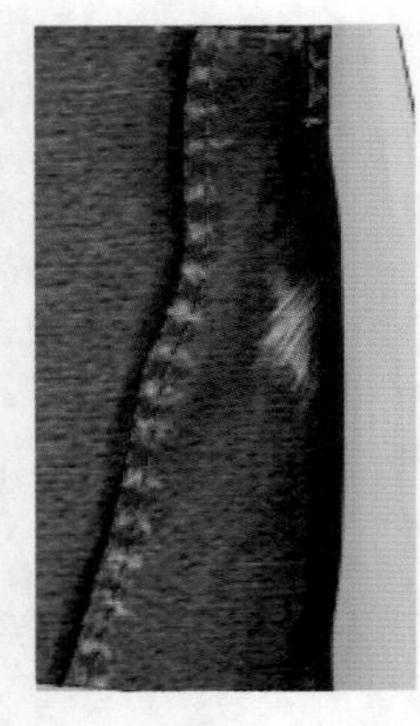
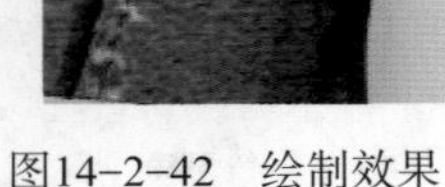

图14-2-42 绘制效果

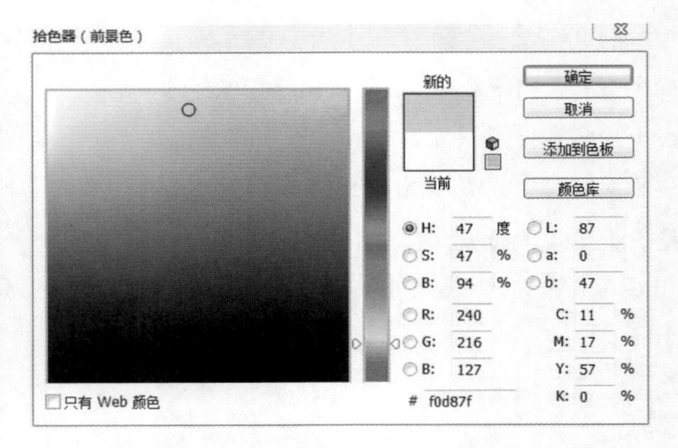

图14-2-43 【拾色器】对话框

57. 选择工具箱中【画笔】工具，设置画笔属性，【大小】为“3”，【不透明度】为“100%”，在【破洞】图层绘制牛仔的“破洞毛边”效果（图14-2-45）。

58. 继续绘制牛仔裙的其他“破损”效果（图14-2-46）。

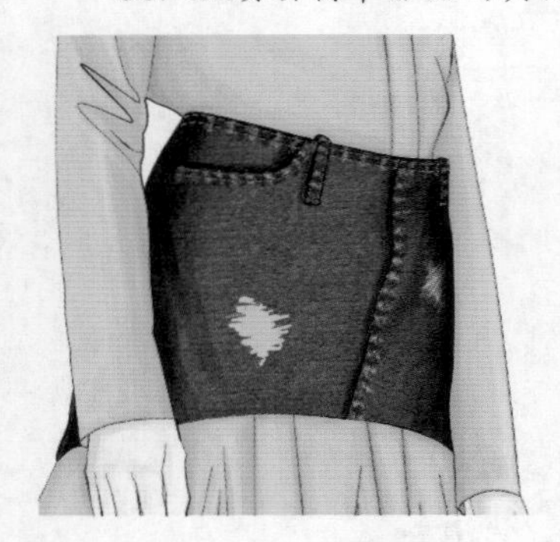

图14-2-44 绘制效果

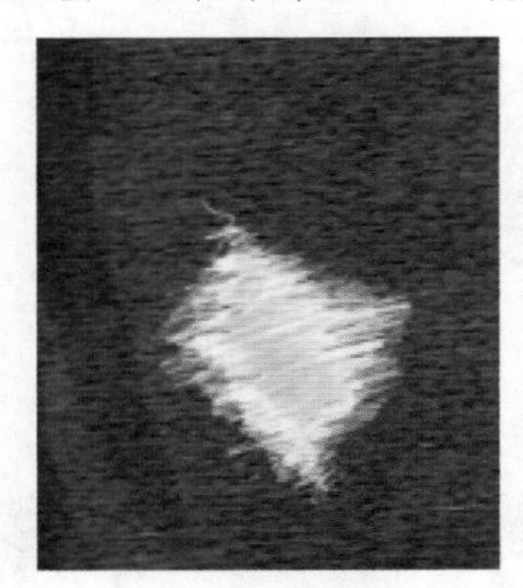

图14-2-45 绘制效果

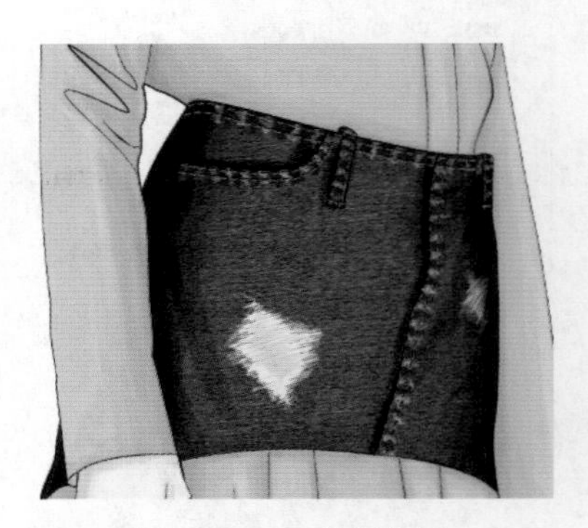

图14-2-46 绘制效果

59. 切换至【图层】面板，点击【图层】面板下方的【新建】按钮，新建一个图层，执行菜单【文件/置入】命令，置入“狗狗”JPG图片。

60. 调整图层顺序至【长衬衣】和【明暗】图层上面，点击组合键【Ctrl+Alt+G】创建剪切蒙版（图14-2-47），鼠标右键单击执行【栅格化图层】命令。

61. 点击组合键【Ctrl+T】自由变换，调整“狗狗”图案的大小和方向（图14-2-48），单击【Enter】键确定。

62. 选择工具箱的【魔术棒】工具，在“狗狗”图案空白处建立选区（图14-2-49）。单击【Delete】键删除选区，点击组合键【Ctrl+D】取消选择（图14-2-50）。

63. 鼠标左键双击【前景色】按钮，弹出【拾色器】面板，设置颜色（图14-2-51）。

64. 切换至【图层】面板，点击【图层】面板下方的【新建】按钮，新建一个图层，调整图层顺序至“狗狗”图层上面，点击组合键【Ctrl+Alt+G】创建剪切蒙版。

65. 选择工具箱【画笔】工具，绘制“狗狗”图案的暗部效果。调整图层属性为【正片叠底】，【不透明度】为“100%”（图14-2-52）。

图14-2-47 【剪切蒙版】效果

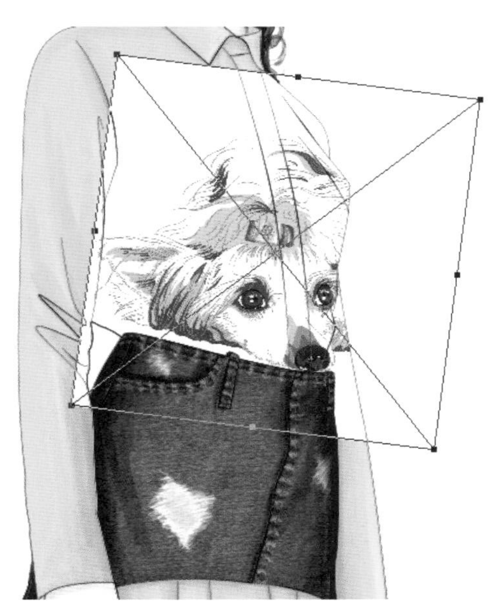

图14-2-48 【自由变换】效果

图14-2-49 建立选区

图14-2-50 【删除】效果

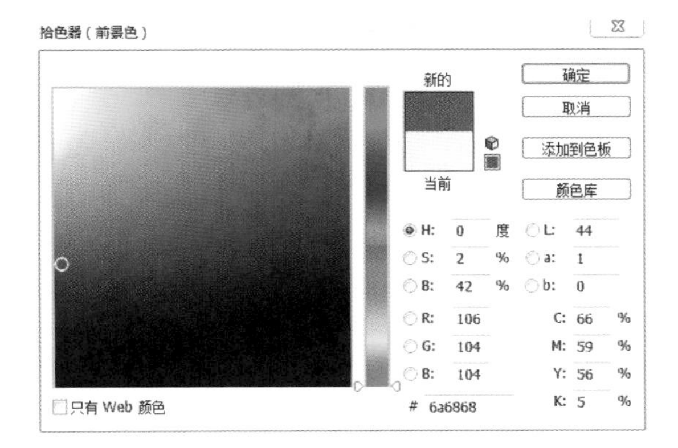

图14-2-51 【拾色器】对话框

图14-2-52 绘制效果

66. 选择工具箱中【橡皮擦】工具，【不透明度】设置为“25%”，擦出渐变阴影效果（图14-2-53）。

图14-2-53 【擦除】效果及整体图

本章小结

※ 置入的JPG图案，JPG图片质量一定要好，像素要求高。

※ 设置图层的图层属性，适合绘制服装的暗部及阴影效果。

※ 运用图层样式的不同效果，可以绘制立体的效果。

※ 新建组、图层与复制图层。

思考练习题

1. 如何将JPG格式图置入文件？
2. 如何编辑及修剪置入的JPG格式图片。
3. 综合利用所学工具处理各种面料质感的服装效果图三幅。

参考文献

［1］江汝南，戚雨节．CorelDRAW服装设计［M］．上海：东华大学出版社，2016.

［2］江汝南，董金华．Illustrator 服装设计［M］．上海：东华大学出版社，2017.

［3］董金华，戚雨节．Photoshop服装设计［M］．上海：东华大学出版社，2017.

［4］王宏付．CorelDRAW X5辅助服装设计［M］．上海：东华大学出版社，2005.

［5］王宏付．Photoshop辅助服装设计［M］．上海：东华大学出版社，2005.

［6］张予，靳李丽，张爽．Illustrator CS3时尚服装与配饰设计［M］．北京：人民邮电出版社，2009.

［7］黄利筠，黄莹．Illustrator 时装款式设计［M］．北京：中国纺织出版社，2009.

［8］张皋鹏．Illustrator CS4多媒体教学经典教程—— 服装设计表现［M］．北京：清华大学出版社，2010.

［9］陈建辉．服饰图案设计与应用［M］．北京：中国纺织出版社，2006.

［10］Corel公司．CorelDRAW使用手册．

［11］数字艺术教育研究室．CorelDRAW基础培训教程［M］．北京：人民邮电出版社，2015.

［12］陈良雨．Illustrator服装款式设计与案例精析［M］．北京：中国纺织出版社，2015.

［13］李春晓．Illustrator & Photoshop 服装与服饰品设计［M］．北京：化学工业出版社，2015.

［14］张静．Adobe Illustrator服装效果图绘制技法［M］．上海：东华大学出版社，2014.

［15］赵晓霞．时装画电脑表现技法［M］．北京：中国青年出版社，2015.

［16］刘倩怡．时装系列设计表现技法［M］．北京：中国纺织出版社，2015.

附录

作品欣赏

CorelDRAW服装平面款式图绘画作品

CorelDRAW款式设计绘画表现（李淑贤）

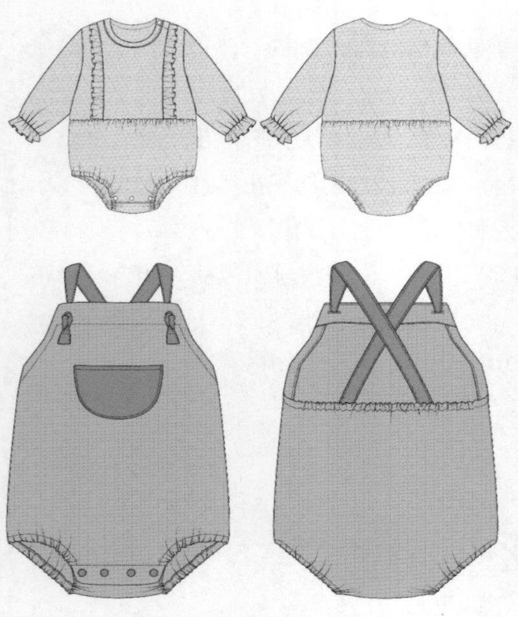

CorelDRAW童装款式设计绘画表现（李溢谊）

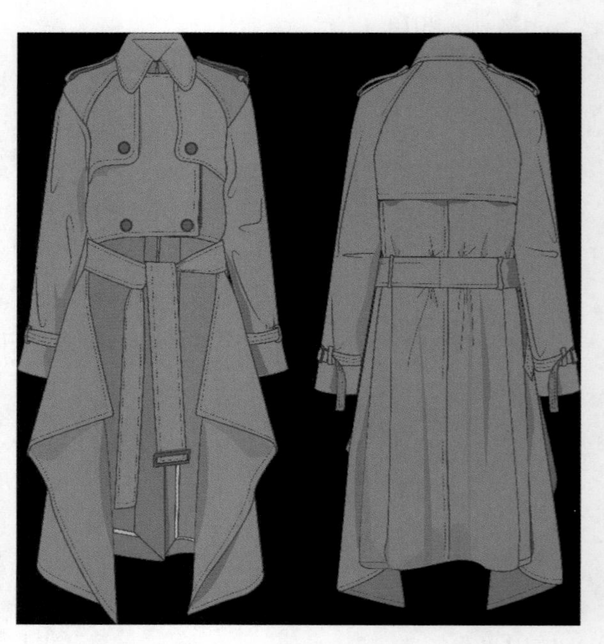

CorelDRAW款式设计绘画表现（陈坤煌）

CorelDRAW无缝对接循环图案
绘画设计表现（余嘉馨）

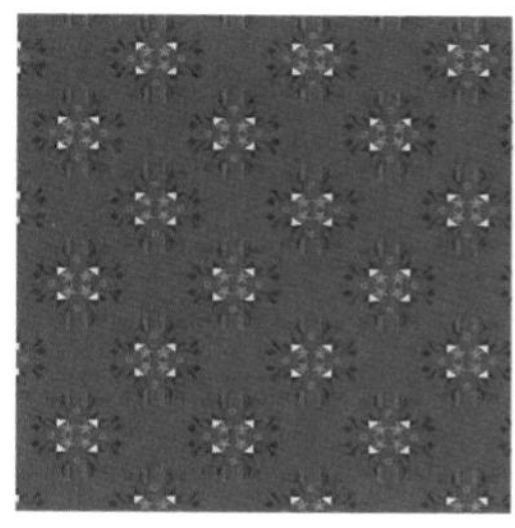

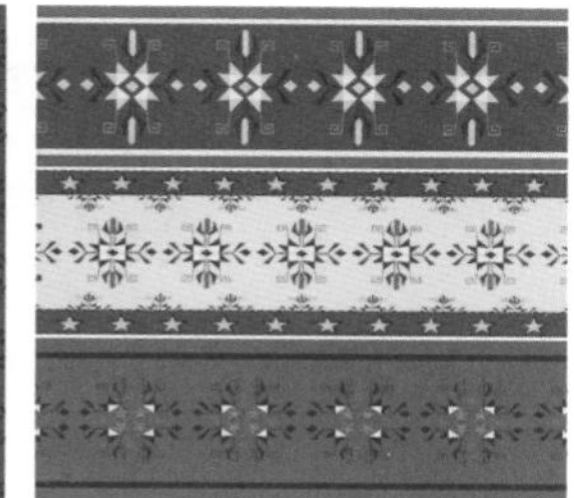

CorelDRAW民族图案绘画设计表现（邓晓铭）

CorelDRAW民族图案绘画设计表现（谢杰懿）

Illustrator 服装平面款式图绘画作品

AI童装款式设计绘画表现（颜永坚）

AI 款式设计绘画表现（潘金饶）

Illustrator 服装服饰图案绘画作品

AI 图案绘画设计（董金华）
作品荣获“玛丽亚古琦40周年丝巾设计大赛”三等奖

丝巾图案绘画设计（钟永巧、刘淑娴）

丝巾图案绘画设计（林丹丹、李淑贤）

Photoshop 服饰配件作品

手袋绘画（李丹婷）

手袋绘画（彭海琦）

鞋子绘画（麦智铭）

鞋子绘画（彭海琦）

首饰绘画（王芝玲）

首饰绘画（陈坤煌）

Photoshop 系列效果图作品

“境生于像外”系列效果图设计绘画表现，获得第十三届中国国际女装设计大奖铜奖（叶秀雯）

“青砖黛瓦”系列效果图设计绘画表现（张秋丽）

“戏剧人生”系列效果图设计绘画表现（黄冬梅）

PS系列效果图设计表达（吴心怡）

PS系列效果图设计表达（叶二菊）

AI/PS 综合应用

CorelDRAW/PS 综合应用